普通高等教育"十三五"课程改革教材
普通高等学校工程教育实践与创新系列教材

电工电子技术应用与实践

◎ 丛书策划　郭连考
◎ 主　　编　寇志伟
◎ 副 主 编　徐明娜　马德智
◎ 参　　编　（按姓氏音序排列）
　　　　　　巴特尔　春　兰　李文军
　　　　　　赵卫国
◎ 主　　审　李巴津

北京理工大学出版社
BEIJING INSTITUTE OF TECHNOLOGY PRESS

内容简介

本书是针对当前工程教育的发展趋势与高等学校学分制改革的需要,并根据教育部高教司组织编制的高等学校理工科本科指导性专业规范中的专业教学实践体系、大学生创新训练的相关要求及多所工科院校的电工技术、电子工艺、测控技术与电气控制技术实践课程的教学要求编写的。本书旨在适应科学技术的发展及创新型人才培养的要求,并为了增强当代工科大学生的工程素养、实践能力及创新精神而编写的。

本书以电工、电子与测控技术等学科的理论为基础,以工程应用为导向,编写了集基础技能训练、工程应用训练、综合设计与创新研究于一体的理论与实践项目,其主要包含电工基础、室内供配电与照明、电子基本技能、电子元器件、常用模拟电路、印制电路技术、电子产品的组装与调试工艺、传感器、电动机控制基础、PLC应用基础、变频器及其应用等内容。

本书可以作为高等学校的电气类、机电类与测控类专业学生的电工电子、工业过程测量与控制、电气控制设计与实训等课程的教材,也可以作为电类科技创新实践、课程设计、毕业实践等环节的指导用书,或供相关行业的工程技术人员参考。

版权专有　侵权必究

图书在版编目(CIP)数据

电工电子技术应用与实践 / 寇志伟主编. —北京:北京理工大学出版社,2017.3(2020.8重印)

ISBN 978-7-5682-3807-6

Ⅰ. ①电… Ⅱ. ①寇… Ⅲ. ①电工技术②电子技术 Ⅳ. ①TM②TN

中国版本图书馆 CIP 数据核字(2017)第 047720 号

出版发行 / 北京理工大学出版社有限责任公司

社　　址 / 北京市海淀区中关村南大街 5 号

邮　　编 / 100081

电　　话 / (010)68914775(总编室)

　　　　　 (010)82562903(教材售后服务热线)

　　　　　 (010)68948351(其他图书服务热线)

网　　址 / http://www.bitpress.com.cn

经　　销 / 全国各地新华书店

印　　刷 / 三河市天利华印刷装订有限公司

开　　本 / 787 毫米×1092 毫米　1/16

印　　张 / 26　　　　　　　　　　　　　　　　　　责任编辑 / 封　雪

字　　数 / 607 千字　　　　　　　　　　　　　　　文案编辑 / 党选丽

版　　次 / 2017 年 3 月第 1 版　2020 年 8 月第 3 次印刷　　责任校对 / 孟祥敬

定　　价 / 53.00 元　　　　　　　　　　　　　　　责任印制 / 王美丽

图书出现印装质量问题,请拨打售后服务热线,本社负责调换

前言

科学技术的迅速发展，对工程技术人员提出了越来越高的综合技能方面的要求，这就使得培养具有扎实的理论基础、科学的创新精神、基本的工程素养的复合型人才成为理工院校人才培养的关键目标。工程实践课程在理工专业学生培养方案中的作用日趋突出，在工程实践课程体系中，电工电子类工程实践课程是最基本、最有效、最能激发学生兴趣的工程教育课程，其日趋凸显的作用，使之成为人才培养方案中不可或缺的重要实践环节。

电工电子技术应用与实践课程是理工科高等院校培养各类型工程技术人才的工程教育核心课程，它将科学研究、实验教学、工程训练融为一体，是理论联系实际的有效途径。通过电工电子技术应用与实践课程的学习，学生可以弥补从基础理论到工程实践之间的薄弱环节，能够拓展科技知识、激发学习兴趣，培养劳动安全意识、质量意识和工程规范意识，并能培养初步的工程设计能力和求实创新精神，提高学生的工程素养与实践创新能力，为日后学习和从事工程技术工作奠定坚实的基础。

本书是根据高等工程教育改革的深化、国家对创新型人才的需求、学校人才培养方案的改革，并结合多年的教学实践与当前电工电子技术发展的趋势，针对提高学生的实践能力和创新能力而编写的，凝结了编者十多年的教学心得与工程实践经验，是工程实践教学的经典教学资料。

本书由寇志伟担任主编并负责全书统稿，由徐明娜、马德智担任副主编。其中第1、10章由徐明娜编写，第2章的2.1部分由李文军编写，第2章的2.2~2.3部分、第9章由马德智编写，第3章由赵卫国、寇志伟编写，第4章由春兰编写，第5章由巴特尔编写，第6、7、8、11章由寇志伟编写。

李巴津教授认真审阅了全书，提出了许多建设性的意见。郭连考高级实验师策划了本套工程教育实践与创新系列教材，对本书的编写工作也给予了大力支持与帮助。在此向他们表示衷心的感谢。

由于编者水平有限，书中难免有不足与不妥之处，恳请广大读者批评指正。

编 者

目 录 CONTENTS

第1章 电工基础 ··· 001
1.1 电能 ··· 001
1.1.1 电能的产生 ··· 001
1.1.2 电能的特点 ··· 002
1.1.3 电能的应用 ··· 002
1.2 电源 ··· 002
1.2.1 直流电源 ··· 003
1.2.2 交流电源 ··· 004
1.3 供配电基础 ··· 006
1.3.1 三相电路 ··· 006
1.3.2 电力系统 ··· 009
1.3.3 配电系统 ··· 012
1.4 安全用电 ··· 015
1.4.1 安全用电的意义 ··· 015
1.4.2 电气事故 ··· 016
1.4.3 触电事故 ··· 017
1.4.4 触电急救 ··· 021
1.4.5 电气安全技术 ··· 024
1.5 常用电工材料 ··· 029
1.5.1 导电材料 ··· 029
1.5.2 绝缘材料 ··· 036
1.6 实训项目 ··· 038
1.6.1 工作台的认识和检查实训 ··· 038
1.6.2 导线的连接与绝缘恢复实训 ··· 039
课后习题 ··· 040

第2章 室内供配电与照明 ··· 041
2.1 室内供配电 ··· 041
2.1.1 室内供配电方式 ··· 041

- 2.1.2 室内供配电常用低压电器 ················· 043
- 2.1.3 室内供配电线路及其安装 ················· 052
- 2.1.4 室内配线方法 ························· 054
- 2.1.5 室内配电箱 ··························· 058
- 2.2 室内照明 ································· 060
  - 2.2.1 照明技术基本概念 ····················· 060
  - 2.2.2 照明技术基础 ························· 063
  - 2.2.3 常见电光源 ··························· 066
  - 2.2.4 照明系统主要电器 ····················· 077
  - 2.2.5 照明系统设计 ························· 082
- 2.3 实训项目 ································· 087
  - 2.3.1 基础配电线路实训 ····················· 087
  - 2.3.2 家庭照明线路实训 ····················· 088
  - 2.3.3 日光灯安装实训 ······················· 088
- 课后习题 ······································· 089

第3章 电子基本技能 ························· 091

- 3.1 锡焊技术 ································· 091
  - 3.1.1 焊接技术概述 ························· 091
  - 3.1.2 锡焊工具 ····························· 093
  - 3.1.3 焊接材料 ····························· 096
  - 3.1.4 锡焊机理 ····························· 100
  - 3.1.5 手工焊接技术 ························· 101
  - 3.1.6 焊点的质量分析 ······················· 105
- 3.2 元器件的引线加工 ························· 108
- 3.3 实训项目 ································· 109
  - 3.3.1 导线焊接实训 ························· 109
  - 3.3.2 电路板焊接实训 ······················· 110
- 课后习题 ······································· 111

第4章 电子元器件 ··························· 112

- 4.1 电子元器件概述 ··························· 112
- 4.2 电阻器 ··································· 113
  - 4.2.1 固定电阻器 ··························· 114
  - 4.2.2 敏感电阻器 ··························· 117
  - 4.2.3 电位器 ······························· 119
- 4.3 电容器 ··································· 122
  - 4.3.1 电容器的种类及符号 ··················· 122
  - 4.3.2 电容器的型号命名方法 ················· 122

4.3.3　电容器的主要参数 ·· 123
　　4.3.4　电容器的标注方法 ·· 124
　　4.3.5　电容器的测量 ··· 125
4.4　电感器和变压器 ·· 126
　　4.4.1　电感器 ·· 126
　　4.4.2　变压器 ·· 129
4.5　二极管 ··· 131
　　4.5.1　二极管的分类和型号命名 ··· 131
　　4.5.2　常用二极管 ·· 132
　　4.5.3　二极管的主要参数 ·· 134
　　4.5.4　二极管的检测 ·· 134
4.6　三极管 ··· 134
　　4.6.1　三极管的分类和型号命名 ··· 135
　　4.6.2　三极管的主要参数 ·· 136
　　4.6.3　三极管的识别与检测 ··· 137
4.7　集成电路 ··· 137
　　4.7.1　集成电路的分类和型号命名 ··· 137
　　4.7.2　集成电路的主要参数 ··· 139
4.8　实训项目 ··· 139
　　4.8.1　电阻器的识读与检测实训 ··· 139
　　4.8.2　电容器的识读与检测实训 ··· 140
　　4.8.3　电感器和变压器的识读与检测实训 ····································· 140
课后习题 ·· 141

第5章　常用模拟电路 ··· 142
5.1　基本放大电路 ··· 142
5.2　直流稳压电路 ··· 144
　　5.2.1　直流稳压电源的组成与作用 ··· 144
　　5.2.2　直流稳压电路的分类 ··· 145
　　5.2.3　集成稳压电路 ·· 147
5.3　实训项目 ··· 148
　　5.3.1　简易自动充电器制作实训 ··· 148
　　5.3.2　分立元件稳压电源制作实训 ··· 149
课后习题 ·· 150

第6章　印制电路技术 ··· 151
6.1　印制电路概述 ··· 151
　　6.1.1　印制电路板的组成及作用 ··· 151
　　6.1.2　印制电路板的分类 ·· 152

6.2 Altium Designer 基础 …………………………………………………… 154
　6.2.1 Altium Designer 概述 ……………………………………………… 154
　6.2.2 Altium Designer 09 的设计环境 …………………………………… 155
6.3 原理图设计 ………………………………………………………………… 158
　6.3.1 原理图设计步骤 …………………………………………………… 158
　6.3.2 原理图编辑器 ……………………………………………………… 159
　6.3.3 原理图设置 ………………………………………………………… 162
　6.3.4 原理图元件库的加载 ……………………………………………… 164
　6.3.5 元件的放置与编辑 ………………………………………………… 165
　6.3.6 原理图的绘制 ……………………………………………………… 172
　6.3.7 原理图的检查与报表 ……………………………………………… 174
6.4 PCB 设计基础 …………………………………………………………… 176
　6.4.1 PCB 设计流程 ……………………………………………………… 177
　6.4.2 PCB 编辑界面 ……………………………………………………… 178
　6.4.3 PCB 编辑系统设置 ………………………………………………… 179
　6.4.4 电路板层面的设置 ………………………………………………… 181
　6.4.5 电路板边框的设置 ………………………………………………… 183
6.5 PCB 的设计 ……………………………………………………………… 184
　6.5.1 PCB 的配线工具 …………………………………………………… 184
　6.5.2 导入网络表信息 …………………………………………………… 188
　6.5.3 PCB 的布局 ………………………………………………………… 189
　6.5.4 PCB 的配线 ………………………………………………………… 190
6.6 PCB 设计实例 …………………………………………………………… 191
　6.6.1 电路原理图的绘制 ………………………………………………… 191
　6.6.2 PCB 的设计 ………………………………………………………… 193
6.7 实训项目 …………………………………………………………………… 196
课后习题 ………………………………………………………………………… 197

第7章 电子产品的组装与调试工艺 ……………………………………… 198
7.1 电子产品组装概述 ………………………………………………………… 198
　7.1.1 组装工艺概述 ……………………………………………………… 198
　7.1.2 装配级别与要求 …………………………………………………… 198
　7.1.3 装配工艺流程 ……………………………………………………… 199
　7.1.4 印制电路板的组装 ………………………………………………… 201
7.2 调试工艺概述 ……………………………………………………………… 204
7.3 实训项目 …………………………………………………………………… 206
　7.3.1 DS-22 收音机读图实训 …………………………………………… 206
　7.3.2 DS-22 收音机元器件检测实训 …………………………………… 209
　7.3.3 DS-22 收音机组装实训 …………………………………………… 212

7.3.4 DS-22 收音机调试实训 ……………………………………………………………… 214
课后习题 ……………………………………………………………………………………… 215

第8章 传感器 …………………………………………………………………………… 216

8.1 传感器概述 …………………………………………………………………………… 216
8.1.1 检测技术概述 …………………………………………………………………… 216
8.1.2 传感器的基本概念 ……………………………………………………………… 218

8.2 电阻式传感器 ………………………………………………………………………… 219
8.2.1 应变式传感器 …………………………………………………………………… 219
8.2.2 压阻式传感器 …………………………………………………………………… 220

8.3 电感式传感器 ………………………………………………………………………… 221
8.4 电容式传感器 ………………………………………………………………………… 222
8.5 压电式传感器 ………………………………………………………………………… 222
8.6 热电式传感器 ………………………………………………………………………… 224
8.6.1 热电偶 …………………………………………………………………………… 225
8.6.2 热电阻 …………………………………………………………………………… 225
8.6.3 热敏电阻 ………………………………………………………………………… 226
8.6.4 集成温度传感器 ………………………………………………………………… 226

8.7 光电传感器 …………………………………………………………………………… 227
8.7.1 光电效应 ………………………………………………………………………… 227
8.7.2 光电器件 ………………………………………………………………………… 227
8.7.3 固态图像传感器 ………………………………………………………………… 230
8.7.4 光电编码器 ……………………………………………………………………… 231

8.8 磁敏传感器 …………………………………………………………………………… 231
8.8.1 霍尔传感器 ……………………………………………………………………… 231
8.8.2 磁敏电阻传感器 ………………………………………………………………… 232

8.9 化学传感器 …………………………………………………………………………… 233
8.9.1 气体传感器 ……………………………………………………………………… 233
8.9.2 湿度传感器 ……………………………………………………………………… 233

8.10 其他传感器 …………………………………………………………………………… 234
8.10.1 红外传感器 ……………………………………………………………………… 234
8.10.2 微波传感器 ……………………………………………………………………… 235
8.10.3 超声波传感器 …………………………………………………………………… 235
8.10.4 智能传感器 ……………………………………………………………………… 236
8.10.5 微传感器 ………………………………………………………………………… 236

8.11 实训项目 ……………………………………………………………………………… 237
8.11.1 集成温度传感器测试实训 ……………………………………………………… 237
8.11.2 声光控制灯电路测试实训 ……………………………………………………… 238

课后习题 ……………………………………………………………………………………… 239

第9章 电动机控制基础 ... 240

9.1 电动机继电接触器控制简介 ... 240
9.1.1 继电接触器控制的定义 ... 240
9.1.2 工程实例——加热炉自动上料控制 ... 240

9.2 三相交流异步电动机概述 ... 242
9.2.1 电动机的分类 ... 242
9.2.2 三相交流异步电动机的构造 ... 242
9.2.3 三相交流异步电动机的工作原理 ... 243
9.2.4 三相交流异步电动机的机械特性 ... 244
9.2.5 识读三相异步电动机的铭牌 ... 245
9.2.6 三相异步电动机的接线 ... 249

9.3 常用低压电器 ... 250
9.3.1 刀开关 ... 251
9.3.2 按钮开关 ... 253
9.3.3 转换开关 ... 254
9.3.4 热继电器 ... 255
9.3.5 自动空气开关 ... 257
9.3.6 熔断器 ... 259
9.3.7 交流接触器 ... 261
9.3.8 中间继电器 ... 264
9.3.9 时间继电器 ... 264
9.3.10 速度继电器 ... 268
9.3.11 行程开关 ... 269
9.3.12 接近开关 ... 271

9.4 电气原理图的识读与绘制 ... 273
9.4.1 电气图的主要类型 ... 273
9.4.2 电气制图的图形符号及文字符号标准 ... 275
9.4.3 继电接触器控制系统电气原理图的基本结构 ... 278
9.4.4 电气原理图的绘制方法 ... 279
9.4.5 电气原理图的识读 ... 280

9.5 继电接触器控制系统的设计方法 ... 282
9.5.1 电气控制设计的一般原则 ... 282
9.5.2 电气控制设计任务书的拟订 ... 282
9.5.3 电力拖动方案的确定 ... 283
9.5.4 常用电器的选型及图样绘制 ... 284

9.6 实训项目 ... 284
9.6.1 点动线路 ... 284
9.6.2 点动、自锁混合线路 ... 285
9.6.3 顺序控制线路 ... 286

9.6.4 带有电气互锁的正、反转线路 288
9.6.5 典型往复运动线路 290
9.6.6 短接制动线路 291
9.6.7 反接制动线路 293
9.6.8 Y-△降压启动自动控制线路 294
课后习题 296

第10章 PLC应用基础 297

10.1 可编程控制器概述 297
10.1.1 可编程控制器的产生与发展 297
10.1.2 可编程控制器的分类 298
10.1.3 可编程控制器的特点及应用领域 300

10.2 可编程控制器的组成及原理 301
10.2.1 可编程控制器的硬件组成 301
10.2.2 可编程控制器的工作原理及方式 302
10.2.3 可编程控制器的编程语言 303

10.3 西门子 S7-200 PLC 306
10.3.1 西门子 S7-200 系列 CPU 224 型 PLC 306
10.3.2 西门子 S7-200 PLC 常用模块 307

10.4 S7-200 PLC 指令系统 312
10.4.1 S7-200 PLC 数据类型 312
10.4.2 S7-200 PLC 编程元件 313
10.4.3 寻址方式 316

10.5 S7-200 PLC 基本编程指令 317
10.5.1 位逻辑指令 317
10.5.2 定时器指令 321
10.5.3 计数器指令 322

10.6 PLC 控制系统的设计及应用 324
10.6.1 PLC 控制系统的设计基本原则与步骤 324
10.6.2 PLC 控制系统的设计方法 325
10.6.3 PLC 控制系统的设计实例 327

10.7 S7-200 系列 PLC 编程软件概述 332
10.7.1 STEP7-Micro/WIN 编程软件的安装 333
10.7.2 STEP7-Micro/WIN 窗口组件 334
10.7.3 STEP7-Micro/WIN 编程软件的应用 338
10.7.4 S7-200 PLC 的通信设置 339

10.8 实训项目 341
10.8.1 PLC 认识实训 341
10.8.2 PLC 编程软件使用实训 342

10.8.3 电动机点动控制线路编程实训 ·················· 345
10.8.4 电动机连续控制线路编程实训 ·················· 346
10.8.5 电动机正、反转控制线路编程实训 ············ 347
10.8.6 抢答器的 PLC 控制编程实训 ···················· 348
10.8.7 交通灯的 PLC 控制编程实训 ···················· 348
课后习题 ·· 349

第 11 章 变频器及其应用 ···································· 351
11.1 电动机调速基础 ··· 351
11.1.1 三相异步电动机的机械特性 ······················ 351
11.1.2 三相异步电动机的启动 ······························ 352
11.1.3 三相异步电动机的制动 ······························ 354
11.1.4 三相异步电动机的调速 ······························ 355
11.2 变频器基础 ··· 357
11.2.1 变频器概述 ·· 357
11.2.2 变频器的分类 ·· 360
11.2.3 变频器的控制方式 ······································ 361
11.2.4 变频器的结构 ·· 362
11.2.5 变频器常用的电力电子器件 ······················ 364
11.2.6 PWM 原理 ··· 368
11.2.7 变频器主电路 ·· 371
11.2.8 变频器的保护功能 ······································ 372
11.3 富士 5000G11S/P11S 变频器 ······························· 373
11.3.1 富士 5000G11S/P11S 变频器简介 ··············· 373
11.3.2 富士 5000G11S/P11S 变频器接口电路 ······· 376
11.3.3 富士 5000G11S/P11S 变频器操作与运行 ··· 378
11.3.4 富士 5000G11S/P11S 变频器功能参数 ······· 386
11.4 实训项目 ··· 396
11.4.1 变频器基本操作实训 ·································· 396
11.4.2 变频器频率设定方式实训 ·························· 398
11.4.3 变频器运行方式实训 ·································· 398
11.4.4 变频器段速运行实训 ·································· 399
11.4.5 变频器程序运行实训 ·································· 400
课后习题 ·· 401

参考文献 ·· 403

第1章
电 工 基 础

【内容提要】

人类文明的进程，几乎就是研究和利用电的过程。电能在现代生活中必不可少，从工业用电到家庭中的照明、取暖以及各种电气设备的使用，可以说它与人们的生活紧密相连。电能推动了社会的进步与发展，在国民经济和人民生活中发挥着重要的作用。了解电能如何产生、分类，如何预防触电事故发生等相关内容，就可以利用电能更好地为人类服务。电路是电工技术和电子技术的基础，并为后续的电子电路、电机控制等内容的学习提供理论依据。各种电工技术都要通过一定的设备来实现，而设备需要用具体的材料制作出来，因此电工材料在设备制作、电力传输、电气绝缘等方面发挥着重大作用。

1.1 电能

1.1.1 电能的产生

电能是大自然能量循环中的一种转换形式。

能源是自然界赋予人类生存和社会发展的重要物质资源，自然界固有的原始能源称为一次能源，分为可再生能源和不可再生能源两类。一次能源包括煤炭、石油、天然气以及太阳能、风能、水能、地热能、海洋能、生物能等。其中太阳能、风能、水能、地热能、海洋能、生物能等在自然界中能不断得到补充，或者可以在较短的周期内再产生出来，属于可再生能源；煤炭、石油、天然气、核能等能源的形成要经过亿万年，在短期内无法恢复再生，属于不可再生能源。

电能是一种二次能源，主要是由不可再生的一次能源转化或加工而来的。其主要的转化途径是化石能源的燃烧，即将化学能转化为热能；加热水使其汽化成蒸汽并推动汽轮机运行，从而将热能转化为机械能；最后由汽轮机带动发电机利用电磁感应原理将机械能转化为电能。

电能因具有清洁安全、输送快速高效、分配便捷、控制精确等一系列优点，成为迄今为止人类文明史上最优质的能源，它不仅易于实现与其他能量（如机械能、热能、光能等）的相互转换，而且容易控制与变换，便于大规模生产、远距离输送和分配，同时还是信息的载体，在人类现代生产、生活和科研活动中发挥着不可替代的作用。

1.1.2 电能的特点

与其他能源相比，电能具有以下特点：

1）电能的产生和利用比较方便。电能可以采用大规模的工业生产方法集中获得，且把其他能源转换为电能的技术相对成熟。

2）电能可以远距离传输，且损耗较低，在输送方面具有实时、方便、高效等特点。

3）电能能够很方便地转化为其他能量，能够用于各种信号的发生、传递和信息处理，实现自动控制。

4）电能本身的产生、传输和利用的过程已能实现精确可靠的自动化信息控制。电力系统各环节的自动化程度也相对较高。

1.1.3 电能的应用

电能的应用非常广泛，在工业、农业、交通运输、国防建设、科学研究及日常生活中的各个方面都有所应用。电能的生产和使用规模已成为社会经济发展的重要标志。电能的主要应用方面包括：

1）电能转换成机械能，作为机械设备运转的动力源。

2）电能转换为光和热，如电气照明。

3）化工、轻工业行业中的电化学产业如电焊、电镀等在生产过程中要消耗大量的电能。

4）家用电器的普及，办公设备的电气化、信息化等，使各种电子产品深入生活，信息化产业的高速发展也使用电量急剧增加。

1.2 电源

电源是电路的源泉，它为电路提供电能。现在应用的电源有各种干电池电源、太阳能电源、风力发电电源、火力发电电源、水力发电电源、核能发电电源等，如图 1-1 所示。图 1-1（c）所示为风力发电机外形，风叶在风力的推动下转动，通过传动机构带动发电机转动发出电能；图 1-1（d）所示为太阳能电池板，在阳光的照射下，电池板的"+""-"电极输出电流。

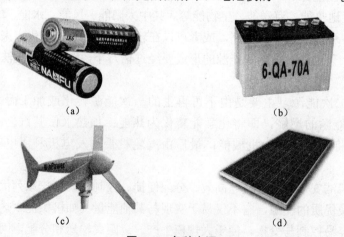

图 1-1 各种电源

(a) 干电池；(b) 蓄电池；(c) 风力发电；(d) 太阳能电池板

1.2.1 直流电源

直流电源是电压和电流的大小和方向不随时间变化的电源,是维持电路中形成稳恒电流的装置。常见的直流电源有:干电池、蓄电池、直流发电机等。

为了更直观的描述直流电源的特性,可以用一种由理想电路元件组成的电路模型来表示实际情况。常用的理想电路元件有电压源和电流源两种。

1. 电压源

(1) 定义

电压源是一种理想的电路元件,其两端的电压总能保持定值或一定的时间函数,且电压值与流过它的电流无关。

(2) 电路符号

电压源的图形符号如图 1-2 所示。

(3) 理想电压源的电压、电流关系

电源两端的电压由电源本身决定,与外电路无关;且与流经它的电流方向、大小无关。通过电压源的电流由电源及外电路共同决定,其伏安特性曲线如图 1-3 所示。

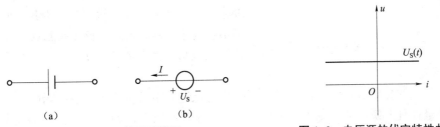

图 1-2 电压源的图形符号
(a) 直流电源;(b) 理想电压源

图 1-3 电压源的伏安特性曲线

2. 电流源

(1) 定义

电流源是另一种理想的电路元件,不管外部电路如何,其输出的电流总能保持定值或一定的时间函数,其值与它两端的电压无关。

(2) 电路符号

电流源的图形符号如图 1-4 所示。

(3) 理想电流源的电压、电流关系

电流源的输出电流由电源本身决定,与外电路无关;且与它两端电压无关。电流源两端的电压由其本身的输出电流及外部电路共同决定,其伏安特性曲线如图 1-5 所示。

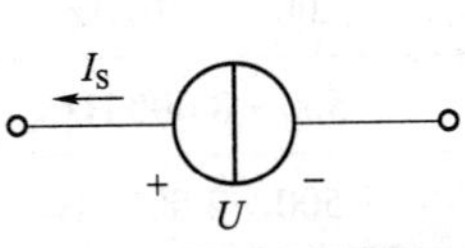

图 1-4 电流源的图形符号

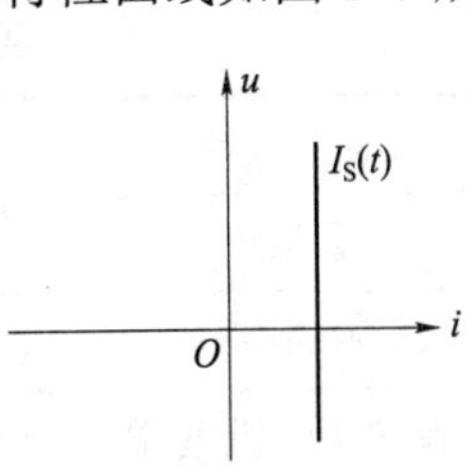

图 1-5 电流源的伏安特性曲线

1.2.2 交流电源

日常生产生活中的用电多为交流电,这种交流电一般指的是正弦交流电。

正弦信号是一种基本信号,任何复杂的周期信号都可以分解为按正弦规律变化的分量。因此,对正弦交流电的分析研究具有重要的理论价值和实际意义。

正弦交流电量是电流、电压随时间按正弦规律做周期性变化的电量。它是由交流发电机或正弦信号发生器产生的。

以电流为例,其瞬时值表达式为:

$$i(t) = I_m \cos(\omega t + \psi) \tag{1-1}$$

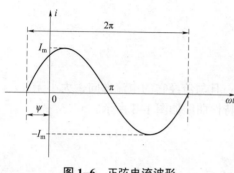

图1-6 正弦电流波形

式中,I_m 为正弦量的振幅,是正弦量在整个振荡过程中达到的最大值;($\omega t+\psi$)为随时间变化的角度,称为正弦量的相位或相角;ω 为正弦量的角频率,表示正弦量的相位随时间变化的角速度;ψ 为正弦量在 $t=0$ 时刻的相位,称为正弦量的初相位。

幅值 I_m、角频率 ω 和初相位 ψ 称为正弦量的三要素。对于任意正弦交流电量,当其幅值 I_m、角频率 ω 和初相位 ψ 确定后,该正弦量就能完全确定。

其波形如图1-6所示。

1. 幅值

幅值(也叫振幅、最大值)是反映正弦量变化过程中所能达到的最大幅度。

正弦量在任一瞬间的值称为瞬时值,用小写字母来表示,如 i、u、e 分别表示电流、电压及电动势的瞬时值。瞬时值中最大的值称为幅值或最大值,用 I_m、U_m、E_m 表示。

2. 周期与频率

(1)周期

正弦量变化一次所需的时间称为周期 T,单位为 s(秒)。

(2)频率

每秒内变化的次数称为频率 f,单位为 Hz(赫兹)。频率是周期的倒数,即

$$f = \frac{1}{T} \tag{1-2}$$

在我国和大多数国家,电网频率都采用交流 50 Hz 作为供电频率,有些国家如美国、日本等供电频率为 60 Hz。在其他不同领域使用的频率也不同,如表1-1所示。

表1-1 不同领域使用的频率

领 域	使用频率
高频炉	200～300 kHz
中频炉	500～8 000 Hz
高速电动机电源	1 500～2 000 kHz
收音机中波段	530～1 600 kHz

领　　域	使用频率
收音机短波段	2.3～23 MHz
移动通信	900 MHz、1 800 MHz
无线通信	300 GHz

（3）角频率

角频率 ω 为相位变化的速度，反映正弦量变化的快慢，单位为 rad/s（弧度/秒）。它与周期和频率的关系为：

$$\omega = \frac{2\pi}{T} = 2\pi f \tag{1-3}$$

3. 初相位

（1）相位

相位是反映正弦量变化的进程。

（2）初相位

初相位 ψ 是表示正弦量在 $t=0$ 时的相角。

（3）相位差

相位差是用来描述电路中两个同频正弦量之间相位关系的量。设

$$u(t) = U_m \cos(\omega t + \psi_u), \ i(t) = I_m \cos(\omega t + \psi_i) \tag{1-4}$$

则相位差为：

$$\varphi = (\omega t + \psi_u) - (\omega t + \psi_i) = \psi_u - \psi_i \tag{1-5}$$

式中，同频正弦量之间的相位差等于初相之差，如果 $\varphi>0$，称 u 超前 i，或 i 滞后 u，表明 u 比 i 先达到最大值，如图 1-7（a）所示；如果 $\varphi<0$，称 i 超前 u，或 u 滞后 i，表明 i 比 u 先达到最大值，如图 1-7（b）所示；如果 $\varphi=0$，称 i 与 u 同相，如图 1-7（c）所示。

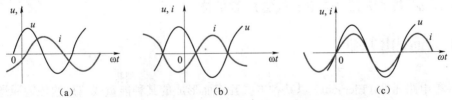

图 1-7　不同相位差的电压、电流波形

(a) $\varphi>0$；(b) $\varphi<0$；(c) $\varphi=0$

4. 有效值

正弦电流、电压和电动势的大小，往往不是用它们的幅值而是用有效值来计算的。

有效值：与交流热效应相等的直流被定义为交流电的有效值。有效值是从电流的热效应来规定的。周期性电流、电压的瞬时值随时间而变化，为了衡量其平均效应，工程上常采用有效值来表示。周期电流、电压有效值的物理意义如图 1-8 所示，通过比较直流电流 I 和交流电流 i 在相同时间 T 内流经同一电阻 R 产生的热效应，即令

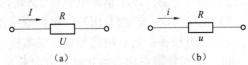

图 1-8　电流、电压的物理意义

(a) 直流；(b) 交流

$$\int_0^T Ri^2(t)\,dt = RI^2T \qquad (1-6)$$

从中获得周期电流和与之相等的直流电流 I 之间的关系为：

$$I = \sqrt{\frac{1}{T}\int_0^T i^2(t)\,dt} \qquad (1-7)$$

式中，直流量 I 称为周期量的有效值。需要注意的是，式（1-7）只适用于周期变化的量，不适用于非周期变化的量。

当周期电流为正弦量时，$i(t) = I_m \cos(\omega t + \psi_i)$，则相应的有效值为：

$$I = \sqrt{\frac{1}{T}\int_0^T I_m^2 \cos^2(\omega t + \psi)\,dt}$$

因为 $\int_0^T \cos^2(\omega t + \psi)\,dt = \int_0^T \frac{1+\cos 2(\omega t+\psi)}{2}\,dt = \frac{1}{2}t\Big|_0^T = \frac{1}{2}T$，所以

$$I = \sqrt{\frac{1}{T}I_m^2 \frac{T}{2}} = \frac{I_m}{\sqrt{2}} = 0.707 I_m$$

即正弦电流的有效值与最大值满足下列关系，即

$$I_m = \sqrt{2}I \qquad (1-8)$$

同理，可得正弦电压有效值与最大值的关系，即

$$U_m = \sqrt{2}U \qquad (1-9)$$

工程上所说的正弦电压、电流一般指有效值，如设备铭牌额定值、电网的电压等级等。但绝缘水平、耐压值指的是最大值。因此，在考虑电气设备的耐压水平时应按最大值考虑。测量中，交流测量仪表指示的电压、电流读数一般为有效值。应用时需注意区分电流、电压的瞬时值 i、u，最大值 I_m、U_m 和有效值 I、U 的符号。

1.3 供配电基础

把各种电路元件（Element）以某种方式互连而形成的某种能量或信息的传输通道称为电路（Electric Circuit），或者称为电路网路（Electric Network）。

1.3.1 三相电路

三相电路具有如下优点：
1）发电方面：比单相电源提高 50% 的功率。
2）输电方面：比单相输电节省 25% 的钢材。
3）配电方面：三相变压器比单相变压器经济且便于接入负载。
4）运电设备：具有结构简单、成本低、运行可靠、维护方便等优点。

以上优点使得三相电路在动力方面获得了广泛的应用，是目前电力系统中采用的主要供电方式。三相电路在生产上应用最为广泛，发电和输配电一般都采用三相制。在用电方面，最主要的负载是三相电动机。

1. 对称三相电源

对称三相电源通常由三相同步发电机产生对称三相电源。如图 1-9（a）所示，发电机的静止部分叫作定子。在定子内壁槽中放置几何尺寸、形状和匝数都相同的三个绕组 U_1U_2、V_1V_2、W_1W_2，三相绕组在空间互差 120°，当转子以均匀角速度 ω 转动时，在三相绕组中产生感应电压，分别为 u_1、u_2、u_3，从而形成图 1-9（b）所示的对称三相电源。其中 U_1、V_1、W_1 三端称为始端，U_2、V_2、W_2 三端称为末端。发电机的转动部分叫作转子，它的磁极由直流电励磁沿定子和转子间的空隙产生按正弦规律分布的磁场。当转子以角速度 ω 沿顺时针方向做匀速旋转时，在各绕组中产生的电动势必然频率相同、最大值相等。又由于三相绕组依次切割转子磁场的磁感线，因此其出现电动势最大值的时间就不相同，即在相位上互差 120°。

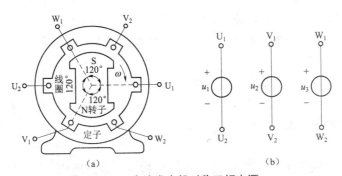

图 1-9　交流发电机对称三相电源

(a) 三相交流发电机；(b) 对称三相电源

三相电源的瞬时值表达式为：

$$\left.\begin{array}{l}u_1 = U_m \sin \omega t \\ u_2 = U_m \sin(\omega t - 120°) \\ u_3 = U_m \sin(\omega t + 120°)\end{array}\right\} \quad (1-10)$$

式中，以 U 相电压为参考正弦量，三相交流电源的波形图如图 1-10 所示。

三相电源的相量表示为：

$$\left.\begin{array}{l}\dot{U}_1 = U \angle 0° \\ \dot{U}_2 = U \angle -120° \\ \dot{U}_3 = U \angle 120°\end{array}\right\} \quad (1-11)$$

式（1-11）可以用图 1-11 所示的相量图表示。

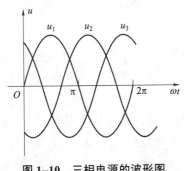

图 1-10　三相电源的波形图

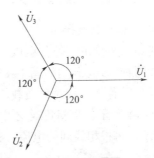

图 1-11　相量图

从三相电压的波形图和相量图容易得出，在任何瞬间，对称三相的电压之和为零，即

$$\left.\begin{array}{l}u_1 + u_2 + u_3 = 0 \\ \dot{U}_1 + \dot{U}_2 + \dot{U}_3 = 0\end{array}\right\} \tag{1-12}$$

三相电源中各相电源经过同一值（如最大值）的先后顺序 U_1、V_1、W_1 称为三相电源的相序，$U_1 \to V_1 \to W_1$ 称为正序（或顺序）。反之，$U_1 \to W_1 \to V_1$ 称为反序（或逆序）。

2. 三相电源的连接

（1）星形连接（Y 连接）

把三相电源绕组的末端 U_2、V_2、W_2 连接起来成一公共点 N，从始端 U_1、V_1、W_1 引出三条端线 L_1、L_2、L_3 就构成星形连接，如图 1-12 所示。从每相绕组始端引出的导线 L_1、L_2、L_3 称为相线或端线（俗称火线），公共点 N 称为中性点，从中性点引出的导线称为中性线或零线，这种具有中性线的三相供电系统称为三相四线制电路。如果不引出中性线，则称为三相三线制电路。

如图 1-12 所示，每相始端与末端间的电压，即相线 L 与中性线 N 之间的电压，称为相电压，其有效值用 U_1、U_2、U_3 表示。而任意两始端间的电压，即两相线 L_1L_2、L_2L_3、L_3L_1 间的电压，称为线电压，其有效值用 U_{12}、U_{23}、U_{31} 表示。

（2）三角形连接（△连接）

三个绕组始末端顺序相接如图 1-13 所示，就构成三角形连接。

需要注意的是：△连接的电源必须始端末端依次相连，由于 $\dot{U}_1 + \dot{U}_2 + \dot{U}_3 = 0$，电源中不会产生环流。任意一相接反，都会造成电源中产生大的环流从而损坏电源。因此，当将一组三相电源连成三角形时，应先不完全闭合，留下一个开口，在开口处接上一个交流电压表，测量回路中总的电压是否为零。如果电压为零，说明连接正确，然后再把开口处接在一起。

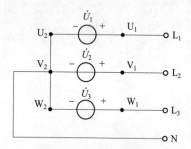

图 1-12　电源星形连接

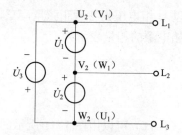

图 1-13　电源三角形连接

3. 三相负载及其连接

三相电路的负载由三部分组成，其中每一部分叫作一相负载，三相负载也有星形连接和三角形连接两种方式，分别如图 1-14、图 1-15 所示。当三相负载满足关系：$Z_1 = Z_2 = Z_3 = Z$，$Z_{12} = Z_{23} = Z_{31}$，称为三相对称负载。

如图 1-14 所示，每相负载 Z 中的电流，称为相电流，其有效值用 I_1、I_2、I_3 表示。如图 1-15 所示，每根相线间的电流，称为线电流，其有效值用 I_{12}、I_{23}、I_{31} 表示。

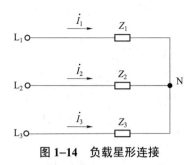
图 1-14 负载星形连接

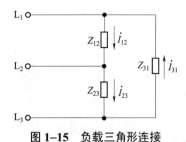
图 1-15 负载三角形连接

1.3.2 电力系统

电力系统由电能的生产、传输、分配和消耗四个部分组成，即通常所说的发电、输电、变电和配电。首先发电机将一次能源转化为电能，电能经过变压器和电力线路输送、分配给用户，最终通过用电设备转化为用户所需的其他形式的能量。这些生产、传输、分配和消耗电能的发电机、变压器、电力线路和用电设备联系在一起组成的整体就是电力系统，也称为一次系统。为了保证一次系统能正常、安全、可靠、经济地运行，还需要各种信号监测、调度控制、保护操作等，它们也是电力系统不可缺少的部分，称为二次系统。电力系统的组成如图 1-16 所示。

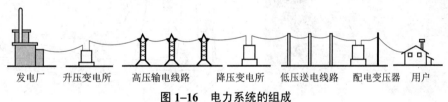
图 1-16 电力系统的组成

1. 电能的生产

电能的生产即发电，它是由各种形式的发电厂来实现的。发电厂的种类很多，一般根据它所利用能源的不同分为火力发电厂、水力发电厂和原子能发电厂。此外，还有风力发电厂、潮汐发电厂、太阳能发电厂、地热发电厂和等离子发电厂等。目前，我国的电能生产以火力发电、水力发电和原子能发电为主，风力发电也在大规模地应用中。

（1）火力发电

火力发电通常以煤或油为燃料，通过锅炉产生蒸汽，以高压、高温蒸汽驱动汽轮机带动发电机发电，图 1-17 所示为火力发电厂及其组成。首先，锅炉将燃料的能量高效地转化为热能。汽轮机将蒸汽所具有的热能转换成机械能，而后推动发电机。冷凝、给水设备将汽轮机排出的蒸汽冷凝为冷凝水，而后经冷凝水泵将该冷凝水作为给水送到锅炉。汽轮发电机将汽轮机机械能转换成电能。火力发电厂的运行控制由中央调度所的大型计算机实施控制。在火力发电厂内装有自动负荷控制装置，接受来自中央调度所的指令，对锅炉的燃料、空气、给水及汽轮机进气量等进行控制。这样的火力发电厂为凝汽式火电厂。

除了凝汽式火电厂外，还有一种供热式火电厂，也称热电厂。热电厂将部分做了功的蒸汽从汽轮机中段抽出，供给电厂附近的热用户，这样可以减少凝汽器中的热量损失，提高电厂效率。

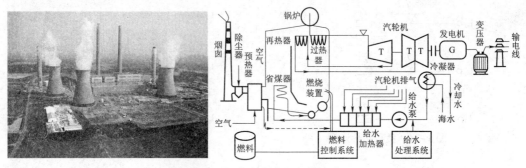

图 1-17 火力发电厂及其组成

（2）水力发电

水力发电是利用自然水力资源作为动力，通过水岸或筑坝截流的方式提高水位。利用高水位和低水位之间因落差所具有的水位能驱动水轮机转换成机械能，由水轮机带动发电机发电，进而转换成电能，如图 1-18 所示。

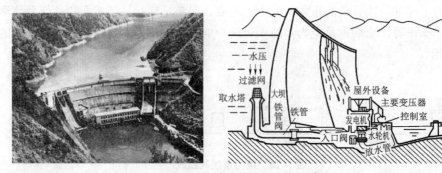

图 1-18 水力发电厂及其组成

（3）原子能发电

原子能发电是由核燃料在反应堆中的裂变反应所产生的热能，产生高压、高温蒸汽，由汽轮机带动发电机发电。原子能发电又称核能发电。核能发电过程中铀燃料的原子核受到外部热中子轰击时，会产生原子核裂变，分裂为两个原子核，并释放出大量的热量。该热量将水变成水蒸气，然后把它送到汽轮发电机，其原理与火力发电相同，如图 1-19 所示。

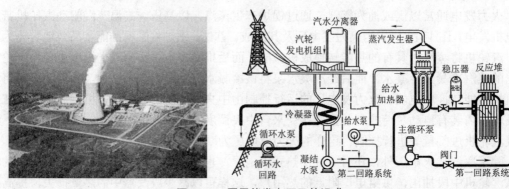

图 1-19 原子能发电厂及其组成

原子能发电厂的汽水循环分为两个独立的回路：第一回路由核反应堆、蒸汽发生器、主循环泵等组成。高压水在反应堆内吸热后，经蒸汽发生器再注入反应堆。第二回路由蒸汽发生器、汽轮机、给水泵组成。水在蒸汽发生器内吸热变成蒸汽，经汽轮机做功被凝结成水后，再由给水泵注入蒸汽发生器。

（4）风力发电

风力发电是利用风力带动风车叶片旋转，通过增速机将旋转的速度提升，来促使发电机发电。风力发电常用的发电机有4种：直流发电机、永磁发电机、同步交流发电机、异步交流发电机。

如图1-20所示，风力发电系统通常由风力机、发电机和电力电子部分等构成。风力机通过齿轮箱驱动发电机，发电机发出的电能经电力电子部分变换后直接供给负载，最后通过变压器并入电网。

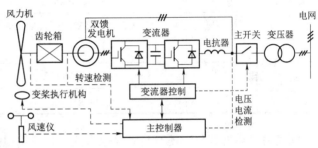

图1-20 风力发电厂及其组成

目前，我国正在新疆、内蒙古、青海、宁夏等内陆草原以及海滨湿地等风力资源相对丰富的地区大力建设风力发电厂，实现风力发电。

世界上由发电厂提供的电力大多数是交流电。我国交流电的频率为50 Hz，称为工频。

2. 电能的传输

电能的传输又称输电。输电网是由若干输电线路组成，并将许多电源点与供电点连接起来的网络系统。在输电过程中，先将发电机组发出的6～10 kV电压经升压变压器转变为35～500 kV高压，通过输电线将电能传送到各用户，再利用降压变压器将35～500 kV的高压变为6～10 kV。电能的传输过程如图1-21所示。

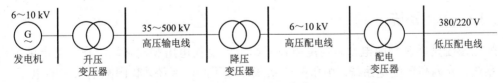

图1-21 电能的传输

由于大中型发电厂多建在产煤地区或水利资源丰富的地区，距离用电城市相聚几十千米，甚至上百千米，所以发电厂生产的电能要采用高压输电线路输送到用电地区，然后再分配给用户。输电的距离越长，输送的容量越大，则要求输电电压的等级越高。我国标准输电电压等级有35 kV、110 kV、220 kV、330 kV和500 kV等。一般情况下，输送距离在50 km以下的，采用35 kV电压；输电距离在100 km左右的，采用110 kV；输电距离在2 000 km以上的，采用 220 kV 或更高等级的电压。

高压输电按照输电特点，通常可分为高压输电（110 kV、220 kV）、超高压输电（330 kV、500 kV、750 kV、±500 kV、±660 kV）和特高压输电（1 000 kV、±800 kV），具体电压等级及用途如表 1–2 所示。我国目前多采用高压、超高压远距离输电。高压输电可以有效减小输电电流，从而减少电能损耗，保证输电质量。

表 1–2　电网的电压等级及用途

类型	等级	电压水平	用　　途
交流电	低压	400 V（单相 220 V）	居民及小型工商户用电
	中压	10 kV、20 kV、30 kV	配电网、工业用户
	高压	110 kV、220 kV	输电网、城市配电网
	超高压	330 kV、500 kV、750 kV	省及区域骨干输电网
	特高压	1 000 kV	跨区骨干输电网
直流电	高压	±500 kV、±660 kV	远距离、大容量输电
	特高压	±800 kV	超远距离、超大容量输电

除交流输电方式外，还有直流输电方式。直流输电是指将发电厂发出的交流电，经整流器转换成直流电输送至受电端，再用逆变器将直流电变换成交流电送到受端交流电网的一种输电方式。其主要应用于远距离大功率输电和非同步交流系统的联网。直流输电与交流输电相比具有结构简单、投资少、对环境影响小、电压分布平稳、不需无功功率补偿等优点，但输电过程中其整流和逆变部分结构较为复杂。

3. 电能的分配

高压输电到用电点（如住宅、工厂）后，须经区域变电所将交流电的高压降为低压，再供给各用电点。电能提供给民用住宅的照明电压为交流 220 V，提供给工厂车间的电压为交流 380/220 V。

在工厂配电中，对车间动力用电和照明用电均采用分别配电的方式，即把动力配电线路与照明配电线路一一分开，这样可避免因局部故障而影响整个车间生产的情况发生。

1.3.3　配电系统

配电系统是由多种配电设备与配电设施组成的变换电压和向终端用户分配电能的电力网络系统，分为高压配电系统、中压配电系统和低压配电系统。我国配电系统的电压等级，根据《城市电力网规划设计导则》Q/GDW 156—2006 的规定，220 kV 及其以上电压为输变电系统，35 kV、63 kV、110 kV 为高压配电，10 kV、20 kV 为中压配电，380/220 V 为低压配电。考虑到大型及特大型城市近年来电网的快速发展，中压配电可扩展至 220 kV、330 kV、500 kV。

1. 高压配电网

高压配电网是由高压配电线路和配电变电站组成的向用户提供电能的配电网。高压配网从上一级电源接受电能后,可以直接向高压用户供电,也可以向下一级中压(或低压)配电网提供电源。

2. 中压配电网

中压配电网是由中压配电线路和配电室(配电变压器)组成的向用户提供电能的配电网。中压配电网从高压配电网接收电能,向中压用户或向各用电小区负荷中心的配电室(配电变压器)供电,再经过变压后向下一级低压配电网提供电源。

3. 低压配电网

低压配电网是由低压配电线路及其附属电气设备组成的向低压用户提供电能的配电网。低压配电网从中压(或高压)配电网接收电能,直接配送给各低压用户。低压配电网是电力系统的末端,分布广泛,几乎遍及建筑的每一角落,日常使用最多的是380/220 V。

从安全用电等方面考虑,低压配电系统有三种接地形式,分别为IT系统、TT系统、TN系统。TN系统又分为TN-S系统、TN-C系统和TN-C-S系统三种形式(系统接地的形式及安全技术要求,GB 14050—2008)。系统接地的形式以拉丁字母作代号,其意义为:第一个字母表示电源端与地的关系。

T表示电源端有一点直接接地;I表示电源端所有带电部分不接地或有一点通过阻抗接地。第二个字母表示电气装置的外露可导电部分与地的关系。T表示电气装置的外露可导电部分直接接地,此接地点在电气上独立于电源端的接地点;N表示电气装置的外露可导电部分与电源端接地点有直接电气连接。短横线"-"后面的字母用来表示中性导体与保护导体的组合情况。S表示中性导体和保护导体是分开的;C表示中性导体和保护导体是合一的。

(1)IT系统

IT系统就是电源中性点不接地、或经阻抗(1 000 Ω)接地,用电设备外壳直接接地的系统,称为三相三线制系统,如图1-22所示。在IT系统中,连接设备外壳可导电部分和接地体的导线,就是PE线。

在IT系统内,电气装置带电导体与地绝缘,或电源的中性点经高阻抗接地;所有的外露可导电部分和装置外导电部分经电气装置的接地极接地。由于该系统在出现第一次故障时故障电流小,且电气设备金属外壳不会产生危险性的接触电压,因此可以不切断电源,使电气设备继续运行,并可通过报警装置及时检查并消除故障。

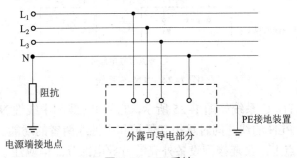

图1-22 IT系统

(2)TT系统

TT系统就是电源中性点直接接地,用电设备外壳也直接接地的系统,称为三相四线制系统,如图 1-23 所示。通常将电源中性点的接地叫作工作接地,而设备外壳的接地叫作保护接地。在 TT 系统中,这两个接地是相互独立的。设备接地可以是每一设备都有各自独立的接地装置,也可以是若干设备共用一个接地装置。

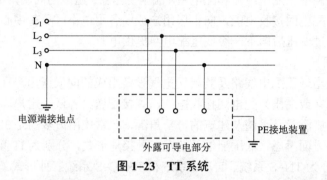

图 1-23　TT 系统

TT 系统适应于有中性线输出的单相、三相电分开的较大村庄。为其加装上漏电保护装置后,可收到较好的安全效果。目前,有的建筑单位采用 TT 系统,施工单位借用其电源做临时用电时,应用一条专用保护线,以减少接地装置的用量。该系统也适用于对信号干扰有要求的场合,如对数据处理、精密检测装置的供电等。

（3）TN 系统

TN 系统即电源中性点直接接地,设备外壳等可导电部分与电源中性点有直接电气连接的系统,它也有三种形式:

1）TN-S 系统。TN-S 系统如图 1-24 所示。图中中性线 N 与 TT 系统相同,在电源中性点工作接地,而用电设备外壳等可导电部分通过保护线 PE 连接到电源中性点上。在这种系统中,中性线 N 和保护线 PE 是分开的。TN-S 系统是我国目前应用最为广泛的一种系统,又称为三相五线制系统,适用于新建楼宇和爆炸、火灾危险性较大或安全性要求高的场所,如科研院所、计算机中心、通信局站等。

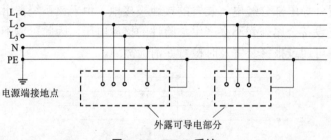

图 1-24　TN-S 系统

2）TN-C 系统。TN-C 系统如图 1-25 所示,它将 PE 线和中线性 N 的功能综合起来,由一根称为保护中性线 PEN 的线,同时承担起保护和中性线两者的功能。在用电设备处,PEN 线既连接到负荷中性点上,又连接到设备外壳等可导电部分。但应注意火线与零线要连接正确,否则外壳会带电。TN-C 系统现在已很少采用,尤其在民用配电中已基本上不允许采用 TN-C 系统。

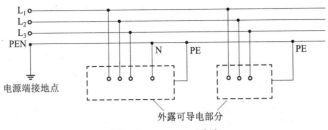

图 1-25 TN-C 系统

3）TN-C-S 系统。TN-C-S 系统是 TN-C 系统和 TN-S 系统的结合形式，如图 1-26 所示。TN-C-S 系统中，从电源出来的那一段采用 TN-C 系统，只起能的传输作用，到用电负荷附近某一点处时，将 PEN 线分开成单独的 N 线和 PE 线，从这一点开始，系统相当于 TN-S 系统。TN-C-S 系统也是目前应用比较广泛的一种系统。这里采用了重复接地这一技术，此系统适用于厂内变电站、厂内低压配电场所及民用旧楼改造。

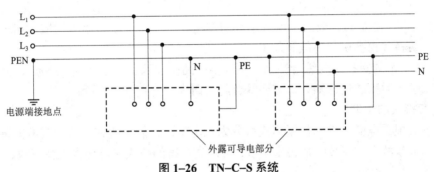

图 1-26 TN-C-S 系统

1.4 安全用电

安全用电是研究如何预防用电事故及保障人身和设备安全的一门学科。安全用电包括供电系统安全、用电设备安全和人身安全三个方面，它们之间又是紧密联系的。供电系统的故障可能导致用电设备的损坏或人身伤亡事故，而用电设备的安全隐患和使用不当也会导致局部或大范围停电，引起人身伤亡，严重的会造成社会灾难。安全用电主要包括以下三个方面：

1）供电系统安全。发电、输电、变电和配电过程要安全、可靠。
2）用电设备安全。大型设备的正确操作，家用电器的正确使用。
3）人身安全。掌握安全用电常识和技能，预防各种触电事故。

1.4.1 安全用电的意义

电作为一种能源，是人类不可缺少的伙伴，电能与人们的生活息息相关，但电能在造福人类的同时，各种电气事故也给人们的生活带来了灾难。如在生活或工作中会出现触电、电击、烧伤、火灾以及窒息、生命垂危、设备损坏、财产损失，从而造成不可估量的经济损失和政治影响。因此，只有掌握好安全用电的知识与技能，人们才能在工作、生活中安全用电，让电更好地为人类服务。

1.4.2 电气事故

电气事故危害大、涉及领域广，是电气安全工程主要的研究和管理对象。熟悉电气事故的危害、特点和分类，对掌握好安全用电的基本知识具有重要的意义。

1. 电气事故的危害

电气事故的危害主要有两个方面：

1）对系统自身的危害，如短路、过电压、绝缘老化等。

2）对用电设备、环境和人员的危害，如触电、电气火灾、电压异常升高造成用电设备损坏等。

2. 电气事故的特点

1）电气事故危害大。电气事故的发生常伴随着受伤、死亡、财产损失等。

2）电气事故的危险性从直观上很难识别。由于电本身不具备被人直观识别的特征，因此电引起的危险不易被人们察觉。

3）电气事故涉及的领域广。电气事故的发生并不仅仅局限于用电领域，在一些非用电场所，电能的释放也会引起事故和危害。

4）电气事故的防护研究综合性强。电气事故的机理除了电学之外，还涉及力学、化学、生物学、医学等学科的理论知识，需要综合起来研究。

3. 电气事故的类型

电气事故根据电能的不同作用形式可分为触电事故、静电危害事故、雷电灾害事故、射频电磁场危害事故和电路故障危害事故等；按发生灾害的形式又可分为人身事故、设备事故、电气火灾等。

（1）触电事故

触电事故是由电流的能量造成的。触电是指电流流经人体时对人体产生的生理和病理的伤害，这种伤害是多方面的。

（2）静电危害事故

静电危害事故是由静电电荷或静电场能量引起的，是两种互相接触的非导电物质在相对运动的过程中，因摩擦而产生的带电现象。在生产和操作过程中，由于某些材料的相对运动、接触与分离等原因导致相对静止的正电荷和负电荷的积累，也会产生静电。

一般情况下，静电量不大，放电不易被人察觉。但当静电所积累的电能达到一定程度时，放电会伴有响声和火花，其电压可能高达数十千伏乃至数百千伏，会对生产和人身安全造成危害，甚至发生爆炸、火灾、电击等事故。

（3）雷电灾害事故

雷电是自然界中高能量静电的集聚和放电的过程。其放电时间极短，仅为 $50\sim100\ \mu s$，但大气中的瞬时放电电流可达 300 kA，放电路径中形成的等离子体温度可达 20 000 ℃以上，并产生强烈的声光效应。雷电放电具有电流大、电压高的特点，其释放出来的能量可能形成极大的破坏力。

雷电的破坏作用主要有直击雷放电、二次放电。雷电流的热量会引起火灾和爆炸。被雷电直接击中、金属导体的二次放电、跨步电压的作用均会造成人员的伤亡。强大的雷电流、高电压可导致电气设备被击穿或烧毁；发电机、变压器、电力线路等遭受雷击，可导致大规模停电事故；雷击还可直接毁坏建筑物、构筑物等。

(4) 射频电磁场危害事故

射频是指无线电波的频率或者相应的电磁振荡频率。射频伤害是由电磁场的能量造成的，在射频电磁场作用下，人体吸收辐射能量会受到不同程度的伤害。在高强度的射频电磁场作用下，可能会产生感应放电，造成电引爆器件发生意外引爆。当受电磁场作用感应出的感应电压较高时，会对人产生明显的电击。

(5) 电路故障危害事故

电路故障危害是由于电能在输送、分配、转换过程中失去控制而产生的。断线、短路、异常接地、漏电、误合闸、电气设备或电气元件损坏、电子设备受电磁干扰而发生误动作等均属于电路故障。系统中电气线路或电气设备的故障会引起火灾和爆炸，造成异常带电、异常停电，从而导致人员伤亡及重大财产损失。

1.4.3 触电事故

1. 电流对人体伤害的种类

电流对人体组织的危害作用主要表现为电热性质作用、电离或电解（化学）性质作用、生物性质作用和机械性质作用。电流通过人体时，由于电流的热性质作用会引起肌体烧伤、碳化、产生电烙印及皮肤金属化现象；化学性质作用会使人体细胞由于电解而被破坏，使肌体内体液和其他组织发生分解，并破坏各种组织结构和成分；生物性质作用会引起神经功能和肌肉功能紊乱，使神经组织受到刺激而兴奋、内分泌失调；机械性质作用会使电能在体内转化为机械能引起损伤，如骨折、组织受伤。

根据伤害的性质不同，触电可分为电击和电伤两种。

(1) 电击

电击是电流通过人体造成的内部器官在生理上的反应和病变，如刺痛、灼热感、痉挛、麻痹、昏迷、心室颤动或停跳、呼吸困难或停止等。电击是主要的触电事故，分为直接电击和间接电击两种。

(2) 电伤

电伤是电流通过人体时，由于电流的热效应、化学效应和机械效应对人体外部造成的伤害，如电灼伤、电烙印、皮肤金属化等现象。能够形成电伤的电流一般都比较大，它属于局部伤害，其危险性取决于受伤面积、受伤深度及受伤部位。

1) 电灼伤。电灼伤分为接触灼伤和电弧灼伤两类。接触灼伤的受伤部位呈现黄色或黑褐色，可累及皮下组织、肌腱、肌肉和血管，甚至使骨骼呈碳化状态。电弧灼伤会使皮肤发红、起泡、组织烧焦、坏死。

2) 电烙印。电烙印发生在人体与带电体之间有良好接触的部位，其颜色呈灰黄色，往往造成局部麻木和失去知觉。

3) 皮肤金属化。皮肤金属化是由于高温电弧使周围金属融化、蒸发并飞溅渗透到皮肤表面形成的伤害，一般无致命危险。

2. 电流对人体伤害程度的主要影响因素

电流对人体的伤害程度与电流通过人体的大小、电流作用于人体的时间、电流流经途径、电流频率、人体状况等因素有关。

（1）伤害程度与电流大小的关系

通过人体的电流越大，人体的生理反应就越明显。对于工频交流电，根据通过人体电流大小和人体所呈现的不同状态，习惯上将触电电流分为感知电流、摆脱电流和室颤电流三种。

感知电流是指人身能够感觉到的最小电流。成年男性的平均感知电流大约为 1.1 mA，女性为 0.7 mA。感知电流不会对人体造成伤害，但当电流增大时，人体的反应强烈，可能造成坠落等间接事故。

摆脱电流是指大于感知电流，人体触电后可以摆脱掉的最大电流。成年男性的平均摆脱电流大约为 16 mA，女性为 10 mA；成年男性的最小摆脱电流大约为 9 mA，女性为 6 mA，儿童则较小。

室颤电流是指引起心室颤动的最小电流。由于心室颤动几乎将导致死亡，因此通常认为室颤电流即致命电流。当电流达到 90 mA 以上时，心脏会停止跳动。

在线路或设备装有防止触电的速断保护装置的情况下，人体允许通过的电流为 30 mA。工频交流电对人体的影响如表 1-3 所示。

表 1-3　工频交流电对人体的影响

电流大小/mA	人体感觉特征
0.6～1.5	手指开始感觉发麻
2～3	手指感觉强烈发麻
5～7	手指肌肉感觉痉挛，手指灼热和刺痛
8～10	手摆脱电极已感到困难，指尖到手腕有剧痛感
20～25	手迅速麻痹，不能自动摆脱
50～80	心房开始震颤，呼吸困难
90～100	呼吸麻痹，一定时间后心脏麻痹，最后停止跳动

（2）伤害程度与电流作用于人体时间的关系

通过人体电流的持续时间越长，电流对人体产生的热伤害、化学伤害及生理伤害就越严重。由于电流作用时间越长，作用于人体的能量累积越多，则室颤电流减小，电流波峰与心脏脉动波峰重合的可能性越大，越容易引起心室颤动，危险性就越大。

一般情况下，工频 15～20 mA 以下、直流 50 mA 以下的电流对人体是安全的。但如果电流通过人体的时间很长，即使工频电流小到 8～10 mA，也可能使人致命。这是因为通电时间越长，电流通过人体时产生的热效应越大，使人体发热，人体组织的电解液成分随之增加，导致人体电阻降低，从而使通过人体的电流增加，触电的危险也随之增加。

（3）伤害程度与电流流经途径的关系

电流通过头部可使人昏迷；通过脊髓可能导致瘫痪；通过心脏会造成心跳停止，血液循环中断；通过呼吸系统会造成窒息；通过中枢神经有关部分会引起中枢神经系统强烈失调而致残。实践证明，从左手到胸部是最危险的电流路径，从手到手和从手到脚也是很危险的电流路径，从左脚到右脚是危险性较小的电流路径。电流流经路径与通过人体心脏电流的比例关系如表 1-4 所示。

表 1-4　电流流经路径与通过人体心脏电流的比例关系　　　　　　　　　　　　%

电流通过人体的路径	左手到脚	右手到脚	左手到右手	左脚到右脚
流经心脏的电流占总电流的比例	6.4	3.7	3.3	0.4

（4）伤害程度与电流频率的关系

不同频率的电流对人体的影响也不同。通常频率在 50~60 Hz 的交流电对人体的危害最大。低于或高于此频率段的电流对人体触电的伤害程度明显减弱。高频电流有时还可以用于治疗疾病。目前，医疗上采用 20 kHz 以上的交流小电流对人体进行理疗。各种频率的电流导致死亡的比例如表 1-5 所示。

表 1-5　各种频率的电流导致死亡的比例

电流频率/Hz	10	25	50	60	80	100	120	200	500	1 000
死亡比例/%	21	70	95	91	43	34	31	22	14	11

（5）伤害程度与人体状况的关系

人体触电时，流过人体的电流在接触电压一定的情况下由人体的电阻决定。人体电阻的大小不是固定不变的，它取决于众多因素。当皮肤有完好的角质外层并且干燥时，人体电阻可达 10^4~10^5 Ω；当角质层被破坏时，人体电阻降到 800~1 000 Ω。总的来讲，人体电阻主要由表面电阻和体积电阻构成，其中表面电阻起主要作用。一般认为，人体电阻在 1 000~2 000 Ω内变化。此外，人体电阻的大小还取决于皮肤的干湿程度、粗糙度等，如表 1-6 所示。

表 1-6　不同电压下人体的电阻值

接触电压/V	人体电阻/Ω			
	皮肤干燥	皮肤潮湿	皮肤湿润	皮肤浸入水中
10	7 000	3 500	1 200	600
25	5 000	2 500	1 000	500
50	4 000	2 000	875	400
100	3 000	1 500	770	375

此外，人体状况的影响还与性别、年龄、身体条件及精神状态等因素有关。一般来说，女性比男性对电流敏感；小孩比大人敏感。

3. 人体触电方式

按照人体触及带电体的方式和电流通过人体的途径，触电可分为直接触电、间接触电和跨步电压触电三种方式，此外还有感应电压触电、剩余电荷触电等方式。

（1）直接触电

直接触电是指人体直接接触带电体而引起的触电。直接触电又可分为单相触电和双相触电两种。

单相触电是指人体某一部位触及一相带电体时，电流通过人体与大地形成闭合回路而引起的触电事故。这种触电的危害程度取决于三相电网中的中性点是否接地，如图1-27所示。

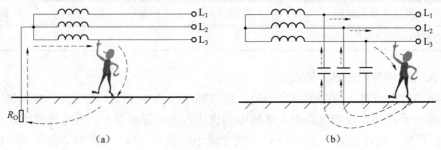

图1-27 单相触电
(a) 中性点接地系统；(b) 中性点不接地系统

图1-27(a)所示为中性点直接接地系统，当人体触及一相带电体时，电流通过人体、大地、系统中性点形成闭合回路。由于接地电阻远小于人体电阻，所以电压几乎全部加在人体上，人体承受单相电压大小，通过人体的电流远大于人体所能承受的最大电流。

$$I = \frac{220}{4+1000} = 0.22 \text{（A）}$$

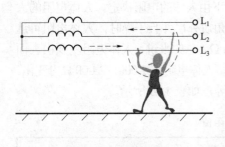

图1-28 双相触电

图1-27(b)所示为中性点不接地系统，当人体触及一相带电体时，电流通过人体，另两相对地电容形成闭合回路。由于各相对地电容较小，相对地的绝缘电阻较大，故不会造成触电。

双相触电是人体的不同部位同时触及两相带电体，电流通过人体在两相电线间形成回路引起的触电事故，如图1-28所示。此时，无论系统的中性点是否接地，人体均处于线电压的作用下，比单相触电危险性更大，通过人体的电流远大于人体所能承受的最大电流。

$$I = \frac{380}{1000} = 0.38 \text{（A）}$$

(2) 间接触电

电气设备已断开电源，但由于电路漏电或设备外壳带电，使操作人员碰触时发生间接触电，危及人身安全，如图1-29所示。

(3) 跨步电压触电

若出现故障的设备附近有高压带电体或高压输电线断落在地上时，接地点周围就会存在强电场，如图1-30所示。人在接地点周围行走，人的两脚（一般距离以0.8 m计算）分别处于不同的电位点，使两脚间承受一定的电压值，这一电压称为跨步电压。跨步电压的大小与电位分布区域内的位置有关，越靠近接地体处的跨步电压越大，触电危险性也越大。离开接地点大于20 m，则跨步电压为零。

(4) 感应电压触电

感应电压触电是指当人触及带有感应电压的设备和线路时所造成的触电事故。一些不带电的线路由于大气变化（如雷电活动）会产生感应电荷；另外，停电后一些可能感应电压的设备和线路如果未及时接地，这些设备和线路对地均存在感应电压。

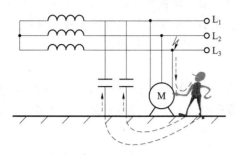

图1-29 设备漏电而导致的间接触电

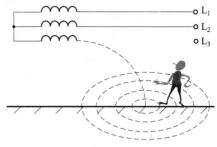

图1-30 跨步电压触电

（5）剩余电荷触电

剩余电荷触电是指当人体触及带有剩余电荷的设备时，设备对人体放电造成的触电事故。带有剩余电荷的设备通常含有储能元件，如并联电容器、电力电缆、电力变压器及大容量电动机等，在退出运行和检修后，这些设备会带上剩余电荷，因此要及时对其进行放电。

1.4.4 触电急救

在电器操作和日常用电过程中，采取有效的预防措施，能有效地减少触电事故，但绝对避免发生触电事故是不可能的。所以，必须做好触电急救的思想和技术准备。

1. 触电急救措施

触电急救的要点是动作迅速、救护得法，切不可惊慌失措、束手无策。

触电急救，首先要使触电者迅速脱离电源。这是由于电流对人体的伤害程度与电流在人体内作用的时间有关。电流作用的时间越长，造成的伤害越严重。脱离电源就是要把与触电者接触的那一部分带电设备的开关、刀闸或其他断路设备断开；或设法将触电者与带电设备脱离。在脱离电源的过程中，救护人员既要救人，也要注意保护自己。触电者未脱离电源前，救护人员切不可直接用手触及伤员，以免有触电的危险。应采取的具体措施如下：

（1）低压触电事故

触电者触及带电体时，救护人员应设法迅速切断电源，如断开电源开关或刀闸，拔除电源插头或用带绝缘柄的电工钳切断电源。当电线搭落在触电者身上或被压在身下时，可用干燥的木棒、竹竿等作为绝缘工具挑开电线，使触电者脱离电源。如果触电者的衣服是干燥的，而且电线紧缠在其身上时，救护人员可以站在干燥的木板上，用一只手拉住触电者的衣服，将他拉离带电体，但不可触及触电者的皮肤和金属物体。

（2）高压触电事故

救护人员应立即通知有关部门停电，有条件的可以用适合该电压等级的绝缘工具（如戴绝缘手套、穿绝缘靴并使用绝缘棒）断开电源开关，解救触电者。在抢救过程中应注意保持自身与周围带电部分必要的安全距离。

2. 触电者脱离电源后的伤情判断

当触电者脱离电源后，应立即将其移到通风处，使其仰卧，迅速检查伤员全身，特别是呼吸和心跳。

(1) 判断呼吸是否停止

将触电者移至干燥、宽敞、通风的地方，将衣裤放松，使其仰卧，观察其胸部或腹部有无因呼吸而产生的起伏动作。若起伏不明显，可用手或小纸条靠近触电者的鼻孔，观察有无气流流动，用手放在触电者胸部，感觉有无呼吸动作，若没有，说明呼吸已经停止。

(2) 判断脉搏是否搏动

用手检查颈部的颈动脉或腹股沟处的股动脉，查看有无搏动。如有搏动，说明心脏还在跳动。另外，还可用耳朵贴在触电者的心区附近，倾听有无心脏跳动的声音。如有声音，则表明心脏还在跳动。

(3) 判断瞳孔是否放大

瞳孔受大脑控制，如果大脑机能正常，瞳孔可随外界光线的强弱自动调节大小。处于死亡边缘或已死亡的人，由于大脑细胞严重缺氧，大脑中枢失去对瞳孔的调节功能，瞳孔会自行放大，对外界光线强弱不能做出反应。

根据触电者的具体情况，迅速地对症救护，同时拨打120通知医生前来抢救。

3. 针对触电者的不同情况进行现场救护

(1) 症状轻者

症状轻者即触电者神志清醒，但感到全身无力、四肢发麻、心悸、出冷汗、恶心，或一度昏迷，但未失去知觉，暂时不能站立或走动，应将触电者抬到空气新鲜、通风良好的地方让其舒服地躺下休息，慢慢地恢复正常。要时刻注意保暖并观察触电者，若发现呼吸与心跳不规则，应立刻设法抢救。

(2) 呼吸停止，心跳存在者

就地平卧解松衣扣，通畅气道，立即采用口对口人工呼吸，有条件的可进行气管插管，加压氧气人工呼吸。

(3) 心跳停止，呼吸存在者

应立即采用胸外心脏按压法抢救。

(4) 呼吸、心跳均停止者

应在人工呼吸的同时施行胸外心脏按压，以建立呼吸和循环，恢复全身器官的氧供应。现场抢救时，最好能有两人分别施行口对口人工呼吸及胸外心脏按压，如此交替进行，抢救一定要坚持到底。

(5) 处理电击伤时，应注意有无其他损伤

如触电后弹离电源或自高空跌下，常并发颅脑外伤、血气胸、内脏破裂、四肢和骨盆骨折等。如有外伤、灼伤均需同时处理。

(6) 现场抢救中，不要随意移动伤员

确需移动时，抢救中断时间不应超过 30 s，在医院的医务人员未接替救治之前救治不能中止。当被抢救者出现面色好转、嘴唇逐渐红润、瞳孔缩小、心跳和呼吸迅速恢复正常，即为抢救有效的特征。

4. 触电救护方法

现场应用的主要救护方法有：口对口人工呼吸法、胸外心脏按压法、摇臂压胸呼吸法、俯卧压背呼吸法等。

(1) 口对口人工呼吸法

人工呼吸是用于自主呼吸停止时的一种急救方法。通过徒手或机械装置使空气有节律地进入肺部，然后利用胸廓和肺组织的弹性回缩力使进入肺内的气体呼出，如此周而复始以代替自主呼吸。在做人工呼吸之前，首先要检查触电者口腔内有无异物，呼吸道是否通畅，特别要注意喉头部分有无痰堵塞。其次要解开触电者身上妨碍呼吸的衣物，维持好现场秩序。

口对口（鼻）人工呼吸法不仅方法简单易学，而且效果最好，也较为容易掌握，其具体操作方法如下：

1）使触电者仰卧，并使其头部充分后仰，一般应用一只手托在其颈后，使其鼻孔朝上，以利于呼吸道畅通，如图 1-31（a）所示。

2）救护人员在触电者头部的侧面，用一只手捏紧其鼻孔，另一只手的拇指和食指掰开其嘴巴，如图 1-31（b）所示。

3）救护人员深吸一口气，紧贴掰开的嘴巴向内吹气，也可搁一层纱布。吹气时要用力并使其胸部膨胀，一般应每 5 s 吹气一次，吹 2 s，放松 3 s。对儿童可小口吹气，如图 1-31（c）所示。

4）吹气后应立即离开其口或鼻，并松开触电者的鼻孔或嘴巴，让其自动呼气，约 3 min，如图 1-31（d）所示。

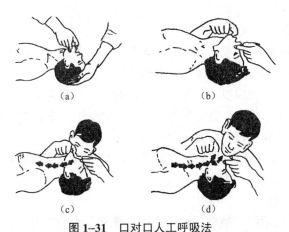

图 1-31　口对口人工呼吸法
(a) 身体仰卧、头部后仰；(b) 捏鼻掰嘴准备；(c) 紧贴吹气；(d) 放松换气

5）在实行口对口（鼻）人工呼吸时，当发现触电者胃部充气膨胀，应用手按住其腹部，并同时进行吹气和换气。

(2) 胸外心脏按压法

胸外心脏按压法是触电者心脏停止跳动后使其心脏恢复跳动的急救方法，适用于各种创伤、电击、溺水、窒息、心脏疾病或药物过敏等引起的心脏骤停，是每一个电气工作人员都应该掌握的，具体操作方法如下：

1）使触电者仰卧在比较坚实的地方，解开领扣衣扣，使其头部充分后仰，或将其头部放在木板端部，在其胸后垫以软物。

2）救护者跪在触电者一侧或骑跪在其腰部的两侧，两手相叠，下面手掌的根部放在心窝上方，即胸骨下三分之一至二分之一处，如图 1-32（a）所示。

3）掌根用力垂直向下按压，用力要适中，不得太猛，成人应压陷 3～4 cm，频率每分钟 60 次；对于 16 岁以下的儿童，一般应用一只手按压，用力要比成人稍轻一点，压陷 1～2 cm，频率每分钟 100 次为宜，如图 1-32（b）所示。

4）按压后掌根应迅速全部放松，让触电者胸部自动复原，血液回到心脏。放松时掌根不要离开压迫点，只是不向下用力而已，如图 1-32（c）所示。

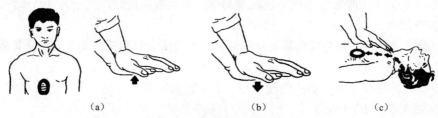

图 1-32　胸外心脏按压法
(a) 正确压点、叠手方法；(b) 向下按压；(c) 放松换气

5）为了达到良好的效果，在进行胸外心脏按压术的同时，必须进行口对口（鼻）人工呼吸。因为正常的心脏跳动和呼吸是相互联系且同时进行的，没有心跳，呼吸也要停止，而呼吸停止，心脏也不会跳动。

（3）摇臂压胸呼吸法

1）使触电者仰卧，头部后仰。

2）救护人员在触电者头部，一条腿作跪姿，另一条腿半蹲，两手将触电者的双手向后拉直。压胸时，将触电者的手向前顺推至胸部位置，并向胸部靠拢，用触电者的两手压胸部。在同一时间内救护者还要完成以下几个动作：跪着的一只脚向后蹬（成前弓后箭状），半蹲的前脚向前倒，然后用身体重量自然向胸部压下；压胸动作完成后，将触电者的手向左右扩张。完成后，将两手往后顺向拉直，恢复原来位置。

3）压胸时不要有冲击力，两手关节不要弯曲。压胸深度要看对象，对于小孩不要用力过猛；对于成年人每分钟完成 14～16 次。

（4）俯卧压背呼吸法

俯卧压背呼吸法只适用于触电后溺水、腹内涨满了水的情况。该方法操作要领如下：

1）使触电者俯卧，触电者的一只手臂弯曲枕在头上，脸侧向一边，另一只手在头旁伸直。操作者跨腰跪，四指并拢，指尾压在触电者背部肩胛骨下（相当于第七对肋骨）。

2）按压时，救护人员的手臂不要弯，用身体重量向前压。向前压的速度要快，向后收缩的速度可稍慢，每分钟完成 14～16 次。

3）触电后溺水的情况，可将触电者面部朝下平放在木板上，木板向前倾斜 10° 左右，触电者腹部垫放柔软的垫物（如枕头等），这样，压背时会迫使触电者将吸入腹内的水吐出。

1.4.5　电气安全技术

总结触电事故发生的情况，可以将触电事故分为直接触电和间接触电两大类。直接触电多是由主观原因造成的，而间接触电多是由客观原因造成的。无论是主观原因还是客观原因造成的触电事故，都可以采用安全用电技术措施来预防。因此，加强安全用电措施的学习是防止触电事故发生的重要方法。

根据用电安全导则（GB/T 13869—2008）：为了防止偶然触及或过分接近带电体造成直接触电，可采取绝缘、屏护、安全间距、限制放电能量等安全措施；为了防止触及正常不带电而意外带电的导体造成的间接触电，可采取自动断开电源、双重绝缘结构、电气隔离、不接地的局部等电位连接、接地等安全措施。

1. 预防直接触电的措施

直接触电防护需要防止电流经由身体的任何部位通过，并且限制可能通过人体的电流使之小于电击电流。

（1）选用安全电压

我国《特低电压》国家标准（GB/T 3805—2008）中规定了安全电压的定义和等级。安全电压是指为防止触电事故而采用的由特定电源供电的电压系列。这个电压系列的上限值，在正常和故障情况下，即任何两导体间或任一导体与地之间的电压均不得超过交流有效值 50 V。我国安全电压额定值的等级分为 42 V、36 V、24 V、12 V 和 6 V。直流电压不超过 120 V。

采用安全电压的电气设备，应根据使用地点、使用方式和人员等因素，选用国标规定的不同等级的安全电压额定值。如在无特殊安全措施的情况下，手提照明灯、危险环境的携带式电动工具应采用 36 V 的安全电压；在金属容器内、隧道内、矿井内等工作场合，以及狭窄、行动不便、粉尘多和潮湿的环境中，应采用 24 V 或 12 V 的安全电压，以防止触电造成的人身伤亡。

（2）采用绝缘措施

良好的绝缘是保证电气设备和线路正常运行的必要条件。绝缘是利用绝缘材料对带电体进行封闭和隔离。绝缘材料的选用必须与该电气设备的工作电压、工作环境和运行条件相适应，否则容易造成击穿。

绝缘材料具有较高的绝缘电阻和耐压强度，可以把电气设备中电势不同的带电部分隔离开来，并能避免发生漏电、击穿等事故。绝缘材料耐热性能好，可以避免因长期过热而老化变质。此外，绝缘材料还具有良好的导热性、耐潮防雷性和较高的机械强度以及工艺加工方便等特点。

（3）采用屏护措施

屏护是一种对电击危险因素进行隔离的手段，即采用屏护装置如遮栏、护罩、护盖、箱匣等把危险的带电体同外界隔离开来，以防止人体触及或接近带电体引起触电事故。

屏护装置不直接与带电体接触，对所选用材料的电气性能没有严格要求，但必须有足够的机械强度和良好的耐热、耐火性能。主要用于电气设备不便于绝缘或绝缘不足的场合，如开关电气的可动部分、高压设备、室内外安装的变压器和变配电装置等。当作业场所邻近带电体时，在作业人员与带电体之间、过道、入口处等均应装设可移动的临时性屏护装置。

（4）采用间距措施

间距措施是指在带电体与地面之间、带电体与其他设备和设施之间、带电体与带电体之间保持一定的必要的安全距离。间距的作用是防止人体触及或过分接近带电体造成触电事故；避免车辆或其他器具碰撞或过分接近带电体造成事故；防止火灾、过电压放电及各种短路事故。间距的大小取决于电压等级、设备类型、安装方式等因素。不同电压等级、设备类型、安装方式、环境所要求的间距大小也不同。

2. 预防间接触电的措施

间接触电防护需要防止故障电流经由身体的任何部位通过，并且限制可能流经人体的故障电流使之小于电击电流，即在故障情况下，触及外露可导电部分可能引起流经人体的电流等于或大于电击电流时，能在规定时间内自动断开电源。

（1）加强绝缘措施

加强绝缘措施是对电气线路或设备采取双重绝缘或对组合电气设备采用共同绝缘的措施。采用加强绝缘措施的线路或设备绝缘牢固，难以损坏，即使工作绝缘损坏后，还有一层加强绝缘，不易发生带电的金属导体裸露而造成的间接触电。

（2）电气隔离措施

电气隔离措施是采用隔离变压器或具有同等隔离作用的发电机，使电气线路和设备的带电部分处于悬浮状态的措施。即使该线路或设备的工作绝缘损坏，人站在地面上与之接触也不易触电。

（3）自动断电措施

自动断电措施是指带电线路或设备上发生触电事故或其他事故（如短路、过载、欠压等）时，在规定时间内能自动切断电源而起到保护作用的措施。如漏电保护、过电流保护、过电压或欠电压保护、短路保护、接零保护等均属于自动断电措施。

（4）电气保护接地措施

接地是将电气设备或装置的某一点（接地端）与大地之间做符合技术要求的电气连接。目的是利用大地为正常运行、绝缘损坏或遭受雷击等情况下的电气设备等提供对地电流流通回路，保证电气设备和人身的安全。

接地装置由接地体和接地线两部分组成。接地体是埋入大地和大地直接接触的导体组，它分为自然接地体和人工接地体。自然接地体是利用与大地有可靠连接的金属构件、金属管道、钢筋混凝土建筑物的基础等作为接地体。人工接地体是利用型钢如角钢、钢管、扁钢、圆钢作为接地体。电气设备或装置的接地端与接地体相连的金属导线称为接地线。

1）工作接地。为了保证电气设备的正常工作，将电路中的某一点通过接地装置与大地可靠地连接，称为工作接地。如变压器低压侧的中性点接地、电压互感器和电流互感器的二次侧某一点接地等，如图 1-33 所示。变压器中性点采用工作接地后为相电压提供一个明显可靠的参考点，为稳定电网的电位起着重要作用，同时也

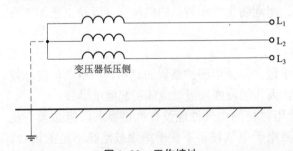

图 1-33 工作接地

为单相设备提供了一个回路，使系统有两种电压 380 V/220 V，既能满足三相设备，也能满足单相设备。我国的低压配电系统也采用了中性点直接接地的运行方式，要求工作接地电阻必须不大于 4 Ω。

2）保护接地。在中性点不接地的三相三线制供电系统中，将电气设备在正常情况下不带电的金属外壳通过接地装置与大地之间做可靠的连接，称为保护接地。如电机、开关设备、较大功率照明器具的外壳均采用该接地方式。

在中性点不接地电网中，电气设备及其装置除特殊规定外，均采用保护接地，以防止其

漏电时对人体、设备造成危害。采用保护接地的电气设备及装置有电机、变压器、电器、开关、携带式或移动式用电设备的金属底座及外壳、电气设备的传动装置、配电屏、控制柜等。

保护接地的原理如图 1-34 所示。当电气设备的金属外壳不接地时，如图 1-34（a）所示，使一相绝缘损坏碰壳，电流经人体电阻、大地和线路对地电阻构成回路，绝缘损坏时对地电阻变小，流经人体的电流增大，便会触电；当电气设备外壳接地时，如图 1-34（b）所示，虽有一相电源碰壳，但由于人体电阻远大于接地电阻，通过人体的电流较小，流经接地电阻的电流很大，从而保证了人体的安全。保护接地适用于中性点不接地或不直接接地的电网系统。

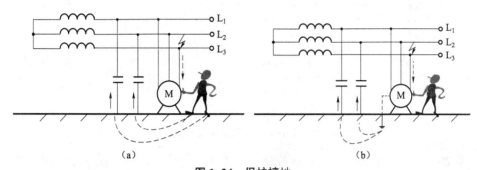

图 1-34 保护接地
（a）未加保护接地；（b）有保护接地

3）保护接零。在中性点直接接地的三相四线制供电系统中，为了保证人身安全把电气设备正常工作情况下不带电的金属外壳与电网中的零线做可靠的电气连接称为保护接零。对该系统来说，采用外壳接地已不足以保证安全，而应采用保护接零，其原理如图 1-35 所示。当一相绝缘损坏碰壳时，在故障相中会产生很大的单相短路电流。由于外壳与零线连通，形成该相对零线的单相短路，发生短路产生的大电流使线路上的保护装置如熔断器、低压断路器等迅速动作，切断电源，消除触电危险。

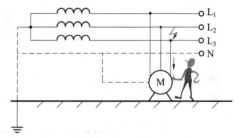

图 1-35 保护接零

保护接零的方法简单、安装可靠，但在三相四线制的供电系统中，零线是单相负载的工作电路，在正常运行时零线上的各点电位并不相等，且距离电源越远对地电位越高，一旦零线断线，不仅设备不能正常工作，而且设备的金属外壳还将带上危险的电压。因此，目前开始推广保护零线与工作零线完全分开的系统，也称为三相五线制系统（TN-S），如图 1-36 所示。三相五线制系统中的"五线"指的是：三根相线、一根保护地线、一根工作零线，用于安全要求较高，设备要求统一接地的场所。

采用保护接零时要注意保护接地与保护接零的区别：

① 保护原理不同。保护接地是通过接地电阻来限制漏电设备的对地电压，使之不超过安全范围。在高压系统中，保护接地除限制对地电压外，在某些情况下还具有促使电网保护装置动作的作用；保护接零是通过零线使设备漏电形成单相短路，促使线路上的保护装置动作，以及切断故障设备的电源。

② 适用范围不同。保护接地适用于中性点不接地的高、低压电网，也适用于采取了其他安全措施（如装设漏电保护器）的低压电网；保护接零只适用于中性点直接接地的

低压电网。

③ 线路结构不同。保护接地只有保护地线无工作零线；保护接零却有保护零线和工作零线。

需要注意的是保护零线一般用黄绿双色线，在保护零线上不能安装开关和熔断器，以防止零线断开时造成触电事故。

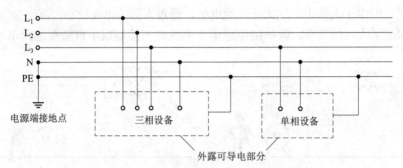

图1-36　保护零线与工作零线分开的系统

4）重复接地。为了防止接地中性线断线失去接零的保护作用，在三相四线制供电系统中，会将工作零线上的一点或多点再次与地进行可靠地电气连接，称为重复接地，如图1-37所示。对1 kV以下的接零系统，重复接地的接地电阻不应大于10 Ω。重复接地可以降低三相不平衡电路中零线上可能出现的危险电压，减轻单相接地或高压窜入低压的危险。

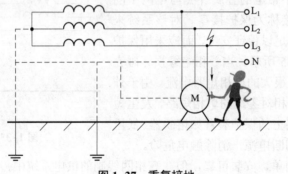

图1-37　重复接地

（5）其他保护措施

1）过电压保护。当电压超过预定最大值时，使电源断开或使受控设备电压降低的一种保护方式，称为过电压保护。这种方法主要采用避雷器、击穿保护器、接地装置等进行保护。

2）静电防护。为了防止静电积累所引起的人身电击、火灾、爆炸、电子器件失效和损坏，以及对生产的不良影响而采取的一定的防范措施。这种方法主要采用接地、搭接、屏蔽等方法来抑制静电的产生，加速静电泄漏，并进行静电中和。

3）电磁防护。电磁辐射是由电磁波形式的能量造成的。主要采用屏蔽、吸收、接地等措施来进行防护。电磁屏蔽是利用导电性能和导磁性能良好的金属板或金属网，通过反射效应和吸收效应，阻隔电磁波的传播。当电磁波遇到屏蔽体时，大部分被反射回去，其余的一小部分在金属内部被吸收而衰减。屏蔽接地是为了防止电磁感应而对电力设备的金属外壳、屏蔽罩、屏蔽线的外皮或建筑物金属屏蔽体等进行的接地措施，并将感应电流引入地下。

1.5 常用电工材料

1.5.1 导电材料

导电材料主要是金属材料,又称导电金属。用作导电材料的金属除应具有高导电性外,还应具有较高的机械强度、抗氧化性、抗腐蚀性,且容易加工和焊接。

1. 导电材料的特性

(1) 电阻特性

在外电场的作用下,由于金属中的自由电子做定向运动时,不断地与晶格结点上做热振动的正离子相碰撞,使电子运动受到阻碍,因此金属具有一定的电阻。金属的电阻特性通常用电阻率 ρ 来表示。

(2) 电子逸出功

金属中的电子脱离其本体变成自由电子所必需获得的能量称为电子逸出功,其单位为电子伏特,用 eV 表示。不同的金属,其电子逸出功不同。

(3) 接触电位差

接触电位差是指在两种不同的金属或合金接触时,两者之间所产生的电位差。

(4) 温差电势

两种不同的金属接触,当两个触点间有一定的温度差时,则会产生温差电势。根据温差电势现象,选用温差电势大的金属,可以组成热电偶用来测量温度和高频电流。此外,温度升高,会使金属的电阻增大;合金元素和杂质也会使金属的电阻增大;机械加工也会使金属的电阻增大;电流频率升高,金属产生趋肤效应,导体的电阻也会增大。

2. 导电材料的分类

导电材料按用途一般可分为高电导材料、高电阻材料和导线材料。

(1) 高电导材料

高电导材料是指某些具有低电阻率的导电金属。常见金属的导电能力大小按顺序为银、铜、金、铝。由于金银价格高,因此仅在一些特殊场合使用。电子工业中常用的高电导材料为铜、铝及它们的合金。

1) 铜及其合金。纯铜(Cu)呈紫红色,故又称紫铜。它具有良好的导电性和导热性,不易氧化且耐腐蚀,机械强度较高,延展性和可塑性好,易于机械加工,便于焊接等优点。铜在室温、干燥的条件下,几乎不会氧化。但在潮湿的空气中,铜会产生铜绿;在腐蚀气体中会受到腐蚀。但纯铜的硬度不够高,耐磨性不好。所以,对于某些特殊用途的导电材料,需要在铜的成分中适当加入其他元素构成铜合金。

黄铜是加入锌元素的铜合金,具有良好的机械性能和压力加工性能,其导电性能较差,抗拉强度大,常用于制作焊片、螺钉、接线柱等。

青铜是除黄铜、白铜(镍铜合金)外的铜合金的总称。常用的青铜有锡磷青铜、铍青铜等。锡磷青铜常用作弹性材料,其缺点是导电能力差、脆性大。铍青铜具有特别高的机械强度、硬度和良好的耐磨、耐蚀、耐疲劳性,并有较好的导电性和导热性,弹性稳定性好,弹性极限高,用于制作导电的弹性零件。

2) 铝及其合金。铝是一种白色的轻金属,具有良好的导电性和导热性,易进行机械加工,其导电能力仅次于铜,但体积质量小于铜。铝的化学性质活泼,在常温下的空气中,其表面很快氧化生成一层极薄的氧化膜,这层氧化膜能阻止铝的进一步氧化,起到一定的保护作用。其缺点是熔点很高、不易还原、不易焊接,并且机械强度低。所以,一般在纯铝中加入硅、镁等杂质构成铝合金以提高其机械强度。

铝硅合金又称硅铝明,它的机械强度比铝高,流动性好,收缩率小,耐腐蚀,易焊接,可代替细金丝用于连接线。

3) 金及其合金。金具有良好的导电、导热性,不易被氧化,但价格高,主要用作连接点的电镀材料。金的硬度较低,常用的是加入各种硬化元素的金基合金。其合金具有良好的抗有机污染的能力,硬度和耐磨性均高于纯金,常用在要求较高的电接触元件中做弱电流、小功率接点,如各种继电器、波段开关等。

4) 银及其合金。银的导电性和导热性很好,易于加工成形,其氧化膜也能导电,并能抵抗有机物污染。与其他贵重金属相比,银的价格比较便宜。但其耐磨性差,容易硫化,其硫化物不易导电,难以清除。因此,常采用银铜、银镁镍等合金。

银合金比银具有更好的机械性能,银铅锌、银铜的导电性能与银相近,而强度、硬度和抗硫化性均有所提高。

(2) 高电阻材料

高电阻材料是指某些具有高电阻率的导电金属。常用的高电阻材料大都是铜、镍、铬、铁等合金。

1) 锰铜。它是铜、镍、锰的合金,具有特殊的褐红色光泽,电阻率低,主要用于电桥、电位差计、标准电阻及分流器、分压器。

2) 康铜。它是铜、镍合金,其机械强度高,抗氧化和耐腐蚀性好,工作温度较高。康铜丝在空气中加热氧化,能在其表面形成一层附着力很强的氧化膜绝缘层。康铜主要用于电流、电压的调节装置。

3) 镍铬合金。它是一种电阻系数大的合金,具有良好的耐高温性能,常用来制造线绕电阻器、电阻式加热器及电炉丝。

4) 铁铬铝合金。它是以铁为主要成分的合金,并加入少量的铬和铝来提高材料的电阻系数和耐热性。其脆性较大,不易拉成细丝,但价格便宜,常制成带状或直径较大的电阻丝。

(3) 导线材料

在电子工业中,常用的连接导线有电线和电缆两大类,它们又可分为裸导线、电磁线、绝缘电线电缆、通信电缆等。

1) 裸导线。裸导线是没有绝缘层的电线,常用的有单股或多股铜线、镀锡铜线、电阻合金线等。其种类、型号及用途如表1-7所示。常见的裸导线如图1-38所示。

表1-7 常用裸导线的种类、型号及用途

种 类		型 号	主 要 用 途
裸单线	硬圆铜单线	TY	作电线电缆的芯线和电器制品(如电机、变压器等)的绕组线。硬圆铜单线也可作电力及通信架空线
	软圆铜单线	TR	

续表

种　类		型号	主　要　用　途
裸单线	镀锡软铜单线	TRX	用于电线电缆的内、外导体制造及电器制品的电气连接
	裸铜软天线	TTR	适用于通信的架空天线
裸型线	软铜扁线 硬铜扁线	TBR TBY	适用于电机、电器、配电线路及其他电工制品
	裸铜电刷线	TS、TSR	用于电机及电气线路上的连接电刷
电阻合金线	镍铬丝	Cr20Ni80	供制造发热元件及电阻元件用，正常工作温度为 1 000 ℃
	康铜丝	KX	供制造普通线绕电阻器及电位器用，能在 500 ℃条件下使用

裸导线又可以分为圆单线、型线、软接线和裸绞线。
① 圆单线：如单股裸铝、单股裸铜等，用作电机绕组等。
② 型线：如电车架空线、裸铜排、裸铝排、扁钢等，用作母线、接地线。
③ 软接线：如铜电刷线、铜绞线等，用作连接线、引出线、接地线。
④ 裸绞线：用于架空线路中的输电导线。

（a）　　　　　　　　　　　　（b）

图 1-38　常见的裸导线
（a）裸铝线；（b）裸铜线

2）电磁线。电磁线（绕组线）是指用于电动机电器及电工仪表中，作为绕组或元件的绝缘导线，一般涂漆或包缠纤维绝缘层。电磁线主要用于铸电机、变压器、电感器件及电子仪表的绕组等。电磁线的导电线芯有圆线和扁线两种，目前大多采用铜线，很少采用铝线。由于导线外面有绝缘材料，因此电磁线有不同的耐热等级。

常见的电磁线有漆包线和绕包线两类，其型号、名称、主要特性及用途如表 1-8 所示。常见的电磁线如图 1-39 所示。

表 1-8　常用电磁线的型号、名称、主要特性及用途

型号	名称	主要特性及用途
QZ-1	聚酯漆包圆铜线	其电气性能好，机械强度较高，抗溶剂性能好，耐温在 130 ℃以下。用作中小型电动机、电气仪表等的绕组
QST	单丝漆包圆钢线	用于电动机、电气仪表的绕组

续表

型号	名称	主要特性及用途
QZB	高强度漆包扁铜线	主要性能同 QZ-1，主要用于大型线圈的绕组
QJST	高频绕组线	高频性能好，用作绕制高频绕组

(a) （b）

图 1-39 常见的电磁线
(a) 铜漆包线；(b) 绕包线

① 漆包线的绝缘层是漆膜，广泛应用于中小型电动机及微电动机、干式变压器和其他电工产品中。

② 绕包线是用玻璃丝、绝缘纸或合成树脂薄膜等紧密绕包在导电线芯上，形成绝缘层；也有在漆包线上再绕包绝缘层的。

3）绝缘电线电缆。绝缘电线电缆一般由导电的线芯、绝缘层和保护层组成，如图 1-40 所示。线芯有单芯、二芯、三芯和多芯几种。绝缘层用于防止放电或漏电，一般使用包括橡皮、塑料、油纸等材料。保护层用于保护绝缘层，可分为金属保护层和非金属保护层。

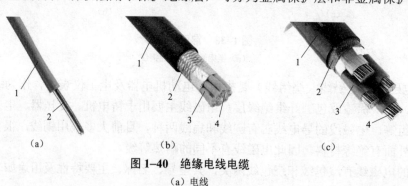

图 1-40 绝缘电线电缆
(a) 电线
1—橡皮绝缘；2—铜线芯
(b) 屏蔽电缆
1—外护套；2—镀锡铜线编织；3—橡皮绝缘；4—铜线芯
(c) 聚氯乙烯安装电缆
1—外护套；2—薄膜绕包；3—乙烯绝缘；4—铜线芯

图 1-40 所示，屏蔽电缆是在塑胶绝缘电线的基础上，外加导电的金属屏蔽层和外护套而制成的信号连接线。屏蔽电缆具有静电屏蔽、电磁屏蔽和磁屏蔽的作用，它能防止或减少线

外信号与线内信号之间的相互干扰。屏蔽线主要用于 1 MHz 以下频率的信号连接。

绝缘电线电缆是用于电力、通信及相关传输用途的材料。在导体外挤（绕）包绝缘层，如架空绝缘电缆或几芯绞合（对应电力系统的相线、零线和地线），如二芯以上架空绝缘电缆，或再增加护套层，如塑料/橡套电线电缆。主要用在发电、配电、输电、变电、供电线路中的强电电能传输，其通过的电流大（几十安至几千安）、电压高（220 V～500 kV 及以上）。射频电缆型号及命名方法如表 1-9 所示。

表 1-9 射频电缆型号及命名方法

分类代号或用途		绝缘		护套		派生特性	
符号	意义	符号	意义	符号	意义	符号	意义
S	射频同轴电缆	Y	聚乙烯实芯	V	聚氯乙烯	P	屏蔽
SE	射频对称电缆	YF	发泡聚乙烯	F	氟塑料	Z	综合式
ST	特种射频电缆	YK	纵孔聚乙烯	B	玻璃丝编织	D	镀铜屏蔽层
SJ	强力射频电缆	X	橡皮	H	橡胶套		
SG	高压射频电缆	D	聚乙烯空气	VZ	阻燃聚氯乙烯		
SZ	延迟射频电缆	F	氟塑料实芯	Y	聚乙烯		
SS	电视电缆	U	氟塑料空气				

塑胶绝缘电线是在裸导线的基础上外加塑胶绝缘的电线。通常将芯数少、产品直径小、结构简单的产品称为电线，没有绝缘的称为裸电线，其他的称为电缆；导体截面积大于 6 mm² 的称为大电线，小于或等于 6 mm² 的称为小电线。塑胶绝缘电线广泛用于电子产品的各部分、各组件之间的各种连接。塑胶绝缘电线的型号及命名方法如表 1-10 所示。

表 1-10 塑胶绝缘电线的型号及命名方法

分类代号或用途		绝缘		护套		派生特性	
符号	意义	符号	意义	符号	意义	符号	意义
A	安装线	V	聚氯乙烯	V	聚氯乙烯	P	屏蔽
B	布电线	F	氟塑料	H	橡胶套	R	软
F	飞机用低压	Y	聚乙烯	B	编织套	S	双绞
R	日用电器用软线	X	橡皮	L	蜡克	B	平行
Y	一般工业移动电器用线	ST	天然丝	N	尼龙套	D	带形
T	天线	B	聚丙烯	SK	尼龙丝	T	特种
		SE	双丝包				

电源软导线的主要作用是连接电源插座与电气设备。选用电源线时，除导线的耐压要符合安全要求外，还应根据产品的功耗，适当选择不同线径的导线。电器用聚氯乙烯软导线的参数如表 1-11 所示。

表 1–11 电器用聚氯乙烯软导线的参数

导体			成品外径/mm						导体电阻率/(Ω·km⁻¹)	容许电流/A
截面积/mm²	结构根/直径/mm	外径/mm	单芯	双根绞合	平形	圆形双芯	圆形3芯	长圆形		
0.5	20/0.18	1.0	2.6	5.2	2.6×5.2	7.2	7.6	7.2	36.7	6
0.75	30/0.18	1.2	2.8	5.6	2.8×5.6	7.6	8.0	7.6	24.6	10
1.25	50/0.18	1.5	3.1	6.2	3.1×6.2	8.2	8.7	8.2	14.7	14
2.0	37/0.26	1.8	3.4	6.8	3.4×6.8	8.8	9.3	8.8	9.50	20

为了整机装配及维修方便，导线和绝缘套管的颜色通常按一定的规定选用。导线颜色选用如表 1–12 所示。

表 1–12 导线颜色选用表

电路种类		导线颜色
一般交流线路		① 白 ② 灰
三相 AC 电源线	A 相	黄
	B 相	绿
	C 相	红
	工作零线（中性线）	淡蓝
	保护零线（安全地线）	黄和绿双色线
直流（DC）线路	+	① 红 ② 棕
	0（GND）	① 黑 ② 紫
	-	① 蓝 ② 白底青纹
晶体管	E（发射极）	① 红 ② 棕
	B（基极）	① 黄 ② 橙
	C（集电极）	① 青 ② 绿
立体声电路	R（右声道）	① 红 ② 橙 ③ 无花纹
	L（左声道）	① 白 ② 灰 ③ 有花纹
指示灯		青

4）通信电缆。通信电缆是指用于近距离的音频通信和远距离的高频载波、数字通信及信号传输的电缆。根据通信电缆的用途和使用范围，可将其分为市内通信电缆、长途对称电缆、同轴电缆、海底电缆、光纤电缆、射频电缆，如图 1–41 所示。

① 市内通信电缆：包括纸绝缘市内话缆、聚烯烃绝缘聚烯烃护套市内话缆。

② 长途对称电缆：包括纸绝缘高低频长途对称电缆、铜芯泡沫聚乙烯高低频长途对称电缆以及数字传输长途对称电缆。

③ 同轴电缆：包括小同轴电缆、中同轴和微小同轴电缆。

④ 海底电缆：包括对称海底电缆和同轴海底电缆。

⑤ 光纤电缆：包括传统的电缆型电缆、带状列阵型电缆和骨架型电缆。

⑥ 射频电缆：包括对称射频电缆和同轴射频电缆。

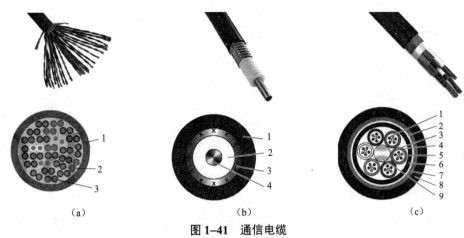

图 1-41　通信电缆
（a）市内通信电缆
1—聚氯乙烯护套；2—聚乙烯绝缘；3—裸铜导线
（b）同轴电缆
1—中心铜线；2—绝缘层；3—网状屏蔽层；4—塑料封套
（c）光纤电缆
1—光纤；2—套管填充物；3—松套管；4—缆芯填充物；5—聚乙烯内护套；6—阻水材料；
7—涂塑钢带；8—聚乙烯外护套；9—中心加强芯

3. 常用线材的使用条件

（1）电路条件

1）允许电流。允许电流是指常温下工作的电流值，导线在电路中工作时的电流要小于允许电流。导线的允许电流应大于电路总的最大电流，且应留有余地，以保证导线在高温下能正常使用。

2）导线的电阻电压降。当有电流流经导线时，由于导线电阻的作用，会在导线上产生压降。导线的直径越大，其电阻越小，压降越小。当导线很长时，要考虑导线电阻对电压的影响。

3）额定电压和绝缘性。由于导线的绝缘层在高压下会被击穿，因此，导线的工作电压应远小于击穿电压（一般取击穿电压的 1/3）。使用时，电路的最大电压应低于额定电压，以保证绝缘性能和使用安全。

4）使用频率及高频特性。由于导线的趋肤效应、绝缘材料的介质损耗，使得在高频情况下导线的性能变差，因此，高频时可用镀银线、裸粗铜线或空心铜管。对不同的频率应选用不同的线材，要考虑高频信号的趋肤效应。

5）特性阻抗。不同的导线具有不同的特性阻抗，二者不匹配时会引起高频信号的反射。在射频电路中还应考虑导线的特性阻抗，以保证电路的阻抗匹配及防止信号的反射波。

6）信号电平与屏蔽。当信号较小时，会引起信噪比的降低，导致信号的质量下降，此时应选用屏蔽线，以降低噪声的干扰。

（2）环境条件

1）温度。由于环境温度的影响，会使导线的绝缘层变软或变硬，以致其变形、开裂，从而造成短路。

2）湿度。环境潮湿会使导线的芯线氧化，绝缘层老化。

3）气候。恶劣的气候会加速导线的老化。

4）化学药品。许多化学药品都会造成导线腐蚀和氧化。

因此，选用的线材应能适应环境的温度、湿度及气候的要求。一般情况下，导线不要与化学药品及日光直接接触。

（3）机械强度

选择的线材应具备良好的拉伸强度、耐磨损性和柔软性，质量要轻，以适应环境的机械振动等条件。

1.5.2 绝缘材料

绝缘材料又称电介质，是指具有高电阻率且电流难以通过的材料。通常情况下，可认为绝缘材料是不导电的。

1. 绝缘材料的作用

绝缘材料的作用就是将电气设备中电势不同的带电部分隔离开来。因此，绝缘材料首先应具有较高的绝缘电阻和耐压强度，能避免发生漏电、击穿等事故。其次是其耐热性能要好，能避免因长期过热而老化变质。此外，还应具有良好的导热性、耐潮防雷性和较高的机械强度以及工艺加工方便等特点。根据上述要求，常用绝缘材料的性能指标有绝缘强度（kV/mm）、抗张强度、体积质量、膨胀系数等。

2. 绝缘材料的分类

（1）绝缘材料按化学性质分类

绝缘材料按化学性质可分为无机绝缘材料、有机绝缘材料和复合绝缘材料。

1）无机绝缘材料。无机绝缘材料有云母、石棉、大理石、瓷器、玻璃、硫黄等，如图1-42所示。主要用作电动机、电器的绕组绝缘、开关的底板和绝缘子等。无机绝缘材料的耐热性好、不易燃烧、不易老化，适合制造稳定性要求高而机械性能坚实的零件，但其柔韧性和弹性较差。

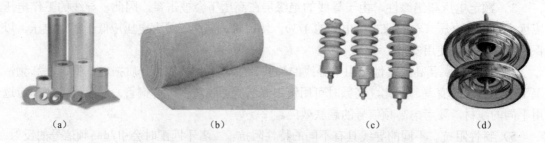

图1-42　常见的无机绝缘材料

（a）云母薄膜；（b）石棉毡；（c）绝缘陶瓷；（d）玻璃绝缘子

2）有机绝缘材料。有机绝缘材料有虫胶、树脂、橡胶、棉纱、纸、麻、人造丝等，大多用来制造绝缘漆、绕组导线的被覆绝缘物等，如图1-43所示。其特点是轻、柔软、易加工，但耐热性不好、化学稳定性差、易老化。

3）复合绝缘材料。复合绝缘材料是由以上两种材料经过加工制成的各种成形绝缘材料，用作电器的底座、外壳等。

(a)

(b)

图 1-43 常见的有机绝缘材料
(a) 绝缘胶带；(b) 绝缘漆

（2）绝缘材料按形态分类

绝缘材料按形态可分为气体绝缘材料、液体绝缘材料和固体绝缘材料。

1) 气体绝缘材料。气体绝缘材料就是用于隔绝不同电位导电体的气体。在一些设备中，气体作为主绝缘材料，其他固体电介质只能起支撑作用，如输电线路、变压器相间绝缘均以气体作为绝缘材料。

气体绝缘材料的特点是气体在放电电压以下有很高的绝缘电阻，发生绝缘破坏时也容易自行恢复。气体绝缘材料具有很好的游离场强和击穿场强、化学性质稳定、不易因放电作用而分解。与液体和固体相比，其缺点是绝缘屈服值低。

常用的气体绝缘材料包括空气、氮气、二氧化碳、六氟化硫以及它们的混合气体。其广泛应用于架空线路、变压器、全封闭高压电器、高压套管、通信电缆、电力电缆、电容器、断路器以及静电电压发生器等设备中。

2) 液体绝缘材料。液体电介质又称为绝缘油，在常温下为液态，用于填充固体材料内部或极间的空隙，以提高其介电性能，并改进设备的散热能力，在电气设备中起绝缘、传热、浸渍及填充作用。如在电容器中，它能提高其介电性能，增大每单位体积的储能量；在开关中，它能起灭弧作用。

液体绝缘材料的特点是具有优良的电气性能，即击穿强度高、介质损耗较小、绝缘电阻率高、相对介电常数小。

常用的液体绝缘材料有变压器油、断路器油、电容器油等，主要用在变压器、断路器、电容器和电缆等油浸式的电气设备中，如图 1-44 所示。

(a)

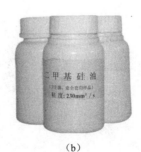
(b)

图 1-44 液体绝缘材料
(a) 变压器油；(b) 二甲基硅油

3）固体绝缘材料。固体绝缘材料是用来隔绝不同电位导电体的固体。一般还要求固体绝缘材料兼具支撑作用。

固体绝缘材料的特点是：与气体绝缘材料、液体绝缘材料相比，由于其密度较高，因此其击穿强度也很高。

固体绝缘材料可以分成无机的和有机的两大类。无机固体材料主要有云母、粉云母及云母制品，玻璃、玻璃纤维及其制品，以及电瓷、氧化铝膜等。它们耐高温、不易老化，具有相当高的机械强度，其中某些材料如电瓷等，成本低，在实际应用中占有一定的地位。其缺点是加工性能差，不易适应电工设备对绝缘材料的成形要求。有机固体材料主要有纸、棉布、绸、橡胶、可以固化的植物油、聚乙烯、聚苯乙烯、有机硅树脂等，如图1-45所示。

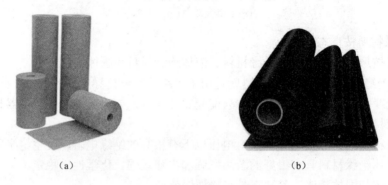

图 1-45　固体绝缘材料
（a）绝缘纸；（b）绝缘橡胶

1.6　实训项目

1.6.1　工作台的认识和检查实训

1. 实训任务

认识电工实训台的基本组成，能够正确测量实训台插座，熟练使用实训台。

2. 实训器材

电工实训台如图1-46所示。

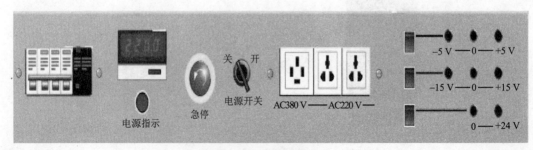

图 1-46　电工实训台

3. 实训记录

1) 明确电工实训台各组成部分的名称及作用,并填入表 1–13 中。

表 1–13 电工实训台各组成部分的名称及作用

序号	各组成部分的名称	作　用
1		
2		
3		
4		
5		
6		
7		
8		
9		

2) 对电工实训台插座的电压进行检测,并将检测数据填入表 1–14 中。

表 1–14 电工实训台的电压检测

工位号	三极插座			四极插座			
	零相	零地	相地	左右	左下	右下	左地
理论值							
实测值							
结论							

1.6.2 导线的连接与绝缘恢复实训

1. 实训任务

掌握导线连接的各种方法,完成导线的绝缘恢复,学会不同接线柱的线头连接方法。

2. 实训器材

剥线钳、斜口钳、电烙铁、锡铅焊料、塑胶绝缘电线、绝缘胶带、各种接线柱。

3. 实训步骤

1) 单股铜芯导线的绞接连接。
2) 单股铜芯导线的 T 形连接。
3) 七股铜芯导线的连接。
4) 单股铜芯导线的封端连接(焊接)。
5) 导线的绝缘恢复。
6) 线头与针孔接线柱的连接。
7) 线头与螺钉平压式接线柱的连接。

8）线头与瓦形接线柱的连接。

课 后 习 题

1–1 简述电能的特点。

1–2 请列举电能在日常生活中的应用有哪些。

1–3 什么是正弦交流电量？正弦量的三要素是什么？

1–4 设备铭牌上的额定值一般为什么值？

1–5 写出 $u = 10\sqrt{2}\sin(314t + 60°)$ 的幅值、周期、频率、角频率、初相位及有效值。

1–6 简述三相电路的特点。

1–7 要将发电机的三相绕组连成星形，如果误将 U_2、V_2、W_1 连成一点，是否可以产生对称的三相电压？

1–8 简述电力系统的组成。

1–9 什么是直流输电？

1–10 简述各种低压配电系统的特点。

1–11 如图 1–47 所示的 10/0.38 kV 的低压配电系统，完成下面两个问题：

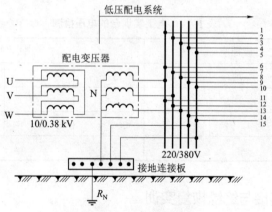

图 1–47 低压配电系统

1）写出三相交流电的数学表达式。

2）说明该系统的接地形式及该接地形式的基本特点。

1–12 简述电气事故的特点，结合实际谈谈电气事故的危害有哪些？

1–13 简述各种触电方式。

1–14 简述触电事故产生的原因。

1–15 简述保护接地与保护接零的区别。

第 2 章
室内供配电与照明

【内容提要】

在生活中使用各种插座为电器供电,使用各种开关控制照明设备,这是电能最基本和最广泛的用途。在建筑物内部,从供电系统输送来的电能需经过一定的配送才可在终端应用。本章将着重讲解室内供配电与照明的相关知识与技能,可用于工程建设及日常生活中的安装与维修,具有颇为实用的实践意义。

2.1 室内供配电

利用电工和电子学的理论与技术,在建筑物内部,人为创造并合理保持理想的环境,以充分发挥建筑物功能的一切电工设备、电子设备和系统,统称为建筑电气设备。从广义上讲,建筑电气包括工业用电和民用电,民用电又包括照明与动力系统、通信与自动控制两大部分,即生活中所说的"强电"与"弱电"。这里仅讨论民用电范畴之内的供配电与照明两个部分的内容和问题。

2.1.1 室内供配电方式

1. 室内供配电技术的基本概念

(1)供电

民用建筑物一般从室内高压 10 kV 或低压 380/220 V 取得电源,称为供电。某些情况下会采用双电源供电,一路作为主电源,另一路作为备用电源,以保证电能的供给。

(2)配电

将电源电能分配到各个用电负荷称为配电。

(3)供配电系统

采用各种元件(如开关、保护器件)及设备(如低压配电箱)将电源与负荷连接,便组成了民用建筑的供配电系统。

(4)室内供配电系统

从建筑物的配电室或配电箱至各层分配电箱,或各层用户单元开关箱之间的供配电系统。

2. 室内供电线路的分类

民用建筑中的用电设备基本可分为动力和照明两大类,与用电设备相对应的供电线路也可分为动力线路和照明线路两类。

(1) 动力线路

在民用建筑中,动力用电设备主要包括电梯、自动扶梯、冷库制冷设备、风机、水泵、医院动力设备和厨房动力设备等。动力设备绝大部分属于三相负荷,只有少部分容量较大的电热用电设备如空调机、干燥箱、电热炉等,它们虽是单相用电负荷,但也属于动力用电设备。对于动力负荷,一般采用三相制供电线路,对于较大容量的单相动力负荷,应当尽量平衡地接到三相线路上。

(2) 照明线路

在民用建筑中,照明用电设备主要包括供给工作照明、事故照明和生活照明的各种灯具。此外还包括家用电器中的电视机、窗式空调机、电风扇、家用电冰箱、家用洗衣机以及日用电热电器,如电熨斗、电饭煲、电热水器等。它们的容量较小,虽不是照明器具,但都是由照明线路供电,所以统归为照明负荷。照明负荷基本上都是单相负荷,一般用单相交流 220 V 供电,当负荷电流超过 30 A 时,应当采用 220/380 V 三相供电线路。

3. 室内配电系统的基本配电方式

室内低压配电方式就是将电源以何种形式进行分配。通常其配电方式分为放射式、树干式、混合式三类。

(1) 放射式

放射式配电是单一负荷或一集中负荷均由一单独的配电线路供电的方式,如图 2-1(a)所示。其优点是各个负荷独立受电,因而故障范围一般仅限于本回路,检修过程中也仅需切断本回路,并不影响其他回路。但其缺点是所需开关等电气元件数量较多,线路条数较多,因而建设费用随之上升,其次系统在检修、安装时的灵活性也受到一定的限制。

因此,放射式配电一般用于供电可靠性较高的场所或场合;只有一个设备且设备容量较大的场所;或者是设备相对集中且容量大的地点。例如,电梯的容量虽然不大,但为了保证供电的可靠性,也应采用一回路为单台电梯供电的放射式方式;再如大型消防泵、生活用水水泵、中央空调机组等,首先是其对供电可靠性要求很高,其次是其容量也相对较大,因此应当重点考虑放射式供电。

(2) 树干式

树干式配电是一独立负荷或一集中负荷按它所处的位置依次连接到某一配电干线上的方式,如图 2-1(b)所示。树干式配电相对于放射式配电的建设成本更低,系统灵活性更好;但其缺点是当干线发生故障时的影响范围大。

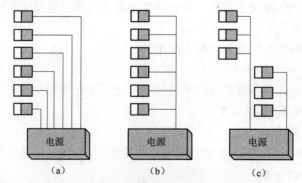

图 2-1 室内配电系统基本配电方式示意图
(a) 放射式;(b) 树干式;(c) 混合式

树干式配电一般用于设备比较均匀、容量有限、无特殊要求的场合。

（3）混合式

国内外高层建筑的总配电方案基本以放射式居多，而具体到楼层时基本采用混合式。混合式即放射式和树干式两种配电方式的组合，如图 2-1（c）所示。在高层住宅中，住户入户配电多采用一种自动开关组合而成的组合配电箱，对于一般照明和小容量电气插座采用树干式配电，而对于电热水器、空调等大容量家电设备，则宜采用放射式配电。

2.1.2 室内供配电常用低压电器

低压电器通常工作于交流 1 200 V 之下与直流 1 500 V 之下的电路当中，是对电能的生产、输送、分配和使用起到控制、调节、检测、转换及保护作用的器件。在室内低压配电系统和建筑物动力设备线路中，主要使用的器件有刀开关、熔断器、低压断路器、漏电断路器以及电能表等器件。

1. 刀开关

刀开关也称闸刀开关，是作为隔离电源开关使用的，用在不频繁的接通和分断电路的场合，是结构最简单、应用范围最广泛的一种手动电器。常用的刀开关主要有胶盖闸刀开关和铁壳闸刀开关。

（1）胶盖闸刀开关

胶盖闸刀开关又称为开启式负荷开关，广泛用作照明电路和小容量（≤5.5 kW）动力电路不频繁启动的控制开关，其外形及内部结构如图 2-2 所示。

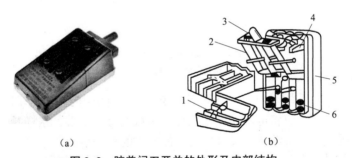

图 2-2 胶盖闸刀开关的外形及内部结构
（a）胶盖闸刀开关的外形；（b）胶盖闸刀开关的内部结构
1—胶盖；2—动触点；3—瓷柄；4—静触点；5—瓷底；6—熔断丝接头

胶盖闸刀开关具有结构简单、价格低廉以及安装、使用、维修方便的优点。选用时，主要根据电源种类、电压等级、所需极数、断流容量等进行选择。控制电动机时，其额定电流要大于电动机额定电流的 3 倍。

（2）铁壳闸刀开关

铁壳闸刀开关又称为封闭式负荷开关，可不频繁地接通和分断负荷电路，也可以用作 15 kW 以下电动机不频繁启动的控制开关，其外形及内部结构如图 2-3 所示。它的铸铁壳内装有由刀片和夹座组成的触点系统、熔断器和速断弹簧，30 A 以上的开关内还装有灭弧罩。

铁壳闸刀开关具有操作方便、使用安全、通断性能好的优点。选用时，可参照胶盖闸刀开关的选用原则进行。操作时，不得面对它拉闸或合闸，一般用左手掌握手柄。若需要更换熔丝，必须在分闸后进行操作。

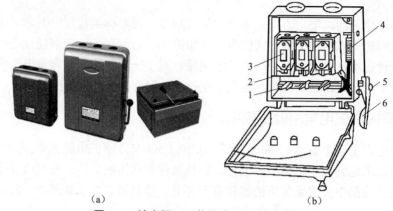

图 2-3 铁壳闸刀开关的外形及内部结构
(a) 铁壳闸刀开关的外形；(b) 铁壳闸刀开关的内部结构
1—触刀；2—夹座；3—熔断器；4—速断弹簧；5—转轴；6—手柄

（3）刀开关的电气符号及使用

刀开关的电气符号如图 2-4 所示，在图纸上绘制电路图时必须严格按照相应的图形符号和文字符号来表示，其文字符号为 QS。

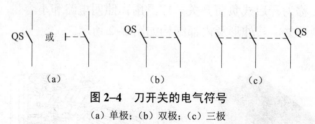

图 2-4 刀开关的电气符号
(a) 单极；(b) 双极；(c) 三极

在安装刀开关时，手柄要向上，不得倒装或平装，避免由于重力作用而发生自动下落，引起误动合闸。接线时，应将电源线接在上端，负载线接在下端，这样断开后，刀开关的触刀与电源隔离，既便于更换熔丝，又可防止可能发生的意外事故。

在选用刀开关时，由于其种类繁多，必须学会识别电器的型号表示方法，刀开关的型号意义如图 2-5 所示。

2. 熔断器

熔断器与保险丝的功能一致，是最简单的保护电器。当其熔体通过大于额定值很多的电流时，熔体过热发生熔断，从而实现对电路的保护作用。由于它结构简单、体积小、质量小、维护简单、价格低廉，所以在强电和弱电系统中都得到广泛的应用，但因其保护特性所限，通常用作电路的短路保护，对电路的较大过载也可起到一定的作用。

熔断器按其结构可分为开启式、封闭式和半封闭式三类。开启式熔断器应用较少，封闭式熔断器又可分为有填料管式、无填料管式、有填料螺旋式三种，半封闭式中应用较多的是瓷插式熔断器。

（1）瓷插式熔断器

瓷插式熔断器由瓷盖、瓷座、触头和熔丝组成，熔体则根据通过电流的大小选择不同的材质。通过小电流的熔体为铅制，它的价格低廉、使用便利，但分断能力较弱，一般应用于电流较小的场合，其外形及内部结构如图 2-6 所示。

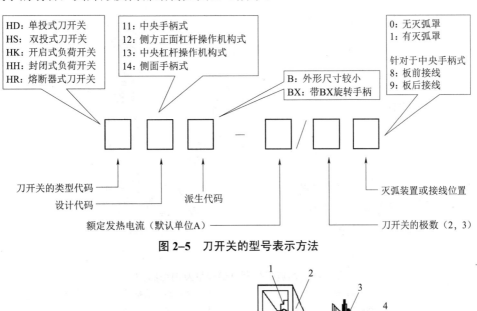

图 2-5 刀开关的型号表示方法

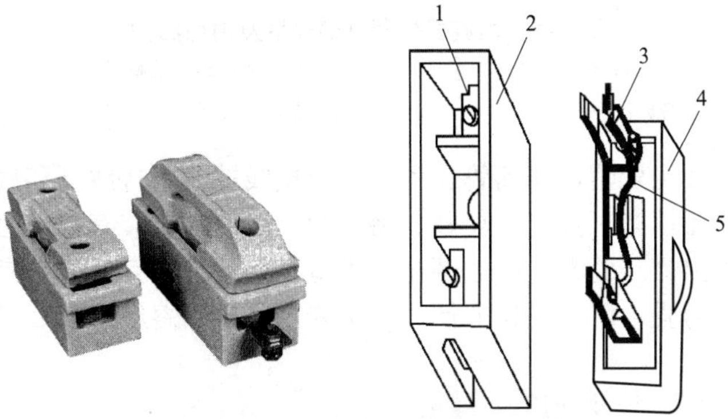

图 2-6 瓷插式熔断器的外形及内部结构
（a）瓷插式熔断器的外形；（b）瓷插式熔断器的内部结构
1—静触头；2—瓷座；3—动触头；4—瓷盖；5—熔丝

（2）管式熔断器

管式熔断器分为熔密式和熔填式两种，均由熔管、熔体和插座组成，均为密封管形，且灭弧性好、分断能力高。熔密式的熔管由绝缘纤维制成，无填料，熔管内部可形成高气压熄灭电弧，且更换方便，它广泛应用于电力线路或配电线路中。熔填式熔断器由高频电瓷制成，管内充有石英砂填料，用以灭弧。当熔体熔断时必须更换新品，所以其经济性较差，主要用于巨大短路电流和靠近电源的装置中。管式熔断器的外形及内部结构如图 2-7 所示。

（3）螺旋式熔断器

螺旋式熔断器用于交流 380 V、电流 200 A 以内的线路和用电设备，做短路保护作

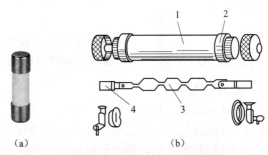

图 2-7 管式熔断器的外形及结构
（a）管式熔断器的外形；（b）管式熔断器的内部结构
1—钢纸管；2—黄铜套管；3—熔体；4—触刀

用，其外形及内部结构如图2-8所示。

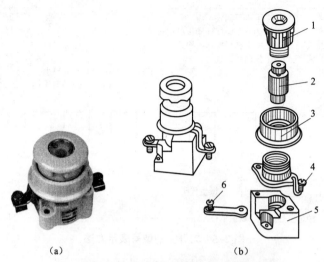

图2-8 螺旋式熔断器的外形及内部结构
（a）螺旋式熔断器的外形；（b）螺旋式熔断器的内部结构
1—瓷帽；2—熔断管；3—瓷套；4—上接线端；5—底座；6—下接线端

螺旋式熔断器主要由瓷帽、熔断管、瓷套、上接线端、下接线端和底座等组成。熔断管内除了装有熔丝外，还填有灭弧的石英砂。熔断管上盖的中心装有标红色的熔断指示器，当熔丝熔断时指示器脱出，从瓷帽上的玻璃窗口可检查熔丝是否完好。它具有体积小、结构紧凑、熔断快、分断能力强、熔丝更换方便、使用安全可靠、熔丝熔断后能自动指示等优点，在机床电路中广泛使用。

（4）熔断器的电气符号及使用

熔断器的型号表示方法及电气符号如图2-9所示，其文字符号为FU。熔断器的安装十分简单，只需串联进入电路即可。

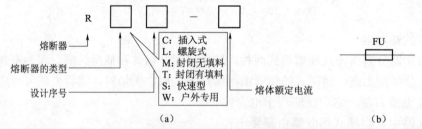

图2-9 熔断器的型号表示方法及电气符号
（a）熔断器的型号表示方法；（b）熔断器的电气符号

3. 低压断路器

低压断路器又称为自动空气开关，在电气线路中起到接通、分断和承载额定工作电流的作用，并能在线路发生过载、短路、欠电压的情况下自动切断故障电路，保护用电设备的安全。按其结构的不同，常用的低压断路器分为装置式和万能式两种。

（1）装置式低压断路器

装置式低压断路器又称为塑壳式低压断路器，它是通过用模压绝缘材料制成的封闭型外壳,将所有构件组装在一起,用于电动机及照明系统的控制、供电线路的保护等。从型号表示方法来看,这种开关主要是 DZ 系列。其外形如图 2-10 所示,分为单极、双极和三极等类型,在实物上通常用 1P、2P、3P 来表示其极数。在室内配电中,1P 用来分断单相支路,2P 用来同时断掉零火线,而 3P 一般用作三相交流电的控制与保护。

图 2-10 装置式低压断路器的外形
(a) 单极 1P;(b) 双极 2P;(c) 三极 3P

低压断路器主要由触点、灭弧系统、各种脱扣器和操作机构等组成。脱扣器又分电磁脱扣器、热脱扣器、复式脱扣器、欠压脱扣器和分励脱扣器等五种。一般 DZ 系列的低压断路器其内部结构及工作原理如图 2-11 所示。装置式低压断路器体积小,分断电流较小,适用于电压较低、电流较小的民用建筑中。

(2) 万能式低压断路器

万能式低压断路器又称为框架式低压断路器,它由具有绝缘衬垫的框架结构底座将所有的构件组装在一起,用于配电网络的保护。从型号表示方法来看,这种低压断路器主要是 DW 系列,其外形如图 2-12 所示。DW 系列低压断路器的内部结构通常暴露在外,分断电流较 DZ 系列要大很多,在民用建筑中,它一般不出现在用户终端或小型负荷中。

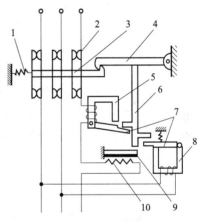

图 2-11 装置式低压断路器的内部结构及工作原理

1—弹簧;2—主触点;3—传动杆;4—锁扣;
5—电磁脱扣器;6—杠杆;7—衔铁;8—欠压
脱扣器;9—双金属片;10—发热元件

(3) 低压断路器的电气符号及使用

不论是哪一种低压断路器,其电气符号都是唯一的,都用文字符号 QF 表示,如图 2-13 所示。图 2-14 所示为低压断路器的型号表示方法。低压断路器的接线也是将各相串联进入电路,但在安装时要注意正向安装,合闸时应向上推动,严禁倒装或水平安装。

4. 漏电保护器

(1) 漏电保护器的类型和基本工作原理

漏电保护器又称为触电保护器或漏电断路器,它装有检漏元件、联动执行元件,当电路中漏电电流超过预定值时能自动动作,从而保障人身安全、设备安全。

图 2-12 万能式低压断路器的外形

图 2-13 低压断路器的电气符号

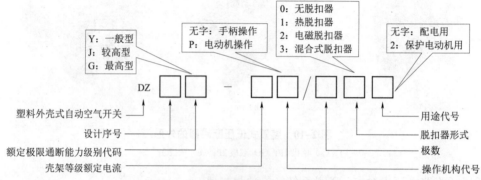

图 2-14 低压断路器的型号表示方法

常用的漏电保护器分为电压型和电流型两类。电压型漏电保护器用于变压器中性点不接地的低压电网。其特点是当人身触电时，零线对地出现一个比较高的电压，引起继电器动作，电源开关跳闸。电流型漏电保护器主要用于变压器中性点接地的低压配电系统。其特点是当人身触电时，由零序电流互感器检测出一个漏电电流，使继电器动作，电源开关断开。

目前广泛采用的漏电保护器为电流型漏电保护器，它分为电子式和电磁式两类，并按使用场所不同制成单相、两相、三相或三相四线式（即四极）。实践证明，电磁式漏电保护器比电子式漏电保护器的可靠性更高，其内部结构如图 2-15（a）所示。

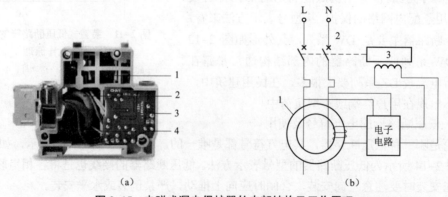

图 2-15 电磁式漏电保护器的内部结构及工作原理
(a) 电磁式漏电保护器的内部结构
1—动作继电器；2—主连接线；3—运算放大器；4—零序电流互感器
(b) 电磁式漏电保护器的工作原理
1—零序电流互感器；2—动作继电器；3—脱扣装置

电磁式漏电保护器的动作特性不受电压波动、环境温度变化以及缺相等影响，而且抗磁干扰性能良好。特别对于使用在配电线终端的、以防止触电为目的的漏电保护装置，一些国家严格规定了要采用电磁式漏电保护器而不允许采用电子式的。我国在《民用建筑电气设计规范》中也强调"宜采用电磁式漏电保护器"，借此明确指出漏电保护器的可靠性是第一位的。

电磁式漏电保护器的工作原理如图 2-15（b）所示。将漏电保护器安装在线路中，使一次线圈与电网的线路连接、二次线圈与漏电保护器中的脱扣器连接。当用电设备正常运行时，线路中的电流呈平衡状态，互感器线圈中的电流矢量之和为零，电子电路不工作，动作继电器处于闭合状态。当发生漏电或者人员触电时，电流将在故障点进行分流，电流经人体—大地—工作接地流回变压器中性点，致使线路电流产生不平衡，出现剩余电流，从而激发电流互感器工作。此时，电流互感器的线圈中产生感应电流，经电子电路放大，使脱扣装置带动继电器动作，动作继电器断开，进而保护触电者。

漏电保护器总保护的动作电流值大多是可调的，调节范围一般为 15～100 mA，最大可达 200 mA 以上。其动作时间一般不超过 0.1 s。家庭中安装漏电保护器的主要作用是防止人身触电，漏电开关的动作电流值一般不大于 30 mA。在安装时，它通常直接与低压断路器融为一体，称作带漏电保护功能的低压断路器，其外形如图 2-16 所示。

（2）漏电保护器的安装及使用

漏电保护器由于经常伴随低压断路器同时出现，因此关于其电气符号可参见低压断路器。带漏电保护功能的低压断路器在型号表示方法上，会在如图 2-14 所示中的设计序号后方位置用英文字母 L 表示，提示具有该项功能；也可单独表示，如图 2-17 所示。

这里还需要介绍在室内单向交流电的情况下，对于带漏电保护功能的低压断路器的安装及使用。在图 2-16 所示中，零火线分别从低压断路器的上端引入，下端出线应从漏电保护器的下方引出，供向负载端。漏电保护器上通常具备两个按钮：一是复位按钮，通常标注英文字母 R，在漏电保护器动作后按下该按钮，以使其继续工作，不至于影响下一次的动作；二是测试按钮，通常标注英文字母 T，在通电的情况下，按下测试按钮，漏电保护器立即动作，可以用来查看该保护器是否能够正常工作。

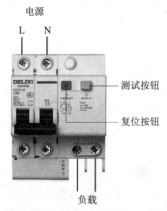

图 2-16 带漏电保护功能的低压断路器的外形及使用

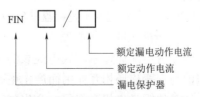

图 2-17 漏电保护器的型号表示方法

5. 电能表

电能表也称电度表，是用来测量某一段时间内电源提供电能或负载消耗电能的仪表。它是累计仪表，其计量单位是千瓦·时（kW·h）。电能表的种类繁多，按其准确度可划分为0.5、1.0、2.0、2.5、3.0级等。按其结构和工作原理又可以分为电解式、电子数字式和电气机械式三类。电解式主要用于化学工业和冶金工业中电能的测量；电子数字式适用于自动检测、遥控和自动控制系统；电气机械式又可分为电动式和感应式两种。电动式主要用于测量直流电能，而交流电能表大多采用感应式电能表。在室内配电系统中，基本都使用感应式电能表，以下主要针对感应式电能表进行介绍。

（1）电能表的内部结构

电能表的外形如图2-18所示，它的内部主要由驱动元件、转动元件、制动元件和积算机构等组成。

驱动元件包括电压部件和电流部件。电压部件的线圈缠绕在一个"日"字形的铁芯上，导线较细，匝数较多。铁芯由硅钢片叠合而成。电流部件的线圈缠绕在一个"H"形的铁芯上，导线较粗，匝数较少。其内部结构如图2-19所示。驱动元件的作用是：当电压线圈和电流线圈接到交流电路中时，产生交变磁通，从而产生转动力矩使电度表的铝盘转动。

图2-18 电能表的外形

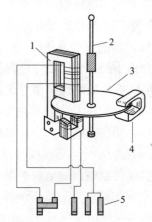

图2-19 电能表的内部结构

1—叠片铁芯；2—转轴；3—铝盘；4—永久磁铁；5—接线端子

转动元件由铝制圆盘和转轴组成，轴上装有传递转速的蜗杆，转轴安装在上、下轴承内，可以自由转动。

制动元件由永久磁铁和铝盘等组成。其作用是在铝盘转动时产生制动力矩，使转速与负载的功率大小成正比，从而使电能表反映出负载所耗的电能。

计算机构是用来计算电能表铝盘的转数，实现电能的测量和积算的元件。当铝盘转动时，通过蜗杆、蜗轮、齿轮等传动装置使"字轮"转动，可以从面板上直接读取数据。不过一般来说，电能表所显示的并不是铝盘的转数，而是负载所消耗的电能"度"数，1度等于1kW·h。

（2）电能表的工作原理

当交流电流通过感应式电能表的电流线圈和电压线圈时，在铝盘上会感应产生涡流，这些涡流与交变磁通相互作用而产生电磁力，进而形成转动力矩，使铝盘转动。同时，永久磁铁与转动的铝盘也相互作用，产生制动力矩。当转动力矩与制动力矩达到平衡时，铝盘以稳定的速度转动。铝盘的转数与被测电能的大小成正比，从而测出所耗电能。

由以上工作原理可知，铝盘转速与负载功率成正比，负载功率越大，铝盘转动速度越快，其关系可表示为：

$$P = C\omega \quad (2-1)$$

式中，P 为负载功率；ω 为铝盘的转速；C 为常数。

若测量时间为 T，且保持功率不变，则有：

$$PT = C\omega T \quad (2-2)$$

式中，PT 表示在时间 T 内负载消耗的电能 W；ωT 设为铝盘在 T 时间内的转数，用 n 表示。

因此式（2-2）可表示为：

$$W = Cn \quad (2-3)$$

式（2-3）表明，电能表的转数 n 正比于电能 W，并可求出常数 $C=W/n$，即铝盘每转一圈所代表的"度"数。

通常，电度表铭牌上给出的是电度表常数 N，它表示每 kW·h 对应的铝盘转数，即：

$$N = \frac{1}{C} = \frac{n}{W} \quad (2-4)$$

（3）电能表的接线

电能表的接线原则是：电流线圈与负载串联，电压线圈与负载并联。对于单相交流电能表，在低电压 380/220 V、小电流 10 A 以下的单相交流电路中，电度表可以直接接在电路上，如图 2-20 所示。其中 1 端进线，为火线，3 端出线接入负载，与负载串联，所以 1、3 两端接入了电流部件；2 端火线进入，4 端回零线，5 端接入负载，与负载并联，所以 2、4 两端接入了电压部件。由于 1、2 两端直接在内部相连，因此一般的电能表外部只有 4 个接线柱，如图 2-21 所示，地线不接入电能表。

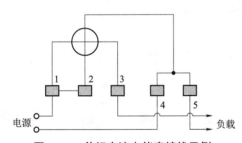

图 2-20 单相交流电能表接线示例

图 2-21 单相交流电能表实物的接线

（4）新型电能表简介

随着科技的快速发展，新型电能表正进入千家万户，如静止式电能表、插卡预付费电能表等。

1）静止式电能表。静止式电能表借助电子电能计量的先进机理，继承传统感应式电能表的优点，并采用全屏蔽、全密封的结构，具有良好的抗电磁干扰性能，是集可靠、轻巧、高准度、高过载、防窃电等优点于一身的一体式电能表。顾名思义，静止式电能表的内部并无运动部件，均由电子器件代替，并具备自身的 CPU 可进行计算等所需功能。

静止式电能表的安装与机械式电能表大体一致，但接线应选取更粗的规格，避免发热烧毁，其外形如图 2-22（a）所示。

2）插卡预付费电能表。插卡预付费电能表又称 IC 卡表或磁卡表，如图 2-22（b）所示。它不仅具备了静止式电能表的各种优点，而且其电能计算采用先进的微电子技术，实现先买后用的管理功能。它的出现大大方便了住宅中的物业管理，基本新建住宅都已配备此种电能表。

（a）   （b）

图 2-22　新型电能表

（a）静止式电能表；（b）插卡预付费电能表

2.1.3　室内供配电线路及其安装

室内配线是指在建筑物内进行的线路配置工作，并为各种电气设备提供供电服务。配线是一道很重要的工序，在施工之前需要先了解室内配线的"条条框框"。

1. 室内配线的原则

在设计中，要优先考虑供电与今后运行的可靠性。总的来讲，在设计和安装过程中，应注意以下基本原则：

（1）安全

配线也是建筑物内的一种设施，必须保证安全性。施工前选用的电气设备和材料必须合格。施工中对于导线的连接、地线的施工以及电缆的敷设等，都应采用正确的施工方法。

（2）便利

在配线施工和设备安装中，要考虑以后运行和维护的便利性，并要考虑今后发展的可能性。

（3）经济

在工程设计和施工中，要注意节约有色金属。如配线距离要选择最短路径；在承载负荷较小的情况下，宜选用横截面积较小的导线。

（4）美观

在室内配线施工中，需注意不要影响建筑物的美观，墙内配线要注意线槽的干净和横平竖直；明线敷设需选用合适的外部线槽。

2. 室内配线的要求

1）配线时要求导线的额定电压应大于线路的工作电压，导线的绝缘应符合线路安装方式和敷设环境的条件，导线的截面应满足供电的要求和机械强度，导线敷设的位置应便于检查和修理，导线在连接和分支处不应承受机械力的作用。

2）导线应尽量减少线路的接头，穿管导线和槽板配线中间不允许有接头，必要时可采用增加接线盒的方法；导线与电路端子的连接要紧密压实，以减小接触电阻和防止脱落。

3）明线敷设要保持水平和垂直，敷设时，水平导线敷设距地面不少于 2.5 m，垂直导线距地面不少于 1.8 m，如图 2-23 所示。如达不到上述要求需加保护装置，防止人为碰撞等造成的机械损伤。

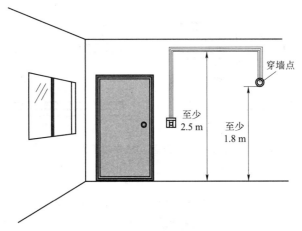

图 2-23 明线敷设距离标准

4）导线穿越墙体时，应加装保护管（瓷管、塑料管、钢管）。保护管伸出墙面的长度不应小于 10 mm，并保持一定的倾斜度，其结构示意图如图 2-24 所示。

5）为防止漏电，线路的对地电阻应小于 0.5 MΩ。

6）明线相互交叉时，应在每根导线上加套绝缘管，并将套管在导线上固定。

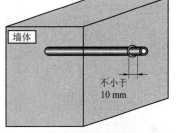

图 2-24 导线穿越墙体结构示意图

7）线路应避开热源和发热物体，如烟囱、暖气管、蒸汽管等。如必须通过时，导线周围温度不得超过 35 ℃。管路与发热物体并行时，当管路敷设在热水管下方时，二者的距离至少为 20 cm；当敷设在热水管上面时，二者的距离至少为 30 cm；当管路敷设在蒸汽管下方时，二者的距离至少为 50 cm；当敷设在蒸汽管上面时，二者的距离至少为 100 cm，并做隔热处理，如图 2-25 所示。

8）导线在连接和分支处，不应承受机械应力的作用，并应尽量减少接头。导线与电器端子连接时要牢靠压实。大截面导线应使用与导线同种金属材料的接线端子，如铜和铝端子相接时，应将铜接线端做剔锡处理。

3. 室内配线的一般工序

1）熟悉设计施工图，做好预留预埋工作。其主要工作内容有：确定电源引入方式及位置，电源引入配电盘的路径，垂直引上、引下及水平穿越梁柱、墙等位置和预埋保护管。

2）确定灯具、插座、开关、配电盘及电气设备的准确位置，并沿建筑物确定导线敷设的路径。

3）在土建涂灰之前，将配线所需的固定点打好孔眼，预埋螺栓、保护管和木榫等。

4）装设绝缘支持物、线夹、线管及开关箱、盒等，并检查有无遗漏和错位。

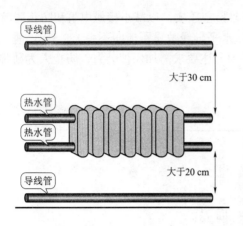 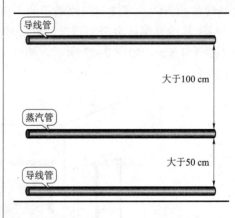

图 2-25　线路躲避发热体的距离规定

5）敷设导线。
6）导线连接、分支、绝缘层的恢复和封闭要逐一完成，并将导线出线接头与设备连接。
7）检查测试。

2.1.4　室内配线方法

通常，室内配线分为明敷和暗敷，明敷配线相对容易，即直接使用绝缘导线沿墙壁、天花板，利用线卡、夹板、线槽等固定件来配线，如图 2-26 所示。明敷在配线出现问题时比较容易检修。

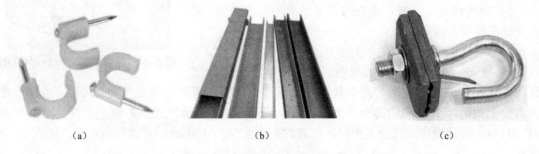

（a）　　　　　　　　　（b）　　　　　　　　　（c）

图 2-26　明敷配线的几种固定装置
（a）线卡；（b）线槽；（c）夹板

而一般的民用住宅大多采用暗敷，即将绝缘导线穿入管内，埋入墙体、地板下、天花板中，也称线管配线。这样配线美观工整，但如果线路出现问题，维修困难，所以暗敷配线时一定要注意所选导线的质量，导线应有足够的机械强度和电流承受余量。

1. 线管配线方法

线管配线是将绝缘导线穿入 PVC 或金属材质的管道内，这种方法具有防潮、耐腐蚀、导线不易受到机械损伤等优点，其大量应用于室内外照明、动力线路的配线中。

（1）线管的选择

在选择线管时，应优先考虑线管的材质。在潮湿和具有腐蚀性的场所中，由于金属的耐腐蚀性差，所以不宜使用金属管配线。在这种情况下，一般采用管壁较厚的镀锌管或者使用最普遍的 PVC 线管。而在干燥的场所内，也同样可以大量使用 PVC 线管，只不过管壁较薄。

根据导线的截面积和导线的根数确定线管的直径，要求穿过线管的导线总截面积（包括绝缘层）不应该超过线管内径的 40%。当仅有两根绝缘导线穿于同一根管内时，管内径不应小于两根导线外径之和的 1.35 倍（立管可取 1.25 倍）。

（2）管线的处理

在布管前，由于已经设计好管线的敷设方向，或是已经在墙体上开槽，因此需要先对管线进行处理。

首先要选择合适的长度，材料的长度较长时应当锯短。切断方法是使用台钳将管固定，再用钢锯锯断，此外，管口要平齐，用锉去除毛疵。若铺管长度大于 15 m，应增设过路盒，并使穿线顺利通过，如图 2-27 所示。过路盒中的导线一般不断头，只起到过渡作用。

线管在拐弯时，不要以直角拐弯，要适当增加转弯半径，如图 2-28（a）所示，否则管子很容易发生扁瘪的情况。处于内部的导线无疑会受到一个较大的弯折力，这时，可在拐弯处插入弯管弹簧，如图 2-28（b）所示，弯曲时，将弯管弹簧经引导钢丝拉至拐弯处，用膝盖或坚硬物体顶住线管弯曲处，双手慢慢用力，之后取出弯管弹簧即可。如上述操作都不好进行，拐弯时，尤其是直角拐弯时，可再次使用过路盒进行配置。

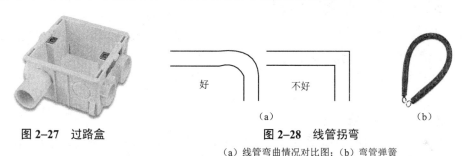

图 2-27　过路盒　　　　　图 2-28　线管拐弯

(a) 线管弯曲情况对比图；(b) 弯管弹簧

最后还要依据线管数量准备线路交错、拐弯等的接头，如图 2-29 所示。

图 2-29　PVC 线管的各式接头

(a) 直角弯接头；(b) 三通接头；(c) 十字接头

（3）配管

配管之前，由于是暗敷配线，因此需要在墙面、地面或者天花板上进行开槽。开槽深度应根据线管的直径来确定，但最好不要超过墙体混凝土厚度的 1/3。若需要在墙壁铺设管道，最好垂直开槽，禁止在墙壁开出横向且长度较长的铺管槽。开槽时一定要保持横平竖直，工整无缺块。开好槽后，应再开锯开关、插座等的暗盒槽，准备埋入接线盒。之后，开始在槽内安装管道和接线盒。

1）同一方向的管道应用细铁丝捆绑在一起，墙体上的管道应用钉子进行固定。

2）管与管的连接最好使用配套的接头，并在其上涂抹黄油，缠绕麻丝，以保证机械强度和一定的密封性。

3）接线盒安装完成后需使用专门的塑料盖盖严，以免在后续墙面抹灰时，堵塞其内部结构。

4）最后，在管内穿入一根 16 号或 18 号的钢丝，将钢丝头留置在各个过路盒中，以便后续顺利将导线拉出。图 2-30 所示为一家装修时的配线配管实例。

（4）穿线

1）准备好购买的导线，按照粗细、颜色等进行分组。

2）可用吹风设备清扫管路，保持清洁。

3）利用先前穿入的钢丝轻拉导线，不可用力过大，以免损伤导线。

4）如有多条导线穿入，必须事先将其平行成束，不可缠绕，也可进行相应的捆绑。之后将所有导线头束缚在一起，以免接头面积扩大。

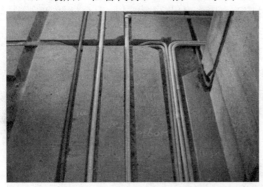

图 2-30　室内配线配管实例

5）穿出的导线应留有一定的长度，并将头部弯成"钩"状，以免导线缩回管内并等待接线。

2. 塑料护套线的配线方法

塑料护套线是一种将双芯或多芯的绝缘导线并在一起，外加塑料保护层的双绝缘导线，它具有防潮、耐酸、防腐蚀及安装方便等优点，广泛用于家庭、办公室的室内配线中，如图 2-31 所示。塑料护套线配线是明敷配线的一种，一般用铝片线卡（俗称钢精扎头，如图 2-32 所示）或塑料卡钉作为导线支持物，直接敷设在建筑物的墙壁表面，有时也可直接敷设在镂空的物体之上。比如在家庭装修中所设计的装饰灯带经常采用塑料护套线进行配线，这样方便修理与安装，并且将塑料护套线直接放入灯带的镂空空间内不易被注意到。

图 2-31　塑料护套线的外形

1—铜芯导体；2—聚氯乙烯护套；3—聚氯乙烯绝缘

图 2-32　钢精扎头

由于塑料护套线配线是明敷配线，因此安装方法十分简单，具体操作步骤如下：

（1）定位

根据线路布置图确定导线的走向和各个电器的安装位置，并做好相应记号。

(2）画线

根据确定的位置和线路的走向，用弹线袋画线，并做到横平竖直，必要时可使用吊铅垂线来严格把控垂直角度，如图 2-33 所示。

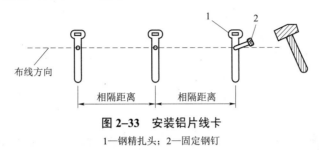

图 2-33　安装铝片线卡

1—钢精扎头；2—固定钢钉

（3）确定固定端位置

在画好的线上确定铝片线卡的位置：每两个铝片之间的距离应保持在 120～200 mm；拐弯处，铝片至弯角顶端的距离为 50～100 mm；离开关、灯座等的距离规定为 50 mm。之后标注其位置记号。

（4）安装铝片线卡

根据上述标记的位置，先用钉子等固定器件穿孔将各个铝片固定在墙体或物体上，如图 2-33 所示。需要注意的是，铝片线卡根据塑料护套线的内部导线数量和粗细程度分为 0、1、2、3、4 号不同的大小和长度，在安装前一定要先行确定所安装护套线的粗细，选好铝片型号。

（5）敷设塑料护套线

护套线敷设时，安装在铝片之上，如图 2-34 所示。为使护套线平整、笔直，可运用瓷夹板对其先行固定、拉直，但不可用力过大，以免损伤护套线。图 2-35 所示为一段塑料护套线配线实例。

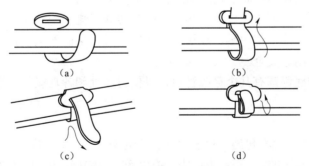

图 2-34　在钢精扎头上安装护套线

(a) 将铝片卡两端扳起；(b) 把铝片卡的尾端从另一端孔中穿过；
(c) 用力拉紧，使铝片卡紧紧地卡住导线；(d) 将尾部多余部分折回

图 2-35　塑料护套线配线实例

2.1.5 室内配电箱

当今新建住宅中，每户都有自己的室内配电箱。室内配电箱分为强电配电箱和弱电配电箱。强电配电箱的电压等级为单相交流电 220 V，并为家中的插座、照明、家用电器等供电；弱电配电箱主要是通信弱电线路，主要包括网线、电话线、有线电视线等。经前述内容铺垫，下面将着重介绍强电配电箱。

1. 强电配电箱的内部组成

强电配电箱的作用是将用户总电分配至家中各个用电负荷，并可以方便地在配电箱处灵活控制各个地点的电源通断，最后，它还可以对于家中的电气事故自动实施相应的保护措施，配电箱的外形和内部组成如图 2-36 所示。

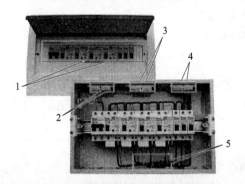

图 2-36 室内配电箱的外形和内部组成
1—操作面板；2—地线接线端子排；3—备用端子排；4—零线接线端子排；5—管口

从每层的分电源经过电能表进入该层某户的强电配电线路有三条。火线一般为红色，零线为蓝色或者黑色，地线为黄绿色相间。为了施工方便和人员安全，上述三种导线的颜色不能随意更换，尤其是地线，标准严格。

之后，将多个低压断路器经配电箱安装导轨并排整齐安装。该户的总电源断路器一般设置为双极，并通常带有漏电保护器，在出现电路故障时，能同时断掉零、火线；在家中有人员触电或者漏电时，漏电保护器同样会跳闸保护。

除入户总电外，其他支路都配置为单相断路器。因插座、厨房、卫生间等地点容易发生触电事故，因此这些支路的断路器也应当配置漏电保护功能。

除断路器组合之外，配电箱中还具备分别的零线端子排和地线端子排。排上的每个接线柱经导体短接，以增加配电箱中零、地线的接线柱数量，从而不至于将各条导线都挤进一个接线柱，最终保证了用电安全。

配电箱的顶部和底部都有几个穿线管口，以便将各处和各功能的导线通过管口整齐地送至用电负荷处。

2. 导线的选用

1) 买来的导线都为成卷包装，每卷导线长度为 100 m，正负误差不超过 0.5 m。

2) 室内配线的常用电线型号有 BV 线、BVR 线、BVV 线等，如图 2-37 所示。BV 为单股线，BVR 为多股线，同等截面积的 BVR 线比 BV 线贵 10%左右。在性能方面，BV 线与 BVR

(a)　　　　　　　　　(b)　　　　　　　　　(c)

图 2-37 几种规格的导线
(a) BV 线；(b) BVR 线；(c) BVV 线

线基本相同，质量上 BVR 线略大一点，制作工艺更复杂一些，而且 BVR 线比较软不易变形和折断。BVV 线与上述两种线相比，其主要区别在于其铜芯外面有两层绝缘皮。

3）在日常配电箱中，BV 线使用较多。其根据承载电流大小的不同，导线截面积分为：1 mm²、1.5 mm²、2.5 mm²、4 mm²、6 mm²、10 mm² 等类型。截面积越大，发热量越小，承载大电流能力越强。入户干线经常使用 6 mm² 或者 10 mm² 的导线；照明线路使用 2.5 mm² 便可；插座选用 4 mm² 的；空调、热水器等大功率电器使用 6 mm² 的居多，有时也使用 4 mm² 的导线。其承载电流的大小如表 2-1 所示，仅供参考。这里所述都为铜芯导线，之前老旧建筑物中所使用的铝芯导线承载电流的能力较弱，这里不再阐述。

表 2-1 不同规格导线承载电流大小的参考值

导线规格/mm²	承载电流值/A	导线规格/mm²	承载电流值/A
1	14~18	4	30~40
1.5	17~22	6	40~50
2.5	23~30	10	50~68

4）导线质量的辨认：在选取优质导线时，首先应注意包装是否完好，是否具有国家强制产品认证的"3C"标志，生产厂商信息及商品信息是否全面；其次要看铜质，好的铜芯导线铜色发红或发紫、手感柔软、有光泽，劣质导线铜色发白或发黄；最后看绝缘皮质量，看铜芯是否有偏芯现象，绝缘皮在弯折时应十分柔韧，劣质导线的绝缘皮被弯折时，立刻发白，严重时有粉末脱落。

3. 低压断路器的分组

在安装配电箱时，低压断路器需安装几个？是否需带漏电保护装置？下文将对这些方面做简要介绍，具体情况还要根据施工现场的室内状况与条件确定。

1）根据室内面积，可将插座回路分成几个低压断路器，如客厅与餐厅使用一个回路；几个卧室使用另一个回路等，最好选用漏电保护器。导线可选用 4 mm² 规格的。

2）厨房和卫生间等使用大功率用电器较多的场所，须单独布置回路，且须选用漏电保护器。导线选用 4 mm² 规格的。

3）空调需要单独布置回路，导线可选用 6 mm² 规格的，挂壁式空调可不使用漏电保护器。热水器可与厨房或卫生间共用回路，也可在经济和条件允许的情况下单独布置回路，并使用漏电保护器，导线可使用 6 mm² 规格的。

4）照明回路无须安装漏电保护器，应注意根据现场的状况确定需要使用几个单极低压断路器。导线可选用 2.5 mm² 规格的。

4. 接线示意图

现在开始安装室内配电箱，图 2-38 所示为一个较简单的室内配电箱的接线图，如房屋面积大且结构复杂时，可按照图中原理再增设支路即可。

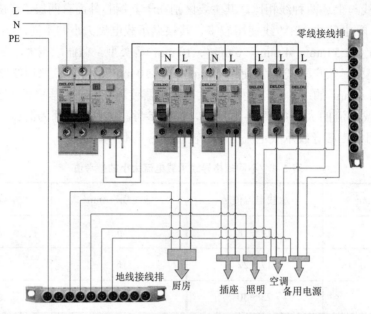

图 2–38 室内配电箱接线示意图

2.2 室内照明

照明是生活、生产中不可缺少的条件，也是现代建筑中的重要组成部分。照明系统由照明装置及电气部分组成，照明装置主要是指灯具，电气部分包括开关、线路及配电部分等。电气照明技术实际上是对光的设计和控制，为更好地理解电气照明，必须掌握照明技术的一些基本概念。

2.2.1 照明技术基本概念

1. 光的基本概念

光是能量的一种形态，是能引起视觉感应的一种电磁波，也可称之为可见光。这种能量从一个物体传播到另一个物体，无须任何物质作为媒介。可见光的波长范围在 380 nm（紫色光）～780 nm（红色光）。

光具有波粒二象性，它有时表现为波动，有时表现为粒子（光子），图 2–39 所示为光的电磁波谱图。通常波长在 780 nm～100 μm 的电磁波称为红外线；波长在 10 nm～380 nm 的电磁波称为紫外线。红外线和紫外线不能引起人们的视觉感应，但可以用光学仪器或摄影束发现，所以在光学概念上，除了可见光以外，光也包括红外线和紫外线。

在可见光范围内，不同波长的可见光会引起人眼不同的颜色感觉，将可见光波 780～380 nm 连续展开，分别呈现红、橙、黄、绿、蓝、靛、紫等代表颜色。

各种颜色之间连续变化，单一波长的光表现为一种颜色，称为单色光；多种波长的光组合在一起，在人眼中会引起复色光；全部可见光混合在一起，就形成了太阳光。

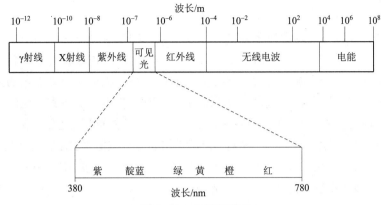

图 2-39　电磁波谱图

在太阳辐射的电磁波中，大于可见光波长的部分被大气层中的水蒸气和二氧化碳强烈吸收，小于可见光波长的部分被大气层中小的臭氧吸收，而到达地面的太阳光，其波长正好与可见光相同，这说明了人的视觉反应是在长期的人类进化过程中对自然环境逐步适应的结果。因此，通常所谓物体的颜色，是指它们在太阳光照射下所呈现的颜色。

2. 光的度量

就像以米为单位度量长度一样，光也可以用物理量进行度量，这些物理量包括光通量、照度、发光强度、亮度等，其具体意义如表 2-2 所示。

表 2-2　光的度量常用物理量

度量名称	定义	表示单位	
		单位名称	符号
光通量	光源在单位时间内向周围空间辐射并引起视觉的能量，称为光通量。它等于单位时间内某一波段的辐射能量和该波段的相对视见率的乘积。由于人眼对不同波长的光的相对视见率不同，所以不同波长光的辐射功率相等时，其光通量并不相等。光通量可以说明光源发光的能力，是照明系统重要的技术指标之一	流明	lm
照度	单位面积上接收的光通量称为照度。其用于指示光照的强弱和物体表面积被照明程度的量	勒克斯	lx
发光强度	发光强度是指光源在某一特定方向上的单位立体角内辐射的光通量，简称为光强	坎德拉	cd
亮度	发光体在给定方向的单位投影面积上的发光强度称为亮度	坎德拉/平方米	cd/m^2
发光效率	电光源每消耗 1 W 电功率所发出的光通量，简称光效。这是评价各种光源的一个重要数据	流明/瓦特	lm/W

3. 光源的色温

不同的光源，由于发光物质不同，其光谱能量分布也不同。一定的光谱能量分布表现为一定的光色，通常用色温来描述光源的光色变化。

如果一个物体能够在任何温度下全部吸收任何波长的辐射，那么这个物体称为绝对黑体。绝对黑体的吸收本领是一切物体中最大的，加热时其辐射能力也最强。黑体辐射的本领只与温度有关。严格地说，一个黑体若被加热，其表面按单位面积辐射光谱能量的大小及其分布完全取决于它的温度。因此，可把任一光源发出光的颜色与黑体加热到一定温度下发出光的颜色相对比来描述光源的光色。所以色温可以定义为："当某种光源的色度与某一温度下的绝对黑体的色度相同时绝对黑体的温度。"因此，色温是用温度的数值来表示光源颜色的特征。色温用绝对温度（K）表示，绝对温度等于摄氏温度加273。例如，温度为2 000 K的光源发出的光呈橙色，温度为3 000 K左右的光源发出的光呈橙白色，温度为4 500～7 000 K的光源发出的光近似白色。

在人工光源中，只有白炽灯灯丝通电加热与黑体加热的情况相似。对白炽灯以外的其他人工光源的光色，其色度不一定准确地与黑体加热时的色度相同。所以只能用光源的色度与最接近的黑体色度的色温来确定光源的色温，这样确定的色温叫作相对色温。

表2-3和表2-4所示为一些常见的光源色温，如表2-3中所示全阴天室外光色温为6 500 K，就是说黑体加热到6 500 K时发出光的颜色与全阴天室外光的颜色相同。光源既然有颜色，就会带给人们冷暖的感觉。这种感觉可由光源的色温高低确定。通常色温小于3 300 K时会产生温暖感，色温大于5 000 K时会产生冷感，色温为3 300～5 000 K时会产生爽快感。所以在照明设计安装时，可根据不同的使用场合采用具有不同色温的光源，使人们置身其中时达到良好的舒适感。

表2-3 天然光源色温　　　　　　　　　　　　　　　　　　　　　K

光源	色温	光源	色温
晴天室外光	13 000	全阴天室外光	6 500
白天直射日光	5 550	45°斜射日光	4 800
无太阳昼光	4 800	月光	4 100

表2-4 常见人工光源色温　　　　　　　　　　　　　　　　　　　K

光源	色温	光源	色温
蜡烛	1 900～1 950	高压钠灯	2 000
白炽灯	2 700	荧光灯	3 000～7 500
碳弧灯	3 700～3 800	氙灯	5 600

4. 光源的显色性

显色性是指光源对物体颜色呈现的程度，也就是颜色的逼真程度。显色性高的光源对物体颜色的表现较好，所看到的颜色比较接近自然色；显色性低的光源对颜色的表现较差，所以看到的颜色偏差较大。

为何会有显色性高低之分呢?其关键在于该光线的分光特性,可见光的波长在 380～780 nm,也就是在光谱中见到的红、橙、黄、绿、蓝、靛、紫光的范围,如果光源所放射的光中所含的各色光的比例与自然光接近,则人眼所看到的颜色也就较为逼真。

一般以显色指数表征显色性。国际照明委员会(CIE)把太阳的显色指数定为100,即将标准颜色在标推光源的辐射下的显色指数定为100,将其当作色标。当色标被试验光源照射时,其颜色在视觉上的失真程度,就是这种光源的显色指数。各类光源的显色指数各不相同,如高压钠灯的显色指数为23,荧光灯管的显色指数为60～90。

显色分为两种,即忠实显色和效果显色。忠实显色是指能正确表现物质本来的颜色,需使用显色指数高的光源,其数值接近100。效果显色是指要鲜明地强调特定色彩表现生活的美,可以利用加色的方法来加强显色效果。采用低色温光源照射,能使红色更加鲜艳;采用中等色温光源照射,能使蓝色具有清凉感。显色指数越大,则失真越小;反之,显色指数越小,失真就越大。不同的场所对光源的显色指数要求是不一样的。国际照明委员会一般把显色指数分成五类,如表 2–5 所示。

表 2–5 显色指数等级的划分

类别	显色指数	适用范围
1	>90	需要色彩精确对比的场所,如美术馆、博物馆
2	80～90	需要色彩正确判断的场所,如高级纺织工艺及相近行业的工厂
3	60～80	需要中等显色性的场所,如办公室、学校
4	40～60	对显色性的要求较低,色差较小的场所,如重工业工厂
5	20～40	对显色性无具体要求的场所

2.2.2 照明技术基础

照明系统在施工之前需经详细的考察与设计,首先应根据应用场合的不同,选择合适的照明方式与种类。

1. 照明方式与种类

(1) 照明方式

照明方式是指照明设备按其安装部位或使用功能而构成的基本制式。按照国家制定的设计标准,照明方式划分为工业、企业照明和民用建筑照明两类。按照照明设备安装部位不同可将照明方式分为建筑物外照明和室内照明。

建筑物外照明可根据实际使用功能分为建筑物泛光照明、道路照明、区街照明、公园和广场照明、溶洞照明、水景照明等。每种照明方式都有其特殊的要求。

室内照明按照其使用功能分为一般照明、分区照明、局部照明和混合照明几个类型。工作场所通常应设置一般照明;同一场所内的不同区域有不同的照度要求时,应采用分区一般照明;对于部分作业面照度要求较高,且只采用一般照明不合理的场所,宜采用混合照明;在一个工作场所内不应只采用局部照明。对于室内照明,其方式如表 2–6 所示。

表 2–6 室内照明的方式

名称	定　义	特　点	适用场合
一般照明	不考虑特殊部位的需要，为照亮整个场地而设置的照明方式	能获得均匀的照度，适用于对光照方向无特殊要求或不适合安装局部照明和混合照明的场所	如仓库、某些生产车间、办公室、会议室、教室、候车室、营业大厅等
分区照明	根据需要，提高特定区域照度的一般照明方式	适用于对照度要求比较高的工作区域；灯具可以集中均匀布置，提高其照度值，其他区域仍采用一般照明	如工厂车间的组装线、运输带、检验场地等
局部照明	为满足某些部位的特殊需要而设置的照明方式	在很小范围的工作面上，通常采用辅助照明设施来满足这些特殊工作的需要	如车间内的机床灯、商店橱窗的射灯、办公桌上的台灯等
混合照明	由一般照明与局部照明组成的照明方式，即在一般照明的基础上再增加局部照明	有利于提高照度和节约电能。在需要局部照明的场所，不应只装配局部照明而无一般照明，否则会造成亮度分布不均匀而影响视觉	对于工作部位需要较高照度并对照射方向有特殊要求的场所，宜采用混合照明。如医院检查室、工厂生产车间等

（2）照明种类

照明在分类方法上基本可总结出两种方式，即按光通量的效率划分和按使用功能及时间划分，如表 2-7 和表 2-8 所示，仅供参考。

表 2–7 按照光通量的效率进行分类的照明种类

照明种类	描　述
直接照明	将灯具发射的 90%～100% 的光通量直接投射到工作面上的照明称为直接照明。常用于对光照无特殊要求的整体环境照明，如裸露装设的白炽灯、荧光灯均属此类
半直接照明	将灯具发射的 60%～90% 的光通量直接投射到工作面上的照明
均匀漫射照明	将灯具发射的 40%～60% 的光通量直接投射到工作面上的照明
半间接照明	将灯具发射的 10%～40% 的光通量直接投射到工作面上的照明
间接照明	将灯具发射的 10% 以下的光通量直接投射到工作面上的照明
定向照明	光线主要从某一特定方向投射到工作面和目标上的照明
重点照明	为突出特定的目标或引起对视野中某一部分的注意而设的定向照明
漫射照明	投射在工作面或物体上的光，在任何方向上均无明显差别的照明
泛光照明	由投光灯来照射某一情景或目标，且其照度比其周围照度明显高的照明

表 2–8 按照使用功能及时间进行分类的照明种类

照明种类	描　述
正常照明	永久安装的、正常工作时使用的照明
应急照明	在正常照明电源因故障失效的情况下，供人员疏散、保障安全或继续工作用的照明，如建筑物中的安全通道照明等。应急照明必须采用能快速点亮的可靠光源，通常采用白炽灯或卤钨灯

续表

照明种类	描述
障碍照明	装设在障碍物上或附近作为障碍标志用的照明称为障碍照明，如高层建筑物的障碍标志灯、道路局部施工时的警示灯等
装饰照明	为美化、烘托装饰某一特定空间环境而设置的照明，如家中的灯带、建筑物外表的轮廓照明等
警卫照明	用于警卫地区的照明，如哨卡探照灯等

2. 照度标准

光对人眼的视觉有三个最重要的功能：识别物体形态（形态感觉）、颜色（色觉）和亮度（光觉）。人眼之所以能辨别颜色，是由于人眼的视网膜上有两种感光细胞——圆柱细胞和圆锥细胞。圆锥细胞对光的感受性较低，只在明亮的条件下起作用；而圆柱细胞对光的感受性较高，但只在昏暗的条件下起作用。圆柱细胞是不能分辨颜色的；只有圆锥细胞在感受光刺激时才能分辨颜色。因此，人眼只有在照度较高的条件下，才能区分颜色。

民用建筑照明设计中，应根据建筑性质、建筑规模、等级标准、功能要求和使用条件等确定合理的照度标准值，现行国家标准《建筑照明设计标准》GB 50034—2013 中规定：在选择照度时，应符合标准照度分级：0.5、1、3、5、10、15、20、30、50、75、100、150、200、300、500、750、1 000、1 500、2 000、3 000、5 000，单位为勒克斯。各类生产、生活对应的照度标准值范围应按表 2–9 所示进行参考选取。

表 2–9 各类生产、生活所对应的照度标准值范围

视觉工作性质	照度范围/lx	区域或活动类型	适用场所示例
简单视觉工作	≤20	室外交通区，判别方向和巡视	室外道路
	30~75	室外工作区、室内交通区，简单识别物体表征	客房、卧室、走廊、库房
一般视觉工作	100~200	非连续工作的场所（大对比大尺寸的视觉作业）	病房、起居室、候机厅
	200~500	连续视觉工作的场所（大对比小尺寸和小对比大尺寸的视觉作业）	办公室、教室、商场
	300~750	需集中注意力的视觉工作（小对比小尺寸的视觉作业）	营业厅、阅览室、绘图室
特殊视觉工作	750~1 500	较困难的远距离视觉工作	一般体育场馆
	1 000~2 000	精细的视觉工作、快速移动的视觉对象	乒乓球、羽毛球场馆
	≥2 000	精密的视觉工作、快速移动的小尺寸视觉对象	手术台、拳击台、赛道终点区

3. 照明质量

照明的最终目的是满足人们的生产生活需要。总体而言，照明质量评价体系可概括为两

类内容：一类是诸如照度水平及其均匀度、亮度及其分布、眩光、立体感等量化指标的评价；另一类是综合考虑心理、建筑美学和环境保护方面等非量化指标的评价，近年来，尤其是针对环境保护方面的评价更受到行业的重视。

（1）照度水平及其均匀度

合适的照度水平应当使人易于辨别他所从事的工作细节。在设计时应当严格按照照度标准值执行。另外，如果在工作环境中工作面上的照度对比过大、不均匀，也会导致视觉不适。灯与灯之间的实物距离比灯的最大允许照射距离小得越多，说明光线相互交叉照射得越充分，相对均匀度也会有所提高。CIE（国际照明委员会）推荐，在一般照明情况下，工作区域最低照度与平均照度之比通常不应小于 0.8，工作房间整个区域的平均照度一般不应小于人员工作区域平均照度的 1/3。我国《民用建筑照明设计标准》中规定：工作区域内一般照明的均匀度不应小于 0.7，工作房间内交通区域的照度不应低于工作面照度的 1/5。

（2）亮度及其分布

作业环境中各表面上的亮度分布是决定物体可见度的重要因素之一，适当地提高室内各个表面的反射比，增加作业对象与作业背景的亮度对比，比简单提高工作面上的照度更加有效、更加经济。

（3）眩光

眩光是由于视野内亮度对比过强或亮度过高造成的，就是生活中俗称的"刺眼"，会使人产生不舒适感或降低可见度。眩光有直接眩光与反射眩光之分。直接眩光是由灯具、阳光等高亮度光源直接引起的；反射眩光是由高反射系数的表面（如镜面、光泽金属表面等）反射亮度造成的。反射眩光到达人眼时掩蔽了作业体，减弱了作业体本身与周围物体的对比度，会产生视觉困难。眩光强弱与光源亮度及面积、环境背景、光线与视线角度有关。在对照明系统进行设计时，需要着重考虑眩光对人眼的影响，降低局部光源照度与亮度、减少高反射系数表面、改变光源角度等，都是可行的措施。

（4）立体感

照明光源所发出的能量一般都会形成一定的光线、光束或者光面，即点、线、面的各种组合。研究表明，垂直照度和半柱面照度之比在 0.8～1.3 时，可给出关于造型立体感的较好参考，有利于工作区域作业。

（5）环境保护指标

在照明设备的生产、使用和回收过程中，都可能直接或间接地影响环境，尤其在发电过程中，除了会消耗大量的资源，还会带来许多附加环境问题。所以，减少电能的消耗，就是保护我们的环境。在照明设计中，应当优先选择效率较高的照明系统，这不仅要选择发光效率高的光源，还包括选择高效的电子镇流器和触发器等电器附属器件，以及采用照明控制系统和天然采光相结合的方式等。其次，光污染也是近年来比较活跃的一个课题。所谓光污染，主要包括干扰光和眩光两类，前者较多的是对居民的影响，后者常对车辆、行人等造成影响。

2.2.3　常见电光源

电光源是指利用电能做功，产生的可见光源，与自然光——太阳光、火光等相区别。电光源的发展从爱迪生发明电灯开始至今，历经了四代电光源技术。虽然这四代电光源发明年代有先后之分，但因其不同的工作特点和经济特性至今仍然都在被广泛使用。尤其是以 LED

灯为代表的第四代产品正被大力推荐和推广使用中。下面以时间为序依次介绍这四代电光源中比较有代表性的产品。

1. 第一代电光源——白炽灯

1879 年，爱迪生发明了具有实用价值的碳丝白炽灯，使人类从漫长的火光照明时代进入电气照明时代，同时也宣告了第一代光源——白炽灯的诞生。现代白炽灯是靠电流加热灯丝至白炽状态而发光的。其具有光谱连续性、显色性好、结构简单、可调光、无频闪等优点，这使得白炽灯在随后的数十年间取得了快速发展。其外形如图 2-40（a）所示。

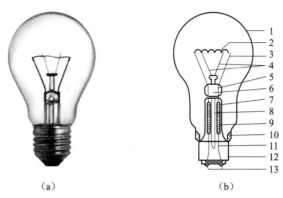

图 2-40　白炽灯的外形及结构
（a）白炽灯外形；（b）白炽灯的结构

1—玻壳；2—钨灯丝；3，11—引线；4—钼丝支架；5—杜美丝；6—玻璃压封；7—保险丝衬管；
8—排气管；9—熔丝；10—焊泥；12—灯头；13—焊锡触点

（1）白炽灯的内部结构

普通的白炽灯主要由玻壳、钨灯丝、引线、玻璃压封、灯头等组成，如图 2-40（b）所示。玻壳做成圆球形，制作材料是耐热玻璃，它把灯丝和空气隔离，既能透光，又能起到保护作用。白炽灯工作时，玻壳的温度最高可达 100 ℃左右。丝灯是用比头发丝还细得多的钨丝做成的螺旋形。同碳丝一样，白炽灯里的钨丝也害怕空气。如果玻壳里充满空气，那么通电以后，钨丝的温度会升高到 2 000 ℃以上，空气就会对它毫不留情地发动袭击，使它很快被烧断，同时生成一种黄白色的三氧化钨，附着在玻壳内壁和灯内部件上。两条引线由内引线、杜美丝和外引线三部分组成。内引线用来导电和固定灯丝，用铜丝或镀镍铁丝制作；中间一段很短的红色金属丝叫杜美丝，要求它同玻璃密切结合而不漏气；外引线是铜丝，任务就是通电。排气管用来把玻壳里的空气抽走，然后将下端烧焊密封，灯就不会漏气了。灯头是连接灯座和接通电源的金属件，用焊泥把它同玻壳黏结在一起。

（2）白炽灯的特点

白炽灯显色性好、亮度可调、成本低廉、使用安全、无污染，至今仍被大量采用，如在室内装修或施工时的临时用灯还在大量使用白炽灯。之所以临时使用，是因为白炽灯利用热辐射发出可见光，所以大部分白炽灯会把其消耗能量中的 90%转化成无用的热能，只有少于10%的能量会转化成光，因此它的发光效率低，能耗大，且寿命较短。

（3）白炽灯的使用

白炽灯适用于需要调光、要求显色性高、迅速点燃、频繁开关及需要避免对测试设备产生高频干扰的地方和屏蔽室等。生活中，白炽灯需 220 V 的单相交流电供电，无须任何辅助器件，安装方便、灵活。在选购白炽灯时，需主要查看其灯头规格和额定功率。常用的灯头规格为 E14 和 E27 两类，都为旋转进入，E14 的灯头细长，E27 的灯头较为粗短；后续将要介绍到的节能灯、LED 灯等生活用灯也遵循这样的灯头规格，如图 2-41 所示。某些白炽灯的灯头也被制作成插脚型，但应用较少。常用的额定功率有 15 W、25 W、40 W、60 W、100 W、150 W、200 W、300 W、500 W。

图 2-41 白炽灯的灯头规格

(a) E14 规格；(b) E27 规格

（4）白炽灯的发展

因白炽灯的功耗较大，随着澳大利亚成为世界上第一个计划全面禁止使用白炽灯的国家，其他各国也纷纷推出了禁用白炽灯的计划，如加拿大、日本、美国、中国、欧盟各国均计划在未来逐步淘汰白炽灯。

2. 第二代电光源——低压气体放电灯

气体放电灯是由气体、金属蒸气混合放电而发光的灯。气体放电的种类很多，用得较多的是辉光放电和弧光放电。辉光放电一般用于霓虹灯和指示灯。弧光放电有较强的光输出，因此普通照明用光源都采用弧光放电形式。

气体放电灯可分为低压气体放电灯和高压气体放电灯。20 世纪 30 年代，荷兰科学家发明出第一支荧光灯，就此，低压气体放电灯宣告诞生。此外低压气体放电灯还包括钠灯、无极灯等种类，而荧光灯以其优异的性能和传统得到最为普遍的应用。

荧光灯按其技术水平的先进程度、发光和附属器件的工作原理，主要分为传统型荧光灯、电子镇流型荧光灯、节能型荧光灯和荧光高压汞灯等。

（1）传统型荧光灯

传统型荧光灯也称为电感镇流器荧光灯，是依靠汞蒸气放电时辐射出的紫外线来激发灯体内壁的荧光物质发光的。它在工作时不是直接与电源相连，而是通过启辉器、镇流器等附属器件共同组成电路系统来进行工作，如图 2-42 所示。

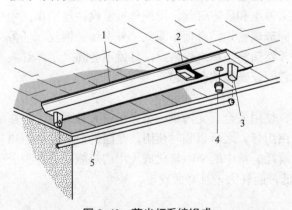

图 2-42 荧光灯系统组成

1—固定灯座；2—镇流器；3—管座；4—启辉器；5—灯管

1) 荧光灯电路系统中的器件。

① 灯管。传统型荧光灯管内的两头各装有灯丝，灯丝上涂有电子发射材料三元碳酸盐，俗称电子粉，在交流电压的作用下，灯丝交替地作为阴极和阳极。灯管内壁涂有荧光粉，荧光粉颜色不同，发出的光线也不同，这就是荧光灯可做成白色和各种颜色的原因。管内充有 400~500 Pa 压力的氩气和少量的汞，如图 2-43 所示。灯管要想启动，必须在其两端加有瞬时高电压，才能使其内部物质发生作用。以 40 W 的荧光灯管为例，其两端的电离电压需要高达千伏左右，而灯管正常工作后，维持其工作的电压都很低，大概在 110 V 上下。

② 镇流器。将传统的电感镇流器进行拆解，如图 2-44 所示，在硅钢片上缠绕有电感线圈——镇流器的核心部件。电感具有"隔交通直、阻高通低"的特性：当通入电感的电流产生变化时，电感线圈的自感应电动势会阻止电流升高或降低的趋势，利用这样的特性，在电路启动时提供瞬间高压，在电路正常工作时又起到降压限流的作用。

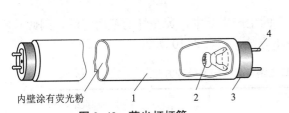

图 2-43 荧光灯灯管

1—玻璃管；2—灯丝；3—灯头；4—灯脚

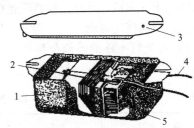

图 2-44 电感镇流器

1—外壳；2—漆包线；3—底盖；4—引线；5—硅钢片

③ 启辉器。它是用来预热日光灯灯丝，并提高灯管两端电压，以点亮灯管的自动开关。启辉器的基本组成可分为：充有氖气的玻璃泡、静触片、动触片，其中触片为双金属片，如图 2-45 所示。当启辉器的管脚通入额定电压时，内部氖气发生电离，泡内温度升高，U 形动触片由于是两片热膨胀系数不同的双金属片叠压而成，因此会发生变形，进而触碰静触片，使上述提到的"开关"闭合。启辉器的通断直接带来了电路系统中电流的变化，进而激发镇流器的工作。

2) 荧光灯电路系统的工作原理。如图 2-46 所示，荧光灯电路启动时，开关闭合，220 V 的电压加在启辉器之上，启辉器中的惰性气体发生电离，使其内部温度升高，启辉器 U 形动

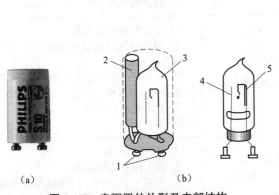

图 2-45 启辉器的外形及内部结构

(a) 启辉器的外形；(b) 启辉器的内部结构

1—管脚；2—电容；3—氖泡；4—静触片；5—U 形动触片

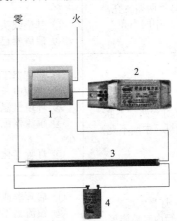

图 2-46 传统型荧光灯的电路系统

1—开关；2—电感镇流器；3—灯管；4—启辉器

触片变形使之闭合。电路接通，使灯丝预热，此时加在启辉器之上的电压变为 0，启辉器内部冷却，动触片回位，电路断开。那么，流经镇流器的电流突然降为 0，使其产生自感电动势，与电源的方向一致，相加之后，使之承受高压。此时，灯管内的惰性气体电离，管内温度升高，管中的水银蒸气游离碰撞惰性气体分子，从而弧光放电产生紫外线，看不见的紫外线照射在管壁上的荧光粉时，荧光粉便发出光亮，至此启动完成。

荧光灯正常发光后，由于灯管内部的水银蒸气电离成导体，交流电会不断通过镇流器的线圈，线圈中产生自感电动势，自感电动势阻碍线圈中的电流变化，这时镇流器起降压限流的作用，使电流稳定在灯管的额定电流范围内，灯管两端的电压也稳定在额定工作电压范围内。由于这个电压低于启辉器的电离电压，所以并联在两端的启辉器也就不再起作用了。又由于电压降低，所以荧光灯在工作中比较节能。

可见，荧光灯在启动过程中，会承载一个很高的瞬时电压，激发电离。然而当其正常工作后则电压值很低，因此，各类荧光灯都不适合频繁地开关，否则由于经常有高电压的冲击，会直接影响其使用寿命。

3）荧光灯电路的检修与维护。在日常的生产生活中，荧光灯的使用广泛，因此，应该了解一些荧光灯电路故障检修与维护的基本方法，如表 2-10 所示。

表 2-10　荧光灯电路常见故障及处理方法

常见故障	可能原因	处理方法
灯管不发光	① 电源； ② 灯座触点接触不良，或电路线头松散； ③ 启辉器损坏，或与基座触点接触不良； ④ 镇流绕组或管内灯丝断裂或脱落	① 检查是否停电或熔丝烧断； ② 重新安装灯管，或重新连接已松散的线头； ③ 先旋动启辉器，看是否发光，再检查线头是否脱落；排除后仍不发光，应更换启辉器； ④ 用万用表低电阻挡测量绕组和灯丝是否通路，20 W 及以下的灯管一端断丝，可把两脚短路，仍可继续使用
灯管两端发亮，中间不亮	① 启辉器接触不良，或内部小电容击穿； ② 基座线头脱落； ③ 启辉器已损坏	① 旋动启辉器，看是否发光； ② 检查线头是否脱落，若有小电容击穿，可剪去后复用； ③ 更换启辉器
启辉困难（灯管两端不断闪烁，中间不亮）	① 启辉器不配套； ② 电源电压太低； ③ 环境气温太低； ④ 镇流器配用不成套，启辉电流过小； ⑤ 灯管老化	① 安装配套的启辉器； ② 调整电压或缩短电源线路，使电压保持在额定值； ③ 可用热毛巾在灯管上来回烫熨（但应注意安全，灯架和灯座处不可触及和受潮）； ④ 换上配套的镇流器； ⑤ 更换灯管
灯光闪烁或管内有螺旋形滚动光带	① 启辉器或镇流器连接不良； ② 镇流器不配套； ③ 新灯管的暂时现象； ④ 灯管质量不佳	① 接好连接点； ② 换上配套的镇流器； ③ 使用一段时间后，闪烁现象或滚动现象会自动消失； ④ 无法修理，更换灯管

续表

常见故障	可能原因	处理方法
镇流器过热	① 镇流器质量不佳； ② 启辉情况不佳，连续不断地长时间产生触发，增加镇流器负担； ③ 镇流器不配套； ④ 电源电压过高	① 正常温度以不超过 65 ℃为限，严重过热的应更换； ② 排除启辉系统故障； ③ 换上配套的镇流器； ④ 调整电压
镇流器发出异常声	① 铁芯叠片松动； ② 铁芯硅钢片质量不佳； ③ 绕组内部短路； ④ 电源电压过高	① 紧固铁芯； ② 更换硅钢片（需校正工作电流，即调节铁芯间隙）； ③ 更换镇流器； ④ 调整电压

（2）电子镇流型荧光灯

电子镇流型荧光灯与传统型荧光灯的结构基本相同，区别在于镇流器。电子镇流器相对于电感镇流器而言，其采用电子技术驱动电光源，轻便小巧，甚至可以将电子镇流器与灯管等集成在一起；同时，电子镇流器通常可以兼具启辉器的功能，故此可省去单独的启辉器。它还可以具有更多的功能，例如，可以通过提高电流频率或者电流波形改善或消除日光灯的闪烁现象；也可通过电源逆变过程使得日光灯可以使用直流电源。由于传统电感式镇流器的一些缺点，它正在被日益发展成熟的电子镇流器所取代。其外形及内部组成如图 2-47 所示。

图 2-47　电子镇流器的外形及内部组成

如图 2-48 所示，220 V/50 Hz 交流电经整流部分变为直流电，直流电经过逆变单元变为 20～50 kHz 的交流电，电感 L 和电容 C 构成谐振单元，谐振单元的谐振频率与逆变单元产生的交流电频率相同。电容 C 与灯管并联，灯管可以等效为一个电阻 R。在通电瞬间，灯管发光前阻值很大，R 和 C 并联后相当于只有电容 C。于是，L、C 产生谐振，在电容 C 两端产生高压，进而激发灯管内部的一系列反应，产生紫外线，灯管启动。之后，灯管的等效电阻 R 变小，R 和 C 并联相当于只有电阻 R，于是，LC 串联谐振电路变为 LR 串联电路，谐振停止，L 起限流/降压作用，灯管稳定发光。电子镇流器的实物接线如图 2-49 所示。

电子镇流型荧光灯与传统型荧光灯相比优点很多。第一，电子镇流型荧光灯更加高效节能。第二，电子镇流型荧光灯无频闪、无噪声，有益于身体健康，因为电子镇流器的核心部分——开关振荡源是直流供电，所输入的交流电先经过整流、滤波，故其对供电电源的频率不敏感，加之振荡源输出的是 20～50 kHz 的高频交流电，人的眼、耳根本不能分辨如此高的频率。第三，低电压启动性能好，电感镇流器荧光灯在电压低于 180 V 时，就难以启动，而电子镇流器节能灯在供电电压 130～250 V 内，约经过 2 s 的时间就能快速地一次性启辉点燃，对低质电网有很强的适应能力。第四，电子镇流型荧光灯的寿命长，电感荧光灯的额定寿命为 2 000 h，而电子节能灯的额定寿命为 3 000～5 000 h，有的寿命甚至高达 8 000～10 000 h。

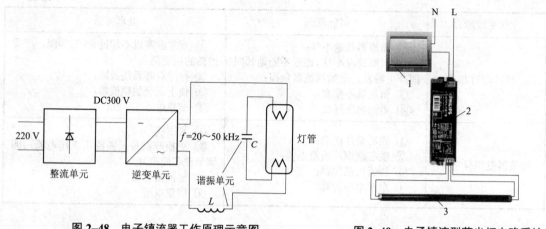

图 2-48　电子镇流器工作原理示意图

图 2-49　电子镇流型荧光灯电路系统
1—开关；2—电子镇流器；3—灯管

(3) 节能型荧光灯

节能型荧光灯可分为单端节能灯和自镇流节能灯两类，它们也是荧光灯家族中的重要成员。

单端节能灯是将荧光灯的灯脚设计在一端，因而体积小巧、安装方便，用于专门设计的灯具，如台灯等。单端节能灯在选取时要认清灯脚的数量，两针的单端节能灯已经将启辉器和抗干扰电容加入到灯体内部，而四针的却不含有任何电子器件，如图 2-50 所示。

图 2-50　单端节能灯的外形
(a) U 形单端节能灯（两针）；(b) 蝴蝶形单端节能灯（四针）

自镇流节能灯自带镇流器、启辉器及全套控制电路，并装有螺旋式灯头或者插口式灯头。电路一般是封闭在一个外壳里，灯组件中的控制电路以高频电子镇流器为主，属于电子镇流型荧光灯的范畴。这种一体化紧凑型节能灯可直接安装在标准白炽灯的灯座上面，直接替换白炽灯，使用比较方便，如图 2-51 所示。

照明用自镇流节能灯的节能效果及光效比普通白炽灯泡和电子镇流器式普通直管形荧光灯高许多。以 H 形节能灯为例，一只 7 W 的 H 形节能灯产生的光通量与普通 40 W 白炽灯的光通量相当；9 W 的 H 形节能灯与 60 W 的白炽灯光通量相当。可见，普通照明用自镇流荧光灯的光效是白炽灯的 6~7 倍。它与普通直管形荧光灯相比，其发光效率要高 30% 以上。

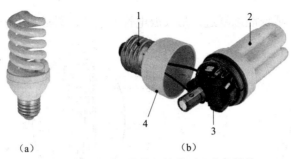

图 2-51 自镇流节能灯的外形及内部结构
(a) 自镇流节能灯的外形；(b) 自镇流节能灯的内部结构
1—灯头；2—灯管；3—电子镇流器；4—塑料灯壳

总体来讲，荧光灯的发光效率、节能程度要比白炽灯高得多，在使用寿命方面也优于白炽灯；其缺点是显色性较差，特别是它的频闪效应，容易使人眼产生错觉，应采取相应的措施消除频闪效应。另外，荧光灯需要启辉器和镇流器，使用比较复杂。但自镇流节能灯完全可以替代白炽灯。其次，荧光灯无法像白炽灯一样调节明暗，且在使用时不应频繁地通断。

3. 第三代电光源——高强度气体放电灯

20 世纪 40—60 年代，科学家发现了提高气体放电的工作压力而表现出的优异特性，进而不断地开发出高压汞灯、高压钠灯、金属卤化物灯等高强度气体放电灯，由于其具有功率密度高、结构紧凑、光效高、寿命长等优点，使得其在大面积泛光照明、室外照明、道路照明及商业照明等领域得到广泛应用，成为第三代电光源的典型代表。

(1) 高压汞灯

高压汞灯是玻壳内表面涂有荧光粉的高压汞蒸气放电灯。它能发出柔和的白色灯光，且结构简单、成本低、维修费用低，可直接取代普通白炽灯。它具有光效高，寿命长，省电又经济的特点，适用于工业照明、仓库照明、街道照明、泛光照明和安全照明等。

1) 高压汞灯的分类。

高压汞灯的类型较多，有在外壳上加反射膜的反射型灯（HR），有适用于 300～500 nm 重氮感光纸的复印灯，有广告、显示用的黑光灯，有红斑效应的医疗用太阳灯，有作尼龙原料光合化学作用和涂料、墨水聚合干燥的紫外线硬化用的汞灯等。应用最普遍的是自镇流高压汞灯。其外形及内部结构如图 2-52 所示。

2) 高压汞灯的工作原理。

高压汞灯的灯泡中心部分是放电管，用耐高温的透明石英玻璃制成。管内充有一定量的汞和氩气。用钨作电极并涂上钡、锶、钙的金属氧化物作为电子发射物质。电极和石英玻璃用钼箔实现非匹配气密封接。启动采用辅助电极，它通过一个 40～60 kΩ 的电阻连接。外壳除起保护作用外还可防止环境对灯的影响。外壳内表面涂以荧光粉，使其成为荧光高压汞灯。荧光粉的作用是补充高压汞灯中不足的红色光谱，同时提高灯的光效。在主电极的回路中接入镇流灯丝（钨），就使其成为自镇流高压汞灯，无须外接镇流器，可以像白炽灯一样直接使用。

如图 2-53 所示，高压汞灯的放电管内充有启动用的氩气和放电用的汞。通电后，灯内辅助电极和相邻的主电极之间的气体被击穿而产生辉光放电，瞬时引起两主电极间弧光放电。放电初始阶段是由氩气和低气压的汞蒸气放电，所产生的热量使得管壁温度升高，汞蒸发气化，逐步过渡到向高气压放电，并在数分钟内达到稳定放电。在放电过程中，受激的汞原子不断地从激发态向基态或低能态跃进，形成放电管中电子、原子和离子间的碰撞而发光。

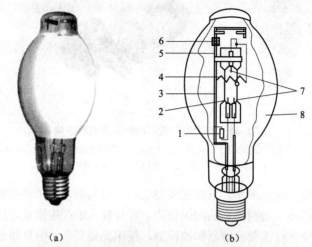

图 2-52 自镇流高压汞灯的外形及内部结构
（a）自镇流高压汞灯的外形；（b）自镇流高压汞灯的内部结构
1—启动电阻；2—辅助电极（触发电极）；3—放电管；4—镇流灯丝；5—金属支架；
6—消气剂片；7—主电极；8—玻璃外壳（内表面涂荧光粉）

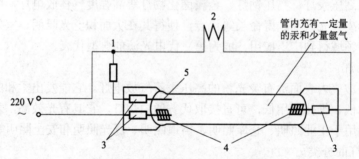

图 2-53 自镇流高压汞灯工作原理
1—启动电阻；2—镇流灯丝；3—钼箔；4—主电极；5—辅助电极（触发电极）

（2）高压钠灯

钠灯是利用钠蒸气放电产生可见光，可分为低压钠灯和高压钠灯两种。低压钠灯的工作蒸气压不超过几个帕。高压钠灯的工作蒸气压大于 0.01 MPa。高压钠灯使用时发出金白色光，具有发光效率高、耗电少、寿命长、透雾能力强和不易锈蚀等优点。它广泛应用于道路路灯、高速公路、机场、码头、车站、广场植物栽培等诸多生活领域。

1）高压钠灯的工作原理。当灯泡启动后，电弧管两端的电极之间产生电弧，由于电弧的高温作用，使管内的钠、汞同时受热蒸发成蒸气，阴极发射的电子在向阳极运动过程中，撞击放电物质的原子，使其获得能量产生电离激发，然后由激发态回复到稳定态，或由电离态变为激发态，无限循环下去，多余的能量以光辐射的形式释放，便产生了光。

2）高压钠灯的使用安装。高压钠灯是一种高强度气体放电灯泡。由于气体放电灯泡的负阻特性，如果把灯泡单独接到电网中去，其工作状态是不稳定的，随着放电过程继续，它必将导致电路中的电流无限上升，直至最后灯光或电路中的零部件被过流烧毁。

钠灯同其他气体放电灯泡一样，工作时是弧光放电状态，其伏安特性曲线为负斜率，即灯泡电流上升，而灯泡电压下降。在恒定电源的条件下，为了保证灯泡稳定地工作，电路中必须串联一个具有正阻特性的电路元件来平衡这种负阻特性，以稳定工作电流，该元件为镇流器或限流器。镇流器在通电瞬间通过触发器启动激活钠灯内部的高压气体，点亮钠灯，当钠灯点亮后，触发器就分离。其实际接线如图 2-55 所示。

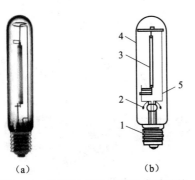

图 2-54 高压钠灯的外形及内部结构
(a) 高压钠灯的外形；(b) 高压钠灯的内部结构
1—灯头；2—消气剂；3—发光管；4—外管；5—芯柱线

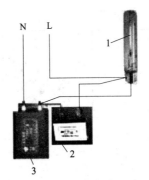

图 2-55 高压钠灯接线示意图
1—高压钠灯；2—触发器；3—镇流器

4. 第四代电光源——LED 灯

20 世纪 60 年代，科技工作者利用半导体 PN 结发光的原理，研制出了 LED 发光二极管，即 LED 灯的雏形，也拉开了第四代电光源的序幕。LED 最初只用作指示灯，并未延伸至照明领域，但随着科技的发展，发光二极管的亮度大大提升，将多个发光二极管通过电路的组合和外壳的封装，即是如今炙手可热的 LED 灯。LED 灯因其高效、节能、安全、长寿、小巧、光线清晰等技术特点，正在成为新一代照明市场上的主力产品，只是价格方面还不能尽如人意。其外形如图 2-56 所示。

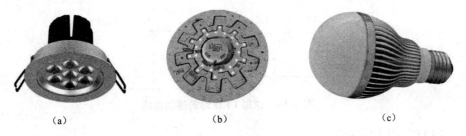

图 2-56 不同功能和封装类型的 LED 灯
(a) LED 筒灯；(b) 吸顶式 LED 灯；(c) 球形 LED 节能灯

（1）发光二极管的工作原理

发光二极管具有一般 PN 结的伏安特性，即正向导通、反向截止和击穿特性。发光二极管的照明是一个电光转换的过程。当一个正向偏压施加于 PN 结两端时，由于 PN 结势垒的降低，P 区的正电荷将向 N 区扩散，N 区的电子也向 P 区扩散，同时在两个区域形成非平衡电荷的积累。对于一个真实的 PN 结型器件，通常 P 区的载流子浓度远大于 N 区，致使 N 区非平衡空穴的积累远大于 P 区的电子积累。由于电流注入产生的少数载流子是不稳定的，对于 PN 结系统，注入价带中的非平衡空穴要与导带中的电子复合，其余的能量将以光的形式向外辐射，这就是LED发光的基本原理，如图2-57所示。

（2）LED灯的内部结构及电路工作原理

LED灯的种类多种多样，但电路的基本工作原理是通用的，如球形LED灯，其组成结构可分为灯罩、驱动板、灯珠板、散热器、灯头几个部件，如图2-58所示。

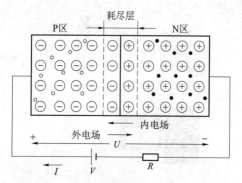

图2-57 发光二极管的基本原理示意图

图2-58 球形LED灯的内部结构

1—灯头；2—驱动板；3—散热器；4—灯珠板；5—灯罩

220 V的电压加载至灯泡，首先经驱动板进行整流和降压。因为发光二极管工作时只接受直流电，并且可承载的电压很低，因而需将整理好的电压通入灯板，使LED灯发亮，如图2-59所示。将220 V的电压经二极管整流电路进行交直变换，经C_2平波、R_3分压，将电压送至LED串联组进行工作。注意，LED都为串联，所以只要有一个灯珠损坏，那么所有灯珠均不会发亮。

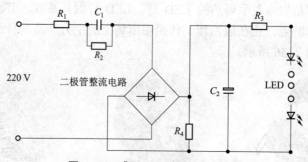

图2-59 球形LED灯的驱动电路

（3）LED灯的主要特点

LED作为一个发光器件，之所以备受人们的关注，是因为它具有比其他发光器件优越的特点，具体有以下几方面：

1) 工作寿命长。LED作为一种半导体固体发光器件，比其他的发光器件有更长的工作寿命；其亮度半衰期通常可达到10万小时。如用LED灯替代传统的汽车用灯，那么，它的寿命将与汽车的寿命相当，具有终身不用修理与更换的特点。

2) 低电耗。LED是一种高效光电器件，因此在同等亮度下，其耗电较少，可大幅降低能耗。今后随着工艺和材料的发展，它将具有更高的发光效率。

3) 响应时间快。LED一般可在几十纳秒（ns）内响应，因此是一种高速器件，这也是其他光源望尘莫及的。

4）体积小、质量小、耐冲击。这是半导体固体器件的固有特点。

5）易于调光、调色、可控性大。LED 作为一种发光器件，可以通过流经电流的变化控制其亮度，也可通过不同波长的配置来实现色彩的变化与调整。因此用 LED 组成的光源或显示屏，易于通过电子控制来达到各种应用的需要，它与 IC 计算机在兼容性上无丝毫困难。另外，LED 光源的应用，原则上不受空间的限制，可塑性极强，可以任意延伸，并实现积木式拼装。目前，超大彩色显示屏的发光非 LED 莫属。

6）绿色、环保。电子用 LED 制作的光源不存在诸如汞、铅等环境污染物，因此，人们将 LED 光源称为"绿色"光源是毫不为过的。

与荧光灯和白炽灯相比，LED 灯的特点总结如表 2-11 所示。

表 2-11 LED 灯与荧光灯、白炽灯相比的优劣

名 称	白炽灯	荧光灯	LED 灯
光效/(lm·W^{-1})	10~15	50~90	45
显色指数 Ra	>95	50~80	70~85
色温/K	2 800	系列化	3 000~8 000
平均寿命/h	1 000	5 000	50 000
每千 lm 成本/元	1.7	4.1	461
每百万 lm/h 成本/元	40	7.4	29.4
照明面发热量	高	中	低
量产技术	成熟	成熟	待改进
存在问题	效率低、耗电高、维护频繁且易碎	废弃汞蒸气不环保且易碎	光效待提高，散热技术待改进

2.2.4 照明系统主要电器

1. 室内开关

开关对电路的接通和断开起到控制作用，照明系统的开关中，普通按动式开关应用最多，某些生活场合还用到触摸延时开关、声光控制开关等类型。

（1）普通按动式开关

按动式开关的种类很多，除尺寸大小、按键设计不同之外，最关键的是其内部触点机构的控制方式不同。其主要包括单极触点、单刀双掷触点和双刀双掷触点三种，如图 2-60 所示。

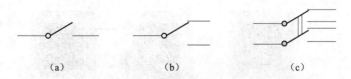

图 2-60 开关内部的触点类型
(a) 单极触点；(b) 单刀双掷触点；(c) 双刀双掷触点

面板上只有单一按键的按动式开关，如果是单极触点结构则称为一开单控开关；如果是单刀双掷触点结构则称为一开双控开关；如果是双刀双掷触点结构则称为双开双控开关，在选取时应灵活运用。可以看出名称中的"开"代表了面板上按键的数量，对于 86 型面板，最多可容纳四个按键即一至四开；对于 118 型面板最多可容纳 8 个按键即最多是八开。其次，名称中的"控"代表本节所介绍的开关触点类型。举个例子，某面板上具备两个按键，每个按键的触点形式都为单极触点，即此开关称为"双开单控"开关。

图 2-60 中，单控开关后部应有两个接线柱，双控开关后部有三个接线柱，而多控开关后部有两种形式，即 4 孔和 6 孔之分。正规厂家生产的开关，每个接线柱都有固定的英文字母加数字印刻在接线柱旁边，因为开关在安装时，必须处于火线上，所以接线柱都用"L"表示。L 为与刀闸相连端，L1、L2 等分别是各个触点。其具体结构及接线如图 2-61 所示。

图 2-61（a）所示为家庭线路最普遍的接线形式；图 2-61（b）所示为一个开关控制两盏灯的情况，但必有一个灯亮起，另一灯熄灭，所以无法关断，需要其他器件的配合；图 2-61（c）所示为利用 6 孔一开多控开关连接一个可双断零火的单灯控制线路。其实，除开单控开关外，双控开关和多控开关一般都以组合的形式出现，如两个双控开关组成一个开关组合实施两地控制；再如两个双控开关、一个多控开关组成开关组合实施三地控制一盏灯亮灭的三地控制策略。

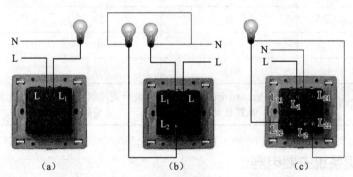

图 2-61　几种常用开关的后部结构及接线示例
（a）一开单控接线；（b）一开双控接线；（c）一开多控接线

如图 2-62 所示，按此种方式接线，可实现用三个开关、在三个地点控制同一盏灯的亮灭，如长距离的走廊等地。一开多控开关在这里被用作"中途开关"，即主要起到线路过渡的作用，这也是一开多控开关在室内配线中的主要用途。

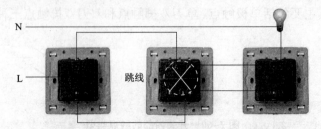

图 2-62　利用 6 孔一开多控开关实现的三地控制

其次，一开多控开关有时以后部 4 孔的形式出现，它与 6 孔的唯一区别在于 4 孔开关内部将 L_{11} 和 L_{22}、L_{21} 和 L_{12} 两组接线柱短接，在用作"中途开关"时，省去了图 2-62 中所示的"×"形跳线。

（2）触摸延时开关

触摸延时开关在使用时，只要用手指摸一下触摸电极，灯就随之点亮，延时若干分钟后自动熄灭。其外形如图 2-63 所示。

图 2-63 触摸延时开关的外形

如图 2-64 所示，触摸延时开关的外面有一个金属感应片（触摸片），人一触摸该感应片就产生一个信号触发三极管导通，对电容 C 充电，电容形成一个电压来维持一个场效应管导通，灯泡发光。当把手拿开后，停止对电容充电，过一段时间电容放电完毕，场效应管的栅极就成了低电势，进入截止状态，灯泡熄灭。

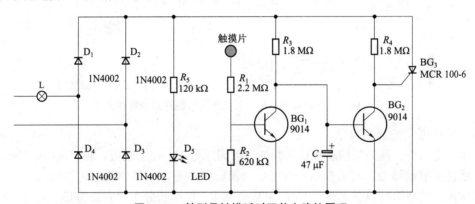

图 2-64 某型号触摸延时开关电路的原理

触摸延时开关广泛用于楼梯间、卫生间、走廊、仓库、地下通道、车库等场所的自控照明，尤其适合常忘记关灯、关排气扇的场所，可避免长明灯浪费现象，节约用电。可以看到，触摸延时开关是无触点电子开关，无电弧，这延长了负载的使用寿命；触摸金属片的地极零线电压小于 36 V 的人体安全电压，使用时对人体很安全。除照明线路之外，触摸延时开关也可用于带动风扇等其他负载。

（3）声光控制开关

声光控制开关是由声音和光照度来控制的墙壁开关，当环境的亮度达到某个设定值以下，同时环境的噪声超过某个值时，这种开关就会开启，开启一段时间后可自动熄灭，起到节省电能的作用。现代楼宇的走廊、楼梯间等场所已普遍应用这种开关，其外形如图 2-65 所示。

图 2-65 声光控制开关的外形

从声光控制开关的结构上分析，其开关的面板表面装有光敏二极管或者光敏电阻等光敏元件，内部装有驻极体话筒，而光敏元件的敏感效应只有在黑暗时才起作用，也就是说当天色变暗到一定程度时，光敏元件感应后会在电子线路板上产生一个脉冲电流，使光敏元件一路电路处在关闭状态，这时只要有响声出现，驻极体话筒就会同样产生脉冲电流，这时声光控制开关电路就连通，使灯具点亮。图 2-66 所示为一声光控制开关的电路原理。

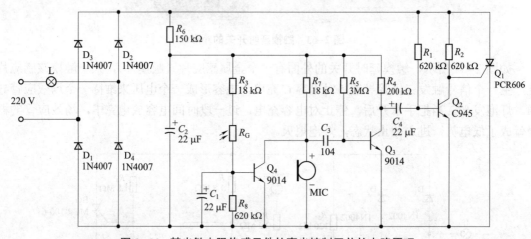

图 2-66 某光敏电阻传感元件的声光控制开关的电路原理

（4）家用开关插座的尺寸

在室内配线中，开关与插座执行相同的尺寸国家标准。在安装时，通常采用暗装的方式，即开关或插座紧贴墙壁，其后部结构及接线全部隐藏在暗盒内部。暗盒也称接线盒，直接安装于墙体内，按制作材料分主要有 PVC 和金属材质；按形状分主要有正方形、长方形和八角形几种，如图 2-67 所示。接线盒除了材质和形状之外，也有一定标准的尺寸，是与开关或插座的标准尺寸相互对应的。

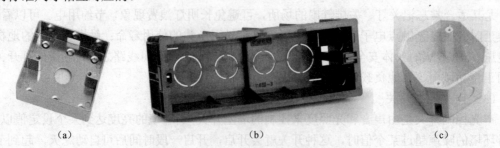

图 2-67 几种不同形状和材质的接线盒

(a) 金属材质正方形；(b) PVC 材质长方形；(c) PVC 材质八角形

开关和插座的尺寸根据国家标准分为很多种，其中最常用的是 86 型开关插座，其次也经常用到 118 型和 120 型两类。

所谓的 86 型开关插座，即宽和高均为 86 mm 的面板，在生活中应用极多，与之对应的接线盒尺寸大约为 80 mm×80 mm。

118 型开关插座的宽为 118 mm，高为 75 mm，在生活中也逐步被普及，一般一个 118 型面板，通常最多可以安装 4 个开关或 4 个插座。

120 型开关插座的宽为 75 mm，高为 120 mm，为竖直安装，生活中并不常见。也有 120 型开关插座的衍生品，即宽和高都为 120 mm 的开关插座，它是一个大号的正方形，工程上常把它称作大 120 型。几种开关插座的尺寸及外形如图 2-68 所示。

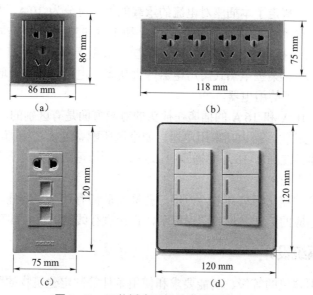

图 2-68　开关插座面板的常用标准尺寸
(a) 86 型；(b) 118 型；(c) 120 型；(d) 大 120 型

2. 家用插座

家用插座在选取或安装时主要考虑其基本功能和额定电流两个问题。从基本功能来看，插座主要有普通插座、安全插座和防潮插座等类型；它又可分为三孔插座、三孔多用插座、五孔插座、多孔插座等类型。

普通插座在插孔处没有安全隔离片，肉眼可直接观察到其内部铜片，家中如使用此类型的插座，必须将其安装在墙壁 1.8 m 以上，以防止家中未成年人发生触电。

安全插座即在插孔处加装安全隔离片，人员无法直接与插座中的导电部分接触，只有插头的插脚可以以机械力推开隔离片，以防止人员的触电。

防潮插座一般安装于卫生间等潮湿、易产生水汽的场所。通常在插座面板之上还要加装防潮护盖，以防水汽甚至水滴直接溅入内部，引起触电或损坏用电器。

三孔插座除零火线外，还配有一根接地线，用以将用电器的金属外壳安全接地，保证漏电时触碰人员的安全。三孔多用插座零火线的插孔经扩大，既可插入三插脚插头，又可地线悬空插入两插脚插头。五孔插座则两者都具备。图 2-69 所示为几种功能的插座外形。

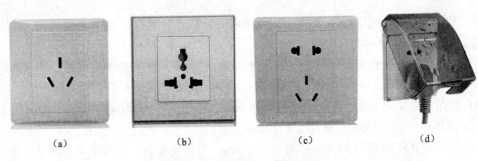

图 2-69 几种常用的插座类型

(a) 三孔插座；(b) 三孔多用插座；(c) 五孔插座；(d) 防潮插座

插座的额定电流，规定了本插座对电流的承载能力，可分为 10 A、16 A、20 A、25 A、65 A 等类型，对于办公和家庭，最常用的是 10 A 和 16 A 的插座类型。如照明和功率不高的用电器基本安装 10 A 的插座作为电源，10 A 的插座一般用于额定功率在 1 800 W 以下的用电器；而空调、电热水器、某些电热式厨房电器等大功率用电器件应该选取 16 A 的插座为宜，一般可承受 3 000 W 以下的用电器。

从使用上来说，10 A 和 16 A 的插座在插头的对应方面是有区别的，10 A 的插座插孔较细，16 A 的插座插孔较粗，而大功率用电器，如空调所配备的插头插脚也要粗一些，因此，家中的大功率用电器只能插在 16 A 的插座中，这样的设计可防止人员不根据承载电流而随意使用插座，从而造成火患。

插座的接线与开关相比简单许多，一般三孔插座后部有三个接线柱，分别是火线、零线和地线。只需找到相应的英文字母或图形标示，直接进行线路的连接即可。

2.2.5 照明系统设计

照明设计要根据建筑的等级、功能要求和使用条件等制定建筑物的照明设计标准。照明设计包括室内照明、室外照明以及特殊场所的照明设计。民用建筑照明设计要符合建筑功能和达到保护人们视力健康的要求，做到节约能源、技术先进、经济合理、使用安全和维修方便。要使照明设计与环境空间相协调，就要正确选择照明方式、光源种类，使照明在改善空间立体感、形成环境气氛等方面发挥积极的作用。照明设计要根据具体场合的要求，正确地选择光源和灯具，确定合理的照明形式和布灯方案，在节约能源和建筑资金的条件下，获得一个良好的学习工作环境。

照明设计一般包括照明光照设计和照明电气设计两大部分。光照设计包括选择照明方式和照明种类，选择电光源及其灯具，确定照度标准并进行照度计算，合理布置灯具等。在光照设计的基础上，电气设计主要是进行负荷计算、选择导线和开关设备、设计供配电线路等，并保证电光源能正常、安全、可靠、经济的工作。

1. 光照设计

光照设计只是对光源进行设计，而不包括与供电相关的部分。光照设计之初要优先了解国家对照明设计的基本规范。

（1）照度标准

目前，对于光照设计最新的国家标准为《建筑照明设计标准》GB 50034—2013。本标准总共 7 章并配有两个附录，主要内容是：总则、术语、基本规定、照明数量和质量、照明标准值、照明节能、照明配电及控制等。该标准可直接查询到国家对于照明工程所规定的标准值，在室内照明设计时，对于光照的设计要首先查询国家所规定的照度标准值。照度标准在照明设计中是最为重要的一项参数，实际工程应用中，往往在照明计算时只对照度进行计算。表 2-12～表 2-14 所示为国家对建筑照明照度的部分规范。其中，UGR（统一眩光值）用来度量室内视觉环境中照明装置发出的光对人眼造成不舒适感主观反应的心理参量。

表 2-12 住宅建筑照明的照度标准值

房间或场所		参考平面及其高度	照度标准值/lx	显示指数 R_a
起居室	一般活动	0.75 m 水平面	100	80
	书写、阅读		300*	
卧室	一般活动	0.75 m 水平面	75	80
	床头、阅读		150*	
餐厅		0.75 m 水平面	150	80
厨房	一般活动	0.75 m 水平面	100	80
	操作台	台面	150*	
卫生间		0.75 m 水平面	100	80

注：*表示宜使用混合照明。

表 2-13 办公建筑照明的照度标准值

房间或场所	参考平面及其高度	照度标准值/lx	眩光 UGR	显示指数 R_a
普通办公室	0.75 m 水平面	300	19	80
高档办公室	0.75 m 水平面	500	19	80
会议室	0.75 m 水平面	300	19	80
接待室、前台	0.75 m 水平面	300	—	80
营业厅	0.75 m 水平面	300	22	80
设计室	实际工作面	500	19	80
文件整理、复印、发行室	0.75 m 水平面	300	—	80
资料、档案室	0.75 m 水平面	200	—	80

表 2-14 学校建筑照明的照度标准值

房间或场所	参考平面及其高度	照度标准值/lx	眩光 UGR	显示指数 R_a
教室	课桌面	300	19	80
实验室	实验桌面	300	19	80
美术教室	桌面	500	19	90
多媒体教室	0.75 m 水平面	300	19	80
教师黑板	黑板面	500	—	80

(2)照明方式和种类的选择

照明方式是指根据照明设备的安装部位或使用功能而构成的基本制式,按照《建筑照明设计规范》GB 50034—2013 的规定,照明方式分为一般照明、分区照明、局部照明、混合照明四类;照明用途分为正常照明、应急照明、值班照明、警卫照明、障碍照明五类。

(3)电光源的选择

选择光源时,应在满足显色性、启动时间等要求的条件下,根据光源、灯具及镇流器等的效率、寿命和价格在进行综合技术经济分析比较后确定;选择灯具时,要考虑合适的光特性、符合使用场所的环境条件、灯具外形与建筑物或室内装饰协调和经济性等因素,如表 2-15 所示。

表 2-15 各种电光源的参数指标

光源种类		额定功率范围/W	光效/(lm·W^{-1})	显色指数 Ra	色温/K
热辐射光源	普通照明用白炽灯	10~1 500	7.3~25	95~99	2 400~2 900
	卤钨灯	60~5 000	14~30	95~99	2 800~3 300
气体放电光源	普通直管形荧光灯	4~200	60~70	60~72	全系列
	三基色荧光灯	28~32	93~104	80~98	全系列
	紧凑型荧光灯	5~55	44~87	80~85	全系列
	荧光高压汞灯	50~1 000	32~55	35~40	3 300~4 300
	金属卤化物灯	35~3 500	52~130	65~90	3 000/4 500/5 600
	高压钠灯	35~1 000	64~140	23/60/85	1 950/2 200/2 500

(4)照度计算

为满足国家照度标准值及照明功率密度值的要求,设计时需要进行计算。常用的计算方法有逐点计算法和利用系数法。

1)逐点计算法。逐点计算法是求出每个光源对计算点的照度,各个光源对该计算点产生的照度总和即为计算点的照度。逐点计算法比较精确,适用于水平面、垂直面和倾斜面上的照度计算,可计算一般照明、局部照明和室外照明,适用于大型体育馆、大空间照明等场所,但不适用于周围材料反射系数很高的场所的照度计算。各光源的照度计算又分点光源、线光源、面光源三种情况。

光源的尺寸与它至被照面的距离相比非常小时,在计算和测量时其大小可忽略不计。普遍适用的点光源对被照面某点照度的计算公式(平方反比法)为:

$$E = \frac{I}{r^2}\cos\alpha \tag{2-5}$$

式中,E 为被照面的照度,lx;I 为点光源总的光通量,lm;r 为点光源和被照面之间的距离,m;α 为光线的入射角。

例 2-1 书房照明选用普通节能灯照明，灯头垂直悬吊在离书 2 m 的上方，应选用多少瓦的节能灯泡？

解 根据表 2-13 可查到书房需要的照度为 300 lx，由于光线是垂直的，所以入射角为 0°，即 $\cos\alpha=1$。代入式（2-5）得

$$I = \frac{Er^2}{\cos 0°} = \frac{300 \times 2^2}{1} = 1\,200\,(\text{lm})$$

参考表 2-15，可查得紧凑型荧光灯的发光效率为 44~87 lm/W，可按光效为 60 lm/W 进行计算，因此应选用功率为 $P=1\,200/60=20$ W 的节能灯对书房进行照明。

一个连续的灯或灯具，其发光带的总长度远大于其到照度计算点之间的距离，可视其为线光源。由灯具组成的整片发光面或发光顶棚，其宽度与长度大于发光面至受照面之间的距离，可视其为面光源。线光源的照度计算方法可采用方位系数法，面光源的照度计算常采用形状因数法（立体角投影率法）。由于这两种计算方法比较烦琐，因此线光源和面光源的照度一般利用专业照明设计软件进行精确模拟计算。

2）利用系数法。利用系数法，也称流明系数法，该方法考虑了直射光和反射光部分所产生的照度，其计算结果为参考水平面上的平均照度。此方法适用于灯具布置均匀的一般照明以及利用墙和顶棚作反射面的场合。

空间利用系数 μ 是指受照表面上的光通（包括直射光和反射光部分）与全部光源发射的额定总光通之比。可用下式表示：

$$\mu = \frac{\Phi_e}{n\Phi} \tag{2-6}$$

式中，Φ_e 为受照表面上的光通，lm；Φ 为每盏灯发出的光通量，lm；n 为房间内所布灯的个数。

空间利用系数是利用系数法预测平均照度所采用的重要参数，它是灯具效率、灯具光强分布、房间几何特征与房间表面反射系数的函数。

受照工作面上的平均照度可按下式进行计算：

$$E_{av} = \frac{\mu K n \Phi}{S} \tag{2-7}$$

式中，E_{av} 为受照面平均照度，lx；μ 为空间利用系数；K 为维护系数；n 为光源数量；Φ 为单个光源额定光通，lm；S 为受照面面积，m^2；

空间利用系数和维护系数可由经验估计，如常用灯盘在 3 m 左右高的空间使用，其空间利用系数 μ 可取 0.6~0.75；而悬挂灯铝罩，空间高度为 6~10 m 时，其空间利用系数 μ 取值范围在 0.45~0.7；筒灯类灯具在 3 m 左右高的空间使用，其空间利用系数 μ 可取 0.4~0.55。一般较清洁的场所，如客厅、卧室、办公室、教室、阅读室、医院、高级品牌专卖店、艺术馆、博物馆等场所的维护系数 K 取 0.8；而一般性的商店、超市、营业厅、影剧院、机械加工车间、车站等场所维护系数 K 取 0.7；而污染指数较大的场所维护系数 K 则可取 0.6 左右。

由经验估计的空间利用系数和维护系数只能在粗略计算时使用，如需进行较精确的计算，则需查询相关规范与手册来确定。

例 2-2 面积为 100 m^2 的教室，一般照明要求照度为 300 lx，空间利用系数为 0.6，维护

系数取 0.8，选用 40 W 的荧光灯（光通量 2 300 lm），试计算所需灯数。

解 由式（2-7）可知

$$n = \frac{E_{av}S}{\Phi K \mu} = \frac{300 \times 100}{2\,300 \times 0.8 \times 0.6} = 27.2 \approx 28（盏）$$

该教室需 40 W 荧光灯 28 盏，28 盏灯在教室上方须呈均匀分布。

2. 电气设计

照明工程电气设计是电气照明系统设计的又一个重要组成部分，一般是在光照设计的基础上进行的，它不但要求具有照明负荷计算、导线上电压损失的计算、照明配电线路的选择、照明线路的保护和开关设备的选择等能力，而且还要求学会照明供配电系统的设计方法等知识。

（1）配电方式

考虑整个建筑的照明供电系统，并对供电方案进行对比，以确定配电方式。照明配电宜采用放射式和树干式结合的系统。

（2）各支线负载的平衡分配以及线路走向的确定

三相配电干线的各相负荷宜平衡分配，最大相负荷不宜超过三相负荷平均值的 115%，最小相负荷不宜小于三相负荷平均值的 85%。

每一照明单相分支回路的电流不宜超过 16 A，所接光源数不宜超过 25 个；连接建筑组合灯具时，回路电流不宜超过 25 A，光源数不宜超过 60 个；连接高强度气体放电灯的单相分支回路的电流不应超过 30 A。

插座不宜和照明灯接在同一分支回路。

大花灯照明应能分用两个以上的开关控制。

（3）导线、电气设备的选择

计算各支线和干线的工作电流，选择导线截面、型号，敷设方式，穿管管径，并进行中线电流的验算和电压损失值的验算。

通过计算电流，选择分户箱、配电箱上的开关及保护电器的型号、规格、电度表容量，然后选择配电箱。

3. 室内配线及照明系统常用的电气符号

室内配线及照明系统电气原理图中常用的电气符号如表 2-16 所示。

表 2-16 室内配线及照明系统电气原理图中常用的电气符号

电气符号	名称	电气符号	名称	电气符号	名称
QF	单极低压断路器	FU	熔断器	⊗L	照明灯
	单控开关		双控开关		多控开关
	二极插座		三极插座		三相四极插座

2.3 实训项目

2.3.1 基础配电线路实训

1. 实训内容

(1) 简易讲解

本实训项目应最大限度地贴近真实家庭配线,已备好的零、火、地三线是某一家庭的电井入户线,首先进入双极漏电保护器 QF_1,与单相电能表相接,再与家中配电箱的总开关——双极漏电保护器 QF_2 相连,最终通过单极低压断路器为客厅与厨房的两个插座供电。

(2) 室内配电线路电气原理图

室内配电线路电气原理如图 2-70 所示。

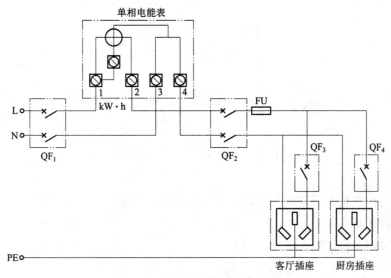

图 2-70 室内配电线路电气原理

2. 实训步骤

1) 使用万用表区分零、火、地三线。
2) 使用万用表测试电压是否合格,请如实记录,不合格者请尽快更换实训台。
3) 使用万用表测试电能表是否合格。
4) 准备与功能相应颜色的导线,并加以区分。
5) 开始接线。
6) 检查线路。

3. 注意事项

1) 注意观察接线柱的类型,根据电工接线规范将导线裸露端弯绞成正确形状。
2) 注意地线与零线的区分。

4. 实训报告

查阅相关资料,简述室内配电线路不接地线的危害与后果。

2.3.2 家庭照明线路实训

1. 实训内容

（1）简易讲解

本实训项目应最大限度地贴近真实家庭照明配线，线路中共有三盏灯需要开关控制，EL_1 与 EL_3 分别为两卧室灯，选用单一开关进行控制；EL_2 为客厅灯，选用两开关，在两个地点都可以对其实施控制。

（2）家庭照明线路电气原理图

家庭照明线路电气原理如图 2-71 所示。

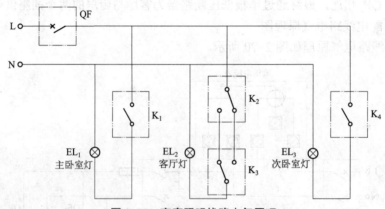

图 2-71 家庭照明线路电气原理

2. 实训步骤

1）使用万用表检查电压是否合格，不合格者请更换实训台。
2）检查开关是否完好。
3）检查灯口是否完好。
4）开始接线。
5）检查线路。

3. 注意事项

1）注意一开双控开关接线柱的区分。
2）注意接灯座时"弹簧片进、螺纹口出"的电工接线规范。
3）注意开关的位置：不能处于零线上。

4. 实训报告

利用一个一开多控开关（6孔）、两个一开双控开关设计一套三个开关控制同一盏灯的照明线路，并将电气原理图绘出。

2.3.3 日光灯安装实训

1. 实训内容

（1）简易讲解

日光灯管线路的安装在之前已经讲解过，现需根据图 2-72 所示的原理，利用现有器件连接线路，使其能够正常工作。

（2）日光灯线路电气原理图

日光灯线路电气原理如图 2-72 所示。

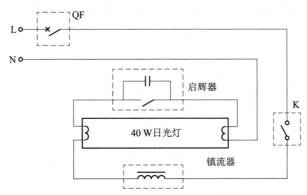

图 2-72　日光灯线路电气原理

2. 实训步骤

1) 使用万用表检查电压是否合格，不合格者请更换实训台。
2) 检查开关是否完好。
3) 检查镇流器的好坏。
4) 开始接线。
5) 检查线路。

3. 注意事项

1) 日光灯管易碎，注意轻拿轻放。
2) 注意镇流器的接线，避免出现错位。
3) 依然按照"家庭照明线路实训"的电工接线规范严格进行。

4. 实训报告

电子式镇流器应该如何接线？请简述电子式镇流器的接线方法及步骤。

课 后 习 题

2-1　简述室内低压配电方式中混合式配电方式的优点及不足。

2-2　室内配电所使用的磁插式熔断器与之前使用的保险丝在内部结构和保护原理方面有何不同？

2-3　简述漏电保护器为什么能在人员触电时迅速断开电路。

2-4　简述感应式电能表的工作原理。

2-5　线管配线的过程中，如需使管路拐直角弯，应当如何操作？

2-6　请简述什么是光通量？其表示单位是什么？

2-7　学习时所使用的台灯属于何种照明方式？这种照明方式有什么特点？

2-8　照明质量由哪些因素构成？

2-9　电光源的发展到目前为止共历经了几个发展时代？列举出每个发展时代的代表性

电光源。

2-10 针对现阶段电光源的发展状况，总结描述 LED 灯的优缺点。

2-11 家用开关插座的尺寸大致有几种？在我国，使用最多的是什么型号？

2-12 简述在修理家用插座时，怎样使用万用表区分零、火线。

第 3 章
电子基本技能

【内容提要】

电子工艺技术是学习电子电路的基本技能，也是电子产品设计与开发流程中必须掌握的重要内容。本章主要介绍电子技术组装中常用的焊接技术与元器件引线加工技术等基本技能。

3.1 锡焊技术

3.1.1 焊接技术概述

焊接是金属连接的一种方法。利用加热、加压或其他手段在两种金属的接触面，依靠原子或分子的相互扩散作用形成一种新的牢固的结合，使这两种金属永久地连接在一起，这个过程就称为焊接。

1. 焊接的分类

现代焊接技术主要分为熔焊、钎焊和压焊三类。熔焊是靠加热被焊件（母材或基材），使之熔化产生合金而焊接在一起的焊接技术，如气焊、电弧焊等。钎焊是用加热熔化成液态的金属（焊料）把固体金属（母材）连接在一起的方法，作为焊料的金属材料，其熔点要低于被焊接的金属材料，按照焊料的熔点不同，钎焊又分为硬焊（焊料熔点高于 450 ℃）和软焊（焊料熔点低于 450 ℃）。压焊是在加压条件下，使两工件在固态下实现原子间的结合，也称为固态焊接。

2. 锡焊及其过程

在电子产品装配过程中的焊接主要采用钎焊类中的软焊，一般采用铅锡焊料进行焊接，简称锡焊。锡焊的焊点具有良好的物理特性及机械特性，同时又具有良好的润湿性和焊接性，因而在电子产品制造过程中广泛使用锡焊焊接技术。

锡焊的焊料是铅锡合金，其熔点比较低，共晶焊锡的熔点只有 183 ℃，是电子行业中应用最普遍的焊接技术。锡焊过程具有如下特点：

1）焊料的熔点低于焊件的熔点。

2）焊接时将焊件和焊料加热到最佳锡焊温度，焊料熔化而焊件不熔化。

3）焊接的形成是依靠熔化状态的焊料浸润焊接面，通过毛细作用使焊料进入间隙，形成一个结合层，从而实现焊件的结合。

锡焊是使电子产品整机中电子元器件实现电气连接的一种方法，是将导线、元器件引脚与印制电路板连接在一起的过程。锡焊过程要满足机械连接和电气连接两个目的，其中机械连接是起固定的作用，而电气连接是起电气导通的作用。

3. 锡焊的特点

1）焊料的熔点低，适用范围广。锡焊的熔化温度在 180 ℃～320 ℃，且对金、银、铜、铁等金属材料都具有良好的可焊性。

2）锡焊易于形成焊点，焊接方法简便。锡焊的焊点是靠熔融液态焊料的浸润作用而形成的，因而对加热量和焊料都不必有精确的要求，就能形成焊点。

3）成本低廉、操作方便。锡焊比其他焊接方法成本低，焊料也便宜，焊接工具简单，操作方便，并且整修焊点、拆换元器件以及修补焊接都很方便。

4）容易实现焊接自动化。

4. 锡焊的基本要求

焊接是电子产品组装过程中的重要环节之一，如果没有相应的焊接工艺质量保证，任何一个设计精良的电子产品都难以达到设计指标。因此在焊接时必须做到以下几点：

（1）焊件应具有良好的可焊性

金属表面能被熔融焊料浸湿的特性叫可焊性，它是指被焊金属材料与焊锡在适当的温度及助焊剂的作用下，形成结合良好的合金的能力。只有能被焊锡浸湿的金属才具有可焊性，如铜及其合金、金、银、铁、锌、镍等都具有良好的可焊性。即使是可焊性良好的金属，其表面也容易产生氧化膜，为了提高其可焊性，一般采用表面镀锡、镀银等方式。铜是导电性能良好且易于焊接的金属材料，所以应用最为广泛。常用的元器件引线、导线及焊盘等大多采用铜制成。

（2）焊件表面必须清洁

焊件由于长期储存和污染等原因，其表面可能产生氧化物、油污等，会严重影响其与焊料在界面上形成合金层，造成虚、假焊。工件的金属表面如果存在轻度的氧化物或污垢可通过助焊剂来清除，较严重的要通过化学或机械的方式来清除。故在焊接前必须先清洁表面，以保证焊接质量。

（3）使用合适的助焊剂

助焊剂是一种略带酸性的易熔物质，在焊接过程中可以溶解工件金属表面的氧化物和污垢，并提高焊料的流动性，有利于焊料浸润和扩散的进行，并在工件金属与焊料的界面上形成牢固的合金层，保证了焊点的质量。不同的焊件，不同的焊接工艺，应选择不同的助焊剂。

（4）焊接温度适当

焊接时，将焊料和被焊金属加热到焊接温度，使熔化的焊料在被焊金属表面浸润扩散并形成金属化合物。因此，要保证焊点牢固，一定要有适当的焊接温度。加热过程中不但要将焊锡加热熔化，而且要将焊件加热到熔化焊锡的温度。只有在足够高的温度下，焊料才能充分浸润，并充分扩散形成合金层。但过高的温度也不利于焊接。

（5）焊接时间适当

焊接时间对焊锡、焊接元件的浸润性、结合层的形成有很大的影响。准确掌握焊接时间是优质焊接的关键。当电烙铁功率较大时，应适当缩短焊接时间；当电烙铁功率较小时，可适当延长焊接时间。若焊接时间过短，会使温度太低；若焊接时间过长，又会使温度太高。

因此，在一般情况下，焊接时间不应超过 3 s。

（6）选用合适的焊料

焊料的成分及性能应与工件金属材料的可焊性、焊接的温度及时间、焊点的机械强度等适应，锡焊工艺中使用的焊料是锡铅合金，根据锡铅的比例及含有其他少量金属成分的不同，其焊接特性也有所不同，应根据不同的要求正确选用焊料。

3.1.2 锡焊工具

锡焊工具是指在电子产品手工装焊中使用的工具，常用的焊接工具主要有电烙铁、焊接辅助工具、烙铁架等。

电烙铁是手工焊接的主要工具，选择合适的烙铁并合理地使用，是保证焊接质量的基础。电烙铁把电能转换为热能并对焊接点部位的金属进行加热，同时熔化焊锡，使熔融的焊锡与被焊金属形成合金，冷却后形成牢固的连接。电烙铁作为传统的电路焊接工具，与先进的焊接设备相比，存在不少缺点，例如，它只适合手工焊接，效率低，焊接质量不容易使用科学方法控制，其焊接质量往往随着操作人员的技术水平、体力消耗程度及工作责任心的不同有较大差别。而且烙铁头容易带电，直接威胁被焊元件和操作人员的安全，因此，使用前须严格检查。但由于电烙铁操作灵活、用途广泛、费用低廉，所以电烙铁仍是电子电路焊接的必备工具。

电烙铁的基本结构都是由发热元件、烙铁头和手柄组成的。发热元件是能量转换部分，它将电能转换成热能，并传递给烙铁头，俗称烙铁芯子，它是将镍铬电阻丝缠在云母、陶瓷等耐热绝缘材料上构成的，内热式与外热式发热元件的主要区别在于外热式的发热元件在传热体的外部，而内热式的发热元件在传热体的内部，也就是烙铁芯在内部发热；烙铁头是由纯铜材料制成的，其作用是贮存热量，烙铁头将热量传给被焊工件，对被焊接点部位的金属加热，同时熔化焊锡，完成焊接任务。在使用中，烙铁头因高温氧化和焊剂腐蚀会变成凹凸不平，需经常清理和修整；手柄是手持操作部分，起隔热、绝缘作用。

电烙铁由于用途、结构的不同有多种分类方式。根据加热方式，可将其分为直热式、感应式、气体燃烧式等；根据烙铁的发热能力，可分为 20 W、30 W、50 W、300 W 等；根据其功能可分为恒温电烙铁、吸锡电烙铁、防静电电烙铁及自动送锡电烙铁等。

1. 常用的电烙铁

（1）内热式电烙铁

内热式电烙铁如图 3-1 所示，由于其烙铁芯装在烙铁头里面，故称为内热式电烙铁。内热式电烙铁的烙铁芯是采用极细的镍铬电阻丝绕在瓷管上制成的，外面再套上耐热绝缘瓷管。烙铁头的一端是空心的，它套在芯子外面，用弹簧夹紧固。由于烙铁芯装在烙铁头内部，其热量会完全传到烙铁头上，升温快，因此热效率高达 85%～90%，烙铁头部的温度可达 350 ℃左右。内热式电烙铁的规格多为小功率的，常用的有 20 W、25 W、35 W、50 W 等，20 W 内热式电烙铁的实用功率相当于 25～40 W 的外热式电烙铁。内热式电烙铁的优点是热效率高、烙铁头升温快、体积小、质量小，因而在电子装配工艺中得到了广泛的应用。其缺点是烙铁头容易被氧化、烧死，长时间工作时易损坏，使用寿命较短，不适合做大功率的烙铁。

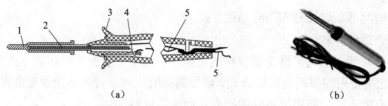

图 3-1 内热式电烙铁的结构及外形
(a) 内热式电烙铁的结构
1—烙铁头；2—烙铁芯；3—手柄；4—接线柱；5—电源线
(b) 内热式电烙铁的外形

（2）外热式电烙铁

外热式电烙铁如图 3-2 所示，它由烙铁头、烙铁芯、外壳、手柄、电源线等部分组成。电阻丝绕在用薄云母片绝缘的圆筒上，组成烙铁芯。烙铁头装在烙铁芯里面，电阻丝通电后产生的热量传送到烙铁头上，使烙铁头温度升高，故称为外热式电烙铁。外热式电烙铁结构简单，价格较低，使用寿命长，但其体积较大，升温较慢，热效率低。

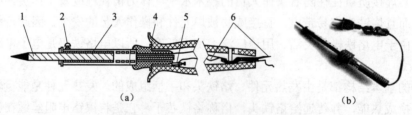

图 3-2 外热式电烙铁的结构及外形
(a) 外热式电烙铁的结构
1—烙铁头；2—紧固螺钉；3—烙铁芯；4—手柄；5—接线柱；6—电源线
(b) 外热式电烙铁的外形

（3）恒温电烙铁

恒温电烙铁是一种能自动调节温度，使焊接温度保持恒定的电烙铁。在质量要求较高的场合，通常需要恒温电烙铁。根据控制方式的不同，恒温电烙铁分为磁控恒温电烙铁和热电耦检测控温式自动调温恒温电烙铁两种。

热电耦检测控温式电烙铁又叫自动调温烙铁或叫自控焊台，它是用热电偶作为传感元件来检测和控制烙铁头的温度，当烙铁头温度低于规定值时，温控装置内的电子电路就控制半导体开关元件或继电器接通电源，给电烙铁供电，使电烙铁温度上升。当温度一旦达到预定值，温控装置就自动切断电源。如此反复动作，使烙铁头基本保持恒温，如图 3-3（a）所示。自动调温电烙铁的恒温效果好，温度波动小，并可由手动人为随意设定恒定的温度，但这种电烙铁结构复杂，价格高。

磁控恒温电烙铁借助于电烙铁内部的磁性开关而达到恒温目的，如图 3-3（b）所示。磁控恒温电烙铁是在烙铁头上安装一个强磁性体传感器，用于吸附磁性开关（控制加热器开关）中的永久磁铁来控制温度。升温时，通过磁力作用，带动机械运动的触点，闭合加热器的控制开关，电烙铁被迅速加热；当烙铁头达到预定温度时，强磁性体传感器到达居里点（铁磁物质完全失去磁性的温度）而失去磁性，从而使磁性开关的触点断开，加热器断电，于是烙铁头的温度下降。当温度下降至低于强磁性体传感器的居里点时，强磁性体恢复磁性，又继续给电烙铁供电加热。如此不断地循环，达到控制电烙铁温度的目的。如果需要控制不同的温度，只需要更换烙铁头即可。因不同温度的烙铁头装有不同规格的强磁性体传感器，其居里点不同，失磁温度也各异。烙铁头的工作温度可在 260 ℃～450 ℃内任意选取。

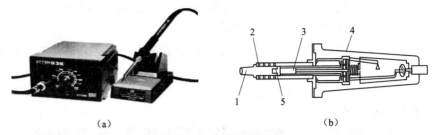

图 3-3 恒温电烙铁

（a）热电耦式自动调温电烙铁
（b）磁控恒温电烙铁

1—烙铁头；2—加热器；3—永久磁铁；4—加热器开关；5—控温元件

（4）吸锡电烙铁

吸锡电烙铁是在普通电烙铁的基础上增加了吸锡机构，使其具有加热、吸锡两种功能。在检修无线电整机时，经常需要拆下某些元器件或部件，这时使用吸锡电烙铁就能够方便地吸附印制电路板焊接点上的焊锡，使焊接件与印制电路板脱离，从而可以方便地进行检查和修理。吸锡电烙铁用于拆焊（解焊）时，可对焊点加热并除去焊接点上多余的焊锡。吸锡电烙铁具有拆焊效率高，不易损伤元器件的优点；特别是拆焊多接点的元器件时，使用它更为方便，如图 3-4（a）、（b）所示。

（5）自动送锡电烙铁

自动送锡电烙铁是在普通电烙铁的基础上增加了焊锡丝输送机构，该电烙铁能在焊接时将焊锡自动输送到焊接点，如图 3-4（c）所示。

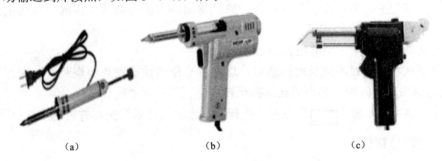

图 3-4 吸锡电烙铁与自动送锡电烙铁

（a），（b）吸锡电烙铁；（c）自动送锡电烙铁

2. 电烙铁的选用

电烙铁的选用应根据被焊物体的实际情况而定，一般应重点考虑其加热形式、功率大小、烙铁头形状等因素。

（1）加热形式的选择

1）相同瓦数的情况下，内热式电烙铁的温度比外热式电烙铁的温度高。

2）当需要低温焊接时，应选用调温电烙铁的温度进行焊接。

3）通过调整烙铁头的伸出长度来控制温度。

4）烙铁头的形状要适应被焊件表面的要求和产品装配密度要求。

（2）电烙铁功率的选择

1）焊接小瓦数的阻容元件、晶体管、集成电路、印制电路板的焊盘或塑料导线时，宜采用 30～45 W 的外热式或 20 W 的内热式电烙铁。

2）焊接一般结构产品的焊接点，如线环、线爪、散热片、接地焊片等时，宜采用 75～100 W 的电烙铁。

3）对于大型焊点，如焊金属机架接片、焊片等，宜采用 100～200 W 的电烙铁。

3. 电烙铁的维护与使用注意事项

烙铁头一般用紫铜制成，现在的内热式烙铁头都经过电镀。这种有镀层的烙铁头，如果不是特殊需要，一般不需要修锉或打磨，因为电镀层的目的就是保护烙铁头不易被腐蚀。还有一种新型合金烙铁头，其寿命较长，需搭配专门的烙铁，一般用于固定产品的印制板焊接。

（1）新烙铁上锡

没有电镀层的新电烙铁在使用前要进行处理，即让电烙铁通电给烙铁头上锡。具体方法是：首先用锉刀把烙铁头按需要锉成一定的形状，然后接上电源，当烙铁头温度升高到能熔锡时，将烙铁头在松香上沾涂一下，等松香冒烟后再沾涂一层焊锡，如此反复进行 2～3 次，使烙铁头的刃面全部挂上一层锡便可使用了。使用过程中应始终保证烙铁头上挂有一层薄锡。

（2）烙铁头修整

镀锡烙铁头经使用一段时间后会发生表面凹凸不平，而且氧化层严重的现象，这种情况下需要对其进行修整，一般会将烙铁头拿下来夹到台钳上粗锉，修整为自己要求的形状，然后再用细锉修平，最后用细砂纸打磨光滑。

（3）电烙铁的使用注意事项

1）使用前，应认真检查电源插头、电源线有无损坏，并检查烙铁头是否松动。

2）焊接过程中，烙铁不能到处乱放，应经常用浸水的海绵或干净的湿布擦拭烙铁头，保持烙铁头的清洁。

3）电烙铁在使用中，不能用力敲击、甩动。

4）电烙铁不使用时不宜长时间通电，这样容易使烙铁芯过热而烧断，缩短其寿命，同时也会使烙铁头因长时间加热而氧化，甚至被"烧死"不再"吃锡"。

5）使用结束后，应及时切断电源。冷却后，应清洁好烙铁头，并将电烙铁收回工具箱。

3.1.3　焊接材料

焊接材料是指完成焊接所需要的材料，包括焊料、助焊剂、清洗剂与阻焊剂等，掌握焊料和焊剂的性质、成分、作用原理及选用知识，对于保证产品的焊接质量具有决定性的影响。

1. 焊料

焊料是指易熔的金属及其合金，它的作用是将被焊物连接在一起。焊料的熔点比被焊物低，且易与被焊物连为一体。焊料按其组成成分可分为锡铅焊料、银焊料、铜焊料。熔点在 450 ℃ 以上的焊料称为硬焊料，熔点在 450 ℃ 以下的焊料称为软焊料。在一般电子产品装配中主要使用锡铅焊料。

(1) 锡铅共晶合金

锡铅焊料是由两种以上的金属材料按不同比例配制而成的。锡铅的配比不同，其性能也随之改变。图3-5所示为不同比例锡和铅的锡铅焊料状态图。

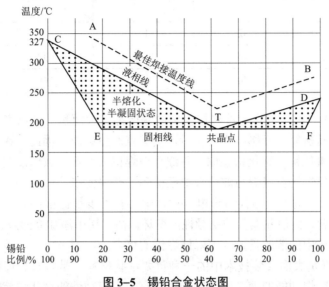

图3-5 锡铅合金状态图

如图3-5所示，T为共晶点，对应的锡铅含量为：锡是61.9%，铅是38.1%，此时合金可由固态直接变为液态，或由液态直接变为固态，这时的合金称为共晶合金，按共晶合金配制成的锡铅焊料称为共晶焊锡。采用共晶焊锡进行焊接有以下优点：

1) 熔点最低，只有183 ℃。降低了焊接温度，减少了元器件受热损坏的机会，尤其是对温度敏感的元器件的影响较小。

2) 熔点和凝固点一致，可使焊点快速凝固，不会因半熔状态时间间隔而造成焊点结晶疏松，强度降低。

3) 流动性好，表面张力小，润湿性好，焊料能很好地填满焊缝，并对工件有较好的浸润作用，使焊点结合紧密光亮，有利于提高焊点质量。

4) 机械强度高，导电性能好，电阻率低。

5) 抗腐蚀性能好。锡和铅的化学稳定性比其他金属更好，其抗大气腐蚀能力强，而共晶焊锡的抗腐蚀能力更好。

(2) 常用锡铅焊料

锡铅合金焊料有多种形状和分类。其形状有粉末状、带状、球状、块状、管状和装在罐中的锡膏等几种，粉末状、带状、球状、块状的焊锡用于锡炉或波峰焊中；锡膏用于贴片元件的回流焊接，手工焊接中最常见的是管状松香芯焊锡丝，电子产品焊接中常用的低温焊锡焊料如表3-1所示。

1) 管状焊锡丝。在手工焊接时，为了方便，常将焊锡制成管状，并在其中空部分注入由特级松香和少量活化剂组成的助焊剂，这种焊锡称为焊锡丝。有时在焊锡丝中还添加1%~2%的锑，这可适当增加焊料的机械强度。焊锡丝的直径有0.5 mm、0.8 mm、0.9 mm、1.0 mm、1.2 mm、1.5 mm、2.0 mm、2.5 mm、3.0 mm、4.0 mm、5.0 mm等多种规格。

表 3-1 电子产品焊接中常用的低温焊锡焊料

序号	锡（Sn）/%	铅（Pb）/%	铋（Bi）/%	锑（Cd）/%	熔点/℃
1	61.9	38.1			183
2	35	42		23	150
3	50	32	18		145
4	23	40		37	125
5	20	40		40	110

2）抗氧化焊锡。由于浸焊和波峰焊使用的锡槽都有大面积的高温表面，其焊料液体暴露在大气中，很容易被氧化而影响焊接质量，使焊点产生虚焊，因此在锡铅合金中加入少量的活性金属，能使氧化锡、氧化铅还原，并漂浮在焊锡表面形成致密的覆盖层，从而使焊锡不被继续氧化。这类焊锡在浸焊与波峰焊中已得到了普遍使用。

3）含银焊锡。在电子元器件与导电结构件中，有不少是镀银件。使用普通焊锡时，其镀银层易被焊锡溶解，而使元器件的高频性能变坏。在焊锡中添加 0.5%～2.0% 的银，可减少镀银件中的银在焊锡中的溶解量，并可降低焊锡的熔点。

4）焊膏。焊膏是表面安装技术中的一种重要贴装材料，是将合金焊料加工成一定粉末状颗粒并拌以具有助焊功能的液态黏合剂构成具有一定流动性的糊状焊接材料。焊膏由焊粉（焊料制成粉末状）、有机物和熔剂组成，将其制成糊状物，能方便地用丝网、模板或涂膏机将其涂在印制电路板上。

5）无铅焊锡。无铅焊锡是指以锡为主体添加其他金属材料制成的焊接材料。所谓"无铅"，是指无铅焊锡中铅的含量必须低于 0.1%，"电子无铅化"指的是包括铅在内的 6 种有毒、有害材料的含量必须控制在 0.1% 以内，同时电子制造过程必须符合无铅的组装工艺要求。

2. 助焊剂

在进行焊接时，为了能使被焊物与焊料焊接牢固，要求金属表面无氧化物和杂质，以保证焊锡与被焊物的金属表面固体结晶组织之间发生合金反应。通常用机械方法和化学方法来除去氧化物和杂质，机械方法是用砂纸或刀子将其清除，化学方法是用助焊剂清除。用助焊剂清除具有不损坏被焊物和效率高的特点，因此焊接时一般都采用此法。

（1）助焊剂的作用

1）除去氧化膜。焊剂是一种化学剂，其实质是焊剂中的氯化物、酸类同氧化物发生还原反应，从而除去氧化膜。反应后的生成物变成悬浮的渣，漂浮在焊料表面，使金属与焊料之间接合良好。

2）防止加热时氧化。液态的焊锡和加热的金属表面都易与空气中的氧接触而氧化。焊剂在熔化后，悬浮在焊料表面，形成隔离层，故防止了焊接面的氧化。

3）减小表面张力，增加了焊锡流动性，有助于焊锡浸润。

4）使焊点美观，合适的焊剂能够整理焊点形状，保持焊点表面光泽。

（2）助焊剂的种类

助焊剂可分为无机系列、有机系列和树脂系列，如表 3-2 所示。

1）无机系列助焊剂。这类助焊剂的主要成分是氯化锌及其它们的混合物。其最大优点是助焊作用好，缺点是具有强烈的腐蚀性，常用于可清洗的金属制品的焊接中。如果对残留的助焊剂清洗不干净，会造成被焊物的损坏。

2）有机系列助焊剂。有机系列助焊剂主要由有机酸卤化物组成。其优点是助焊性能好，不足之处是具有一定的腐蚀性，且热稳定性较差。即一经加热便迅速分解，并留下无活性残留物。对于铅、黄铜、青铜、镀镍等焊接性能差的金属，可选用有机焊剂中的中性焊剂。

3）树脂系列助焊剂。此类助焊剂最常用的是在松香焊剂中加入活性剂。松香是从各种松树分泌出来的汁液中提取的，并通过蒸馏法加工成固态松香。松香是一种天然产物，它的成分与产地有关。松香酒精焊剂是用无水酒精溶解松香配制而成的，一般松香占23%~30%。这种助焊剂的优点是无腐蚀性、高绝缘性、长期的稳定性及耐湿性。焊接后易于清洗，并能形成薄膜层覆盖焊点，使焊点不被氧化腐蚀。电子线路和易于焊接的铂、金、铜、银、镀锡金属等常采用松香或松香酒精助焊剂。

表 3-2 常用焊剂的分类

无机系列助焊剂	酸	正磷酸
		盐酸
		氟酸
	盐	氯化锌、氯化氨、氯化亚锡等
有机系列助焊剂	有机酸	硬脂酸、油酸、氨基酸、乳酸等
	有机卤素	盐酸苯胺等
	氨类	尿素、乙二胺等
树脂系列助焊剂		松香
		活化松香
		氧化松香

（3）对焊剂的要求

1）焊剂的熔点必须比焊料的低，密度要小，以便其在焊料未熔化前就充分发挥作用。

2）焊剂的表面张力要比焊料的小，扩散速度快，有较好的附着力，而且焊接后不易碳化发黑，残留焊剂应色浅而透明。

3）焊剂应具有较强的活性，且在常温下化学性能稳定，对被焊金属无腐蚀性。

4）焊接过程中焊剂不应产生有毒或强烈刺激性气体，且不产生飞溅，残渣容易清洗。

5）焊剂的电气性能要好，绝缘电阻要高。

3. 清洗剂

在完成焊接操作后，焊点周围会存在残余焊剂、油污、汗迹、多余的金属物等杂质，这些杂质对焊点有腐蚀、伤害作用，会造成绝缘电阻下降、电路短路或接触不良等现象，因此要对焊点进行清洗。常用的清洗剂有无水乙醇、三氯三氟乙烷等。

4. 阻焊剂

阻焊剂是一种耐高温的涂料，可将不需要焊接的部分保护起来，致使焊接只在所需要的部位进行，以防止焊接过程中的桥连、短路等现象发生。阻焊剂对高密度印制电路板尤为重要，可降低其返修率，并节约焊料，使焊接时印制电路板受到的热冲击减小，从而使板面不易起泡和分层。阻焊剂的主要作用是保护印制电路板上不需要焊接的部位，常见的印制电路板上没有焊盘的绿色涂层即为阻焊剂。

(1) 阻焊剂的作用

1) 可以使在浸焊或波峰焊时易发生的桥接、拉头、虚焊和连条等问题大为减少或基本消除，从而大大降低板子的返修率，并提高焊接质量，保证产品的可靠性。

2) 除了焊盘外，其他部位均不上锡，这样可以节约大量的焊料。同时，由于只有焊盘部位上锡，其受热少、冷却快，并降低了印制电路板的温度，起到了保护塑料封元器件及集成电路的作用。

3) 因印制电路板板面部分被阻焊剂覆盖，焊接时受到的热冲击小，从而降低了印制电路板的温度，使板面不易起泡、分层，同时也起到保护元器件和集成电路的作用。

4) 使用带有颜色的阻焊剂，如深绿色和浅绿色等，可使印制电路板的板面显得整洁美观。

(2) 阻焊剂的种类

阻焊剂一般分为干膜型阻焊剂和印料型阻焊剂，目前广泛使用的是印料型阻焊剂，这种阻焊剂又分为热固化和光固化两种类型。

3.1.4 锡焊机理

锡焊是使用锡合金焊料进行焊接的一种焊接形式。焊接过程是将焊件和焊料共同加热到焊接温度，在焊件不熔化的情况下，焊料熔化并浸润焊接面，在焊接点形成合金层，形成焊件的连接过程。锡焊必须将焊料、焊件同时加热到最佳焊接温度，然后不同金属表面相互浸润、扩散，最后形成多组织的结合层。

1. 润湿作用

在焊接时，熔融焊料会像任何液体一样，黏附在被焊金属表面，并能在金属表面充分漫流，这种现象就称为润湿。润湿是发生在固体表面和液体之间的一种物理现象，是物质固有的一种性质。

锡焊过程中，熔化的铅锡焊料和焊件之间的作用，正是这种润湿现象。如果焊料能润湿焊件，则说明它们之间可以焊接，观测润湿角是锡焊检测的方法之一。焊料浸润性能的好坏一般用润湿角 θ 表示，它是指焊料外圆在焊接表面交接点处的切线与焊件面的夹角，也叫接触角，是定量分析润湿现象的一个物理量。如图 3-6 所

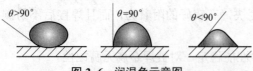

图 3-6 润湿角示意图

示，θ 角从 0 到 90°，θ 角越小，润湿越充分。一般质量合格的铅锡焊料和铜之间的润湿角可达 20°，实际应用中一般以 45°为焊接质量的检验标准。

2. 扩散作用

扩散，即在金属与焊料的界面形成一层金属化合物，在正常条件下，金属原子在晶格中都以其平衡位置为中心进行着不停的热运动，这种运动随着温度升高，其频率和能量也逐步增加。当达到一定的温度时，某些原子就因具有足够的能量可以克服周围原子对它的束缚，脱离原来的位置，转移到其他晶格，这种现象称为扩散。图 3-7 所示为金属晶格点阵模型与扩散示意图。

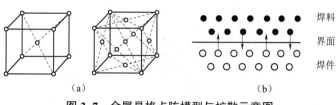

图 3–7 金属晶格点阵模型与扩散示意图
(a) 金属晶格点阵模型；(b) 扩散示意图

金属之间的扩散不是在任何情况下都会发生的，而是有条件的，扩散的两个基本条件是：

(1) 距离足够小

只有在足够小的距离内，两块金属原子间的引力作用才会发生。而金属表面的氧化层或其他杂质都会使两块金属达不到这个距离。

(2) 一定的温度

只有在一定的温度下金属分子才具有动能，使得扩散得以进行，理论上来说，达到"绝对零度"时便没有扩散的可能性。实际上在常温下，扩散的进行是非常缓慢的。

3. 结合层

焊接后，由于焊料和焊件金属彼此扩散，所以两者的交界面会形成多种组织的结合层。焊料润湿焊件的过程，符合金属扩散的条件，所以焊料和焊件的界面有扩散现象发生。这种扩散结果，使得焊料和焊件界面上形成一种新的金属合金层，称之为结合层。结合层的成分是一种既有化学作用，又有冶金作用的特殊层。由于结合层的作用是将焊料和焊件结合成一个整体，实现金属连续性，焊接过程同粘接物品的机理不同之处即在于此，黏合剂粘接物品是靠固体表面凸凹不平的机械啮合作用，而锡焊则靠结合层的作用实现连接。

综上所述，将表面清洁的焊件与焊料加热到一定温度，焊料熔化并润湿焊件表面，在其界面上发生金属扩散并形成结合层，从而实现金属的焊接。

3.1.5 手工焊接技术

手工焊接是焊接技术的基础，也是电子产品组装的一项基本操作技能。手工焊接适用于产品试制、电子产品的小批量生产、电子产品的调试与维修以及某些不适合自动焊接的场合。目前，还没有哪一种焊接方法可以完全代替手工焊接，因此在电子产品装配中这种方法仍占有重要地位。

1. 正确的焊接姿势

手工焊接一般采用坐姿焊接，焊接时应保持正确的姿势。焊接时烙铁头的顶端距操作者鼻尖部位至少要保持 20 cm 以上，以免焊剂加热挥发出的有害化学气体被吸入人体，同时要挺胸端坐，不要躬身操作，并要保持室内空气流通。使用电烙铁时要配置烙铁架，一般应将其放置在工作台右前方，电烙铁使用后一定要稳妥地放于烙铁架上，并注意导线等物不要触碰烙铁头。

(1) 电烙铁的拿法

电烙铁一般有正握法、反握法、握笔法三种拿法，如图 3–8 所示。反握法动作稳定，长时间操作不易疲劳，适用于大功率电烙铁的操作；正握法适用于中等功率的电烙铁或带弯头的电烙铁的操作；握笔法多用于小功率电烙铁在操作台上焊接印制电路板等焊件，一般在操作台上焊接印制电路板等焊件时多采用握笔法。

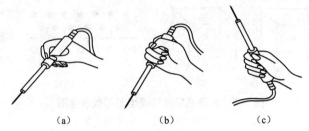

图 3-8 电烙铁的拿法
(a) 握笔法；(b) 反握法；(c) 正握法

(2) 焊锡丝拿法

焊锡丝一般有连续锡焊和断续锡焊两种拿法，焊锡丝一般要用手送入被焊处，不要用烙铁头上的焊锡去焊接，这样很容易造成焊料的氧化，焊剂的挥发。因为烙铁头温度一般都在300 ℃左右，焊锡丝中的焊剂在高温情况下容易分解失效，如图3-9 所示。由于焊丝成分中的铅占一定比例，众所周知铅是对人体有害的重金属，因此操作时应戴手套或操作后应洗手，避免食入。

图 3-9 焊锡丝的拿法
(a) 连续锡焊时焊锡丝的拿法；(b) 断续锡焊时焊锡丝的拿法

2. 焊接五步法

焊接操作过程分为五个步骤（也称五步法），分别是准备施焊、加热焊件、填充焊料、移开焊锡丝、移开烙铁五步，如图 3-10 所示。一般要求操作过程在 2~3 s 的时间内完成。

(1) 准备施焊

准备好焊锡丝和电烙铁。此时需要特别强调的是烙铁头部要保持干净，即可以沾上焊锡（俗称吃锡）。一般是右手拿电烙铁，左手拿焊锡丝，做好施焊准备，如图 3-10 (a) 所示。

(2) 加热焊件

使电烙铁接触焊接点，注意首先要保持电烙铁加热焊件各部分，例如，印制电路板上的引线和焊盘都使之受热；其次要注意让烙铁头的扁平部分（较大部分）接触热容量较大的焊件，烙铁头的侧面或边缘部分接触热容量较小的焊件，以保持均匀受热，如图 3-10 (b) 所示。

(3) 填充焊料

当焊接点的温度达到适当的温度时，应及时将焊锡丝放置到焊接点上熔化。操作时必须掌握好焊料的特性，并充分利用，而且要对焊点的最终理想形状做到心中有数。为了形成焊点的理想形状，必须在焊料熔化后，将依附在焊接点上的烙铁头按焊点的形状移动，如图 3-10 (c) 所示。

(4) 移开焊锡丝

当焊锡丝熔化（要掌握进锡速度）且焊锡散满整个焊盘时，即可以 45°方向拿开焊锡丝，如图 3-10 (d) 所示。

(5) 移开电烙铁

焊锡丝拿开后，电烙铁应继续放在焊盘上持续 1~2 s，当焊锡完全润湿焊点后移开电烙铁，注意移开电烙铁的方向应该是大致 45°的方向，动作不要过于迅速或用力往上挑，以免溅落锡珠、锡点，或使焊锡点拉尖等，同时要保证被焊元器件在焊锡凝固之前不要移动或受到振动，否则极易造成焊点结构疏松、虚焊等现象，如图 3-10（e）所示。

上述过程，对一般焊点而言为 2～3 s，对于热容量较小的焊点，例如印制电路板上的小焊盘，有时用三步法概括操作方法，即将上述步骤（2）、（3）合为一步，（4）、（5）合为一步。实际上，如果进行细微区分还是五步，所以五步法具有普遍性，是掌握手工电烙铁焊接的基本方法。特别是各步骤之间停留的时间，对保证焊接质量至关重要，只有经过实践才能逐步掌握。

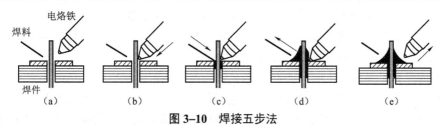

图 3-10 焊接五步法

(a) 第一步；(b) 第二步；(c) 第三步；(d) 第四步；(e) 第五步

3. 手工焊接的操作要领

（1）保持烙铁头清洁

由于焊接时烙铁头长期处于高温状态，又接触焊剂等受热分解的物质，所以，其表面很容易氧化而形成一层黑色杂质，这些杂质几乎会形成隔热层，使烙铁头失去加热作用。因此要随时在烙铁架上蹭去这些杂质。用一块湿布或湿海绵随时擦烙铁头，也是常用的方法。

（2）保持焊件表面干净

手工电烙铁焊接中遇到的焊件是各种各样的电子零件和导线，除非在规模生产条件下使用"保鲜期"内的电子元件，一般情况下遇到的焊件往往都需要进行表面清理工作，去除焊接面上的锈迹、油污、灰尘等影响焊接质量的杂质。

（3）焊件要固定

在焊锡凝固之前不要使焊件移动或振动，根据结晶理论，如果在结晶期间受到外力会改变结晶条件，导致晶体粗大，造成所谓"冷焊"。从外观上看，其表面无光泽呈豆渣状，其焊点内部结构疏松，容易有气隙和裂缝，造成焊点强度降低，导电性能差。

（4）重视预焊

预焊就是将要锡焊器件的引线或导线的焊接部位预先用焊锡润湿，一般也称为镀锡、上锡等。

（5）焊锡量适中

焊锡量要适中。若焊锡太多，易造成接点相碰或掩盖焊接缺陷，而且浪费焊料。若焊锡太少，不仅使其机械强度低，而且由于表面氧化层随时间逐渐加深，容易导致焊点失效，如图 3-11 所示。

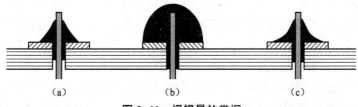

图 3-11 焊锡量的掌握

(a) 焊料不足；(b) 焊料过量；(c) 焊料适中

（6）焊剂量适中

焊剂量要适中。过量的松香不仅会造成焊后焊点周围需要清洗的工作量增大，而且会延长加热时间，降低工作效率，而当加热时间不足时又容易夹杂到焊锡中形成"夹渣"缺陷；对开关元件的焊接，过量的焊剂容易流到触点处，从而造成接触不良。

（7）不对焊点施力

烙铁头把热量传给焊点主要靠增加接触面积，但用电烙铁对焊点加力对于加热是没用的。很多情况下反而会造成对焊件的损伤，如电位器、开关、接插件的焊接点往往都是固定在塑料构件上，加力的结果容易造成元件失效。

（8）加热要靠焊锡桥

非流水线作业中，一次焊接的焊点形状是多种多样的，不可能不断地更换烙铁头。要提高烙铁头加热的效率，需要形成热量传递的焊锡桥。所谓焊锡桥，就是靠电烙铁上保留少量的焊锡作为加热时烙铁头与焊件之间传热的桥梁。显然由于金属液的导热效率远高于空气，而使焊件很快就被加热到焊接温度。

（9）电烙铁撤离方向

电烙铁撤离要及时，而且撤离时的角度和方向对焊点的形成有一定的影响，图 3-12 所示为不同撤离方向对焊料的影响。撤离电烙铁时轻轻旋转一下，可保持焊点适当的焊料，这需要在实际操作中体会。

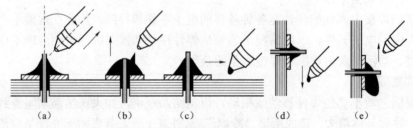

图 3-12　不同撤离方向对焊点的影响

在图 3-12（a）中，电烙铁以 45° 方向撤离，焊点美观，带走少量焊锡。

在图 3-12（b）中，电烙铁以 90° 方向撤离，焊点容易拉尖。

在图 3-12（c）中，电烙铁以水平方向撤离，带走大量焊锡。

在图 3-12（d）中，电烙铁向下撤离，带走少量焊锡。

在图 3-12（e）中，电烙铁向上撤离，烙铁头上不挂锡。

掌握上述撤离方向，就能较好地控制焊锡量，使得焊点美观、焊接质量较高。

4. 印制电路板焊接

印制电路板的装焊在整个电子产品制造中处于核心地位，其质量对整机产品的影响是不言而喻的。尽管印制电路板的装焊已经日臻完善，并实现了自动化，但在产品研制、维修领域主要还是靠手工操作，况且手工操作经验也是自动化获得成功的基础。焊接印制电路板，除遵循锡焊要领外，还需特别注意以下几点：

1）电烙铁一般应选内热式（20～35 W）或恒温式的，烙铁的温度以不超过 300 ℃为宜。烙铁头形状应根据印制电路板焊盘的大小采用凿形或锥形，目前印制电路板的发展趋势是小型密集化，因此一般常用小型圆锥形烙铁头。

2)加热时应尽量使烙铁头同时接触印制电路板上的铜箔和元器件引线。对较大的焊盘(直径大于 5 mm)焊接时可移动电烙铁,即使电烙铁绕焊盘转动,以免长时间停留导致局部过热。

3)金属化孔的焊接。两层以上印制电路板的孔都要进行金属化处理。焊接时不仅要让焊料润湿焊盘,而且孔内也要润湿填充。

4)焊接时不要用烙铁头摩擦焊盘的方法来增强焊料的润湿性能,而要靠表面清理和镀锡的方法。

5)耐热性差的元器件应使用工具辅助散热。

3.1.6 焊点的质量分析

焊接是电子产品制造中最主要的一个环节,在焊接结束后,为保证焊接质量,都要进行质量检查。由于焊接检查与其他生产工序不同,没有一种机械化、自动化的检查测量方法,因此主要通过目视检查和手触检查来发现问题。一个虚焊点就能造成电子产品不能工作,据统计,目前电子产品的故障中近一半是由于焊接不良引起的。

1. 焊点的质量要求

对焊点的质量要求主要包括电气连接、机械强度和外观等三方面。

(1)焊点要有可靠的电气连接

焊接是电子线路从物理上实现电气连接的主要手段,电子产品的焊接是同电路通断情况紧密相连的,一个焊点要能稳定、可靠地通过一定的电流,没有足够的连接面积和稳定的结合层是不行的。良好的焊点应该具有可靠的电气连接性能,不允许出现虚焊、桥接等现象,锡焊连接不是靠压力,而是靠结合层达到电气连接的目的。如果焊锡仅仅是堆在焊件表面或只有少部分形成结合层,那么在最初的测试和工作中也许不能发现,但随着条件的改变和时间的推移,电路会产生时通时断或者干脆不工作的现象,而这时观察其外表,电路依然是连接的。

(2)焊点要有足够的机械强度

焊接不仅起到电气连接的作用,同时也要固定元器件,保证机械连接,这就涉及机械强度的问题。若焊料多,则机械强度大;若焊料少,则机械强度小。因此需保证在使用过程中,不会因正常的振动而导致焊点脱落。

(3)外形清洁美观

良好的焊点应是焊料用量恰到好处,且外表有金属光泽、平滑,没有裂纹、针孔、夹渣、拉尖、桥接等现象,并且不伤及导线绝缘层及相邻元件,良好的外表是焊接质量好的反映。例如,外表有金属光泽,是焊接温度合适、生成稳定合金层的标志。一个良好的焊点应该是明亮、清洁、平滑的,焊锡量适中并呈裙状拉开,焊锡与被焊件之间没有明显的分界,这样的焊点才是合格、美观的。如图3-13所示,典型焊点的外观要求有如下几方面:

1)形状为近似圆锥形而表面微凹呈漫坡形,以焊接导线为中心,对称成裙形拉开。
2)焊料的连接面呈半弓形凹面,焊料与焊件交界处平滑。
3)表面有光泽且平滑。
4)无裂纹、针孔、夹渣。

2. 焊点的质量检查

焊点的检查通常采用目视检查、手触检查和通电检查的方法。

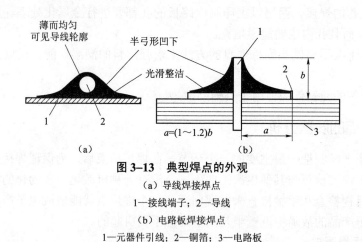

图 3–13 典型焊点的外观

（a）导线焊接焊点

1—接线端子；2—导线

（b）电路板焊接焊点

1—元器件引线；2—铜箔；3—电路板

（1）目视检查

目视检查是指从外观上目测（或借助放大镜、显微镜观测）焊点是否合乎上述标准，检查焊接质量是否合格，焊点是否有缺陷的方法。目视检查的主要内容包括：是否漏焊，焊点的光泽，焊料用量，是否有桥接、拉尖现象，焊点有无裂纹，焊盘是否有起翘或脱落情况，焊点周围是否有残留的焊剂，导线是否有部分或全部断线等现象。

（2）手触检查

手触检查主要是用手指触摸元器件，看元器件的焊点有无松动、焊接不牢的现象，上面的焊锡是否有脱落现象；用镊子夹住元器件引线轻轻拉动，看有无松动的现象。

（3）通电检查

通电检查必须是在外观检查及连线检查无误后才可进行的检查，也是检验电路性能的关键步骤。如果不经过严格的外观检查，通电检查不仅困难较多而且有损坏设备仪器，造成安全事故的危险。例如，电源连线虚焊，那么通电时就会发现设备加不上电，当然无法检查。通电检查可以发现许多微小的缺陷，例如，用目测观察不到的电路桥接，但对于内部虚焊的隐患就不容易察觉。所以根本的问题还是要提高焊接操作的技术水平，不能把问题留给检查工作。

3. 焊点的缺陷分析

焊点的常见缺陷有虚焊、桥接、拉尖、球焊、焊料过少、空洞、印制电路板铜箔起翘、焊盘脱落等。造成焊点缺陷的原因很多，在材料（焊料与焊剂）和工具（电烙铁、夹具）一定的情况下，采用什么样的焊接方法，以及操作者是否有责任心就是决定性的因素了。

（1）虚焊

虚焊是焊接时焊点内部没有形成金属合金的现象，如图 3–14（a）所示。为使焊点具有良好的导电性能，必须防止虚焊。虚焊是指焊料与被焊物表面没有形成合金结构，只是简单地依附在被焊金属的表面上。在焊接时，如果只有一部分形成合金，而其余部分没有形成合金，这种焊点在短期内也能通过电流，用仪表测量也很难发现问题。但随着时间的推移，没有形成合金的表面就被氧化，此时便会出现时通时断的现象，这势必造成产品的质量问题。

虚焊形成的原因有：焊接面氧化或有杂质，焊锡质量差，焊剂性能不好或用量不当，焊接温度掌握不当，焊接结束但焊锡尚未凝固时就移动焊接元件等。

（2）桥接

桥接是指焊料将印制电路板中不应连接的相邻的印制导线及焊盘连接起来的现象，如图 3-14（b）所示。明显的桥接较易发现，但细小的桥接用目视法是较难发现的，往往要通过仪器的检测才能暴露出来。

桥接形成的原因有：焊锡用量过多，电烙铁使用不当，导线端头处理不好，自动焊接时焊料槽的温度过高或过低，焊接的时间过长使焊料流动而与相邻的印制导线相连，电烙铁离开焊点的角度过小等。桥接会导致产品出现电气短路，有可能使相关电路的元器件损坏。

（3）拉尖

拉尖是指焊点表面有尖角、毛刺的现象，如图 3-14（c）所示。拉尖形成的原因有烙铁头离开焊点的方向不对，电烙铁离开焊点太慢，焊料质量不好，焊料中杂质太多，焊接时的温度过低等。拉尖现象的存在使得焊点外观不佳、易造成桥接现象；对于高压电路，有时还会出现尖端放电的现象。

（4）球焊

球焊是指焊点形状像球形、与印制电路板只有少量连接的现象，如图 3-14（d）所示。球焊形成的原因有：印制板面上有氧化物或杂质，焊料过多，焊料的温度过低导致焊料没有完全熔化，焊点加热不均匀，以及焊盘、引线不能润湿等。由于被焊部件只有少量连接，因而其机械强度差，略微振动就会使连接点脱落，造成虚焊或断路故障。

（5）焊料过少

焊料过少是指焊料撤离过早，焊料未形成平滑面的现象，如图 3-14（e）所示。焊料过少的主要原因是焊料撤离过早。焊料过少使得焊点的机械强度不高，电气性能不好，容易松动。

（6）空洞

空洞是指焊点内部出现气泡的现象，如图 3-14（f）所示。空洞是由于焊盘的穿线孔太大、焊料不足，致使焊料没有全部填满印制电路板插件孔而形成的。空洞形成的原因有印制电路板焊盘开孔位置偏离了焊盘中点，孔径过大，孔周围焊盘氧化、脏污，预处理不良等。存在空洞的印制电路板暂时可以导通，但长时间使用时，容易引起导通不良。

（7）印制电路板铜箔起翘、焊盘脱落

印制电路板铜箔起翘、焊盘脱落是指印制电路板上的铜箔部分脱离印制电路板的绝缘基板，或铜箔脱离基板并完全断裂的情况，如图 3-14（g）所示。印制电路板铜箔起翘、焊盘脱落形成的原因有：焊接时间过长，温度过高，反复焊接等；或在拆焊时，由于焊料没有完全熔化就拔取元器件而造成的。印制电路板铜箔起翘、焊盘脱落会使电路出现断路或元器件无法安装的情况，甚至损坏整个印制电路板。

从分析上面所列举的焊接缺陷产生的原因可知，提高焊接质量要从两个方面入手，即：

第一，要熟练地掌握焊接技能，准确地掌握焊接温度和焊接时间，使用适量的焊料和焊剂，认真对待焊接过程的每一个步骤。

第二，要保证焊件的可焊性及其表面的清洁，必要时采取预先上锡或清洁的措施。

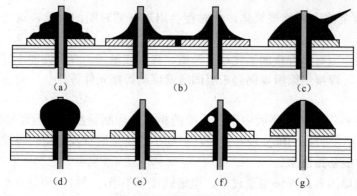

图 3-14 常见的焊接缺陷

(a) 虚焊；(b) 桥接；(c) 拉尖；(d) 球焊；(e) 焊料过少；(f) 空洞；(g) 铜箔起翘、焊盘脱落

3.2 元器件的引线加工

电子元器件的种类繁多，外形各异，引出线也多种多样，所以印制电路板的组装方法也就各有差异。因此，必须根据产品的结构特点、装配密度以及产品的使用方法和要求来决定其组装方法。元器件装配到基板之前，一般都要先进行加工处理，然后再进行插装。良好的成形及插装工艺，不但能使机器性能稳定、防振、减少损坏，而且还能使机内整齐美观。在安装前，根据安装位置的特点及技术方面的要求，要预先把元器件引线弯曲成一定的形状，使元器件在印制电路板上的装配排列整齐，并便于安装和焊接，提高装配质量和效率，增强电子设备的防振性和可靠性。

1. 元器件引线的预加工处理

由于元器件引线的可焊性，虽然在制造时就有这方面的技术要求，但因生产工艺的限制，加上包装、储存和运输等中间环节的时间较长，使得引线表面产生氧化膜，导致引线的可焊性严重下降，因此元器件引线在成形前必须进行加工处理。

元器件引线预加工处理主要包括引线的校直、表面清洁及上锡三个步骤。要求引线处理后不允许有伤痕，且镀锡层均匀、表面光滑、无毛刺和残留物。

2. 引线成形的基本要求

引线成形工艺就是根据焊点之间的距离，将引线做成需要的形状。目的是使它能迅速而准确地插入孔内，其基本要求如下：

1）元件引线开始弯曲处离元件端面的最小距离应不小于 2 mm。

2）弯曲半径不应小于引线直径的 2 倍。

3）引线成形后，元器件本体不应产生破裂，表面封装不应损坏，引线弯曲部分不允许出现模印、压痕和裂纹。

4）引线成形后，其直径的减小或变形不应超过10%，其表面镀层剥落的长度不应大于引线直径的 1/10。

5）元件标称值应处在便于查看的位置。

6）怕热元件要求增长引线，成形时应进行绕环。

7）引线成形后的元器件应放在专门的容器中保存，元器件型号、规格和标志应向上。

8）引线成形的尺寸应符合安装要求。

① 小型电阻或外形类似电阻的元器件引线成形的基本要求如图 3-15 所示，弯曲点到元器件端面的最小距离 A 不应小于 2 mm，弯曲半径 R 应大于或等于 2 倍的引线直径，图中 $A \geq 2$ mm，$R \geq 2d$（d 为引线直径），h 在垂直安装时大于或等于 2 mm，在水平安装时为 0～2 mm。

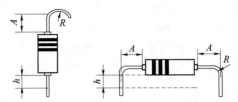

图 3-15　小型电阻类元器件的引线成形形状及尺寸

② 半导体三极管和圆形外壳集成电路的引线成形的基本要求如图 3-16 所示。

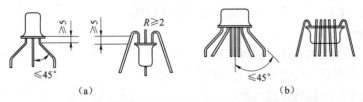

图 3-16　半导体三极管和圆形外壳集成电路引线成形的形状及尺寸

③ 扁平封装集成电路引线成形的基本要求如图 3-17（a）所示。图中 W 为带状引线厚度，$R \geq 2W$，带状引线弯曲点到引线根部的距离应大于或等于 1 mm。

④ 自动组装时元器件引线成形的基本要求如图 3-17（b）所示。

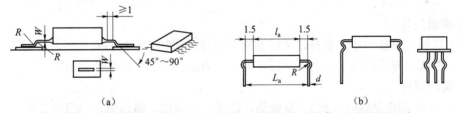

图 3-17　扁平封装集成电路和自动组装时元器件引线成形的形状及尺寸

3. 成形方法

为保证引线成形的质量和一致性，应使用专用工具和成形模具。成形工序因生产方式的不同而不同。在自动化程度高的工厂，成形工序是在流水线上自动完成的。在没有专用工具或加工少量元器件时，可采用手工成形，并使用平口钳、尖嘴钳、镊子等一般工具。

3.3　实训项目

3.3.1　导线焊接实训

1. 实训任务

如图 3-18、图 3-19 所示图形，使用细导线焊接平面或立体造型，从而熟悉电烙铁的使用方法，掌握焊接五步法与焊接技巧。

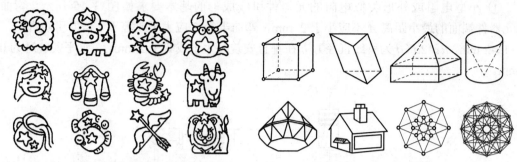

图 3-18　平面焊接造型示例　　　　图 3-19　立体焊接造型示例

2. 实训器材

1）30 W 的电烙铁（一把）、烙铁架、镊子、尖嘴钳、斜口钳、钢尺等工具。

2）细导线（1.5 m）、焊料、焊剂、细砂纸等材料。

3. 实训步骤

1）用细砂纸擦去细导线上的氧化层。

2）根据所选图形，用细导线加工焊接所需物料。

3）使用加工好的物料焊接造型。

4. 实训报告

1）简述焊接五步法，说明焊接心得。

2）简述用细导线焊接平面或立体造型的收获。

3.3.2　电路板焊接实训

1. 实训任务

在万能板上焊接电子元器件，掌握去除元器件和印制电路板的氧化层、污垢的方法；学会元器件的成形方法及其在印制电路板上的排列方法；掌握电烙铁的使用方法与使用技巧。

2. 实训器材

（1）30 W 的电烙铁（一把）、烙铁架、镊子、尖嘴钳、斜口钳、小刀等工具。

（2）印制电路板、万能板、焊料、焊剂、橡皮擦、细砂纸等材料。

（3）各种元器件，如电阻器、电容器、二极管、三极管、导线等。

3. 实训步骤

1）用橡皮擦擦去印制电路板上的氧化层，并将板面清理干净。

2）去除元器件引脚上的氧化物、污垢并清理干净。

3）按照安装要求，使用镊子（尖嘴钳）对元器件引线进行成形处理。

4）将引线成形处理好的元器件按要求插装在万能板上，并焊接。

5）对导线的端头进行剪切、剥头、捻头、搪锡等处理，并焊接在万能板上。

4. 实训报告

1）简述在元器件的成形、安装方面的收获。

2）在元器件和导线的焊接过程中遇到了什么问题？如何解决？

3）怎样避免元器件的焊接缺陷？

课 后 习 题

3-1 简述锡焊的特点。
3-2 简述共晶焊锡进行焊接的优点。
3-3 简述焊接机理。
3-4 简述焊接五步法。
3-5 简述焊点的质量要求。
3-6 简述焊点质量检查的内容与方法。

第 4 章
电子元器件

【内容提要】

每一台电子产品整机都是由具有一定电路功能的电路、部件和工艺结构组成。其各项指标包括电气性能、质量和可靠性等方面的优劣程度,取决于电路设计、结构设计、工艺设计、电子元器件与原材料。其中元器件与原材料是实现电路原理设计、结构设计、工艺设计的主要依据。电子元器件是在电路中具有独立电气功能的基本单元。元器件在各类电子产品中占有重要地位,特别是一些通用的电子元器件,更是电子产品不可缺少的基本材料。熟悉和掌握各类元器件的性能、特点和使用等,对电子产品的设计、制造是十分重要的。

4.1 电子元器件概述

电子元器件是在电路中具有独立电气功能的基本单元,是实现电路功能的主要元素,是电子产品的核心部件。任何一部电子产品都是由各种所需的电子元器件组成电路,从而实现相应的功能。

电子元器件的发展经历了以电子管为核心的经典电子元器件时代和半导体分离器件为核心的小型化电子元器件时代,目前已进入以高频和高速处理集成电路为核心的微电子元器件时代,如表 4-1 所示。

表 4-1 电子元器件的发展阶段

发展阶段	经典电子元器件	小型化电子元器件	微电子元器件
核心有源器件	电子管	半导体分立器件(含低频低速集成电路)	高频高速处理集成电路
整机装联工艺	以薄铁板为支撑,通过管座和支架利用引线和导线将元器件连接起来,并采用手工钎焊装联	以插装方式将元器件安装在有通孔的印制电路板上。印制电路板既作为支撑又用其铜图形作导体连接各种元器件。采用手工和自动插装机及波峰焊为主	以表面(SMT)和芯片尺寸贴装(CSP)等方式将元器件安装在相应的印制电路板(表面贴装和高密度互连印制电路板)上;采用自动贴装或智能化混合安装及再流焊、双波峰焊设备等装联设备

续表

发展阶段	经典电子元器件	小型化电子元器件	微电子元器件
电子元器件技术与生产特点	高电压、大体积、类型和品种少、长引线或管座、结构简单；生产规模小，年生产规模以万计；以工、夹具和简单机械设备方式生产	小型化、低电压、高可靠、高稳定、类型和品种大幅增多；出现功能性和组合元器件，年生产规模多以亿计；产品和零部件专业化生产	小型化，适用于表面安装。高频特性好、宽带、一致性、高可靠、高稳定、高精度、低功耗、多功能、组件化、智能化、模块化；具有尽可能小的寄生参数，有固定阻抗、EMI/RF要求；类型、品种之间及其消长关系有新的规律；年生产规模多以十亿、百亿计；自动生产环境有不同的净化要求；零部件、工序的专业化

微电子元器件包括集成电路、混合集成电路、片式和扁平式元件和机电组件、片式半导体分立器件等。微电子是指采用微细工艺的集成电路，随着集成电路集成度和复杂度的大幅提高、线宽越来越细和采用铜导线，其基频和处理速度也大幅提高，在电子线路中其周边的其他元器件必然要有相应速率的处理速度，才能完成各自所承担的功能。因此，需要通过整个设备及系统来分析元器件的发展。

上述对电子元器件的发展阶段的划分是 2001 年提出的，但近年来，电子技术和电子产业的发展很快，新技术、新产品不断涌现，尤其是随着智能化产品和系统越来越普及，智能化时代已经到来，同时，由于量子技术也有了新突破，信息技术有可能进入"量子时代"。

4.2 电阻器

各种导体材料对通过的电流总呈现一定的阻碍作用，并将电流的能量转换成热能，这种阻碍作用称为电阻。具有电阻性能的实体元件称为电阻器。加在电阻器两端的电压 U 与通过电阻器的电流 I 之比称为该电阻器的电阻值 R，单位为 Ω，即：

$$R = \frac{U}{I} \tag{4-1}$$

电阻器一般分为固定电阻器、敏感电阻器和电位器（可变电阻器）三大类。电阻器的符号如图 4-1 所示。

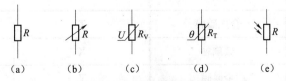

图 4-1　电阻器的图形符号

(a) 电阻器的一般符号；(b) 可变（调）电阻器；(c) 压敏电阻器；(d) 热敏电阻器；(e) 光敏电阻器

4.2.1 固定电阻器

阻值固定、不能调节的电阻器称为固定电阻器。电阻是耗能元件,在电路中用于分压、分流、滤波、耦合、负载等。

电阻器按照其制造材料的不同,又可分为碳膜电阻(用 RT 表示)、金属膜电阻(用 RJ 表示)和线绕电阻(用 RX 表示)等数种。碳膜电阻器是通过气态碳氢化合物在高温和真空中分解,碳微粒形成一层结晶膜沉积在磁棒上制成的。它采用刻槽的方法控制电阻值,其价格低,应用普遍,但热稳定性不如金属膜电阻好。金属膜电阻器是在真空中加热合金至蒸发,使磁棒表面沉积出一层导电金属膜而制成的。通过刻槽或改变金属膜厚度,可以调整其电阻值。这种产品体积小、噪声低,稳定性良好,但成本略高。线绕电阻是用康铜丝或锰铜丝缠绕在绝缘骨架上制成的。它具有耐高温、精度高、功率大等优点,在低频的精密仪表中应用广泛。常见的电阻器如图 4-2 所示。

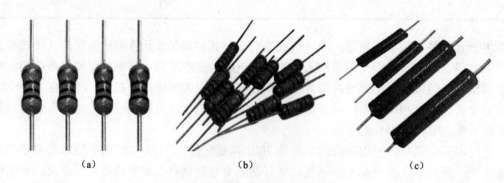

图 4-2 常见的电阻器
(a)碳膜电阻;(b)金属膜电阻;(c)线绕电阻

1. 型号命名方法

国产电阻器的型号命名一般由四个部分组成,依次分别代表名称、材料、分类和序号。

第一部分为名称,电阻器用 R 表示;

第二部分为材料,用字母表示电阻器的导电材料,如表 4-2 所示;

第三部分为分类,一般用数字表示,个别类型用字母表示,如表 4-3 所示;

第四部分为序号,表示同类产品的不同品种。

表 4-2 电阻器的材料、符号意义对照表

符 号	意 义	符 号	意 义
G	沉积膜	S	有机实芯
H	合成碳膜	T	碳膜
I	玻璃釉	X	线绕
J	金属膜	Y	氧化膜
N	无机实芯	—	—

表 4–3　电阻器的类型、符号意义对照表

符　　号	意　　义	符　　号	意　　义
1	普通	8	高压
2	普通或阻燃	9	特殊
3	超高频	C	防潮
4	高阻	G	高功率
5	高温	T	可调
7	精密	X	小型

2. 主要特性参数

电阻器的主要特性参数有标称阻值、允许误差和额定功率等。

（1）标称阻值

标称阻值是在电阻器上标注的电阻值。目前电阻器标称阻值有三大系列：E24、E12、E6，其中 E24 系列最全，电阻器标称值如表 4–4 所示。

表 4–4　电阻器标称值

标称值系列	允许误差/%	标称阻值
E24	±5（Ⅰ级）	1.0, 1.1, 1.2, 1.3, 1.5, 1.6, 1.8, 2.0, 2.4, 2.7, 3.0, 3.3, 3.6, 3.9, 4.3, 4.7, 4.1, 4.6, 6.2, 6.8, 7.5, 8.2, 9.1
E12	±10（Ⅱ级）	1.0, 1.2, 1.5, 1.8, 2.2, 2.7, 3.3, 3.9, 4.7, 4.6, 6.8, 8.2
E6	±20（Ⅲ级）	1.0, 1.5, 2.2, 3.3, 4.7, 6.8

电阻值的基本单位是"欧姆"，用字母"Ω"表示，此外，常用的还有千欧（kΩ）和兆欧（MΩ）。它们之间的换算关系为：$1\ \text{M}\Omega = 10^3\ \text{k}\Omega = 10^6\ \Omega$。

（2）允许误差

标称阻值与实际阻值的差值跟标称阻值之比的百分数称为阻值偏差，它表示电阻器的精度。误差越小，电阻精度越高。电阻器误差用字母或级别表示，如表 4–5 所示。

表 4–5　字母表示误差的含义

文字符号	误差/%	文字符号	误差/%	文字符号	误差/%
Y	±0.001	W	±0.05	G	±2
X	±0.002	B	±0.1	J	±5（Ⅰ级）
E	±0.005	C	±0.25	K	±10（Ⅱ级）
L	±0.01	D	±0.5	M	±20（Ⅲ级）
P	±0.02	F	±1	N	±30

（3）额定功率

额定功率是在正常的大气压为 90～106.6 kPa 及环境温度为 –55 ℃～70 ℃的条件下，电阻

器长期工作而不改变其性能所允许承受的最大功率。电阻器额定功率的单位为"瓦",用字母"W"表示。

电阻器常见的额定功率一般分为 1/8 W、1/4 W、1/2 W、1 W、2 W、3 W、4 W、5 W、10 W 等,其中 1/8 W 和 1/4 W 的电阻较为常用。各额定功率值的电阻器在电路中的符号如图 4-3 所示。可以看出,额定功率值在 1 W 以上的用罗马数字表示。

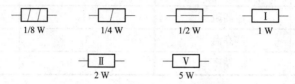

图 4-3　电阻器的额定功率图形符号

3. 标注方法

（1）直标法

直标法是将电阻器的主要参数直接标注在电阻器表面的标志方法。允许误差直接用百分数表示,若电阻器上未标注偏差,则其偏差均为±20%。

（2）文字符号法

文字符号法是用数字和文字符号两者有规律的组合来表示标称阻值的标志方法,其允许误差也用文字符号表示。符号 Ω、k、M 前面的数字表示阻值的整数部分,后面的数字依次表示第一位小数阻值和第二位小数阻值。如标识为 5k7 中的 k 表示电阻的单位为 kΩ,即该电阻器的阻值为 5.7 kΩ。

（3）数码法

数码法是采用三位数字来表示标称值的标志方法。数字从左到右,第一、二位为有效数字,第三位为指数,即"0"的个数,单位为"欧姆"。允许误差采用文字符号表示。如标识为 222 的电阻器,其阻值为 2 200 Ω,即 2.2 kΩ；标识为 105 的电阻器,其阻值为 1 000 000 Ω,即 1 MΩ。

（4）色标法

色标法是采用不同颜色的带或点在电阻器表面标出标称值和允许误差的标志方法。色标法多用于小功率的电阻器,特别是 0.5 W 以下的金属膜和碳膜电阻器较为普遍,可分为三环、四环和五环 3 种。不同的颜色代表不同的数字,如表 4-6 所示。

三环表示法的前两位表示有效数字,第三位表示乘数；四环表示法的前两位表示有效数字,第三位表示乘数,第四位表示允许误差；五环表示法的前三位表示有效数字,第四位表示乘数,第五位表示允许误差。

表 4-6　色环颜色与数值对照表

颜色	棕	红	橙	黄	绿	蓝	紫	灰	白	黑	金	银	本色
有效数字	1	2	3	4	5	6	7	8	9	0	—	—	—
代表乘数	10^1	10^2	10^3	10^4	10^5	10^6	10^7	10^8	10^9	10^0	—	—	—
允许误差 /%	±1	±2	—	—	±0.5	±0.25	±0.1	±0.05	—	—	±5	±10	±20

对于色标法，首色环的识别很重要，判断方法有以下几种：

1) 首色环与第二色环之间的距离比末位色环与倒数第二色环之间的间隔要小。
2) 金、银色环常用来表示电阻误差，即金、银色环一般放在末位。
3) 与末位色环的位置相比，首位色环更靠近引线端，因此可以利用色环与引线端的距离来判断哪个是首色环。
4) 如果电阻上没有金、银色环，并且无法判断哪个色环更靠近引线端，可以用万用表检测实际阻值，根据测量值可以判断首位有效数字及乘数。

4. 电阻器的测量

电阻的识别是在电阻上标志完整的情况下进行的，但有时也会遇到电阻上无任何标记，或要对某些未知的电阻进行测量等情况，此时就要进行电阻的测量。电阻测量的方法有 3 种：万用表测量法、直流电桥测量法、伏安表测量法。本书将对万用表测量法进行详细介绍。万用表是测量电阻的常用仪表，万用表测量电阻法也是常用的测量方法，它具有测量方便、灵活等优点，但其测量精度低。所以在需要精确测量电阻时，一般采用直流电桥进行测量。

用万用表测量电阻时应注意以下几点：

（1）测量前万用表欧姆挡调零

万用表欧姆挡调零就是在万用表选择 "Ω" 挡后，将万用表的红、黑表笔短接，调节万用表，使万用表显示为 "0"。将万用表欧姆挡调零是测量电阻值之前必不可少的步骤，而且万用表每个挡都要进行调零处理，否则在测量时会出现较大的误差。

（2）选择适当的量程

由于万用表有多个欧姆挡，所以在测量时要恰当选择测量挡。如万用表有 200 Ω、2 kΩ、20 kΩ 等几个挡，则测量电阻时应尽量选择与被测电阻阻值最相近且高于其阻值的欧姆挡。例如，测量 680 Ω 的电阻，应选择 2 kΩ 的挡最为合适。

（3）注意测量方法

在进行电阻测量时，手不能同时触及电阻引出线的两端，特别是测量阻值比较大的电阻时，否则会由于手的电阻并入而造成较大的测量误差；在进行小阻值电阻测量时，应特别注意万用表表笔与电阻引出线是否接触良好，如有必要应用砂布将被测量电阻引脚处的氧化层擦去，然后再进行测量，否则也会因氧化层造成接触不良引起较大的测量误差。电阻在进行在线测量时，应在断电的情况下进行，并将电阻的一端引脚从电路板上拆焊下来，然后再进行测量。

4.2.2 敏感电阻器

敏感电阻器是指其阻值对某些物理量（如温度、电压等）表现敏感的电阻器，其型号命名一般由 3 个部分组成，依次分别代表名称、用途、序号等。敏感电阻器的符号、意义对照表如表 4-7 所示。

表 4-7 敏感电阻器的符号、意义对照表

符号	意义	符号	意义
MC	磁敏电阻	MQ	气敏电阻
MF	负温度系数热敏电阻	MS	湿敏电阻
MG	光敏电阻	MY	压敏电阻
ML	力敏电阻	MZ	正温度系数热敏电阻

1. 压敏电阻器

压敏电阻器是使用氧化锌作为主材料制成的半导体陶瓷器件，是对电压变化非常敏感的非线性电阻器。在一定温度和一定的电压范围内，当外界电压增大时，其阻值减小；当外界电压减小时，其阻值反而增大，因此，压敏电阻器能使电路中的电压始终保持稳定。其常用于电路的过压保护、尖脉冲的吸收、消噪等，使电路得到保护。压敏电阻器实物如图 4-4 所示，其图形符号见图 4-1（c）。

压敏电阻器用数字表示型号分类中更细的分类号。

压敏电压用 3 位数字表示，前两位数字为有效数字，第三位数字表示 0 的个数。如 390 表示 39 V，391 表示 390 V。

瓷片直径用数字表示，单位为 mm，分为 5 mm、7 mm、10 mm、14 mm、20 mm 等。

电压误差用字母表示，J 表示±5%、K 表示±10%、L 表示±15%、M 表示±20%。

例如，MYD07K680 表示标称电压为 68 V，电压误差为±10%，瓷片直径为 7 mm 的通用型压敏电阻器；MYG20G05K151 表示压敏电压（标称电压）为 150 V，电压误差为±10%，瓷片直径为 5 mm，而且是浪涌抑制型压敏电阻器。

2. 热敏电阻器

热敏电阻器是用热敏半导体材料经一定的烧结工艺制成的，这种电阻器受热时，阻值会随着温度的变化而变化。热敏电阻器有正、负温度系数型之分。正温度系数型电阻器随着温度的升高，其阻值增大；负温度系数型电阻器随着温度的升高，其阻值反而下降。热敏电阻器实物如图 4-5 所示，其图形符号见图 4-1（d）。图 4-5 中 NTC 代表负温度系数，若为正温度系数则标注 PTC；该电阻器标称值为 10 Ω。

（1）正温度系数热敏电阻器

当温度升高时，其阻值也随之增大，而且阻值的变化与温度的变化成正比，当其阻值增大到最大值时，阻值将随温度的增加而开始减小。正温度系数热敏电阻器随着产品品种的不断增加，应用范围也越来越广，除了用于温度控制和温度测量电路外，还大量应用于电视机的消磁电路、电冰箱、电熨斗等家用电器中。

（2）负温度系数热敏电阻器

它的最大特点为阻值与温度的变化成反比，即阻值随温度的升高而降低，当温度大幅升高时，其阻值也大幅下降。负温度系数热敏电阻器的应用范围很广，如用于家电类的温度控制、温度测量、温度补偿等。空调器、电冰箱、电烤箱、复印机的电路中普遍采用了负温度系数热敏电阻器。

3. 光敏电阻器

光敏电阻器是用光能产生光电效应的半导体材料制成的电阻，其实物如图 4-6 所示，图形符号见图 4-1（e）。光敏电阻器的种类很多，根据光敏电阻器的光敏特性，可将其分为可见光

图 4-4 压敏电阻器

图 4-5 热敏电阻器

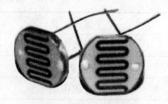
图 4-6 光敏电阻器

光敏电阻器、红外光光敏电阻器及紫外光光敏电阻器。根据光敏层所用半导体材料的不同，又可分为单晶光敏电阻器与多晶光敏电阻器。

光敏电阻器的最大特点是对光线非常敏感，电阻器在无光线照射时，其阻值很高，当有光线照射时，阻值很快下降，即光敏电阻器的阻值是随着光线的强弱而发生变化的。光敏电阻器的应用比较广泛，其主要用于各种光电自动控制系统，如自动报警系统、电子照相机的曝光电路，还可以用于非接触条件下的自动控制等。

光敏电阻器在未受到光线照射时的阻值称为暗电阻，此时流过的电流称为暗电流。在受到光线照射时的电阻称为亮电阻，此时流过的电流称为亮电流。亮电流与暗电流之差称为光电流。一般暗电阻越大，亮电阻越小，则光敏电阻器的灵敏度越高。光敏电阻器的暗电阻值一般在兆欧数量级，亮电阻值则在几千欧以下。暗电阻与亮电阻之比一般为 $10^2 \sim 10^6$。

由于光敏电阻器对光线特别敏感，有光线照射时，其阻值迅速减小；无光线照射时，其阻值为高阻状态；因此在选择时，应首先确定控制电路对光敏电阻器的光谱特性有何要求，到底是选用可见光光敏电阻器还是选用红外光光敏电阻器。另外选择光敏电阻器时还应确定亮阻、暗阻的范围。此项参数的选择是关系到控制电路能否正常动作的关键，因此必须予以认真确定。

4. 湿敏电阻器

湿敏电阻器是对湿度变化非常敏感的电阻器，能在各种湿度环境中使用，其图形符号及实物如图 4-7 所示。它是将湿度转换成电信号的换能器件。正温度系数湿敏电阻器的阻值随湿度的升高而增大，在录像机中使用的就是正温度系数湿敏电阻器。

按阻值变化的特性可将其分为正温度系数湿敏电阻器和负温度系数湿敏电阻器。按其制作材料又可

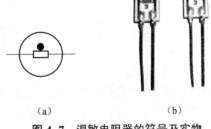

图 4-7 湿敏电阻器的符号及实物
(a) 符号；(b) 实物

分为陶瓷湿敏电阻器、高分子聚合物湿敏电阻器和硅湿敏电阻器等。其特点有如下几个方面：

1) 湿敏电阻器是对湿度变化非常敏感的电阻器，能在各种湿度环境中使用。
2) 它是将湿度转换成电信号的换能元件。
3) 正温度系数湿敏电阻器的阻值随湿度升高而增大，如在录像机中使用的就是正温度系数湿敏电阻器。
4) 湿敏元件能反映环境湿度的变化，并通过元件材料的物理或化学性质的变化，将湿度变化转换成电信号。对湿敏元件的要求是，在各种气体环境湿度下的稳定性好，寿命长，耐污染，受温度影响小，响应时间短，有互换性，成本低等。

湿敏电阻器的选用应根据不同类型的不同特点以及湿敏电阻器的精度、湿度系数、响应速度、湿度量程等进行选择。例如，陶瓷湿敏电阻器的感湿温度系数一般只在 0.07%RH/℃ 左右，可用于中等测湿范围的湿度检测，可不考虑湿度补偿。如 MSC-1 型、MSC-2 型则适用于空调器、恒湿机等。

4.2.3 电位器

可变电阻器是指其阻值在规定的范围内可任意调节的变阻器，它的作用是改变电路中电压、电流的大小，其图形符号如图 4-8 所示。可变电阻器可以分为半可调电阻器和电位器两

类。半可调电阻器又称微调电阻器，它是指电阻值虽然可以调节，但在使用时经常固定在某一阻值上的电阻器。这种电阻器一经装配，其阻值就固定在某一数值上，如晶体管应用电路中的偏流电阻器。在电路中，如果需做偏置电流的调整，只要微调其阻值即可。电位器是在一定范围内阻值连续可变的一种电阻器。

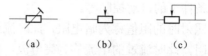

图 4-8 可变电阻器的图形符号
(a)微调电阻器；(b)三端电位器；(c)两端电位器

1. 电位器的主要参数

电位器的主要参数有标称阻值、零位电阻、额定功率、阻值变化特性、分辨率、滑动噪声、耐磨性和温度系数等。

（1）标称阻值、零位电阻和额定功率

电位器上标注的阻值称为标称阻值，即电位器两定片端之间的阻值；零位电阻是指电位器的最小阻值，即动片端与任一定片端之间的最小阻值；电位器额定功率是指在交、直流电路中，当大气压为 87～107 kPa 时，在规定的额定温度下，电位器长期连续负荷所允许消耗的最大功率。

（2）电位器的阻值变化特性

阻值变化特性是指电位器的阻值随活动触点移动的长度或转轴转动的角度变化而变化的关系，即阻值输出函数特性。常用的函数特性有 3 种，即指数式、对数式、线性式。

（3）电位器的分辨率

电位器的分辨率也称分辨力。对线绕电位器来讲，当动接触点每移动一圈时，其输出电压的变化量与输出电压的比值即为分辨率。直线式绕线电位器的理论分辨率为线绕总匝数的倒数，并以百分数表示。电位器的总匝数越多，分辨率越高。

（4）电位器的动噪声

当电位器在外加电压作用下，其动接触点在电阻体上滑动时，产生的电噪声称为电位器的动噪声。动噪声是滑动噪声的主要参数，其大小与转轴速度、接触点和电阻体之间的接触电阻、电阻体电阻率的不均匀变化、动接触点的数目以及外加电压的大小有关。

2. 常用的电位器

（1）合成碳膜电位器

合成碳膜电位器的电阻体是用碳膜、石墨、石英粉和有机粉合剂等配成一种悬浮液，涂在玻璃釉纤维板或胶纸上制作而成的，如图 4-9（a）所示。其制作工艺简单，是目前应用最广泛的电位器。合成碳膜电位器的优点是阻值范围宽，分辨率高，并且能制成各种类型的电位器，寿命长，价格低，型号多。其缺点为功率不太高，耐高温性差，耐湿性差，且阻值低的电位器不容易制作。

（2）有机实芯电位器

有机实芯电位器是一种新型电位器，它是用加热塑压的方法，将有机电阻粉压在绝缘体的凹槽内，如图 4-9（b）所示。有机实芯电位器与碳膜电位器相比，具有耐热性好、功率大、可靠性高、耐磨性好的优点。但其温度系数大，动噪声大，耐湿性能差，且制造工艺复杂，阻值精度较差。这种电位器常在小型化、高可靠、高耐磨性的电子设备以及交、直流电路中用于调节电压、电流。

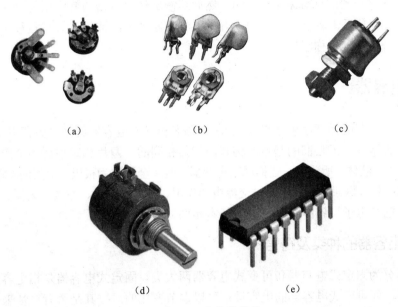

图 4-9 电位器实物
(a) 合成碳膜电位器；(b) 有机实芯电位器；(c) 金属膜电位器；(d) 线绕电位器；(e) 数字电位器

（3）金属膜电位器

金属膜电位器是由金属合成膜、金属氧化膜、金属合金膜和氧化钽膜等几种材料经过真空技术沉积在陶瓷基体上制作而成的，如图 4-9（c）所示。其优点是耐热性好，分布电感和分布电容小，噪声电动势很低。其缺点是耐磨性不好，组织范围小（10 Ω～100 kΩ）。

（4）线绕电位器

线绕电位器是将康铜丝或镍铬合金丝作为电阻体，并把它绕在绝缘骨架上制成的，如图 4-9（d）所示。线绕电位器的优点是接触电阻小，精度高，温度系数小。其缺点是分辨率差，阻值偏低，高频特性差。其主要用作分压器、变压器、仪器中调零和调整工作点等。

（5）数字电位器

数字电位器取消了活动件，是一个半导体集成电路，如图 4-9（e）所示。其优点为调节精度高，没有噪声，有极长的工作寿命，无机械磨损，数据可读/写，具有配置寄存器和数据寄存器，以及多电平量存储功能，易于用软件控制，且体积小，易于装配。它适用于家庭影院系统、音频环绕控制、音响功放和有线电视设备。

3. 电位器的测量

（1）电位器标称阻值的测量

电位器有 3 个引线片，即两个端片和一个中心抽头触片。测量其标称阻值时，应选择万用表欧姆挡的适当量程，将万用表两表笔搭在电位器两端片上，万用表指针所指的电阻数值即为电位器的标称阻值。

（2）性能测量

性能测量主要是测量电位器的中心抽头触片与电阻体接触是否良好。测量时，将电位器的中心触片旋转至电位器的任意一端，并选择万用表欧姆挡的适当量程，将万用表的一支表笔搭在电位器两端片的任意一片上，另一支表笔搭在电位器的中心抽头触片上。此时，万用表上的读数应为电位器的标称阻值或为 0。然后缓慢旋转电位器的旋钮至另一端，万用表的读数会随着电位器旋钮的转动从标称阻值开始连续不断地下降或从 0 开始连续不断地上升，直到下降为零或上升到标称阻值。

4.3 电容器

电容器是一个储能元件，用字母 C 表示。顾名思义，电容器就是"储存电荷的容器"。尽管电容器品种繁多，但它们的基本结构和原理是相同的。两片相距很近的金属中间被某物质（固体、气体或液体）所隔开，就构成了电容器。两片金属称为极板，中间的物质叫作介质。电容器在电路中具有隔断直流电、通过交流电的作用。常用于耦合、滤波、去耦、旁路及信号调谐等方面，它是电子设备中不可缺少的基本元件。

4.3.1 电容器的种类及符号

电容器可分为固定式电容器和可变式电容器两大类。固定式电容器是指电容量固定不能调节的电容器，而可变式电容器的电容量是可以调节变化的。按其是否有极性来分类，可分为无极性电容器和有极性电容器。常见的无极性电容器按其介质的不同，又可分为纸介电容器、油浸纸介电容器、金属化纸介电容器、有机薄膜电容器、云母电容器、玻璃釉电容器和陶瓷电容器等。有极性电容器按其正极材料的不同，又可分为铝电解电容器、钽电解电容器和铌电解电容器。电容器的图形符号如图 4-10 所示。

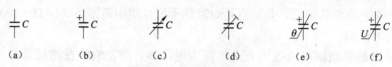

图 4-10 电容器的图形符号

(a) 电容器的一般符号；(b) 极性电容器；(c) 可变（调）电容器；
(d) 预调电容器；(e) 热敏极性电容器；(f) 压敏极性电容器

电容器的常用标注单位有：法拉（F）、微法（μF）、皮法（pF），也有使用 mF 和 nF 单位进行标注的。它们之间的换算关系为

$$1\ F=10^3\ mF=10^6\ \mu F=10^9\ nF=10^{12}\ pF$$

4.3.2 电容器的型号命名方法

国产电容器的型号命名由四部分组成：第一部分用字母 "C" 表示主称为电容器。第二部分用字母表示电容器的介质材料，各字母表示的含义如表 4-8 所示。第三部分用数字或字母表示电容器的类别，如表 4-8 所示。第四部分用数字表示序号。

表 4-8　国产电容器的型号命名方法

用字母表示产品的材料			
字母	电容器介质材料	字母	电容器介质材料
A	钽电解	L	聚酯等极性有机薄膜
B	聚苯乙烯等非极性薄膜	LS	聚碳酸酯等极性有机薄膜
C	高频陶瓷	N	铌电解
D	铝电解	O	玻璃膜
E	其他材料电解	Q	漆膜
G	合金电解	ST	低频陶瓷
H	纸膜复合介质	VX	云母纸
I	玻璃釉	Y	云母
J	金属化纸介	Z	纸

用数字或字母表示产品的分类						
数字代号	分类意义				字母代号	分类意义
	瓷介	云母	有机	电解		
1	圆形	非密封	非密封	箔式	GT	高功率
2	管形	非密封	非密封	箔式		
3	叠片	密封	密封	烧结粉液体		
4	独石	密封	密封	烧结粉固体		
5	穿心					
6	支柱等					
7				无极性	W	微调
8	高压	高压	高压			
9			特殊	特殊		

4.3.3　电容器的主要参数

电容器的主要参数有标称容量、允许误差、额定电压、频率特性、漏电电流等。

1. 电容器的标称容量、允许误差

电容器上标注的电容量被称为标称容量。在实际应用时，电容量在 10^4 pF 以上的电容器，通常采用 μF 作单位，常见的容量有 0.047 μF、0.1 μF、2.2 μF、330 μF、4 700 μF 等。电容量在 10^4 pF 以下的电容器，通常用 pF 作单位，常见的电容量有 2 pF、68 pF、100 pF、680 pF、5 600 pF 等。

电容器标称容量与实际容量的偏差称为误差，在允许的偏差范围内称为精度。常用固定电容器的标称容量系列如表 4-9 所示。

表 4–9 常用固定电容器的标称容量系列

电容器类别	允许误差/%	容量范围	标称容量系列
纸介电容器、金属化纸介电容器、纸膜复合介质电容器、低频有机薄膜介质电容器	±5 ±10 ±20	100 pF～1 µF 1～100 µF	1.0、1.5、2.2、3.3、4.7、6.8 1、2、4、6、8、10、15、20、30、50、60、80、100
高频有机薄膜介质电容器、瓷介电容器、玻璃釉电容器、云母电容器	±5	1 pF～1 µF	1.1、1.2、1.3、1.5、1.6、1.8、2.0、2.4、2.7、3.0、3.3、3.6、3.9、4.3、4.7、4.1、4.6、6.2、6.8、7.5、8.2、9.1
	±10		1.0、1.2、1.5、1.8、2.2、2.7、3.3、3.9、4.7、4.6、6.8、8.2
	±20		1.0、1.5、2.2、3.3、4.7、6.8
铝、钽、铌、钛电解电容器	±20 ±20 −20～+50 −10～+100	1～10⁶ µF	1.0、1.5、2.2、3.3、4.7、6.8

2. 额定电压

额定电压是指在规定的温度范围内，电容器在电路中长期可靠地工作所允许加载的最高直流电压。如果电容器工作在交流电路中，则交流电压的峰值不得超过其额定电压，否则电容器中的介质会被击穿造成电容器损坏。一般电容器的额定电压值都标注在电容器外壳上。常用固定电容器的直流电压系列有 1.6 V、4 V、6.3 V、10 V、16 V、25 V、32 V、40 V、50 V、63 V、100 V、125 V、160 V、250 V、300 V、400 V、450 V、500 V、630 V 及 1 000 V。

3. 频率特性

频率特性是指在一定的外界环境温度下，电容器所表现出的电容器的各种参数随着外界施加的交流电的频率不同而表现出不同性能的特性。对于不同介质的电容器，其适用的工作频率也不同。例如，电解电容器只能在低频电路中工作，而高频电路只能用容量较小的云母电容器等。

4. 漏电电流

理论上电容器有隔直通交的作用，但有些时候，如在高温、高压等情况下，当给电容器两端加上直流电压后仍有微弱电流流过，这与绝缘介质的材料密切相关。这一微弱的电流被称作漏电电流，通常电解电容的漏电电流较大，云母或陶瓷电容的漏电电流相对较小。漏电电流越小，电容的质量就越好。

4.3.4 电容器的标注方法

电容器的标注方法主要有直标法、色标法和文字符号法 3 种。

1. 直标法

直标法是将电容器的容量、耐压及误差直接标注在电容器外壳上的标志方法，其中，误差一般用字母来表示。常见的表示误差的字母有 J（±5%）和 K（±10%）等。例如，

CT1–0.22 μF–63 V 表示圆片形低频瓷介电容器，电容量为 0.22 μF，额定工作电压为 63 V；CA30–160 V–2.2 μF 表示液体钽电解电容器，额定工作电压为 160 V，电容量为 2.2 μF。

2. 色标法

电容器色标法的原则及色标意义与电阻器色标法基本相同，其单位是皮法（pF）。色码的读码方向是从顶部向引脚方向读。色码的表示方法与 3 位数字的表示方法相同，只不过是用颜色表示数字。每个颜色对应的数字如表 4-6 所示。

小型电解电容器的耐压也有用色标法标识的，位置靠近正极引出线根部的颜色所表示的意义为：黑、棕、红、橙、黄、绿、蓝、紫、灰色表示的耐压值分别为 4 V、6.3 V、10 V、16 V、25 V、32 V、40 V、50 V、63 V。

3. 文字符号法

文字符号法是指用数字和字母符号两者的有规律组合标注在电容器表面来表示其标称容量。电容器用文字符号法标注时应遵循下面的规则：

1）凡不带小数点的数值，若无标志单位，则单位为 pF。例如，2 200 表示 2 200 pF。

2）凡带小数点的数值，若无标志单位，则单位为 μF。例如，0.56 表示 0.56 μF。

3）对于 3 位数字的电容量，前两位数字表示标称容量值，最后一位数字为倍率符号，单位为 pF，第三位数字代表倍率，即有效数字后面 0 的个数；而当第三位数字为 9 时比较特殊，表示倍率为 10^{-1}。例如，103 标称容量为 $10×10^3$ pF=0.01 μF，334 标称容量为 $33×10^4$ pF=0.33 μF，479 标称容量为 $47×10^{-1}$ pF=4.7 pF。

4）许多小型的固定电容器体积较小，为便于标注，习惯上省略其单位，标注时单位符号的位置代表标称容量有效数字中小数点的位置。例如，p33=0.33 pF，33 n=33 000 pF=0.033 μF，3μ3=3.3 μF。

4.3.5 电容器的测量

电容器的测量包括对电容器容量的测量和电容器的好坏判断。电容器容量的测量主要用数字仪表进行。电容器的好坏判断一般用万用表进行，并视电容器容量的大小选择万用表的量程。电容器的好坏判断是根据电容器接通电源时瞬时充电，在电容器中有瞬时充电电流流过的原理进行的。

数字万用电表的蜂鸣器挡内装有蜂鸣器，当被测线路的电阻小于某一数值时（通常为几十欧，视数字万用表的型号而定），蜂鸣器即发出声响。

数字万用电表的红表笔接电容器的正极，黑表笔接电容器的负极，此时，能听到一阵短促的蜂鸣声，声音随即停止，同时显示溢出符号"1"。这是因为刚开始对被测电容充电时，电容较大，相当于通路，所以蜂鸣器发声；随着电容器两端的电压不断升高，充电电流迅速减小，蜂鸣器停止发声。

1）若蜂鸣器一直发声，则说明电解电容器内部短路。

2）电容器的容量越大，蜂鸣器发声的时间越长。当然，如果电容值低于几个微法，就听不到蜂鸣器的响声了。

3）如果被测电容已经充好电，测量时也听不到响声。

4.4 电感器和变压器

电感器（电感线圈）和变压器是利用电磁感应的"自感"和"互感"原理制作而成的电磁感应元件，是电子电路中常用的元器件之一。"电感"是"自感"和"互感"的总称，载流线圈的电流变化在线圈自身中引起感应电动势的现象称为自感；载流线圈的电流变化在邻近的另一线圈中引起感应电动势的现象称为互感。

4.4.1 电感器

电感器是一种能够把电能转化为磁能并存储起来的元器件，它的主要功能是阻止电流的变化。当电流从小到大变化时，电感阻止电流的增大；当电流从大到小变化时，电感阻止电流的减小。电感器常与电容器配合在一起工作，在电路中主要用于滤波（阻止交流干扰）、振荡（与电容器组成谐振电路）、波形变换等。

电感器是电子电路中最常用的电子元件之一，用字母"L"表示。电感器的电路图形符号如图4—11所示。

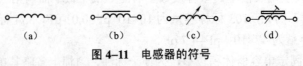

图 4—11 电感器的符号
(a) 空芯线圈；(b) 铁氧体磁芯线圈；(c) 可变线圈；(d) 可调铜芯线圈

电感器的单位为 H（亨利，简称亨），常用的还有 mH（毫亨）、μH（微亨）、nH（纳亨）、pH（皮亨）。它们之间的换算关系为：$1\text{ H}=10^3\text{ mH}=10^6\text{ μH}=10^9\text{ nH}=10^{12}\text{ pH}$。

1. 电感器的主要参数

（1）电感量

电感量的大小与线圈的匝数、直径、绕制方式、内部是否有磁芯及磁芯材料等因素有关。匝数越多，电感量就越大。线圈内装有磁芯或铁芯，也可以增大电感量。一般磁芯用于高频场合，铁芯用在低频场合。线圈中装有铜芯，则会使电感量减小。

（2）品质因数

品质因数反映了电感线圈质量的高低，通常称为 Q 值。若线圈的损耗较小，Q 值就较高；反之，若线圈的损耗较大，则 Q 值较低。线圈的 Q 值与构成线圈导线的粗细、绕制方式以及所用导线是多股线、单股线还是裸导线等因素有关。通常，线圈的 Q 值越大越好。实际上，Q 值一般在几十至几百之间。在实际应用中，用于振荡电路或选频电路的线圈，要求 Q 值高，这样的线圈损耗小，可提高振荡幅度和选频能力；用于耦合的线圈，其 Q 值可低一些。

（3）分布电容

线圈的匝与匝之间以及绕组与屏蔽罩或地之间，不可避免地存在着分布电容。这些电容是一个成形电感线圈所固有的，因而也称为固有电容。固有电容的存在往往会降低电感器的稳定性，也降低了线圈的品质因数。

一般要求电感线圈的分布电容尽可能小。采用蜂房式绕法或线圈分段间绕的方法可有效地减小固有电容。

（4）允许误差

允许偏差（误差）是指线圈的标称值与实际电感量的允许误差值，也称为电感量的精度，对它的要求视用途而定。一般对用于振荡或滤波等电路中的电感线圈要求较高，允许偏差为±0.2%～±0.5%；而用于耦合、高频阻流的电感线圈则要求不高，允许偏差为±10%～±15%。

（5）额定电流

额定电流是指电感线圈在正常工作时所允许通过的最大电流。若工作电流超过该额定电流值，线圈会因过流而发热，其参数也会发生改变，严重时会被烧断。

2. 电感器的标注方法

（1）直标法

电感器的直标法是将电感器的标称电感量用数字和文字符号直接标在电感器外壁上的标志方法。采用直标法的电感器将标称电感量用数字直接标注在电感器的外壳上，同时用字母表示额定工作电流，再用Ⅰ、Ⅱ、Ⅲ表示允许偏差参数。固定电感器除应直接标出电感量外，还应标出允许偏差和额定电流参数。

（2）文字符号法

文字符号法是将电感器的标称值和允许偏差值用数字和文字符号按一定的规律组合标注在电感体上的标志方法。采用这种标注方法的通常是一些小功率的电感器，其单位通常为 nH 或 pH，用 N 或 P 代表小数点。采用这种标识法的电感器通常后缀一个英文字母表示允许偏差，各字母代表的允许偏差与直标法相同，如表 4–10 所示。

表 4–10 文字符号法

第一部分：主称		第二部分：电感量			第三部分：误差范围	
字母	含义	数字与字母	数字	含义	字母	含义
L 或 PL	电感	2R2	2.2	2.2 μH	J	±5%
		100	10	10 μH		
		101	100	100 μH	K	±10%
		102	1 000	1 mH	M	±20%
		103	10 000	10 mH		

（3）色标法

色标法是指在电感器表面涂上不同的色环来代表电感量（与电阻器类似），通常用四色环表示，紧靠电感体一端的色环为第一环，露着电感体本色较多的另一端为末环。其第一色环是十位数，第二色环为个位数，第三色环为相应的倍率，第四色环为误差率，各种颜色所代表的数值不一样，见表 4–6。

3. 电感器的分类

电感器按绕线结构分为单层线圈、多层线圈、蜂房式线圈等；按电感形式分为固定电感器、可调电感器等；按导磁体性质分为空芯线圈、铁氧体线圈、铁芯线圈、铜芯线圈等；

按工作性质分为天线线圈、振荡线圈、扼流线圈、陷波线圈、偏转线圈等；按结构特点分为磁芯线圈、可变电感线圈、色码电感线圈、无磁芯线圈等。下面介绍按绕线结构分类的电感器。

(1) 单层线圈

单层线圈的 Q 值一般都比较高，多用于高频电路中。单层线圈通常采用密绕法、间绕法和脱胎绕法。密绕法是用绝缘导线一圈挨一圈地绕在纸筒或胶木骨架上，如晶体管收音机中波的天线线圈，如图 4-12（a）所示；间绕法就是每圈和每圈之间有一定的距离，具有分布电容小、高频特性好的特点，多用于短波天线；脱胎绕法的线圈实际上就是空芯线圈，如高频的谐振电路。

(2) 多层线圈

由于单层线圈的电感量较小，在电感值大于 300 μH 的情况下，要采用多层线圈，如图 4-12（b）所示。多层线圈采用分段绕制，可以避免层与层之间的跳火、击穿绝缘的现象以及减小分布电容。

(3) 蜂房式线圈

如果所绕制的线圈的平面不与旋转面平行，而是与之相交成一定的角度，这种线圈称为蜂房式线圈，如图 4-12（c）所示。蜂房式线圈都是利用蜂房绕线机来绕制的。这种线圈的优点是体积小、分布电容小、电感量大，多用于收音机的中波段振荡电路和高频电路。

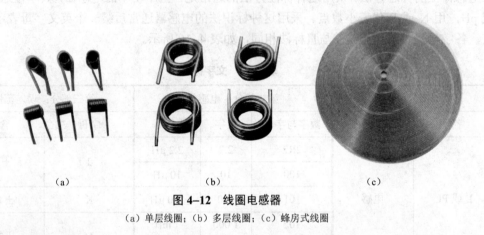

图 4-12 线圈电感器
(a) 单层线圈；(b) 多层线圈；(c) 蜂房式线圈

4. 电感器的检测

电感器的测量主要分为电感量的测量和电感器的好坏判断。

(1) 电感量的测量

电感量的测量可用带有电感量测量功能的万用表进行。用万用表测量电感器的电感量简单方便，一般测量范围为 0～500 mH，但其测量精度较低。如需要进行较为精确的电感量的测量时，则要使用专门的仪器（如使用高频表进行测量），具体测量方法请参阅测量仪器的使用说明书。

(2) 电感器的好坏判断

电感器是一个用连续导线绕制的线圈，所以电感器的好坏判断主要是判断线圈是否断路。对于断路的电感器，只要用万用表欧姆挡测量电感器的两引出端，当测量到电感器两

引出端的电阻值为 ∞ 时，则可判断电感器断路。对于电感器短路的测量，则需要对其进行电感量的测量，当测量出被测电感器的电感量远远小于标称值时，则可判断电感器有局部短路。

4.4.2 变压器

变压器是利用电磁感应原理，从一个电路向另一个电路传递电能或传输信号的一种电器。变压器可将一种电压的交流电能变换为同频率的另一种电压的交流电能。

1. 变压器的结构及分类

变压器是由绕在同一铁芯上的两个线圈构成的，它的两个线圈一个称为一次侧绕组，另一个称为二次侧绕组。

（1）高频变压器

高频变压器是指工作在高频的变压器，如各种脉冲变压器、收音机中的天线变压器、电视机中的天线阻抗变压器等。

（2）中频变压器

中频变压器一般是指电视机、收音机中放电电路中使用的变压器等，其工作频率比高频低。

（3）低频变压器

低频变压器有电源变压器、输入变压器、输出变压器、线间变压器、耦合变压器、自耦变压器等，其工作频率较低。

变压器在电子电路中的图形符号如图 4–13 所示。

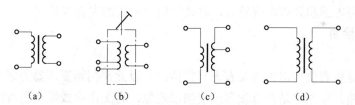

(a)　　　　　　(b)　　　　　　(c)　　　　　　(d)

图 4–13　变压器的图形符号

(a) 无线线圈；(b) 中频变压器；(c) 输入变压器；(d) 电源变压器

2. 变压器的型号命名

国产变压器的型号命名一般由 3 个部分组成。第一部分表示名称，用字母表示；第二部分表示变压器的额定功率，用数字表示，计量单位用 V·A 或 W 标注，但 BR 型变压器除外；第三部分为序号，用数字表示。例如，某电源变压器上标出 DB-50-2，DB 表示电源变压器，50 表示额定功率 50 V·A，2 表示产品的序列号。变压器主称部分字母的意义如表 4–11 所示。

表 4–11　变压器主称部分字母的意义

字母	意　义	字母	意　义
CB	音频输出变压器	HB	灯丝变压器
DB	电源变压器	RB	音频输入变压器
GB	高压变压器	SB 或 EB	音频输送变压器

3. 变压器的主要参数

变压器的主要参数有电压比、效率和频率响应。

（1）电压比

对于一个没有损耗的变压器，从理论上来说，如果它的一、二次侧绕组的匝数分别为 N_1 和 N_2，若在一次侧绕组中加入一个交流电压 U_1，则在二次侧绕组中必会感应出电压 U_2，U_1 与 U_2 的比值称为变压器的电压比，用 n 表示，即：

$$n = \frac{U_1}{U_2} = \frac{N_1}{N_2} \tag{4-2}$$

变压比 $n<1$ 的变压器主要用作升压；变压比 $n>1$ 的变压器主要用作降压；变压比 $n=1$ 的变压器主要用作隔离电压。

（2）效率

在额定功率时，变压器的输出功率 P_2 和输入功率 P_1 的比值叫作变压器的效率，用 η 表示，即：

$$\eta = \frac{P_2}{P_1} \tag{4-3}$$

（3）频率响应

对于音频变压器，频率响应是它的一项重要指标。通常要求音频变压器对不同频率的音频信号电压都能按一定的变压比做不失真的传输。实际上，音频变压器对音频信号的传输受到音频变压器一次侧绕组的电感和漏电感及分布电容的影响，一次侧电感越小，低频信号电压失真越大；而漏电感和分布电容越大，对高频信号电压的失真就越大。

4. 变压器的检测

（1）直观检测

直观检测就是检查变压器的外表有无异常情况，以此来判断变压器的好坏。直观检测主要检查变压器线圈外层绝缘是否有发黑或变焦的迹象，有无击穿或短路的故障，各线圈出线头有无断线的情况等，以便及时处理。

（2）绝缘检测

绝缘检测就是检查变压器绕组与铁芯之间、绕组与绕组之间的绝缘是否良好。变压器绝缘电阻的检查一般使用兆欧表进行，对各种不同的变压器要求的绝缘电阻也不同。对于工作电压很高的中、大型扩音机，广播等设备中的电源变压器，收音机、电视机上使用的变压器等，其绝缘电阻应大于 1 000 MΩ；对电子管扩音机的输入和输出变压器、各种馈送变压器、用户变压器，其绝缘电阻应大于 500 MΩ；对于晶体三极管扩音机、扩收两用的输入和输出变压器，其绝缘电阻应大于 100 MΩ。

（3）线圈通断检测

线圈通断检测主要是检查变压器线圈的短路或断路故障，线圈的通断检查一般使用万用表欧姆挡进行。当测量到变压器线圈中的电阻值小于正常值的 5% 以上时，则可判断变压器线圈有短路故障；当测量到变压器线圈的电阻值大于 5% 以上或为 ∞ 时，则可判断变压器线圈接触不良或有断路故障。

（4）通电检测

通电检测就是在变压器的一次侧绕组中通入一定的交流电压，用以检查变压器的质量。合格的变压器一般在进行通电检测时，线圈无发热现象、无铁芯振动声等。如发现在通电检测中电源熔丝被烧断，则说明变压器有严重的短路故障；如变压器通电后发出较大的"嗡嗡"声，并且温度上升很快，则说明变压器绕组存在短路故障，此时需要对变压器进行修理。

4.5 二极管

半导体是一种具有特殊性质的物质，它不像导体那样能够完全导电，又不像绝缘体那样不能导电，它介于两者之间，所以称为半导体。半导体中最重要的两种元素是硅和锗。

晶体二极管简称二极管，也称为半导体二极管，它具有单向导电的性能，也就是在正向电压的作用下，其导通电阻很小；而在反向电压的作用下，其导通电阻极大或无穷大。无论是什么型号的二极管，都有一个正向导通电压，低于这个电压时二极管就不能导通，硅管的正向导通电压为 0.6~0.7 V，锗管的正向导通电压为 0.2~0.3 V。其中，0.7 V（硅管）和 0.3 V（锗管）是二极管的最大正向导通电压，即到此电压时无论电压再怎么升高（不能高于二极管的额定耐压值），加在二极管上的正向导通电压也不会再升高了。正因为二极管具有上述特性，通常把它用在整流、隔离、稳压、极性保护、编码控制、调频调制和静噪等电路中。它在电路中用符号"VD"或"D"表示，二极管的图形符号如图 4-14 所示。

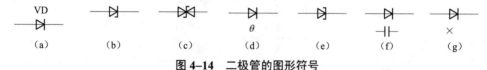

图 4-14 二极管的图形符号

(a) 一般符号；(b) 稳压二极管；(c) 双向击穿二极管；(d) 温度效应二极管；
(e) 隧道二极管；(f) 变容二极管；(g) 磁敏二极管

二极管的识别很简单，小功率二极管的 N 极（负极）在二极管外表大多采用一种色标（圈）表示出来，有些二极管也用二极管的专用符号来表示 P 极（正极）或 N 极（负极），也有采用符号标志"P""N"来确定二极管极性的。发光二极管的正负极可通过引脚长短来识别，长脚为正，短脚为负。大功率二极管多采用金属封装，其负极用螺帽固定在散热器的一端。

4.5.1 二极管的分类和型号命名

1. 二极管的分类

1）按二极管的制作材料可分为硅二极管、锗二极管和砷化镓二极管三大类，其中前两种应用最为广泛，它们主要包括检波二极管、整流二极管、高频整流二极管、整流堆、整流桥、变容二极管、开关二极管、稳压二极管。

2）按二极管的结构和制造工艺可分为点接触型和面接触型二极管。

3）按二极管的作用和功能可分为整流二极管、降压二极管、稳压二极管、开关二极管、检波二极管、变容二极管、阶跃二极管、隧道二极管等。

2. 二极管的型号命名

国标规定半导体器件的型号由5个部分组成,各部分的含义如表4–12所示。第一部分用数字"2"表示主称为二极管;第二部分用字母表示二极管的材料与极性;第三部分用字母表示二极管的类别;第四部分用数字表示序号;第五部分用字母表示二极管的规格号。

表4–12 半导体器件的型号命名及含义

第一部分:主称		第二部分:材料与极性		第三部分:类别		第四部分:序号	第五部分:规格号
数字	含义	字母	含义	字母	含义		
2	二极管	A	N型锗材料	P	小信号管(普通管)	用数字表示同一类产品的序号	用字母表示产品的规格、档次
				W	电压调整管和电压基准管(稳压管)		
				L	整流堆		
		B	P型锗材料	N	阻尼管		
				Z	整流管		
				U	光电管		
		C	N型硅材料	K	开关管		
				D 或 C	变容管		
				V	混频检波管		
		D	P型硅材料	JD	激光管		
				S	隧道管		
				CM	磁敏管		
		E	化合物材料	H	恒流管		
				Y	体效应管		
				EF	发光二极管		

4.5.2 常用二极管

常用二极管有整流二极管、稳压二极管、检波二极管、开关二极管和发光二极管等,如图4–15所示。

1. 整流二极管

整流二极管的性能比较稳定,但因其PN结电容较大,不宜在高频电路中工作,所以不能作为检波管使用。整流二极管是面接触型结构,多采用硅材料制成。整流二极管有金属封装和塑料封装两种。整流二极管2CZ52C的主要参数为最大整流电流100 mA、最高反向工作电压100 V、正向压降≤1 V。

2. 稳压二极管

稳压二极管也称为齐纳二极管或反向击穿二极管,在电路中起稳压作用。它是利用二极管被反向击穿后,在一定反向电流范围内,其反向电压不随反向电流变化这一特点进行稳压的。它的伏安特性曲线如图 4–16 所示。稳压二极管的正向特性与普通二极管相似,但其反向特性与普通二极管有所不同。当其反向电压小于击穿电压时,反向电流很小;当反向电压临近击穿电压时,反向电流急剧增大,并发生电击穿。此时,即使电流再继续增大,管子两端的电压也基本保持不变,从而起到稳压作用。但二极管击穿后的电流不能无限制地增大,否则二极管将被烧毁,所以稳压二极管在使用时一定要串联一个限流电阻。

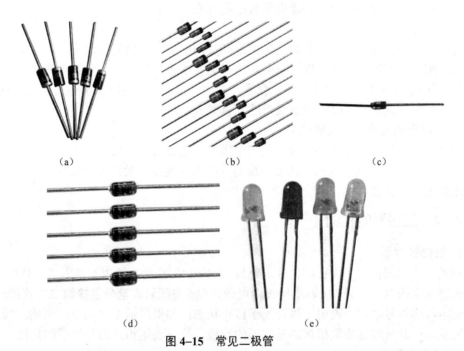

图 4–15 常见二极管

(a) 整流二极管;(b) 稳压二极管;(c) 检波二极管;(d) 开关二极管;(e) 发光二极管

3. 检波二极管

检波(也称解调)二极管的作用是利用其单向导电性将高频或中频无线电信号中的低频信号或音频信号分检出来,其广泛应用于半导体收音机、收录机、电视机及通信等设备的小信号电路中,具有较高的检波效率和良好的频率特性。

4. 开关二极管

开关二极管是利用二极管的单向导电性在电路中对电流进行控制的,它具有开关速度快、体积小、寿命长、可靠性高等特点。开关二极管是利用其在正向偏压时电阻很小、反向偏压时电阻很大的单向导电性,在电路中对电流进行控制,起到接通或关断开关的作用。开关二极管的反向恢复时间很小,主要用于开关、脉冲、超高频电路和逻辑控制电路中。

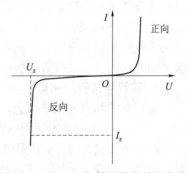

图 4–16 稳压二极管的伏安特性曲线

5. 发光二极管

发光二极管(LED)是一种能将电信号转变为光信号的二极管。当有正向电流流过时,发光二极管发出一定波长范围内的光,目前的发光管能发出从红外光到可见范围内的光。发光二极管主要用于指示,并可组成数字或符号的 LED 数码管。为保证发光二极管的正向工作电流的大小,使用时要给它串入适当阻值的限流保护电阻。

4.5.3 二极管的主要参数

1. 最大整流电流

最大整流电流是指在长期使用时,二极管能通过的最大正向平均电流值,用 I_{FM} 表示。通过二极管的电流不能超过最大整流电流值,否则会烧坏二极管。锗管的最大整流电流一般在几十毫安以下,硅管的最大整流电流可达数百安。

2. 最大反向电流

最大反向电流是指二极管的两端加上最高反向电压时的反向电流值,用 I_R 表示。反向电流越大,则二极管的单向导电性能越差,这样的管子容易烧坏,其整流效率也较低。硅管的反向电流约在 1 μA 以下,大的有几十微安,大功率管子的反向电流也有高达几十毫安的。锗管的反向电流比硅管的大得多,一般可达几百微安。

3. 最高反向工作电压(峰值)

最高反向工作电压是指二极管在使用中所允许施加的最大反向电压,它一般为反向击穿电压的 1/2~2/3,用 U_{RM} 表示。锗管的最高反向工作电压一般为数十伏以下,而硅管的最高反向工作电压可达数百伏。

4.5.4 二极管的检测

1. 极性的判别

将数字万用表置于二极管挡,红表笔插入"V/Ω"插孔,黑表笔插入"COM"插孔,这时红表笔接表内电源正极,黑表笔接表内电源负极。将两只表笔分别接触二极管的两个电极,如果显示溢出符号"1",说明二极管处于截止状态;如果显示 1 V 以下,说明二极管处于正向导通状态,此时与红表笔相接的是管子的正极,与黑表笔相接的是管子的负极。

2. 好坏的测量

量程开关和表笔插法同上,当红表笔接二极管的正极,黑表笔接二极管的负极时,显示值在 1 V 以下;当黑表笔接二极管的正极,红表笔接二极管的负极时,显示溢出符号"1",则表示被测二极管正常。若两次测量均显示溢出,则表示二极管内部断路。若两次测量均显示"000",则表示二极管已被击穿短路。

3. 硅管与锗管的测量

量程开关和表笔插法同上,红表笔接被测二极管的正极,黑表笔接负极,若显示电压在 0.4~0.7 V,则说明被测管为硅管。若显示电压在 0.1~0.3 V,则说明被测管为锗管。用数字式万用表测二极管时,不宜用电阻挡测量,因为数字式万用表电阻挡所提供的测量电流太大,而二极管是非线性元件,其正、反向电阻与测试电流的大小有关,所以用数字式万用表测出来的电阻值与正常值相差极大。

4.6 三极管

三极管是电流放大器件,可以把微弱的电信号转变成一定强度的信号,因此在电路中被广泛应用。半导体三极管也称为晶体三极管,是电子电路中最重要的器件之一。其具有三个电动机,主要起电流放大作用,此外三极管还具有振荡或开关等作用。

三极管是由两个 PN 结组成的,其中一个 PN 结称为发射结,另一个称为集电结。两个结之间的一薄层半导体材料称为基区。接在发射结一端和集电结一端的两个电极分别称为发射极和集电极。接在基区上的电极称为基极。在应用时，发射结处于正向偏置，集电极处于反向偏置。通过发射结的电流使大量的少数载流子注入基区里，这些少数载流子靠扩散迁移到集电结而形成集电极电流，只有极少量的少数载流子在基区内复合而形成基极电流。集电极电流与基极电流之比称为共发射极电流放大系数。在共发射极电路中，微小的基极电流变化可以控制很大的集电极电流变化。三极管的图形符号如图4-17所示。

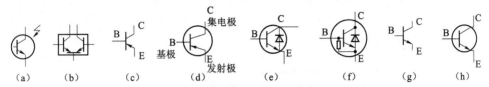

图 4-17　三极管的图形符号

(a) 光敏三极管；(b) 复合三极管；(c)，(d) PNP 三极管；(e) 带阻尼二极管的 NPN 三极管；
(f) 带阻尼电阻二极管的 NPN 三极管；(g)，(h) NPN 三极管

4.6.1　三极管的分类和型号命名

1. 三极管的分类

1）按半导体材料和极性可分为硅材料三极管和锗材料三极管。

2）按三极管的极性可分为锗 NPN 型三极管、锗 PNP 三极管、硅 NPN 型三极管和硅 PNP 型三极管。

3）按三极管的结构及制造工艺可分为扩散型三极管、合金型三极管和平面型三极管。

4）按三极管的电流容量可分为小功率三极管、中功率三极管和大功率三极管。

5）按三极管的工作频率分为低频三极管、高频三极管和超高频三极管等。

6）按三极管的封装结构可分为金属封装（简称金封）三极管、塑料封装（简称塑封）三极管、玻璃壳封装（简称玻封）三极管、表面封装（片状）三极管和陶瓷封装三极管等。

7）按三极管的功能和用途可分为低噪声放大三极管、中高频放大三极管、低频放大三极管、开关三极管、达林顿三极管、高反压三极管、带阻尼三极管、微波三极管、光敏三极管和磁敏三极管等多种类型。

2. 三极管的型号命名

国产三极管的型号命名由5个部分组成，第一部分用数字"3"表示主称；第二部分用字母表示三极管的材料与极性；第三部分用字母表示三极管的类别；第四部分用数字表示同一类产品的序号；第五部分用字母表示三极管的规格号。其各部分的含义如表4-13所示。

表 4-13　三极管的型号命名及含义

第一部分：主称		第二部分：材料与极性		第三部分：类别		第四部分：序号	第五部分：规格号
数字	含义	字母	含义	字母	含义	用数字表示同一类产品的序号	用 A、B、C、D、……表示同一型号器件的档次等
3	三极管	A	锗材料 PNP	G	高频小功率		
				X	低频小功率		
		B	锗材料 NPN	A	高频大功率		
				D	低频大功率		

续表

第一部分：主称		第二部分：材料与极性		第三部分：类别		第四部分：序号	第五部分：规格号
数字	含义	字母	含义	字母	含义		
3	三极管	C	硅材料PNP	T	闸流管	用数字表示同一类产品的序号	用A、B、C、D、……表示同一型号器件的档次等
				K	开关管		
		D	硅材料NPN	V	微波管		
				B	雪崩管		
		E	化合物材料	J	阶跃恢复管		
				U	光敏管（光电管）		

4.6.2 三极管的主要参数

三极管的参数很多，大致可分为三类，即直流参数、交流参数和极限参数。

1. 直流参数

（1）共发射极电流放大倍数 h_{FE}

共发射极电流放大倍数是指集电极电流 I_C 与基极电流 I_B 之比，即：

$$h_{FE} = \frac{I_C}{I_B} \tag{4-4}$$

（2）集电极–发射极反向饱和电流 I_{CEO}

集电极–发射极反向饱和电流是指基极开路时，集电极与发射极之间加上规定的反向电压时的集电极电流，又称穿透电流。它是衡量三极管热稳定性的一个重要参数，其值越小，则三极管的热稳定性越好。

（3）集电极–基极反向饱和电流 I_{CBO}

集电极–基极反向饱和电流是指发射极开路时，集电极与基极之间加上规定的电压时的集电极电流。良好三极管的 I_{CBO} 应该很小。

2. 交流参数

（1）共发射极交流电流放大系数 β

共发射极交流电流放大系数是指在共发射极电路中，集电极电流变化量与基极电流变化量之比，即：

$$\beta = \frac{\Delta i_c}{\Delta i_b} \tag{4-5}$$

（2）共发射极截止频率 f_β

共发射极截止频率是指电流放大系数因频率增加而下降至低频放大系数的 0.707 时的频率，即 β 值下降了 3 dB 时的频率。

（3）特征频率 f_T

特征频率是指 β 值因频率升高而下降至 1 时的频率。

3. 极限参数

（1）集电极最大允许电流 I_{CM}

集电极最大允许电流是指三极管参数变化不超过规定值时，集电极允许通过的最大电流。当三极管的实际工作电流大于 I_{CM} 时，管子的性能将显著变差。

（2）集电极–发射极反向击穿电压 $I_{(BR)CEO}$

集电极–发射极反向击穿电压是指基极开路时，集电极与发射极间的反向击穿电压。

（3）集电极最大允许功率损耗 P_{CM}

集电极最大允许功率损耗是指集电结允许功耗的最大值，其大小取决于集电结的最高结温。

4.6.3 三极管的识别与检测

1. 三极管基极（B 极）及类型的判别

将数字万用表置于二极管挡（蜂鸣挡），将红表笔接触一个引脚，黑表笔分别接触另外两个引脚，若在两次测量中显示值都小，则红表笔接触的是 B 极，且该管为 NPN 型；对于 PNP 型，应将红、黑表笔对换，两次测量中显示值均小，则黑表笔接触的是 B 极。

2. 判定集电极（C 极）和发射极（E 极）

将数字万用表置于"h_{FE}"挡，测量两极之间的放大倍数，并比较两次 h_{FE} 值，取其中读数较大一次的插入法。三极管的电极符合万用表上的排列顺序，同时也能测出三极管的电流放大倍数。

4.7 集成电路

4.7.1 集成电路的分类和型号命名

集成电路（Integrated Circuits，IC），它是将一个或多个单元电路的主要元器件或全部元器件都集成在一个单晶硅片上，且封装在特别的外壳中，并具备一定功能的完整电路。集成电路的体积小、耗电低、稳定性好，从某种意义上讲，集成电路是衡量一个电子产品是否先进的主要标志。

1. 集成电路的分类

（1）按功能、结构分类

集成电路按其功能、结构不同可分为模拟集成电路和数字集成电路两大类。

（2）按制作工艺分类

集成电路按制作工艺不同可分为薄膜电路、厚膜电路和混合电路。薄膜电路是用 1 μm 厚的材料制成器件及元件。厚膜电路以厚膜形式制成阻容、导线等，再粘贴有源器件；混合电路用平面工艺制成器件，以薄膜工艺制作元件。

（3）按集成度高低分类

集成电路按集成度高低的不同可分为小规模集成电路（一般少于 100 个元件或少于 10 个门电路）、中规模集成电路（一般含有 100～1 000 个元件或 10～100 个门电路）、大规模集成电路（一般含有 1 000～10 000 个元件或 100 个门电路以上）和超大规模集成电路（一般含有 10 万个元件或 10 000 个门电路以上）。

（4）按导电类型不同分类

集成电路按导电类型可分为双极型集成电路和单极型集成电路。双极型集成电路的制作工艺复杂，功耗较大，其中具有代表性的集成电路有 TTL、ECL、HTL、LST-TL、STTL 等类型。单极型集成电路的制作工艺简单，功耗也较低，易于制成大规模集成电路，其中具有代表性的集成电路有 CMOS、NMOS、PMOS 等类型。

（5）按用途分类

集成电路按用途可分为电视机用集成电路、音响用集成电路、影碟机用集成电路、录像机用集成电路、计算机（微机）用集成电路、电子琴用集成电路、通信用集成电路、照相机用集成电路、遥控集成电路、语言集成电路、报警器用集成电路及各种专用集成电路等。

2. 集成电路的型号命名

集成电路的型号命名由 5 个部分组成，第一部分用字母"C"表示该集成电路为中国制造，符合国家标准；第二部分用字母表示集成电路的类型；第三部分用数字或数字与字母混合表示集成电路的系列和代号；第四部分用字母表示电路的工作温度范围；第五部分用字母表示集成电路的封装形式，如表 4-14 所示。

表 4-14 集成电路的型号命名及含义

第一部分：国标		第二部分：类型		第三部分：系列、代号	第四部分：温度范围		第五部分：封装形式	
字母	含义	字母	含义		字母	含义	字母	含义
C	中国制造	B	非线性电路	用数字或字母混合表示集成电路的系列和品种代号	C	0 ℃～70 ℃	B	塑料扁平封装
		C	CMOS				C	陶瓷芯片载体封装
		D	音响电视电路		G	−25 ℃～70 ℃	D	多层陶瓷双列直插
		E	ECL				E	塑料芯片载体封装
		F	线性放大电路		L	−25 ℃～85 ℃	F	多层陶瓷扁平封装
		H	HTL 电路				G	网络陈列封装
		J	接口电路					
		M	存储器		E	−40 ℃～85 ℃	H	黑瓷扁平封装
		W	稳压器					
		T	TTL 电路				J	黑瓷双列直插封装
		μ	微型机电路				K	金属菱形封装
		A/D	A/D 转换器		R	−55 ℃～85 ℃		
		D/A	D/A 转换器				P	塑料双列直插封装
		SC	通信专用电路					
		SS	敏感电路		M	−55 ℃～125 ℃	S	塑料单列直插封装
		SW	钟表电路				T	金属图形封装

4.7.2 集成电路的主要参数

1. 静态工作电流

静态工作电流是指在不给集成电路加载输入信号的条件下，电源引脚回路中的电流值。静态工作电流通常标出典型值、最小值、最大值。当测量集成电路的静态电流时，如果测量结果大于或小于它的最大值或最小值时，会造成集成电路损坏或发生故障。

2. 增益

增益是体现集成电路放大器放大能力的一项指标，通常标出闭环增益，它又分为典型值、最小值、最大值等指标。

3. 最大输出功率

最大输出功率主要用于有功率输出要求的集成电路。它是指信号失真度为一定值时（10%）集成电路输出引脚所输出的信号功率，通常标出典型值、最小值、最大值三项指标。

4. 电源电压值

电源电压值是指可以加在集成电路电源引脚与地端引脚之间的直流工作电压的极限值，使用时不能超过这个极限值，如直流电压±5 V、±12 V等。

4.8 实训项目

4.8.1 电阻器的识读与检测实训

1. 实训任务

熟悉电阻器的外形结构、标注方法与识读方法，掌握用万用表测量电阻器的阻值、检测判断电阻器质量好坏的方法。

2. 实训器材

万用表一台，不同标注的普通电阻器、电位器若干。

3. 实训内容

读出不同标注方法电阻的标称阻值与允许误差，并用万用表测量其实际阻值，计算出其误差，记录在表4–15中，并分析判断电阻的好坏。

表4–15 电阻器的识读与检测

序号	元件类型	标注方法	标称阻值	允许误差	测量阻值	实际偏差	性能分析

4. 实训报告

1）简述电阻器的检测方法。

2）简述检测电路板上电阻的方法及注意事项。

4.8.2 电容器的识读与检测实训

1. 实训任务

熟悉电容器的外形结构、标注方法与识读方法,学会用万用表检测电容器容量的大小、测量电容器的漏电阻及判断电容器的质量好坏的方法。

2. 实训器材

万用表一台,数字电桥一台,不同标注的电容器、电解电容器、可变电容器若干。

3. 实训内容

识别不同类型的电容器,读出其在不同标注方法中的各个参数值;用万用表的欧姆挡检测电容器的好坏,判断电容器的容量大小,判断电解电容的极性;使用万用表或数字电桥读取电容器的电容量,并将识读与检测结果记录在表 4–16 中。

表 4–16 电容器的识读与检测

序号	元件类型	标志方法	标称容量	允许偏差	额定电压	绝缘电阻	性能分析

4. 实训报告

简述电解电容的识读和检测的方法及体会。

4.8.3 电感器和变压器的识读与检测实训

1. 实训任务

熟悉电感器和变压器的外形结构、标注方法与识读方法,学会用万用表检测判断电感器和变压器的质量好坏的方法。

2. 实训器材

万用表一台,数字电桥一台,各种电感线圈、变压器若干。

3. 实训内容

识别电感器和变压器,识读它们的参数值;使用万用表检测判断电感器和变压器的好坏;使用数字电桥读取电感器和变压器的电感量,并将识读与检测结果记录在表 4–17 中。

表 4–17 电感器与变压器的识读与检测

序号	元件名称	标称值	直流电阻	引脚检测	性能分析	备注

4. 实训报告

1）简述电感器和变压器的区别，以及识读和检测的体会、收获。

2）简述万用表欧姆挡的功能、用途及使用体会。

课 后 习 题

4-1 简述下列电阻器的命名有何含义？

RJ21A、RX76、RT1、MQY61、RSG3、WHD2、WXX31C、MYL8B。

4-2 电阻器的功率标志如图 4-18 所示，请在括号内填入对应的额定功率。

（　　）　（　　）　（　　）　（　　）　（　　）　（　　）

图 4-18　电阻器的功率标志

4-3 试述怎样确认色环电阻的首色环。

4-4 下列色环表示的电阻器的阻值和误差分别是多少？

白棕红银、棕红绿银、绿蓝黑黄蓝、红红红银、红红黑橙红、橙黑棕金、橙白黑白绿、黄紫橙金、棕绿黑棕棕、蓝灰黑（无色）、棕灰橙金、棕红棕金。

4-5 下列电容器标识符号表示什么含义？

CT81-0.22-1.6 kV；CY2-100-100 V；CD2-47μ-25 V；CD3-6.8-16 V；CA1-560-10 V；CZ32；CJ48；CC2-680-250 V；CL20；CB14。

4-6 下列电容器标识表示的电容量为多少？

5μ6、47n、684、561、223、104、0.22、2p2、203、5F9、331、333、15。

4-7 电感器的主要参数有哪些？

第 5 章
常用模拟电路

【内容提要】

电子电路分为模拟电子电路和数字电子电路,而模拟电子电路通常是由基本放大电路、集成运算放大电路、功率放大电路、信号产生与处理电路、直流稳压电路等具有一定功能的单元电路组成的。本章主要介绍基本放大电路与直流稳压电路。通过本章的学习,读者可以掌握简单电子电路的工作原理与基本设计方法。

5.1 基本放大电路

放大是最基本的模拟信号处理功能,大多数模拟电子系统都应用了不同类型的放大电路。放大电路或称放大器,其作用是把微弱的电信号(电压、电流、功率)放大到所需的量级,而且其输出信号的功率比输入信号的功率大,输出信号的波形与输入信号的波形相同。

放大电路也是构成其他模拟电路(如运算、滤波、振荡、稳压等电路)的基本单元电路。

1. 晶体三极管放大电路

晶体三极管放大电路的 3 种基本组态是共射、共集、共基放大电路,其电路组成、特点及用途如表 5-1 所示。这 3 种组态各有优缺点,在应用中,它们可以单独使用,也可以用其中两种电路构成组合单元电路,还可以通过一定的耦合方式连接成多级放大电路。

表 5-1 晶体三极管放大电路的组成、特点及用途

组 态	共 射	共 集	共 基
电路原理图	(共射电路图)	(共集电路图)	(共基电路图)
特点及用途($\dot{A}_i$ 为电流放大倍数,$\dot{A}_u$ 为电压放大倍数)	$\dot{A}_i$ 与 $|\dot{A}_u|$ 均较大,输出电压与输入电压反相,一般用于电压放大电路,是应用最广泛的一种电路	$\dot{A}_i$ 较大,$|\dot{A}_u|<1$,输入电压与输出电压同相,为跟随关系,且 R_i 高 R_o 低,常用作输入级、输出级以及起隔离作用的中间级	$|\dot{A}_i|<1$,但 $\dot{A}_u$ 比较大,输出、输入电压同相;R_i 低 R_o 高。用于宽频带放大或恒流源

2. 场效应管放大电路

场效应管组成的放大电路与晶体管组成的放大电路的组成原则是一样的，分析方法也一样，只是由于其内部原理不同，因此，它们相对应的具体电路结构不同。

场效应管组成的 3 种基本放大电路分别是共源、共漏和共栅放大电路，但共栅放大电路很少使用。共源与共漏放大电路的组成与特点见表 5-2。

表 5-2 场效应管放大电路的组成与特点

	共源放大电路	共漏放大电路
电路原理图	（共源放大电路图）	（共漏放大电路图）
特点	（1）电压增益大； （2）输入电压与输出电压反相； （3）输入电阻高、输入电容小	（1）电压增益小于 1，但接近 1； （2）输入电压与输出电压同相； （3）输入电阻高、输出电阻小，可作阻抗变换使用

下面介绍一种常见的共发射极接法的交流放大电路。

图 5-1 所示为共发射极接法的基本交流放大电路。输入端接交流信号源（通常可用一个电动势与电阻串联的电压源等效表示），输入电压为 u_i；输出端接负载电阻 R_L，输出电压为 u_o。电路中各个元件的作用如下：

（1）晶体管 VT

晶体管是放大电路中的放大元件，也是控制元件。利用它的电流放大作用，在集电极电路获得放大的电流，该电流受输入信号的控制。同时，能量较小的输入信号 u_i，通过晶体管的控制作用控制电源所供给的能量，以在输出端获得一个能量较大的信号。

（2）集电极电源 E_C

电源除为输出信号提供能量外，还能保证集电结处于反向偏置，以使晶体管起到放大的作用。E_C 一般为几伏到几十伏。

（3）集电极负载电阻 R_C

集电极负载电阻也称集电极电阻，它主要是将集电极电流的变化变换为电压的变化，以实现电压放大。R_C 阻值一般为几千欧到几十千欧。

（4）基极电源 E_B 和基极电阻 R_B

它们的作用是使发射结处于正向偏置，并提供大小适当的基极电流 I_B，以使放大电路获得合适的工作点。R_B 阻值一般为几十千欧到几百千欧。

（5）耦合电容 C_1、C_2

它们起到隔直通交的作用。一方面通过 C_1 隔断放大电路与信号源之间的直流通路，通过 C_2 隔断放大电路与负载之间的直流通路，使三者之间无直流联系，互不影响即隔直作用；另一方面又保证交流信号畅通无阻地经过放大电路，沟通信号源、放大电路和负载之间的交流通路即交流耦合作用。通常要求耦合电容上的交流电压减小到可以忽略不计，即对交流信号可视作短路。因此电容值要取得较大，对交流信号频率其容抗相当于零。电容值一般为几微法到几十微法，它用的是极性电容器，连接时要注意其极性。

图 5-1 所示电路中用了两个直流电源，实际上可合二为一。将 E_B 省去，再把 R_B 改接一下，只由 E_C 供电，如图 5-2 所示。这样，发射结正向偏置，产生合适的基极电流 I_B。

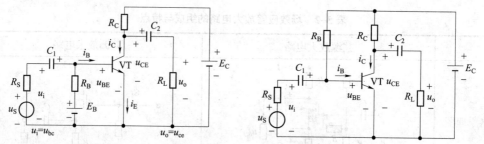

图 5-1 两个电源的共射放大电路　　图 5-2 单电源共射放大电路

在放大电路中，通常把公共端接"地"，设其电位为零，并作为电路中其他各点电位的参考点。同时为了简化电路的画法，习惯上不画电源符号，而只在连接其正极的一端标出它对地的电压值和极性，如图 5-3 所示的基本放大电路。如忽略电源 E_C 的内阻，则有 $V_{CC}=E_C$。

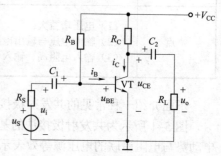

图 5-3 基本共射放大电路

5.2 直流稳压电路

电子设备中都需要稳定的直流电源，功率较小的直流电源大多数都是将 50 Hz 的交流电经过整流、滤波和稳压后获得。

5.2.1 直流稳压电源的组成与作用

小功率直流稳压电源由电源变压器、整流电路、滤波电路、稳压电路组成，如图 5-4 所示。其各部分的作用如下。

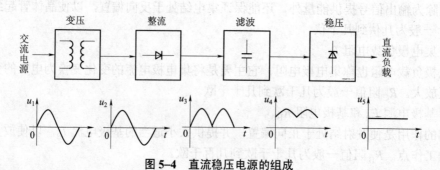

图 5-4 直流稳压电源的组成

1. 电源变压器

由于其所需直流电压的数值较低，而电网电压比较高，所以在整流前首先应用电源变压器把 220 V 的电网电压变换成所需要的交流电压值。

2. 整流电路

整流电路是利用整流元件的单向导电性，将交流电变成方向不变、但大小随时间变化的脉动直流电。

3. 滤波电路

滤波电路是利用电容器、电感线圈的储能特性，把脉动直流电中的交流成分滤掉，从而得到较为平滑的直流电。

4. 稳压电路

电网电压的波动或负载发生改变会引起输出电压的改变。采用稳压电路可以减轻因电网电压波动和负载变化造成的直流电压变化。

5.2.2 直流稳压电路的分类

直流稳压电路的分类方法有多种，根据直流稳压电路组成的元件类型，可以分为分立元件型直流稳压电路和集成稳压电路；根据直流稳压电路中的核心元件（调整管）与负载之间的连接关系，可以分为并联型直流稳压电路和串联型直流稳压电路；根据直流稳压电路核心元件（调整管）的工作状态，可以分为线性稳压电路和开关稳压电路；根据直流稳压电路的适用范围，可以分为通用型直流稳压电路和专用型直流稳压电路。下面介绍几种常用的直流稳压电路。

1. 并联型稳压电路

（1）组成

并联型稳压电路（硅稳压管稳压电路）的组成如图 5-5 所示，这种稳压电路主要由硅稳压管和限流电阻组成。

（2）工作原理

输入电压 u_1 波动时会引起输出电压 U_o 波动。u_1 升高将引起 U_o 随之升高，导致稳压管的电流 I_z 急剧增加，使得电阻 R 上的电流 I_R 和电压 U_R 迅速增大，从而使 U_o 基本保持不变。反之，当 u_1 减小时，U_R 相应减小，仍可保持 U_o 基本不变。

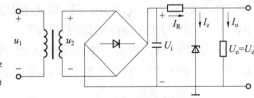

图 5-5　并联型稳压电路的组成

当负载不变而电网电压变化时的稳压过程如图 5-6 所示。

当负载电流发生变化引起输出电压 I_o 发生变化时，同样会引起 I_z 的相应变化，使得 U_o 保持基本稳定。如当 I_o 增大时，I_R 和 U_R 均会随之增大，使得 U_o 下降，这将导致 I_z 急剧减小，使 I_R 仍维持原有数值，保持 U_R 不变，使得 U_o 得到稳定。

当电网电压不变而负载变化时的稳压过程如图 5-7 所示。

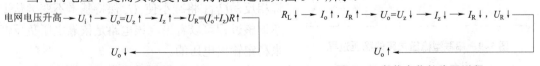

　　图 5-6　电网升压的稳压过程　　　　　图 5-7　负载变化的稳压过程

（3）特点

并联型稳压电路具有结构简单，负载短路时稳压管不会损坏等优点。但其输出电压不能调节，且负载电流变化范围小，只适用于负载电流较小、稳压要求较低的场合。

2. 串联型稳压电路

（1）电路的组成及各部分的作用

串联型稳压电路一般由取样环节、基准电压、比较放大环节、调整环节 4 个部分组成，如图 5-8 所示。

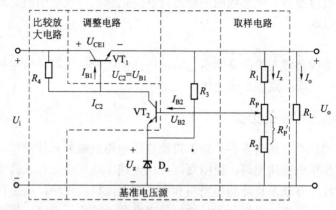

图 5-8　串联型稳压电路的组成

可以看出，这是一个由分立元件组成的串联型稳压电路，各组成部分的作用如下：

1）取样环节。它由 R_1、R_P、R_2 组成的分压电路构成，并将输出电压 U_o 分出一部分作为取样电压 U_F，送到比较放大环节。

2）基准电压。它由稳压二极管 D_z 和电阻 R_3 构成稳压电路，为电路提供一个稳定的基准电压 U_z，并作为调整、比较的标准。

3）比较放大环节。它由 VT_2 和 R_4 构成的直流放大器组成，作用是将取样电压 U_F 与基准电压 U_z 之差放大后，再控制调整管 VT_1。

4）调整环节。它由工作在线性放大区的功率管 VT_1 组成，VT_1 的基极电流 I_{B1} 受比较放大电路输出的控制，它的改变又可以使集电极电流 I_{C1} 和集、射电压 U_{CE1} 改变，从而达到自动调整稳定输出电压的目的。

（2）工作原理

当输入电压 U_i 或输出电流 I_o 变化引起输出电压 U_o 增大时，取样电压 U_F 相应增大，使 VT_2 管的基极电流 I_{B2} 和集电极电流 I_{C2} 随之增大，VT_2 管的集电极电位 U_{C2} 下降，因此 VT_1 管的基极电流 I_{B1} 减小，使得 I_{C1} 减小，U_{CE1} 增大，U_o 下降，从而使 U_o 保持基本稳定。其稳压过程如图 5-9 所示。

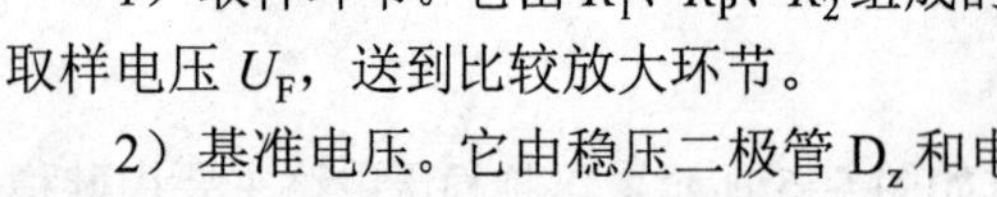

$$I_o\uparrow \to U_F\uparrow \to I_{B2}\uparrow \to I_{C2}\uparrow \to U_{C2}\downarrow \to I_{B1}\downarrow \to U_{CE1}\uparrow$$
$$U_o\downarrow \longleftarrow$$

图 5-9　串联型稳压电路的稳压过程

同理，当 U_i 或 I_o 变化使 U_o 降低时，调整过程相反，U_{CE1} 将减小使 U_o 保持基本不变。从上述调整过程可以看出，该电路是依靠电压负反馈来稳定输出电压的。

如果用集成运算放大器替代分立元件的比较放大电路，则得到采用集成运算放大器的串联型稳压电路，如图 5-10 所示。

可以看出，其电路组成部分、工作原理及输出电压的计算与前述电路完全相同，唯一不同之处是放大环节采用集成运算放大器而不是晶体管。因此，该电路的稳压性能将会更好。

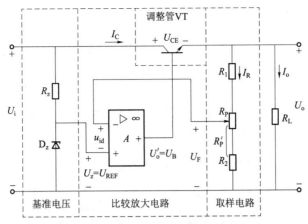

图 5-10 集成运算放大器串联型稳压电路

5.2.3 集成稳压电路

集成稳压电路是将稳压电路的主要元件甚至全部元件制作在一块硅基片上的集成电路。因而它具有体积小、使用方便、工作可靠等特点。

集成稳压器的类型很多，作为小功率的直流稳压电源应用最为普遍的是三端式集成稳压器。三端式集成稳压器是指集成稳压电路仅有输入、输出、接地（或公用）三个接线端子的集成稳压电路。

根据稳压电路的输出电压类型，可以分为三端固定式集成稳压器和三端可调式集成稳压器两种；根据稳压电路的输出电压极性，可以分为正电压输出型（W7800）和负电压输出型（W7900）两种。常见的三端集成稳压器的引脚排列如图 5-11 所示。

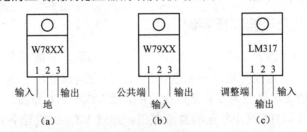

图 5-11 三端集成稳压器的引脚排列
（a）正电压输出型；（b）负电压输出型；（c）可调电压输出型

1）集成稳压电路的基本电路如图 5-12 所示。在基本电路中，输出电压 $U_o=U_z$。

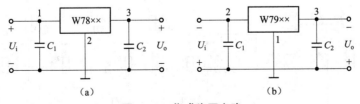

图 5-12 集成稳压电路
（a）正电压输出基本电路；（b）负电压输出基本电路

2）提高输出电压的电路如图 5-13 所示。

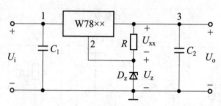

图 5-13 提高输出电压的电路

在上述电路中，输出电压 $U_o=U_{xx}+U_z$。

3）能同时输出正、负电压的电路如图 5-14 所示。

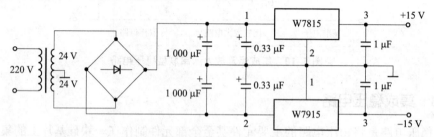

图 5-14 能同时输出正、负电压的电路

4）三端可调式集成稳压电路如图 5-15 所示。该电路的主要性能是输出电压可调范围为 1.2～37 V，最大输出电流为 1.5 A，输出与输入电压差的允许范围为 3～40 V。

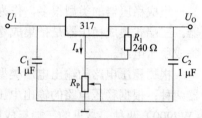

图 5-15 三端可调式集成稳压电路

5.3 实训项目

5.3.1 简易自动充电器制作实训

简单易做的自动充电器，该充电器电路简单，元件易取，它能对多节镍氢电池、镍镉电池、碱性电池及普通锰锌电池分别或单独进行充电，且充满自停，电路如图 5-16 所示。

220 V 交流电压经变压器变为 6 V 低压交流电，经 $VD_1 \sim VD_4$ 整流后得到脉动直流电，三端可调稳压集成电路 LM317 输出稳定的直流电压，通过 $VT_1 \sim VT_4$ 给各电池进行充电。

充电前，先调节 R_P，使三端可调稳压器 LM317 的输出电压为预定值 U_o，当被充电电池的电压 U_e 上升到 $U_o-0.65$ V 时，晶体管截止，充电终止，同时相应的充电指示灯 LED 熄灭。

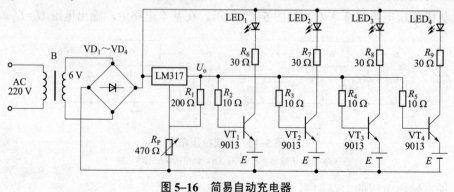

图 5-16 简易自动充电器

对镍氢电池和镍镉电池充电时，可将 U_o 调至 1.45 V，对碱性电池或锰锌电池充电时，可将 U_o 调至 1.7 V。各电池的充电电流由电阻 $R_6 \sim R_9$ 的阻值决定，镍氢电池和镍铜电池的充电电流通常为该电池容量的 1/10，碱性电池或锰锌电池的充电电流通常在 50～1 mA（5 号电池为 50 mA，1 号电池为 100 mA），充电电流越大，充电的速度越快，但充电效果要比小电流充电稍差。

B 选用次级输出电压为 6 V，功率为 5 W 左右的小型电源变压器，若次级输出电压在 6 V 以上，可适当调整电阻 $R_6 \sim R_9$ 的阻值，$R_6 \sim R_9$ 的额定功率选用 1/4～1/2 W 即可，其余电阻均为 1/8 W。晶体三极管可选用如 9013、9014 及 8050 等小功率三极管，$LED_1 \sim LED_4$ 选用 5 mm 红色发光二极管，整流二极管 $VD_1 \sim VD_4$ 选用 1N4001～1N4007 均可。

5.3.2 分立元件稳压电源制作实训

高稳定度分立元件稳压电源是一种简单、实用、性能良好的稳压电源，它的输出电压可从 1.5～15 V 连续可调，其最大优点是在输入电压变化范围内，其比较放大的"取样比"始终为 1，这就解决了普通可调稳压电源（包括带辅助电源的稳压电源）中"取样比"随输出电压变化，且输入最低电压和最高电压时"取样比"相互矛盾的问题。因而其电压调整灵敏度高，稳压性能好；经测试，该电路在整个输出电压范围内，输出电流为 1 A 时的电压波动不超过 0.2%。这种稳压器适用于一些对稳压性能和精度要求高的电路中，其电路原理图如图 5-17 所示。

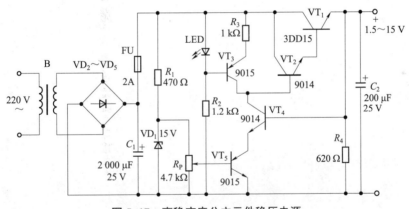

图 5-17 高稳定度分立元件稳压电源

LED、R_2、R_3、VT_3 组成一恒流源，为 VT_1、VT_2 和 VT_3 提供 2～3 mA 的电流。LED 在这里一方面做电源指示灯，另一方面还作为稳压二极管使用，该二极管的稳压值应大于 VT_3 的 BE 结正向压降（约 0.7 V），但也不能太大，否则会降低最高输出电压值。调整 R_3 可使恒流源电流保持在 2.5 mA 左右。

R_1、R_P、VD_1 组成一连续可调恒压源，为 VT_5 的基极提供 15 V 的基准电压，R_1 为稳压二极管 VD_1 的限流电阻，VD_1 的稳压值决定了稳压器的最高输出电压。若找不到 15 V 的稳压二极管，可用两个稳压值在 7 V 左右的稳压二极管串联起来使用，如 2CW14 或 2CW21C 等。但应该注意，两个稳压二极管的串联稳压值必须小于电源变压器次级输出电压值，否则在大电流输出时，稳压管不能起到稳压的作用。

整流二极管 $VD_2 \sim VD_5$ 可选用 1N4001～1N4007 中的任意一种型号，变压器 B 可选用次级输出电压为 17 V 以上，输出电流＞1.5 A，功率在 30 W 左右任何一种型号的变压器。当 VD_1 采用两只稳压值为 7.5 V 的稳压二极管串联使用时，印制电路板已预留安装位置。若采用一只 15 V 的稳压二极管，可在印制电路板中用跳线的方法将其中的一个二极管短接即可。

课后习题

5-1 简述三极管放大电路的基本组态及特点。
5-2 简述场效应管放大电路的基本形式及特点。
5-3 简述直流稳压电路的基本组成及各部分的作用。
5-4 简述并联型稳压电路的组成及特点。
5-5 简述串联型稳压电路的组成及特点。
5-6 简述集成稳压电路的特点及应用。

第 6 章
印制电路技术

【内容提要】

印制电路板是在覆铜板上完成印制导线和导电图形工艺加工的成品板,是实现电子元器件之间电气连接的电子部件,同时为电子元器件和机电部件提供了必要的机械支撑。Altium Designer 软件作为功能最为强大、使用最为广泛的 EDA 软件,可准确、快速、有效地完成产品的原理图设计和印制电路板设计。本章主要介绍了印制电路板的基础知识,以及用 Altium Designer 09 进行原理图设计和印制电路板设计的流程与方法。

6.1 印制电路概述

6.1.1 印制电路板的组成及作用

印制电路板(Printed Circuit Board,PCB;通常简称印制板)是指在绝缘基板的表面上按预定的设计方案,用印制的方法形成的印制线路和印制元器件系统,如图 6-1 所示。

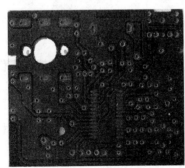 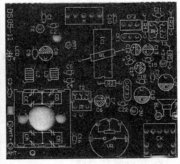

图 6-1 印制电路板

印制电路板是实现电子整机产品功能的主要部件,是通过一定的制作工艺,在绝缘度非常高的基材上覆盖一层导电性能良好的铜薄膜构成的覆铜板,然后再根据具体的印制电路图的要求,在覆铜板上蚀刻出印制电路图上的导线,并钻出印制板安装定位孔以及焊盘和过孔。印制电路板具有导电线路和绝缘底板的双重作用,放置元器件的一面称为元件面,放置导线的一面称为印制面或焊接面。对于双面印制板,元器件和焊接面可能是在同一面的。印制电路板的质量不仅关系到电路在装配、焊接、调试过程中的操作是否方便,也直接影响电子整机的技术指标和使用性能。

1. 印制电路板的组成

印制电路板就是连接各种实际元器件的一块板图，主要由覆铜板、焊盘、过孔、安装孔、元器件封装、导线等组成。

（1）覆铜板

覆铜板全称为覆铜箔层压板，是制造印制电路板的主要材料，它是把一定厚度的铜箔通过黏接剂经过热压贴附在具有一定厚度的绝缘基板上的板材。

（2）焊盘

焊盘是用于安装和焊接元器件引脚的金属孔。

（3）过孔

过孔是用于连接顶层、底层或中间层导电图件的金属化孔。

（4）安装孔

安装孔主要用来将电路板固定到机箱上，其中安装孔可以用焊盘制作而成。

（5）元器件封装

元器件封装一般由元器件的外形和焊盘组成。

（6）导线

导线是用于连接元器件引脚的电气网络铜箔。

（7）填充

填充是用于地线网络的敷铜，可以有效地减小阻抗。

（8）印制电路板边界

印制电路板边界指的是定义在机械层和禁止配线层上的电路板的外形尺寸制板。最后就是按照这个外形对印制电路板进行剪裁的，因此，用户所设计的电路板上的图件不能超过该边界。

2. 印制电路板的作用

印制电路板广泛地应用在电子产品的生产制造中，其在电子设备中的功能如下：

（1）元器件的电气连接

印制电路可以代替复杂的配线，实现电路中各个元器件的电气连接，提供所要求的电气特性，如特性阻抗等。

（2）元器件的机械固定

印制电路板提供了分立器件、集成电路等各种电子元器件的固定、组装和机械支撑的载体，缩小了整机体积，并降低了产品成本。

（3）为自动锡焊提供阻焊图形

印制电路板为元器件安装、检查、维修提供了识别字符和图形。

6.1.2 印制电路板的分类

印制电路板的种类很多，一般可根据印制板的结构与机械特性划分类别。

1. 根据印制板的结构分类

根据印制板的结构可以将其分为单面印制板、双面印制板与多层印制板。无论何种印制板，其基本结构都包括三方面，即绝缘层（基材）、导体层（电路图形）、保护层（阻焊图形），只是由于印制板的层数不同而具有不同层数的绝缘层和导体层。

（1）单面印制板（Single Layer PCB）

单面印制板是绝缘基板只有一面敷铜的电路板。单面印制板只能在敷铜的一面配线，而另一面则放置元器件，如图6-1所示的印制电路板即为单面印制板。它具有无须打过孔、成本低的优点，但因其只能进行单面配线，从而使实际的设计工作往往比双面板或多层板困难得多。它适用于电性能要求不高的收音机、电视机、仪器仪表等。

（2）双面印制板（Double Layer PCB）

双面印制板是在绝缘基板的顶层（Top Layer）和底层（Bottom Layer）两面都有敷铜的电路板，其顶层一般为元件面，底层一般为焊锡层面，中间为绝缘层，双面板的两面都可以敷铜和配线，一般需要由金属化孔连通，如图6-2所示。双面印制板的电路一般比单面印制板的电路复杂，但配线比较容易，因此被广泛采用，是现在最常见的一种印制电路板。它适用于电性能要求较高的通信设备、计算机和电子仪器等产品。

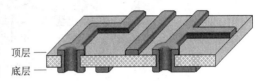

图6-2 双面印制板

（3）多层印制板（Multi Layer PCB）

多层印制板是由三层或三层以上的导电图形和绝缘材料层压合而成的印制板，包含了多个工作层面。多层印制板除了顶层、底层以外，还增加了内部电源层、内部接地层及多个中间配线层。应用较多的多层印制电路板为4～6层板，为了把夹在绝缘基板中间的电路引出，多层印制板上用来安装元件的孔需要金属化，即在小孔内表面涂敷金属层，使之与夹在绝缘基板中间的印制电路接通。随着电子技术的发展，电路的集成度越来越高，其引脚也越来越多，在有限的板面上已无法容纳所有的导线，因此，多层板的应用会越来越广泛。通常将多层印制电路板的各层分类为信号层（Signal）、电源层（Power）或是地线层（Ground），如图6-3所示。

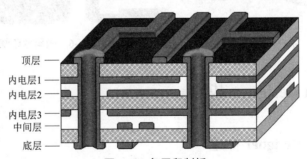

图6-3 多层印制板

2. 根据印制板的机械特性分类

根据印制板的机械特性可以将其分为刚性印制板、柔性印制板与刚柔性印制板。

（1）刚性印制板

刚性印制板具有一定的机械强度，用它装成的部件具有一定的抗弯能力，在使用时处于平展状态，如图6-4所示。常见的PCB一般是刚性印制板，它主要在一般电子设备中使用，如计算机中的板卡、家电中的印制电路板等。

（2）柔性印制板

柔性印制板也叫挠性印制板，是以软质绝缘材料为基材制成的，其铜箔与普通印制板相同，并使用黏合力强、耐折叠的黏合剂压制在基材上。其表面用涂有黏合剂的薄膜覆盖，可防止电路和外界接触引起短路和绝缘性下降，并能起到加固作用，如图 6–5 所示。柔性印制板最突出的特点是具有挠性，能折叠、弯曲、卷绕，因此，它被广泛用于计算机、笔记本电脑、照相机、摄像机、通信、仪表等电子设备上。

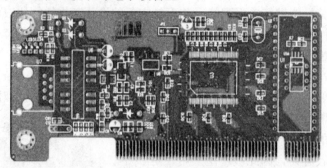

图 6–4　刚性印制板

（3）刚柔性印制板

刚柔性印制板是利用柔性基材，并在不同区域与刚性基材结合制成的印制板，主要用于印制电路的接口部分，如图 6–6 所示。

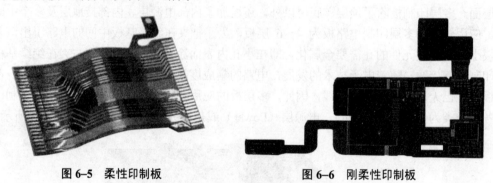

图 6–5　柔性印制板　　　　　图 6–6　刚柔性印制板

6.2　Altium Designer 基础

6.2.1　Altium Designer 概述

1. 计算机辅助设计技术

随着现代电子工业的高速发展以及大规模集成电路（IC）的开发使用，使得对电路板的要求越来越高，设计制造周期也越来越短，同时由于集成电路技术及电路组装工艺的飞速发展，印制电路板上的组件密度与日倍增，传统的手工设计和制作手段已不能适应电子系统制造及发展的需要。因此，电子电路的分析与设计方法发生了重大变革，以计算机辅助设计（Computer Aided Design，CAD）为基础的电子设计技术日益为人们所重视，已广泛应用于电路设计与系统集成等设计之中。

采用 CAD 方法设计印制电路板改变了以手工操作和电路实验为基础的传统设计方法，避免了传统手段的缺点，精简了工艺检查标准，缩短了设计周期，提高了劳动生产率，很大程度地改进了产品质量。CAD 已成为现代电子系统设计的关键技术之一,是电子行业必不可少的工具与手段。目前,用于印制电路板设计的 CAD 软件较多,例如 Altium 的 Protel、Cadence 的 OrCAD 与 Allegro,其中使用最为广泛的是 Altium 公司的 Protel 系列软件。

2. Altium Designer 软件简介

Altium 公司的 Protel 系列软件作为功能最为强大、使用最为广泛的电子 CAD 软件,可准确、快速、有效地完成产品的原理图设计和印制板设计。Protel 最早是在 1991 年由 Protel 公司(Altium 公司的前身)发布的世界上第一个基于 Windows 环境的 EDA 工具软件,即 Protel for Windows 1.0 版。在 1998 年,Protel 公司又推出了 Protel 98,是一个将原理图设计、PCB 设计、无网格配线器、可编程逻辑器件设计和混合电路模拟仿真集成于一体的 32 位软件。随后又推出了 Protel 99 以及 Protel 99 SE,它是一个完整的电子电路原理图和印制电路板电子设计系统,采用 Client/Server 体系结构,包含了电子电路原理图设计、多层印制电路板设计、可编程逻辑器件设计、模拟电路与数字电路混合信号仿真及分析、图表生成、电子表格生成、同步设计、联网设计与 3D 模拟等功能。在文档的管理方面,它采用设计数据库对文档进行统一管理,并兼容一些其他设计软件的文件格式等。

2001 年 8 月 Protel 公司更名为 Altium 公司。2002 年 Altium 公司推出了新产品 Protel DXP,Protel DXP 集成了更多的工具,使用更方便,功能更强大。2004 年推出的 Protel 2004 对 Protel DXP 进行了完善。

Altium Designer 作为 Protel 系列软件的高端版本,最早是在 2006 年年初推出的 Altium Designer 6.0 版本,并在以后的几年中分别推出了 Altium Designer 6.3、6.5、6.7、6.8、6.9、7.0、7.5 和 8.0 等版本,2008 年 12 月,又推出了 Altium Designer Summer 09。在 2011 年推出的 Altium Designer 10.0 综合了电子产品一体化开发所需的所有必需的技术和功能,目前其较高的版本为 Altium Designer 15.0。Altium Designer 除了全面继承包括 Protel 99 SE、Protel DXP 在内的先前一系列版本的功能和优点外,还增加了许多改进和很多高端功能。该平台拓宽了板级设计的传统界面,全面集成了 FPGA 设计功能和 SOPC 设计实现功能,从而允许工程设计人员能将系统设计中的 FPGA 与 PCB 设计及嵌入式设计集成在一起,更加贴近了电子设计师们的应用需求,最大限度地提升了设计开发的效率。

6.2.2　Altium Designer 09 的设计环境

Altium Designer 09 是 Protel 系列软件基于 Windows 平台开发的产品,并为用户提供了一个爽心悦目的智能化操作环境,能够面向 PCB 设计项目,为用户提供板级设计的全线解决方案,并能多方位实现设计任务,是一款具有真正的多重捕获、多重分析和多重执行设计环境的 EDA 软件。

启动 Altium Designe 09 后,系统将进入 Altium Designer 集成开发工作环境,如图 6-7 所示。整个工作环境主要包括系统主菜单、系统工具栏、工作区面板、系统工作区、状态栏及导航栏等项目。用户可以根据需要创建原理图文档、PCB 项目与 FPGA 项目,并可进行信号完整性分析及仿真等操作。Altium Designer 提供了一个友好的主页面(Home Page),用户可以使用该页面进行项目文件的操作,如创建新项目、打开文件等。用户如果需要显示该主页面,可以选择"View"→"Home"命令,或者单击右上角的图标。

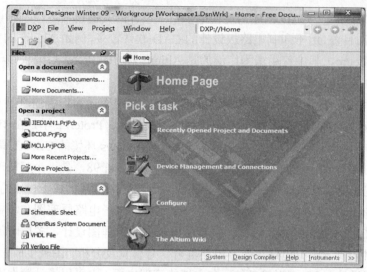

图 6-7 Altium Designer 集成开发工作环境

1. 系统主菜单

系统主菜单包括 DXP（系统菜单）、File（文件菜单）、View（视图菜单）、Project（项目菜单）、Window（窗口菜单）与 Help（帮助菜单）6 个部分。在菜单命令中，凡是带 ▸ 标记的，都表示该命令还有下一级子菜单。

1）DXP（系统菜单），主要用于进行资源用户化、系统参数设置、许可证管理等操作。

2）File（文件菜单），主要用于各种文件的新建、打开和保存等操作。

3）View（视图菜单），主要用于控制界面中的工具栏、工作面板、命令行及状态栏等操作。

4）Project（项目菜单），主要用于项目文件的管理，包括项目文件的编译、添加、删除、显示项目文件差异和版本控制等操作。

5）Window（窗口菜单），主要用于多个窗口的排列（水平、垂直、新建）、打开、隐藏及关闭等操作。

6）Help（帮助菜单），主要用于相关操作的帮助、序列号的查看等操作。

2. 系统工具栏

系统工具栏只有 4 个按钮，分别用于新建文件、打开文件、打开设备视图与打开 PCB 视图等操作。

3. 系统文件工作区面板

系统文件工作区面板包括打开文件、打开项目文件、新建项目或文件、由已存在的文件新建文件、由模板新建文件等文件操作。如果要显示其他工作面板，也可以执行"View"→"Workspace Panels"命令进行选择，其中包括项目、编译、库、信息输出、帮助等。

4. 系统工作区

系统工作区位于 Altium Designer 界面的中间，是用户编辑各种文档的区域。在无编辑对象打开的情况下，工作区将自动显示为系统默认主页，主页内列出了常用的任务命令，单击即可快捷启动相应的工具模块。

5. 系统参数设置

系统参数是通过 DXP 菜单下的"Preferences"选项设置的，在 DXP 菜单中执行

"Preferences"命令，系统将弹出如图 6-8 所示的"Preferences"对话框。

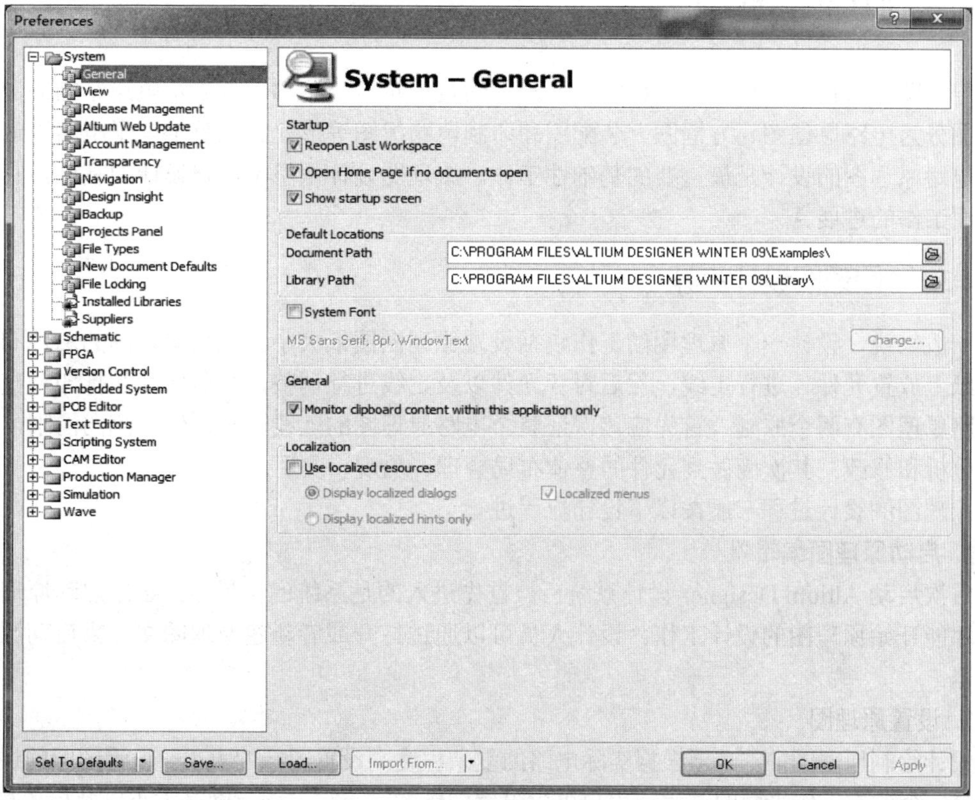

图 6-8 参数对话框

（1）"General"选项

用来设置 Altium Designer 的系统参数。其中，"Startup"设置框用来设置每次启动 Altium Designer 后的动作；"System Font"用来设置系统的字体；"Localization"用来设置是否使用本地化的资源，选中"Localization"设置框，系统菜单改为中文。

（2）"View"选项

用来设置 Altium Designer 的桌面显示参数。"Desktop"设置框可设置 Altium Designer 运行的桌面显示情况。"Popup Panels"设置框可以设置面板的显示方式。

（3）"Transparency"选项

用来设置 Altium Designer 浮动窗口的透明情况，设置了浮动窗口为透明后，则在进行交互编辑时，浮动窗口将在编辑区之上。

（4）"Projects Panel"选项

用来设置项目面板的操作。用户可以根据自己的设计需要选择项目面板的显示状态和条目。

（5）其他选项

"Preferences"设置还有其他一些选项，如"Backup"选项用来设置文件备份的参数；"File Types"选项用来设置所支持的文件扩展类型；"New Document Defaults"选项用来设置项目文件的类型模板等。

6.3 原理图设计

电路图是人们为了研究及工程的需要，用约定的符号绘制的一种表示电路结构的图形。电路图分为电路原理图、方框图、装配图和印制电路板图等形式。在整个电子电路设计过程中，电路原理图的设计是最重要的基础性工作。原理图设计是整个电路设计的基础，它决定了后面工作的进展。

6.3.1 原理图设计步骤

一般来说，设计一个原理图的工作包括设置原理图图纸大小、规划原理图的总体布局、在图纸上放置元件、进行走线，然后对各元件以及走线进行调整，最后保存并打印输出。绘制电路原理图有两个原则：首先应该保证整个电路原理图的连线正确，信号流向清晰，便于阅读分析和修改；其次应做到元件的整体布局合理、美观、实用。

原理图的设计过程一般按以下设计流程进行。

1. 启动原理图编辑器

首次启动 Altium Designer 设计系统后，首先进入的是系统的主界面，必须启动原理图编辑器才能开始原理图的设计工作。设计人员可以通过打开或者新建原理图文件来启动原理图编辑器。

2. 设置原理图

设计绘制原理图前，必须根据实际电路的复杂程度来设置图纸的大小。设置图纸的过程实际上是一个建立工作平面的过程，用户可以设置图纸的大小、方向、网格大小以及标题栏等。

3. 放置元件

在原理图中放置元件时，必须将该元件所在的集成元件库装载到当前的原理图编辑器中。然后根据实际电路的需要，从元件库中取出所需要的元件放到原理图编辑器窗口里；再根据元件之间的走线等联系，对元件在工作平面上的位置进行调整、修改，并对元件的编号、封装进行定义和设置等，为下一步工作打好基础。

4. 原理图配线

原理图配线就是利用原理图编辑器提供的各种配线工具或者命令将所有元件的对应引脚用具有电气意义的导线或者网络标号等连接起来，从而构成一个完整的原理图。

5. 原理图的检查及调整

用户利用 Altium Designer 所提供的各种强大功能对所绘制的原理图进行进一步的调整和修改，以保证原理图的美观和正确。这就需要对元件的位置重新调整，对导线的位置进行删除、移动，并更改图形的尺寸、属性及排列等。另外，设计人员还可以利用编辑器提供的绘图工具在原理图中绘制一些不具有电气意义的图形或者文字说明等，以进一步补充和完善所设计的原理图。

6. 生成报表

使用各种报表工具生成包含原理图文件信息的报表文件，这些报表中含有原理图设计的各种信息，它们对后面印制电路板的设计具有重要的作用。其中，最重要的是网络表文件，网络表是电路板和电路原理图之间的重要纽带。

7. 文件存储及打印

原理图绘制完成后，设计人员需要对原理图进行存储和输出打印，以供存档。这个过程实际上是对设计的图形文件进行输出的过程，也是一个设置打印参数和打印输出的过程。

6.3.2 原理图编辑器

在打开一个原理图设计文件或创建一个新原理图文件时，Altium Designer 的原理图编辑器就启动了，Altium Designer 的原理图编辑器是由系统菜单栏、工具栏、编辑窗口、面板标签、状态栏、工作面板等组成，如图 6-9 所示。

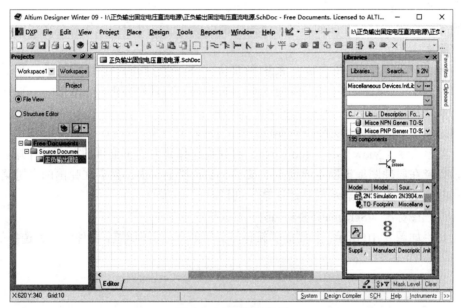

图 6-9 原理图编辑器

1. 菜单栏

原理图菜单栏包括 File（文件）、Edit（编辑）、View（视图）、Project（项目）、Place（放置）、Design（设计）、Tools（工具）、Reports（报告）、Window（窗口）和 Help（帮助）项目，其主要功能是进行各种命令操作，设置视图的显示方式、放置对象，设置各种参数以及打开帮助文件等。

（1）"File"菜单项

主要用于文件的管理工作，如文件的新建、打开、保存、导入、打印以及显示最近访问的文件信息等。

（2）"View"菜单项

主要用于对图纸的缩放和显示比例的调整，以及对工具栏、工作面板、状态栏和命令行等进行管理操作。

（3）"Project"菜单项

主要用于设计项目的编译、建立、显示、添加、分析以及版本控制等。

（4）"Place"菜单项

主要用于放置原理图中的各种对象。

(5)"Design"菜单项

主要用于对原理图中库的操作、各种网络表的生成以及层次原理图的绘制等。

(6)"Tools"菜单项

主要用于完成元件的查找、层次原理图中子图和母图之间的切换、原理图自动更新、原理图中元器件的标注等操作。

(7)"Reports"菜单项

主要用来生成原理图文件的各种报表。

(8)"Window"菜单项

主要用来对窗口进行管理。

在设计过程中,对原理图的各种编辑操作都可以通过菜单中相应的命令来完成。

2. 工具栏

原理图编辑器窗口打开之后,系统在默认状态下会打开一定数量的工具栏。Altium Designer 的工具栏有原理图标准(Schematic Standard)工具栏、走线(Wiring)工具栏、混合信号仿真(Mixed Sim)工具栏、实用(Utilities)工具栏、导航(Navigation)工具栏等,充分利用这些工具能极大地方便原理图的绘制。

执行菜单命令"View"→"Toolbars",再分别选择其中的子菜单项便可以打开这些系统工具栏,或者在原理图编辑器主界面上的某一个工具栏上右击,然后在弹出的右键菜单中勾选工具栏的复选框也可以显示或隐藏这些工具栏。

(1)原理图标准(Schematic Standard)工具栏

该工具栏如图 6-10 所示,主要提供新建、保存文件,视图调整,器件编辑和选择等功能。

图 6-10 原理图标准工具栏

(2)走线(Wiring)工具栏

该工具栏提供了电气配线时常用的工具,包括放置导线、总线、网络标号、层次式原理图设计工具,如图 6-11(a)所示。

(3)混合信号仿真(Mixed Sim)工具栏

该工具栏如图 6-11(b)所示。

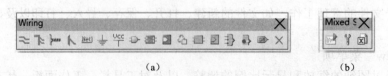

图 6-11 走线工具栏与混合信号仿真工具栏
(a)走线工具栏;(b)混合信号仿真工具栏

(4)实用(Utilities)工具栏

用户使用该工具栏可以方便地放置常见的电气元件、电源和地网络以及一些非电气图形,并可以对器件进行排列等操作,如图 6-12(a)所示。

（5）导航（Navigation）工具栏

该工具栏列出了当前活动文档的路径，如图6-12（b）所示。

图 6-12 实用工具栏与导航工具栏

(a) 实用工具栏；(b) 导航工具栏

3. 编辑窗口

编辑窗口就是进行电路原理图设计的工作平台。在此窗口内，用户可以新画一个原理图，也可以对现有的原理图进行编辑和修改。

4. 面板标签

面板标签用来开启或关闭原理图编辑环境中的各种常用的工作面板，如Libraries（元件库）面板、Filter（过滤器）面板、Inspector（检查器）面板、List（列表）面板以及图纸框等。

5. 状态栏

状态栏用来显示当前光标的坐标和编辑器窗口栅格的大小。

6. 窗口缩放

电路设计人员在绘图的过程中，需要经常查看整张原理图或只查看某一个局部，所以要经常改变显示状态，使绘图区放大或缩小，所有窗口的命令均位于View菜单中。

（1）Fit Document（适合整个文档）

该命令能把整张电路图文档缩放在编辑器窗口中。

（2）Fit All Objects（适合全部实体）

该命令能把整个电路图部分缩放在编辑器窗口中，且不含图纸边框及空白部分。

（3）Area（区域）

该命令能放大显示用户设定的区域。这种方式是通过确定用户选定区域中对角线上两个角的位置来确定需要进行放大的区域的。

（4）Selected（选中元件）

用鼠标选择某元件后，选择该命令则显示画面的中心转移到该元件。

（5）Around Point（以光标为中心）

该命令要先用鼠标选择一个区域，按鼠标左键定义中心，再移动鼠标展开此范围，并单击目标完成定义，将该范围放大至整个窗口。

（6）Zoom In/Zoom Out（放大/缩小显示区域）

可以在主工具栏上选择放大"Zoom In"和缩小"Zoom Out"按钮。

（7）Pan（移动显示位置）

在设计电路时经常要查看各处的电路，所以有时需要移动显示位置，这时可执行此命令。

（8）Refresh（更新画面）

该命令用来更新画面。

6.3.3 原理图设置

1. 原理图纸设置

执行菜单命令"Design"→"Document Options…",打开"Document Options"(图纸属性)设置对话框,如图 6–13 所示。

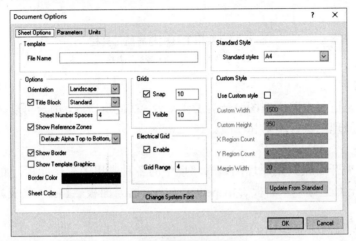

图 6–13 图纸属性设置对话框

(1)图纸规格设置

图纸规格设置有"Standard Style"(标准格式)和"Custom Style"(自定义格式)两种方式。

在没有选择自定义格式的前提下,单击标准格式(Standard Style)分组框的下拉按钮,可根据需要选定图纸大小。"Custom Style"用于自定义图纸尺寸。

(2)图纸选项设置

"Options"(图纸选项设置)分组框可以设置图纸的方向、颜色、标题栏和边框的显示等。

"Orientation"下拉列表框可以设置图纸的方向,其中"Landscape"表示图纸为水平放置,"Portrait"表示图纸为垂直放置。

"Title Block"(图纸标题栏设置)有"Standard"(标准模式)和"ANSI"(美国国家标准协会模式)两种方式。此外,"Show Template Graphics"(显示模板图形)复选框用于设置是否显示模板图形的标题栏。

"Show Reference Zones/Show Border"(图纸边框设置)有两项设置"Show Reference Zones"(显示参考边)和"Show Border"(显示图纸边界),选中有效。

"Border Color"(图纸颜色设置)包括"Border Color"(边框颜色)和"Sheet Color"(图纸颜色)两项,两者设置方法相同。

(3)图纸栅格设置

合理设置原理图的栅格,可以有效提高原理图的绘制质量。图纸栅格设置在"Grids"(栅格)分组框内进行,包括"Snap"(移动)栅格和"Visible"(可视)栅格。"Snap"栅格选中有效,光标以"Snap"栅格后的设置项为单位移动对象,便于对象的对齐定位。若未选中该项,光标的移动将是连续的。Visible 栅格选中有效,工作区将显示栅格,其右侧的编辑框用来设置可视化栅格的尺寸。

（4）电气栅格设置

电气栅格在"Electrical Grid"区域中设置。选中"Enable"复选项，系统将自动以光标所在的位置为中心，向四周搜索电气节点，搜索半径为"Grid Range"设置框中的设定值。

（5）图纸颜色设置

图纸颜色设置包括图纸边框色（Border Color）和图纸底色（Sheet Color）的设置。

"Border Color"选项用来设置图纸边框的颜色，默认设置为黑色。在右边的颜色框中单击，系统将会弹出"Choose Color"（选择颜色）对话框，可通过它来选取新的边框颜色。

"Sheet Color"选项用来设置图纸的底色，默认设置为浅黄色。要变更底色时，在该栏右边的颜色框上双击打开"Choose Color"对话框，然后选取新图纸的底色。

"Choose Color"对话框的"Basic"选项卡中的"Colors"栏列出了当前 Schematic 可用的 239 种颜色，并定位于当前所使用的颜色。如果用户希望变更当前使用的颜色，可直接在"Colors"栏或"Custom Colors"栏中单击选取。

（6）系统字体设置

在 Altium Designer 中，图纸上常常需要插入很多汉字或英文，系统可以为这些插入的文本设置字体。如果在插入文字时，不单独修改字体，则默认使用系统的字体。系统字体的设置可以使用字体设置模块来实现。单击"Change System Font"按钮，系统将弹出字体设置对话框，此时就可以设置系统的默认字体。

2. 原理图环境设置

执行菜单命令"Tools"→"Schematic Preferences"，打开"Preferences"（参数）对话框，如图 6-14 所示。"Preferences"对话框中"Schematic"选项中共有 12 个选项卡，可以分别设置原理图的环境、图形编辑环境以及默认基本单元等。其具体包括"General"（常规设置）、"Graphical Editing"（图形编辑）、"Mouse Wheel Configuration"（鼠标滚轮配置）、"Compiler"（编译器）、"AutoFocus"（自动聚焦）、"Library AutoZoom"（库自动缩放）、"Break Wire"（切割连线）、"Default Units"（默认单位）、"Default Primitives"（默认初始值）、"Orcad（tm）"（Orcad 选项）和"Device Sheets"（设备片）等。

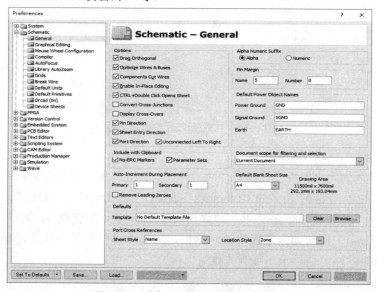

图 6-14 参数对话框（原理图环境）

6.3.4 原理图元件库的加载

在向原理图中放置元件之前，必须先将该元件所在的元件库载入系统。

1. 打开元件库管理器

在原理图设计环境中，执行菜单命令"Design"→"Browse Library"，或者单击编辑器右下方的面板标签"System"，选中库文件"Libraries"，弹出"Libraries"（元件库管理器）对话框，如图 6–15 所示。元件库管理器面板中包含元件库栏、元件查找栏、元件名栏、当前元件符号栏、当前元件封装等参数栏和元件封装图形栏等内容，用户可以在其中查看相应的信息，以判断元件是否符合要求。

图 6–15　元件库管理器对话框

2. 加载或卸载元件库

Altium Designer 虽然已预装加载了分立元器件库（Miscellaneous Devices.Intlib）和常用接插件库（Miscellaneous Connectors.Intlib），但很多元器件都不在这两个元件库中。在绘制原理图时用到的元器件若不在这两个常用元件库中，这时就必须把该元器件所在的元件库加载进来。

例如，加载"Motorola"元件库，可单击图 6–15 所示的"Libraries"按钮或者执行菜单命令"Design"→"Add/Remove Library…"，进入图 6–16 所示的"Available Libraries"（加载或卸载元件库）对话框。Altium Designer 已经将各大半导体公司的常用元件分类做成了专用的元件库，只要装载所需元件的生产公司的元件库，就可以从中选择自己所需要的元件。

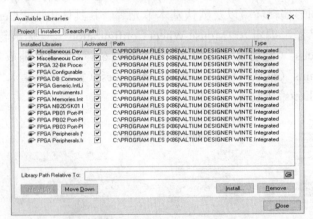

图 6–16　加载/卸载元件库对话框

3. 搜索元件

元件库管理器为用户提供了查找元件的工具。即在元件库管理器对话框中单击"Search"按钮，系统将弹出如图 6–17 所示的"Libraries Search"（查找元件库）对话框；如果执行菜单命令"Tools"→"Find Component"也可以弹出该对话框，在该对话框中，可以设定查找对象以及查找范围。图 6–17 所示为简单查找的对话框，如果要进行高级查找，可单击对话框中的"Advanced"命令，然后会显示出高级查找对话框。

（1）"Filters"选项组

在该选项组中可以输入查找元件的域属性，如"Name"等；然后选择操作算子，如"Equals"

(等于)、"Contains"(包含)、"Starts With"(起始)或者"Ends With"(结束)等;在"Vlaue"编辑框中可以输入或选择要查找的属性值。

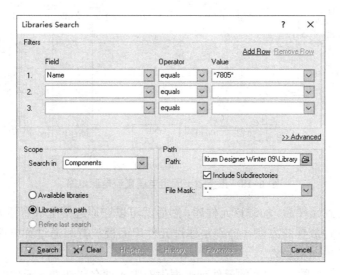

图 6–17　查找元件库对话框

(2) "Scope"选项组

该选项组用来设置查找的范围。当选中"Available libraries"单选按钮时,则在已经装载的元件库中查找;当选中"Libraries on path"单选按钮时,则在指定的目录中进行查找。

(3) "Search in"下拉列表

可以选择查找对象的模型类别,如元件库、封装库或 3D 模型库。

(4) "Path"选项组

该选项组用来设定查找对象的路径,该选项组的设置只有在选中"Libraries on path"时才有效。

(5) "File Mask"下拉列表

可以设定查找对象的文件匹配域,"*"表示可匹配任何字符串。

设置好了要查找的内容和范围后,单击"Search"按钮,系统就会开始进行查找。如果查找到符合该属性设置的元件,则系统会自动关闭"查找元件库"对话框,并将查找到的元件显示在元件库管理器中。在上面的信息框中显示该元件名,例如,用"*7805*"方式查询包含字符"7805"的元件,并显示其所在的元件库名,在中间的信息框中显示该元件的引脚类型,在最下面显示元件的图形符号形状和引脚封装形状。

6.3.5　元件的放置与编辑

1. 元件的放置

各种常用的电子元件是电路原理图的最基本组成元素,绘制原理图时,首先要进行元件的放置。在放置元件时,设计者必须知道该元件所在的库,并从中取出元件或者制作原理图元件,并装载这些必需的元件库到当前的设计管理器中。下面以图 6–18 所示的"正负输出固定电压直流电源电路"为例来说明。

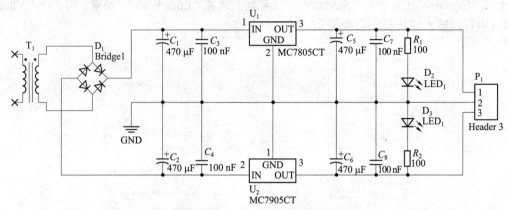

图 6-18 正负输出固定电压直流电源电路

在元件库中找到元件后,加载该元件库,然后就可以在原理图上放置该元件了。在 Altium Designer 10 中有两种放置的方法,分别是通过元件库面板放置和通过菜单放置。

(1) 通过元件库面板放置

在元件库面板(见图 6-15)的元件列表框中双击元件名或在选中元件时单击"Place"按钮,元件库面板变为透明状态,同时元件的符号附着在光标上,并跟随光标移动;将元件移动到图纸的适当位置,并单击将元件放置到该位置;此时系统仍处于元件放置状态,再次单击又会放置一个相同的元件;右击或按"Esc"键即可退出元件放置状态。

(2) 通过菜单放置

单击菜单命令"Place"→"Part...",系统弹出"Place Part"(放置元件)对话框,如图 6-19 所示。在该对话框中,可以设置放置元件的有关属性。放置这些元件的操作与前面所介绍的元件放置操作类似,只要选中某元件,就可以使用鼠标进行放置操作。

单击图 6-19 中的"浏览"按钮,系统将弹出图 6-20 所示的"Browse Libraries"(浏览元件库)对话框。在该对话框中,用户可以选择需要放置元件的库。此时也可以在图 6-20 所示的对话框中单击"加载元件库"按钮,系统会弹出图 6-16 所示的加载/卸载元件库对话框。

图 6-19 放置元件对话框

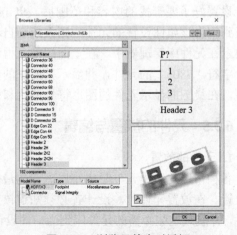

图 6-20 浏览元件库对话框

2. 元件位置的调整

元件位置的调整实际上就是利用各种命令将元件移动到工作平面上所需要的位置，并将元件旋转为所需要方向的过程。在实际设计原理图的过程中，为了使原理图美观合理，往往要对最初放置的元器件的位置、方向等进行调整，如图 6-21 所示。原理图工作环境中元件的编辑操作包括元件的选择和取消、旋转和翻转、排列和对齐、移动和拖动以及复制、剪切和粘贴等操作。

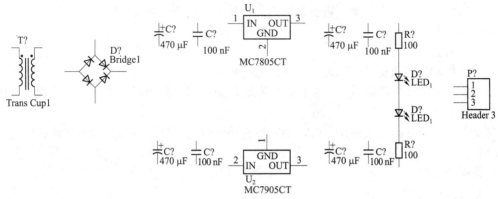

图 6-21 放置了元件的图纸

（1）元件的选择与取消

在选择单个元件时只需要将鼠标移动到需要选取的元件上，然后单击即可。如果元件处于选中的状态，则元件周围有绿色或蓝色的小方框，从而可以判断该元件是否被选中。多个元件选择时，首先按下"Shift"键不放，然后用鼠标逐一选中将要选择的元件，或者在原理图编辑器的工作区中利用鼠标选取一个区域，该区域中包含要选中的所有元件。

原理图编辑器中有元件被选中时，单击原理图工作区的空白处，即可完成元件的取消工作，也可以执行菜单命令"Edit"→"DeSelect"来实现该操作。

1)"Inside Area"命令，将选框中所包含元件的选中状态取消。

2)"Outside Area"命令，保留选择框中的状态，而将选择框外所包含元件的选中状态取消。

3)"All On Current Document"命令，取消当前文档中所有元件的选中状态。

4)"All Open Documents"命令，取消所有已打开文档中所有元件的选中状态。

（2）元件的旋转

元件的旋转就是改变元件的放置方向。在元件所在位置单击选中单个元件，并按住鼠标左键不放，单击"Space"键就可以让元件以逆时针或顺时针方向旋转 90°，即实现图形元件的旋转。也可以使用快捷菜单命令"Properties"来实现该操作，使用鼠标选中需要旋转的元件后右击，从弹出的快捷菜单中选择"Properties"命令，系统会弹出"Component Properties"（元件属性）对话框，此时可以操作"Orientation"选择框设定旋转角度，以旋转当前编辑的元件。

（3）元件的排列与对齐

在布置元件时，为使电路图美观及连线方便，应将元件摆放整齐、清晰。Altium Designer 提供了一系列排列和对齐命令。选取元件，执行菜单命令"Edit"→"Align"，或在"Utilities"工具栏的"Align"命令中选择相应命令即可执行元件的排列与对齐。

1)"Align Left"命令，将所选取的元件左边对齐。

2)"Align Right"命令，将所选取的元件右边对齐。

3)"Center Horizontal"命令，将选取的元件按水平中心线对齐。

4)"Distribute Horizontally"命令，将所选取的元件水平平铺。

5)"Align Top"命令，将所选取的元件顶端对齐。

6)"Align Bottom"命令，将所选取的元件底端对齐。

7)"Center Vertical"命令，将所选取的元件按垂直中心线对齐。

8)"Distribute Vertically"命令，将所选取的元件垂直均布。

（4）元件的移动与拖动

移动元件是指在改变元件位置时，无法保持该元件与其他电气对象的电气连接状态。单击选中需要移动的元件，然后一直按住鼠标左键，拖拽该元件到指定的位置，拖拽过程中，元件与导线断开。

拖动元件是指在改变元件位置时，始终保持该元件与其他电气对象的电气连接状态，按住"Ctrl"键，再单击选中需要拖动的元件，拖拽该元件到指定的位置，拖拽过程中，元件始终与导线保持连接。

（5）元件的复制

在元件处于选中状态下，单击标准工具栏中的复制按钮，或者执行菜单命令"Edit"→"Copy"即可完成元件的复制，也可以直接使用快捷键"Ctrl"+"C"进行复制。

（6）元件的剪切

在元件处于选中的状态下，单击标准工具栏中的剪切图标，或者执行菜单命令"Edit"→"Cut"即可完成元件的剪切，也可以直接使用快捷键"Ctrl"+"X"完成剪切。

（7）元件的粘贴

对已经复制或剪切的元件，单击标准工具栏中的粘贴图标，或者执行菜单命令"Edit"→"Paste"，即可完成元件的粘贴，最常用的方法是直接使用快捷键"Ctrl"+"V"来完成此操作。

3. 元件属性的设置

Schematic 中所有的元件对象都具有自身的特定属性，在设计绘制原理图时常常需要设置元件的属性。对放置在图纸上的元件执行菜单命令"Edit"→"Change"，打开"Component Properties"（元件属性）对话框，然后进行编辑，如图 6-22 所示；或者在将元件放置在图纸上之前，按下"Tab"键，即可打开"Component Properties"（元件属性）对话框进行编辑。

（1）"Properties"（属性）选项组

1) Designator，用于设置元件在原理图中的流水序号。

2) Comment，用于设置元件的注释。

3) Description，用于元件属性的描述。

4) Unique Id，用于设置元件在设计文档中的 ID（具有唯一性）。

5) Type，用于选择元件类型。其中，"Standard"表示标准电气属性；"Mechanical"表示元件没有电气属性，但出现在 BOM 表中；"Graphical"表示元件不用于电气错误检查；"Tie Net in BOM"表示元件短接了两个或多个网络，且出现在 BOM 表中；"Tie Net"表示元件短接了两个或多个网络，且不出现在 BOM 表中；"Standard（No BOM）"表示该元件具有标准电气属性，但不出现在 BOM 表中。

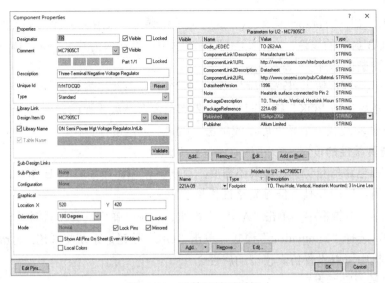

图 6-22 元件属性对话框

（2）"Library Link"选项组

1）"Design Item ID"选项，用来选择元件库中的元件名称。

2）"Library Name"复选框，用来选择元件库名称。

（3）"Sub-Design Links"选项组

该选项可以输入一个连接到当前原理图文件的子设计项目。

（4）"Graphical"选项组

该选项显示了当前元件的位置、旋转角度、填充颜色、线条颜色、引脚颜色等。

1）Location X、Y，用于修改 X、Y 位置的坐标，移动元件位置。

2）Orientation，用于设定元件的旋转角度，以旋转当前编辑的元件。

3）Show All Pins On Sheet（Even if Hidden），用于选择是否显示隐藏引脚。

4）Mode，用于选择元件的替代视图。

5）Local Colors，用于显示颜色修改，即进行填充颜色、线条颜色、引脚颜色的设置操作。

6）Lock Pins，用于锁定元件引脚，锁定后引脚无法单独移动。

（5）"Parameters"选项组

该选项组为元件参数项，如果选中了参数左侧的复选框，则会在图形上显示该参数的值。也可以单击"Add..."按钮添加参数属性，或者单击"Remove..."按钮移去参数属性；或者选中某项属性后，再单击"Edit..."按钮则可以对该属性进行编辑。

（6）"Models"选项组

该选项组为模型列表项，包含了封装类型、三维模块和仿真模型。

4. 元件封装属性的设置

在绘制原理图时，每个元件都应该具有封装模型。当绘制原理图时，对于不具有这些模型属性的元件，可以直接向元件添加这些属性。

在"Models"编辑框中，单击"Add..."按钮，系统会弹出选择模式对话框。在该对话的下拉列表中，选择"Footprint"模式，此时系统将弹出"PCB Model"对话框，在该对话框中可以设置 PCB 封装的属性。在"Name"编辑框中可以输入封装名，在"Description"编辑框中可以输入封装的描述。

单击"Browse"按钮可以选择封装类型，系统会弹出选择封装类型对话框，此时可以选择封装类型，然后单击"OK"按钮即可。如果当前没有装载需要的元件封装库，则可以单击对话框中的按钮 装载一个元件库，或单击"Find"按钮进行查找。

5. 元件仿真属性的设置

如果要进行电路信号仿真，那么还需要具有仿真模型。当生成 PCB 图时，如果要进行信号的完整性分析，则应该具有信号完整性模型的定义。

在"Models"编辑框中，单击"Add..."按钮，系统会弹出选择模式对话框，在该对话框的下拉列表中，选择"Simulation"模式，单击"OK"按钮，系统将弹出"Sim Model"对话框，在该对话框中可以设置仿真模型的属性。

6. 元件参数属性的设置

如果在元件的某一参数上双击鼠标左键，则会打开一个针对该参数属性的对话框。如在图 6-21 中双击"R?"，由于它是 Designator 流水序号属性，所以会出现对应的"Parameter Properties"（参数属性）对话框，如图 6-23 所示。可以通过此对话框设置其流水序号名称（"Name"框）；参数值、参数值的可见性以及是否锁定；X 轴和 Y 轴的坐标（"Location X"及"Location Y"编辑框）、旋转角度（"Orientation"选择框）、组件的颜色（"Color"框）、组件的字体（"Font"框）等更为细致的控制特性。

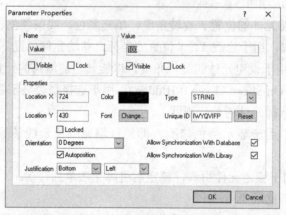

图 6-23 参数属性对话框

7. 元件的编号

元件放置排列完毕后需要对其进行编号，或在绘制完原理图后需要将原理图中的元件进行重新编号，即设置元件流水号。这可以通过执行"Tools"→"Annotate Schematic"命令来实现，这项工作由系统自动进行。执行此命令后，会出现图 6-24 所示的"Annotate"（标注）对话框，在该对话框中可以设置编号的方式。

（1）设置标注方式

1)"Schematic Annotate Configure"操作栏的各操作项用来设定编号的作用范围和方式。如果项目中包含多个原理图文件，则会在对话框中将这些原理图文件列出。

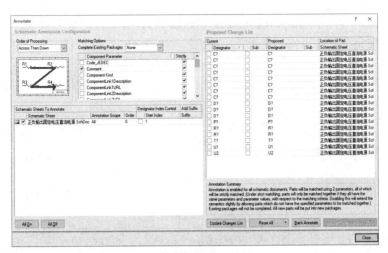

图 6-24 "标注"对话框

编号方式设置在图 6-24 所示的对话框左上角的选择列表中选择，每选中一种方式，均会在其中显示出这种方式的编号逻辑。"Matching Options"选择列表主要用来选择编号的匹配参数，可以选择对整个项目的原理图或者只对某张原理图进行编号。在"Start Index"编辑框中可填入起始编号，在"Suffix"编辑框中可填入编号的后缀。

2）"Proposed Change List"列表显示系统建议的编号情况。

（2）自动编号操作

在"Annotation"对话框中设置了编号方式后，就可以进行自动编号操作。

1）单击"Reset All"按钮，系统将会使元件编号复位；单击"Update Change List"按钮，系统将会按设定的编号方式更新编号情况，然后在弹出的对话框中单击"OK"按钮，确定编号，而且更新会显示在"Proposed Change List"列表中。

2）单击"Accept Changes（Create ECO）"按钮，系统将弹出如图 6-25 所示的"Engineering Change Order"（编号变化情况）对话框，在该对话框中可以使编号更新操作有效。

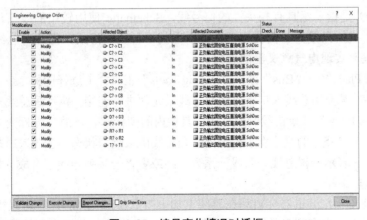

图 6-25 编号变化情况对话框

3）单击图 6-25 所示对话框中的"Validate Changes"按钮，可使变化操作有效，此时图形中元件的序号还没有显示出变化。

4）单击"Execute Changes"按钮，可真正执行编号的变化操作，此时图纸上的元件序号才会真正发生改变。单击"Report Changes"按钮,可查看元件的编号情况。

5)单击"Close"按钮完成流水号的改变。对图 6-21 所示的原理图进行自动编号后如图 6-26 所示。

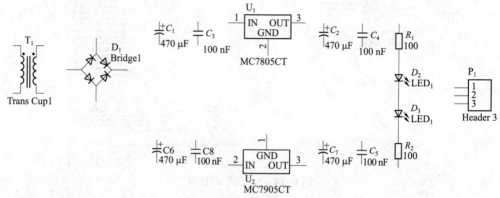

图 6-26　自动编号后的原理图

6.3.6　原理图的绘制

1. 绘制导线和总线

（1）放置导线

导线是原理图设计中最基本的电气对象,电路原理图中的绝大多数电气对象需要用导线进行连接。原理图设计中的导线指的是能通过电流的连接线,是具有电气意义的物理对象。

单击画原理图工具栏中的图标 ≈ ,或执行菜单命令"Place"→"Wire",此时,光标变成十字状,在指定位置单击,确定导线在窗口中的起点；然后移动光标在导线的终点处单击,确定导线终点；最后右击,完成一段导线的绘制。此时光标仍处于绘制导线状态,可继续绘制下一段导线。若绘制导线工作完成,可再一次右击,即退出绘制导线状态。

（2）放置总线

总线（Bus）是指一组具有相关性的信号线,Schematic 使用较粗的线条代表总线,它不具备电气连接意义,只是为了简化原理图而引入的一种表达形式,因此,总线必须配合总线入口和网络标签来实现电气意义上的连接。

执行命令"Place"→"Bus"或从"Wiring Tools"工具栏上选择图标 ,绘制数据总线。总线绘制结束后,需要用总线入口将总线与导线或元件进行连接。执行画总线出入的端口命令"Place"→"Bus Entry"或单击绘制原理图工具栏内的图标 ,此时,光标变成十字状,并且上面有一段 45°或 135°的线,表示系统处于画总线出入端口状态。总线入口是总线与导线或元件的连接线,它表示一根总线分开成一系列导线或者将一系列导线汇合成一根总线。

2. 放置节点

在绘制原理图时,编辑器会自动在连线上加上节点（Junction）,有时候需要手动添加,例如,默认情况下,十字交叉的连线是不会自动加上节点的。若要自行放置节点,可执行菜单命令"Place"→"Manual Junction"或单击电路绘制工具栏上的按钮 ,此时,编辑状态切换到放置节点模式,鼠标指针由空心箭头变为大十字状,并且中间还有一个小圆点。将鼠标指针指向欲放置节点的位置,然后单击即可。

3. 放置电源和接地符号

在电路原理图设计的过程中，还要为原理图放置电源与电源地。电源和接地元件可以使用实用工具栏中的电源及接地子菜单上对应的命令来选取，如图 6-27 所示。从该工具栏中可以分别输入常见的电源元件，在图纸上放置了这些元件后，用户还可以对其进行编辑。

通过菜单命令"Place"→"Power Port"也可以放置电源和接地元件，这时编辑窗口中会有一个随鼠标指针移动的电源符号，按"Tab"键，将会出现如图 6-28 所示的"Power Port"（电源端子）对话框，或者在放置了电源元件的图形上，双击电源元件或使用快捷菜单的"Properties"命令，也可以弹出"Power Port"对话框。

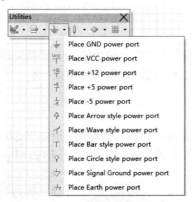 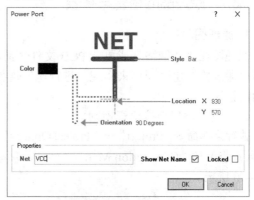

图 6-27 电源及接地子菜单　　　　　图 6-28 电源端子对话框

在对话框中可以编辑电源属性，在"Net"编辑框中可修改电源符号的网络名称；当前符号的放置角度为"270 Degrees"（就是270°），这可以在"Orientation"（方位）编辑框中修改；在"Location"编辑框中可以设置电源的精确位置；在"Style"栏中可选择电源类型，电源与接地符号在"Style"下拉列表框中有多种类型可供选择。

4. 放置网络标号

在电路原理图中，通常使用网络标签来简化电路。网络标签用来描述两条导线或者导线与元件引脚之间的电气连接关系，具有相同网络标签的导线或元件引脚等同于用一根导线直接连接，因此，网络标签具有实际的电气意义。

执行放置网络名称的命令"Place"→"Net Label"，或者使用鼠标单击绘制原理图工具栏中的图标 ；执行放置网络名称命令后，将光标移到放置网络名称的导线或总线上，光标上会产生一个小圆点，表示光标已捕捉到该导线，单击鼠标即可正确放置一个网络名称；然后，可将光标移到其他需要放置网络名称的位置，继续放置网络名称。

在网络标签处于悬浮状态下，按下键盘上的"Tab"键即可弹出"Net Label"属性对话框。在对话框中包括两个部分，对话框的上方用来设置网络标签的颜色、坐标和方向，对话框的下方"Properties"区域用来设置网络标签的名称和字体。

5. 放置输入/输出端口

对于电路原理图中任意两个电气节点来说，除了用导线和网络标签来连接外，还可以使用输入/输出端口（I/O 端口）来描述两个电气节点之间的连接关系。相同名称的输入/输出端口，在电气意义上是连接的。

执行输入/输出端口命令"Place"→"Port"或单击绘制原理图工具栏里的图标 后，光标变成十字状，并且在其上面出现一个输入/输出端口的图标；在合适的位置，光标上会出现一个圆点,表示此处有电气连接点,单击即可定位输入/输出端口的一端,移动鼠标使输入/输出端口的大小合适,再次单击,即可完成一个输入/输出端口的放置。

6. 放置 No ERC

放置 No ERC 的目的是在系统进行电气规则检查时,忽略对某些节点的检查,以避免在报告中出现错误或警告的提示信息。执行菜单命令"Place"→"directives"→"No ERC",或单击"Wiring"工具栏里的按钮×,即可完成"No ERC"的放置。可以在"No ERC"属性对话框中设置忽略 ERC 测试点的颜色、位置等参数。

6.3.7 原理图的检查与报表

1. 原理图的检查

原理图在生成网络表或更新 PCB 文件之前,需要测试用户设计的原理图的连接正确性,这可以通过检验电气连接来实现。进行电气连接的检查,可以找出原理图中的一些电气连接方面的错误。

(1) 设置电气连接检查规则

执行菜单命令"Project"→"Project Options",在弹出的项目选项对话框的"Error Reporting"(错误报告)和"Connection Matrix"(连接矩阵)选项卡中设置检查规则,分别如图 6-29、图 6-30 所示。

图 6-29 错误报告选项卡

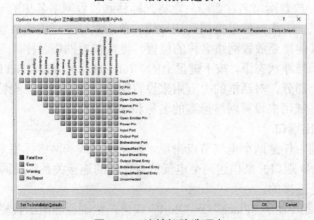

图 6-30 连接矩阵选项卡

其中,"Error Reporting"(错误报告)选项卡用于设置设计草图检查;"Connection Matrix"(连接矩阵)选项卡显示错误类型的严格性。

(2) 检查结果报告

当设置了需要检查的电气连接以及检查规则后,就可以对原理图进行检查。Altium Designer 原理图检查是通过编译项目来实现的,编译的过程中会对原理图进行电气连接和规则检查。

打开需要编译的项目,然后执行菜单命令"Project"→"Compile PCB Project"。当项目被编译时,任何已经启动的错误均将显示在设计窗口下部的"Messages"面板中。如果电路绘制正确,"Messages"面板应该是空白的。如果报告中给出错误,则需要检查电路并确认所有的导线和连接是否正确。

2. 原理图的报表

Altium Designer 提供了生成各种电路原理图报表的功能,这些原理图报表中存放了原理图的各种信息,能方便设计人员对电路进行校对、修改以及元器件的准备等工作。

(1) 网络表

网络表文件是原理图设计和印制电路板设计之间的接口。Altium Designer 系统中提供双向同步功能,即原理图设计向 PCB 设计转换的过程中不需要人工生成网络表,系统会自动创建网络表并实现元器件和网络表的装载以及原理图设计的同步更新。

执行菜单命令"Design"→"Netlist for Document"→"Protel"生成原理图文件网络表,执行菜单命令"Design"→"Netlist for Project"→"Protel"生成项目网络表,项目网络表和原理图文件网络表的组成和格式是完全一样的。Altium Designer 网络表文件是一个简单的 ASCII 码文本文件,其在结构上大致可分为元件描述和网络连接描述两部分。

(2) 元件清单报表

元件的列表主要用于整理一个电路或一个项目文件中的所有元件。它主要包括元件的名称、标注、封装等内容。

执行菜单命令"Reports"→"Bill of Material",弹出"Bill of Materials for Project"(项目材料清单)对话框,对话框中按一定次序列出了原理图设计项目中包含的所有元器件,如图 6–31 所示。如要显示元器件的其他信息,则勾选对话框左边"All Columns"区域中相应的复选框即可。

图 6–31 项目材料清单对话框

3. 原理图的打印输出

原理图绘制结束后，往往需要通过打印机输出，以供设计人员参考、备档。用打印机打印输出原理图时，首先要对页面进行设置，然后设置打印机，包括打印机的类型、纸张大小、原理图纸等内容。

（1）页面设置

执行菜单命令"File"→"Page Setup"，系统将弹出如图 6-32 所示的"Schematic Print Properties"（原理图打印属性）对话框。在这个对话框中需要设置打印机类型、选择目标图形文件类型、设置颜色等。

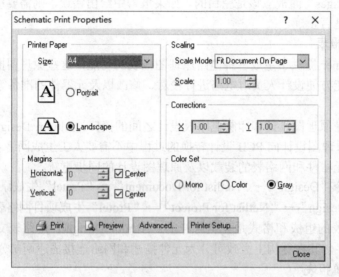

图 6-32　原理图打印属性对话框

1)"Size"选项，用来选择打印纸的大小，并设置打印纸的方向，包括"Portrait"（纵向）和"Landscape"（横向）两种。

2)"Scale Mode"选项，用来设置缩放比例模式，可以选择"Fit Document On Page"（文档适应整个页面）和"Scaled Print"（按比例打印）。

3)"Margins"选项组，用来设置页边距，分别可以设置水平和垂直方向的页边距，如果选中"Center"复选框，则不能设置页边距，默认采用中心模式。

4)"Color Set"选项组，用于输出颜色的设置，可以分别输出"Mono"（单色）、"Color"（彩色）和"Gray"（灰色）三种。

（2）打印预览

如果单击图 6-32 所示对话框中的"Preview"按钮，则可以对打印的图形进行预览。

6.4　PCB 设计基础

印制电路板（PCB）是重要的电子部件，是电子元件的支撑体，是电子元器件线路连接的提供者，是整个工程设计的最终目的。电路原理图设计得再完美，如果印制电路板设计得不合理，其性能也将大打折扣，甚至不能正常工作。制板厂家要参照用户设计的 PCB 图来进行印制电路板的生产。

6.4.1 PCB 设计流程

用 Altium Designer 设计印制电路板时，如果需要设计的印制电路板比较简单，可以不参照印制电路板设计流程而直接设计印制电路板，然后手动连接相应的导线，以完成设计。但在设计复杂的印制电路板时，可按照设计流程进行设计。

1. 设计原理图

电路原理图设计 PCB 的第一步是利用原理图设计工具先绘制好原理图文件。如果在电路图很简单的情况下，也可以跳过这一步直接进入 PCB 电路设计的步骤，并进行手工配线。

2. 定义元件封装

原理图设计完成后，将其加入网络表，系统会自动为大多数元件提供封装。但是对于用户自己设计的元件或者是某些特殊元件必须由用户自己定义或修改元件的封装。

3. PCB 图纸设置

设定 PCB 电路板的结构、尺寸、板层数目等，可以用系统提供的 PCB 设计模板设置，也可以手动设置。

4. 加载网络表

网络表是电路原理图和印制电路板设计的桥梁，只有将网络表和元件封装引入 PCB 系统后，才能进行印制电路板的自动配线。元件的封装就是元件的外形，对于每个装入的元件必须有相应的外形进行封装。加载后，系统将产生一个内部的网络表，形成飞线。

5. 元件布局

元件布局是由电路原理图根据网络表转换成的 PCB 图，规划好印制电路板并装入网络表后，用户可以让程序自动装入元件，并自动将元件布置在印制电路板边框内。一般的元件布局都不太规则，因此需要将元件进行重新布局。元件布局的合理性将影响到配线的质量。

6. 配线设置

元件布局设置好后，在实际配线之前，要进行配线规则的设置，例如安全距离、导线宽度等方面的设置。

7. 自动配线

设置好配线规则之后，可以用系统提供的自动配线功能进行自动配线。只要设置的配线规则正确、元件布局合理，Altium Designer 一般都可以成功地完成自动配线。

8. 手动配线

自动配线结束后，有可能因为元件布局或其他原因导致自动配线无法完全解决问题或产生配线冲突，即需要进行手动配线加以设置或调整。如果自动配线完全成功，则可以不必进行手动配线。在元件很少且配线简单的情况下，也可以直接进行手动配线。

9. 生成报表文件

印制电路板配线完成之后，可以生成相应的各类报表文件，例如元件清单、电路板信息报表等。

10. 文件打印输出

生成各类文件后，可以将各类文件打印输出并保存。

6.4.2　PCB 编辑界面

Altium Designer 09 系统的 PCB 设计环境主要包括菜单栏、工具栏、编辑窗口、工作面板与板层标签。执行菜单命令"File"→"New"→"PCB"来创建一个新的 PCB 文件。设计人员创建 PCB 文件后，系统将自动进入如图 6-33 所示的 PCB 编辑器界面。

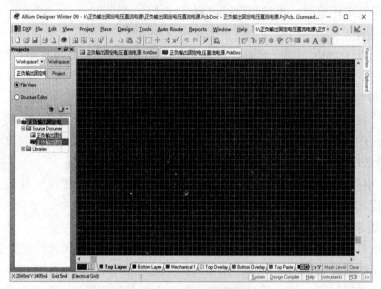

图 6-33　PCB 编辑器的界面

1. 菜单栏

PCB 编辑器的主菜单包括 12 个菜单项，见图 6-33。通过选择菜单栏内相应的命令操作，可为用户提供文档操作、编辑、界面缩放、项目管理、放置工具、设计参数设置、规则设置、板层设置、配线工具、自动配线、报表信息、窗口操作和帮助文件等功能。

2. 工具栏

工具栏中以图标按钮的形式列出了常用菜单命令的快捷方式，包括标准工具栏（PCB Standard Tools）、配线工具栏（Wiring Tools）、过滤（Filter）工具栏、导航（Navigation）工具栏和实用工具栏（Utilities Tools）5 个工具栏，用户可根据需要对工具栏中包含的命令项进行选择，并对其摆放位置进行调整。

（1）PCB 标准工具栏

Altium Designer 的 PCB 标准工具栏如图 6-34 所示，该工具栏可为用户提供缩放、选取对象等命令按钮。

图 6-34　PCB 标准工具栏

（2）配线工具栏

配线工具栏主要提供在 PCB 编辑环境中的一般电气对象的放置操作按钮，如图 6-35 所示。

（3）实用工具栏

实用工具栏又包括绘图工具栏、元件位置调整（Component Placement）工具栏、查找选择集（Find Selections）工具栏、尺寸标注（Dimensions）工具栏、放置元件集合（Room）定义工具栏和栅格设置菜单等，如图 6-36 所示。

图 6-35 配线工具栏

图 6-36 实用工具栏

3. 编辑窗口

编辑窗口是进行 PCB 设计的工作平台，用于进行与元件的布局和配线有关的操作。在编辑窗口中使用鼠标的左右按键及滚轮就可以灵活地查看、放大、拖动 PCB 板图，以方便用户进行编辑。

4. PCB 工作面板

PCB 工作面板是 PCB 设计中最为经常使用的工作面板。通过 PCB 工作面板可以观察到电路板上所有对象的信息，还可以对元件、网络等对象的属性直接进行编辑。

5. 板层标签

板层标签位于编辑窗口的下方，用于切换 PCB 编辑窗口当前显示的板层，所选中板层的颜色将显示在最前端，表示此板层被激活，用户的操作均应在当前的板层进行。

6.4.3　PCB 编辑系统设置

系统参数设置是 PCB 设计中非常重要的一步，包括印制电路板的选项设置、光标显示、层颜色、系统默认设置、PCB 设置等。

1. 印制电路板的图纸设置

执行菜单命令 Design→Board Options，系统将会弹出如图 6-37 所示的"Board Options [mil]"（印制电路板选项）对话框。其中包括移动栅格（Snap Grid）设置、电气栅格（Electrical Grid）设置、可视栅格（Visible Grid）设置、计量单位设置和图纸大小设置等。

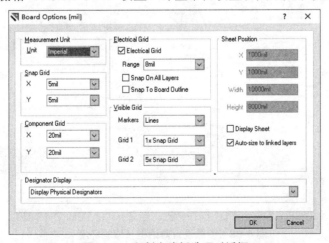

图 6-37 印制电路板选项对话框

（1）Measurement Units（度量单位）

用于设置系统的度量单位，系统提供了两种度量单位，即"Imperial"（英制）和"Metric"（公制）。

（2）Snap Grid（移动栅格）

主要用于控制工作空间中的对象移动栅格的间距，它是不可见的。光标移动的间距由在"Snap Grid"编辑框中输入的尺寸确定。

（3）Visible Grid（可视栅格）

用于设置可视栅格的类型和栅距。它主要包括"Lines"（线型）和"Dots"（点型）两种栅格类型。可视栅格可以用作放置和移动对象的可视参考，栅距可设置为细栅距和粗栅距，如图 6-37 所示的"Grid1"设置为 1 mil[①]，"Grid2"设置为 5 mil。

（4）Component Grid（组成栅格）

用于设置元件移动的间距，"X"用于设置 X 向移动间距，"Y"用于设置 Y 向移动间距。

（5）Electrical Grid（电气栅格）

用于设置电气栅格的属性，它的含义与原理图中电气栅格的含义相同。选中"Electrical Grid"复选框表示其具有自动捕捉焊盘的功能，"Range"（范围）用于设置捕捉半径。

（6）Sheet Position（图纸位置）

该操作选项用于设置图纸的大小和位置。"X""Y"编辑框用来设置图纸左下角的位置，"Width"编辑框用来设置图纸的宽度，"Height"编辑框用来设置图纸的高度。

2. 编辑环境参数设置

执行菜单命令"Tools"→"Preferences"，系统将弹出如图 6-38 所示的"Preferences"（参数）设置对话框。它包括"General"（常规）选项卡、"Display"（显示）选项卡、"Board Insight Display"选项卡、"Board Insight Modes"选项卡、"Board Insight Lens"选项卡、"Interactive Routing"选项卡、"Defaults"（默认）选项卡、"True Type Fonts"选项卡、"Mouse Wheel Configuration"选项卡、"Layers Colors"（层颜色）选项卡等。

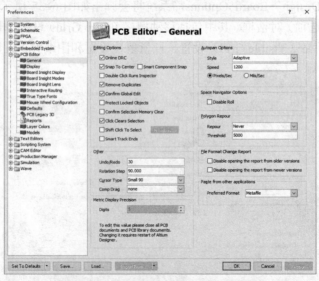

图 6-38 参数设置对话框（编辑环境）

---

① 1 mil=0.025 4 mm。

(1)"General"选项卡

"General"选项卡用于设置一些常用功能,包括 Editing Options(编辑选项)、Autopan Options(自动选项)、Polygon Repour(多边形推挤)、Interactive Routing(交互配线)和 Other(其他)设置等。

(2)"Display"选项卡

"Display"选项卡用于设置屏幕显示和元件显示模式,如高亮设置、图像极限设置等。

(3)"Board Insight Display"选项卡

"Board Insight Display"选项卡可以设置板的过孔和焊盘的显示模式,如单层显示模式以及高亮显示模式等。

(4)"Board Insight Modes"选项卡

"Board Insight Modes"选项卡可以设置板的显示模式,如是否显示仰视信息、字体大小、颜色等。

(5)"Board Insight Lens"选项卡

"Board Insight Lens"选项卡可以设置透镜模式,使用透镜显示模式时,可以把光标所在的对象使用透镜放大模式进行显示。

(6)"Interactive Routing"选项卡

"Interactive Routing"选项可以设置交互配线模式,如交互配线的基本规则以及其他与交互配线相关的模式等。

(7)"Defaults"选项卡

"Defaults"选项卡用于设置各个组件的系统默认设置,包括 Arc(圆)、Component(元件封装)、Coordinate(坐标)、Dimension(尺寸)、Fill(金属填充)、Pad(焊盘)、Polygon(敷铜)、String(字符串)、Track(导线)、Via(过孔)等。

6.4.4 电路板层面的设置

1. PCB 的分层

Altium Designer 09 可以设置 74 个板层,包含 32 层 Signal(信号层)、16 层 Internal Plane(内电源层)、16 层 Mechanical(机械层);2 层 Solder Mask(阻焊层)、2 层 Paste Mask(助焊层)、2 层 Silkscreen(丝印层)、2 层钻孔(钻孔引导和钻孔冲压)、1 层 Keep Out(禁止层)和 1 层 Multi-Layer(横跨所有的信号板层)。

(1)Signal Layers(信号层)

信号层即为铜箔层,主要用来完成电气的连接特性。Altium Designer 09 提供 32 层信号走线层,分别为 Top Layer、Bottom Layer、MidLayer1、MidLayer2、…、MidLayer30,各层均以不同颜色显示。

(2)Internal Planes(内电源层)

内电源层主要用于布置电源线及接地线。Altium Designer 09 提供 16 层 Internal Planes,分别为 Internal Layer1、Internal Layer2、…、Internal Layer16,各层均以不同颜色显示。如果用户绘制的是多层板,则用户可以执行菜单命令"Design"→"Layer Stack Manager"来设置内部平面层。

（3）Mechanical Layers（机械层）

机械层用来定义板轮廓、放置厚度、制造说明或其他设计需要的机械说明。Altium Designer 09 提供 16 层 Mechanical，分别为 Mechanical Layer1、Mechanical Layer2、…、Internal Layer16，各层均以不同颜色显示。制作 PCB 时，系统默认机械层只有一层。

（4）Mask Layers（掩膜层）

掩膜层主要用于保护铜线，也可以防止焊接到错误的地方。Altium Designer 09 提供 4 层 Mask Layers，分别为 Top Solder（顶层阻焊膜）、Bottom Solder（底层阻焊膜）、Top Paste（顶层助焊膜）与 Bottom Paste（底层助焊膜）。

（5）Silkscreen Layers（丝印层）

丝印层主要用于在印制电路板的上、下两表面上印刷所需要的标志图案和文字代号等，主要包括顶层丝印层（Top Overlay）、底层丝印层（Bottom Overlay）两种。

（6）Other Layers（其他工作层）

Altium Designer 除了提供以上的工作层以外，还提供以下的其他工作层：

1）Keep-Out Layer，用于设置是否禁止配线层，用于设定电气边界，此边界外不能配线。

2）Multi-Layer，用于设置是否显示复合层，如果不选择此项，过孔就无法显示。

3）Drill Guide，用于选择绘制钻孔导引层。

4）Drill drawing，用于选择绘制钻孔冲压层。

当进行工作层设置时，执行菜单命令"Design"→"Board Layers & Colors"，系统将弹出如图 6-39 所示的"View Configurations"（视图配置）对话框，其中会显示用到的信号层、平面层、机械层以及层的颜色和图纸的颜色。

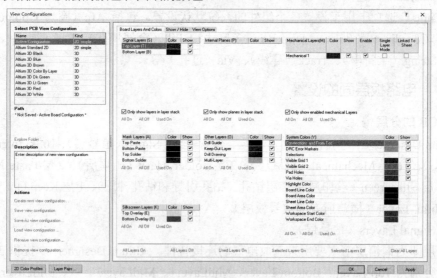

图 6-39　视图配置对话框

2. PCB 的层数设置

Altium Designer 提供层堆栈管理器来对各层的属性进行设置，在层堆栈管理器中，用户可以定义层的结构，并看到层堆栈的立体效果。对电路板工作层的管理，可以执行菜单命令"Design"→"Layer Stack Manager"，系统将弹出如图 6-40 所示的"Layer Stack Manager"（层堆栈管理器）对话框。

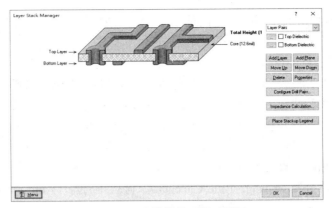

图 6-40　层堆栈管理器对话框

（1）"Add Layer" 按钮

用于添加中间信号层。

（2）"Add Plane" 按钮

用于添加内电源/接地层。

（3）"Top Dielectric" 复选框

用于在顶层添加绝缘层，单击其左边的按钮可以设置绝缘层的属性。

（4）"Bottom Dielectric" 复选框

用于在底层添加绝缘层。

（5）"Move Up" 和 "Move Down" 按钮

用于重新排列中间的信号层。

3. 工作层与颜色设置

PCB 编辑器内显示的各个板层具有不同的颜色，以便区分。如果查看 PCB 工作区的底部，会看见一系列层标签。在设计印制电路板时，Altium Designer 提供了多个工作层供用户选择，用户可以在不同的工作层上进行不同的操作。

当进行工作层设置时，执行菜单命令 "Design" → "Board Layers & Colors"，系统将弹出 "Board Layers & Colors" 对话框，使用该对话框可以显示、添加、删除、重命名及设置层的颜色。

6.4.5　电路板边框的设置

1. 电路板物理边框的设置

电路板的物理边界即 PCB 的实际大小和形状，板形的设置是在工作层面 Mechanical 1 上进行的，根据所设计的 PCB 在产品中的位置、空间大小、形状以及与其他部件的配合来确定 PCB 的外形与尺寸。其一般步骤如下：

1）单击编辑区下方的标签 "Mechanical 1"，即可将当前的工作层设置为 Mechanical 1。

2）执行菜单命令 "Place" → "line"，或单击绘图工具栏中相应的按钮，此时，光标变为十字状。将光标移动到合适的位置单击，即可确定第一条板边的起点。然后拖动鼠标，将光标移动到合适的位置再单击，即可确定第一条板边的终点。通常将板子的形状定义为矩形，也可以定义为圆形、椭圆形或者不规则的多边形。

3）当绘制的线组成一个封闭的边框时，即可结束边框的绘制。右击或按下"Esc"键即可退出操作。

2. 电路板电气边框的设置

设定了 PCB 的物理边框后，还需要设定 PCB 的电气边框才能进行后续的配线工作。电气边框是通过在禁止配线层（Keep-Out Layer）绘制边界来实现的。禁止配线层是一个特殊的工作层面，其中所有的信号层对象，包括焊盘、过孔、元器件、导线等，都被限定在电气边框之内。理论上讲，电气边框的尺寸应该略小于物理边界，但在实际设计时，通常使电气边框与板的物理边界相同，设置电气边框时，必须确保轨迹线和元件不会距离边界太近，该轮廓边界为设计规则检查器（Design Rule Checker）、自动布局器（Auto placer）和自动配线器（Auto router）所用。定义电气边界的一般步骤如下：

1）单击编辑区下方的标签"Keep-Out Layer"，即可将当前的工作层设置为"Keep-Out Layer"。该层为禁止配线层，一般用于设置电路板的边界，以将元件限制在这个范围之内。

2）执行菜单命令"Place"→"Keep out"→"Track"，或单击绘图工具栏中相应的按钮。

3）执行该命令后，光标变成十字状。将光标移动到合适的位置单击，即可确定第一条板边的起点。然后拖动鼠标，将光标移动到合适的位置再单击，即可确定第一条板边的终点。

4）用同样的方法绘制其他 3 条板边，并对各边进行精确编辑，使之首尾相连。

实际设计 PCB 时，也可以只设定电气边框而不设定物理边框，具体加工时是以电气边框为准。

6.5 PCB 的设计

6.5.1 PCB 的配线工具

印制电路板编辑系统提供了强大的配线工具栏和绘图工具栏。

1. 交互配线

执行交互配线命令"Place"→"Interactive Routing"或单击配线工具栏中的按钮 执行交互配线命令。执行配线命令后，光标变成十字状，将光标移到所需的位置单击，确定网络连接导线的起点，然后将光标移到导线的下一个位置单击，即可绘制出一条导线。完成一次配线后右击，即可完成当前网络的配线，光标变成十字状，此时可以继续进行其他网络的配线。在放置导线时，可按"Tab"键打开"Interactive Routing For Net II [mil]"（交互配线设置）对话框，如图 6-41 所示。

（1）Via Hole Size（过孔尺寸）

用来设置板上过孔的孔直径。

（2）Width from user preferred Value（导线宽度）

用来设置配线时的导线宽度。

（3）Apply to all layers（适用于所有层）

选中后所有层均使用这种交互配线参数。

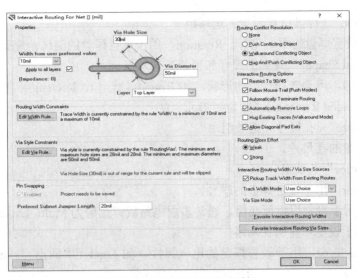

图 6-41 交互配线设置对话框

(4) Via Diameter（过孔的外径）

用来设置过孔的外径。

(5) Layer（层）

用来设置导线所在层。

2. 放置焊盘

执行命令菜单"Place"→"Pad"或单击绘图工具栏中的按钮放置焊盘。执行该命令后，光标变成十字状，将光标移到所需的位置单击，即可将一个焊盘放置在该处。将光标移到新的位置，按照上述步骤，再放置其他焊盘。在此命令状态下，按下"Tab"键，弹出如图 6-42 所示的"Pad [mil]"（焊盘属性）对话框。

图 6-42 焊盘属性对话框

（1）"Location"（焊盘位置设置）选项组

X/Y，用于设置焊盘的中心坐标。Rotation，用于设置焊盘的旋转角度。

（2）"Size and Shape"（焊盘的尺寸和形状）选项组

Shape（形状），用于选择焊盘的形状，如 Round（圆形）、Rectangle（矩形）、Octagonal（八角形）和 Rounded Rectangle（圆角矩形）。

（3）"Hole Size"（孔尺寸）选项组

用于设置焊盘的孔尺寸。

（4）"Properties"选项组

1）Designator，用于设定焊盘的序号。

2）Layer，用于设定焊盘所在层。通常多层电路板焊盘层为 Multi-Layer。

3）Net，用于设定焊盘所在网络。

4）Electrical Type，用于设置焊盘的电气属性，如 Load（中间点）、Source（起点）和 Terminator（终点）。

5）Locked，该属性被选中时，焊盘被锁定。

6）Plated，用于设定是否将焊盘的通孔孔壁加以电镀。

7）Jumper ID，用于为焊盘提供一个跳线连接 ID，从而可以用作 PCB 的跳线连接。

3. 放置过孔

执行菜单命令"Place"→"Via"或单击绘图工具栏中的按钮放置过孔，执行命令后，光标变成十字状，将光标移到所需的位置单击，即可将一个过孔放置在该处。将光标移到新的位置，按照上述步骤，再放置其他过孔。双击鼠标右键，光标变成箭头状，退出该命令状态。在放置过孔时按"Tab"键，会弹出如图 6-43 所示的"Via [mil]"（过孔属性）对话框。

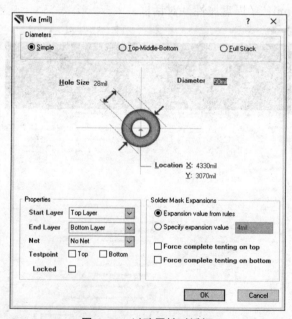

图 6-43 过孔属性对话框

（1）"Diameters"选项组

选择"Simple"选项可以设置过孔的大小（Hole Size）、直径（Diameter）以及 X/Y 的位置；选择"Top-Middle-Bottom"选项需要指定在顶层、中间层和底层的过孔直径大小；选择"Full Stack"选项可以单击"Edit Full Pad Layer Definition"按钮进入过孔层编辑器。

（2）"Properties"选项组

可以设置过孔的电气属性。

1）Start Layer，用于设定过孔穿过的开始层。

2）End Layer，用于设定过孔穿过的结束层。

3）Net，用于设定过孔是否与 PCB 的网络相连。

4）Locked，用于设定过孔锁定。

4. 设置补泪滴

执行菜单命令"Tools"→"Teardrops"进行补泪滴，通过焊盘和过孔等可以进行补泪滴设置。

5. 放置填充

执行菜单命令"Place"→"Fill"或单击绘图工具栏中的按钮放置填充。填充可以有效地提高电路板信号的抗电磁干扰能力。

6. 放置敷铜

执行菜单命令"Place"→"Polygon Pour"或单击绘图工具栏中的按钮放置敷铜，弹出如图 6-44 所示的"Polygon Pour [mil]"（放置敷铜属性）对话框。敷铜用于为大面积电源或接地敷铜，以增强系统的抗干扰性能。

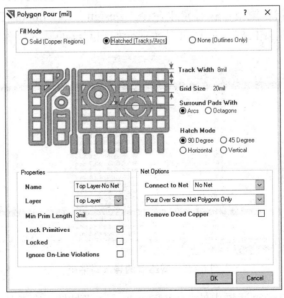

图 6-44 放置敷铜属性对话框

7. 放置字符串

执行菜单命令"Place"→"String"或单击绘图工具栏中的按钮 A 放置字符串。绘制印制电路板时，常常需要在板上放置字符串。在光标变成十字状时，按"Tab"键，系统弹出字符串属性对话框，可用来设置字符串的内容、所在层和格式等。

6.5.2 导入网络表信息

1. 导入准备

要将原理图中的设计信息转换到新的空白 PCB 文件中,首先应完成如下几项准备工作:

1)对项目中所绘制的电路原理图进行编译检查、验证设计,并确保电气连接的正确性和元器件封装的正确性。

2)确认与电路原理图和 PCB 文件相关联的所有元件库均已加载,保证原理图文件中所指定的封装形式在可用库文件中都能找到并可以使用。PCB 元器件库的加载和原理图元器件库的加载方法完全相同。

3)在当前设计的项目中包含有新的空白 PCB 文件。

2. 网络表的导入

Album Designer 中的原理图编辑器和 PCB 编辑器中都提供了设计同步器,使用原理图编辑器中的设计同步器不但可以实现网络与元器件封装的装入操作,而且可以随时对相应的 PCB 中的设计进行更新。同样,通过 PCB 编辑器中的设计同步器也可以对相应原理图中的设计进行更新,这就实现了完全的设计同步,并充分保证了原理图与 PCB 之间的数据一致性。下面以图 6-18 所示电路为例说明网络表的导入。

1)打开所建的 PCB 工程文件"正负输出固定电压直流电源电路"。

2)在原理图编辑环境下,执行菜单命令"Design"→"Update PCB Document 正负输出固定电压直流电源电路.PcbDoc",装入原理图的网络和元件,系统会弹出如图 6-45 所示的对话框。或者在 PCB 编辑环境下,执行菜单命令"Design"→"Import Changes From 正负输出固定电压直流电源电路.PrjPcb",同样可以实现元件和网络的装入操作。

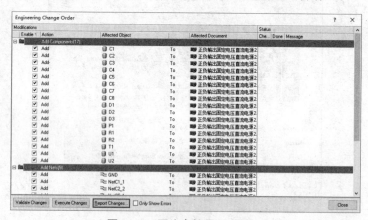

图 6-45 网络表的导入对话框

3)单击图 6-45 所示对话框中的"Validate Changes"按钮,检查其工程变化顺序(ECO),并使工程变化顺序有效。

4)单击"Execute Changes"按钮,接收工程变化顺序,并将元件封装和网络表添加到 PCB 编辑器中。如果 ECO 存在错误,即检查时存在错误,则装载不能成功。

5)单击"Close"按钮,实现装入网络表与元件,结果如图 6-46 所示。

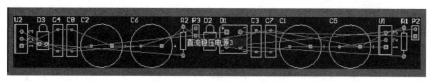

图 6-46 装入网络表与元件

6.5.3 PCB 的布局

在完成网络表的导入以后，元件已经显示在工作窗口中了，此时就可以开始元件的布局。Altium Designer 提供了强大的 PCB 自动布局功能，用户只要定义好规则，就可以将重叠的元件封装分开，然后再放置到规划好的布局区域进行合理的布局。

1. 元件的自动布局

在 PCB 编辑环境下，元件的自动布局步骤如下：

1）导入网络表，设定自动布局参数。执行菜单命令"Design"→"Rules"，系统弹出"PCB 规则约束编辑器"对话框，设置自动布局参数。

2）在禁止配线层设置配线区。

3）执行菜单命令"Tools"→"Component Placement"→"Auto Player"，系统弹出"Auto Place"（自动布局设置）对话框，如图 6-47 所示。PCB 编辑器提供了两种自动配线方式，即分组布局方式和统计布局方式，每种方式使用不同的计算和优化元件位置的方法。

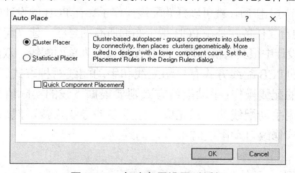

图 6-47 自动布局设置对话框

（1）"Cluster Placer"（分组布局方式）选项

分组布局方式将元件按连通属性分为不同的元件束，并且将这些元件按照一定的几何位置布局。这种布局方式适用于元件数量较少（小于 100 个）的 PCB 制作中。

（2）"Statistical Placer"（统计布局方式）选项

统计布局方式使用统计算法来放置元件，以便使其连接长度达到最优化，使元件间用最短的导线来连接。一般如果元件数量超过 100 个，建议使用统计布局方式，如图 6-48 所示。

1）Group Components，用于将在当前网络中连接密切的元件归为一组。

2）Rotate Components，依据当前网络连接与排列的需要，使元件重组转向。

3）Automatic PCB Update，用于自动更新 PCB 的网络和元件信息。

4）Power Nets，用于定义电源网络名称。

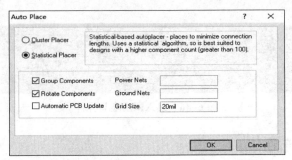

图 6-48 自动布局设置对话框（统计布局方式）

2. 元件手动布局

自动布局仅仅是将元件封装放置到 PCB 板上，自动布局之后的 PCB 板的合理性和美观性均有所欠缺，无法让设计者满意，也无法进行下面的配线操作。为了制作出高质量的 PCB 板，在自动布局完成后，设计者有必要根据整个 PCB 板的工作特性、工作环境以及某些特殊方面的要求，进一步进行手工调整。

元件的手动布局过程很简单，只需单击需要移动的元件，并将其拖拽到所需的位置放手即可。元件布局完成后，接下来应将每个元件的器件标识符通过拖拽的方法放置在靠近元件的适当位置，以方便阅读和查找。

6.5.4 PCB 的配线

在完成电路板的布局工作后，就可以开始配线操作了。在 PCB 的设计中，配线是完成产品设计的重要步骤。配线的首要任务就是在 PCB 板上布通所有的导线，建立起电路所需的所有电气连接，这在高密度 PCB 设计中很具有挑战性。PCB 配线可分为单面配线、双面配线和多层配线。

Altium Designer 的 PCB 配线方式有自动配线和手动配线两种方式。采用自动配线方式时，系统会自动完成所有的配线操作；手动配线方式则要根据飞线的实际情况手工进行导线连接。实际配线时，可以先用手动配线的方式完成一些重要的导线连接，然后再进行自动配线，最后再用手动配线的方式修改自动配线时不合理的连接。

1. 自动配线

在 PCB 编辑环境下，元件的自动配线步骤如下：

1）完成了 PCB 板元件布局规则的设置之后，还需要对自动配线规则进行设置。执行菜单命令"Design"→"Rules"，系统弹出"PCB 规则约束编辑器"对话框，用来设置自动配线参数。

2）执行菜单命令"Auto Route"→"All"，系统弹出"Situs Routing Strategies"（配线策略）对话框，如图 6-49 所示。在该对话框的"Routing Strategy"选项组中可以选择配线策略。

3）单击"Route All"按钮，执行自动配线命令，系统将对电路板自动进行配线。

执行自动配线的方法主要有全局配线、对选定网络进行配线、对两连接点进行配线、对指定元件进行配线、对指定区域进行配线、对指定的类进行配线、对指定的 Room 空间内的所有对象进行配线等。

2. 手动配线

Altium Designer 提供了许多有用的手动配线工具，使配线工作变得非常容易。尽管自动配线器提供了一个简易而强大的配线方式，但在绝大多数情况下，设计者还需要用手工完成布局、放置、配线、调整等操作。系统为用户提供了丰富的图元放置和调整工具，如放置导线、焊盘、过孔、字符串、尺寸标注，或者绘制直线、圆弧等，这些操作可通过前文所述的配线工具栏和实用工具栏所提供的快捷操作或命令完成。

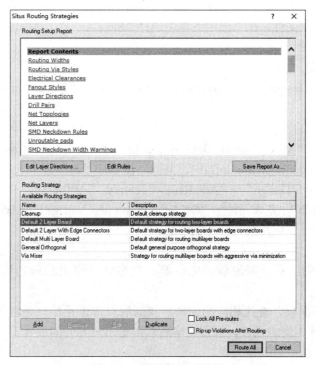

图 6-49　配线策略对话框

3. 3D 效果图

Altium Designer 具有 PCB 的 3D 显示功能，使用该功能可以显示 PCB 清晰的三维立体效果图，不用附加高度信息，元件、丝网、铜箔均可以被隐藏，并且用户可以随意进行旋转、缩放、改变背景的颜色等操作。在 3D 效果图上，用户可以看到将来的 PCB 板全貌，因此可以在设计阶段就把一些错误改正过来，从而缩短设计周期并降低成本。PCB 的 3D 显示可以通过执行菜单命令"View"→"Board in 3D"来实现。

6.6　PCB 设计实例

6.6.1　电路原理图的绘制

以图 6-18 所示的正负输出固定电压直流电源电路为例，完成电路原理图的绘制。

1. 新建工程项目文件

新建工程项目文件"正负输出固定电压直流电源电路"，其步骤如下：

1）执行菜单命令"File"→"New"→"Project"→"PCB Project"。

2）右击项目名称"PCB Project1.PrjPcb"，在弹出的菜单中选择"Save Project As…"，

接着在弹出的对话框中输入上面的工程项目名称，最后单击"保存"按钮。

2. 新建原理图文件

在上述工程项目下，新建一个名为"正负输出固定电压直流电源电路．SchDoc"的原理图文件，其步骤如下：

1）执行菜单命令"File"→"New"→"Schematic"。

2）右击该原理图文件，在弹出的菜单中选择"Save As…"，然后输入文件名称，最后单击"保存"按钮。

3. 设置图纸参数

执行菜单命令"Design"→"Document Options"，弹出"Document Options"对话框，设置相关参数。

4. 加载元件库

添加元件集成库"Miscellaneous Devices. IntLib""Miscellaneous Connectors. IntLib""ON Semi Power Mgt Voltage Regulator. IntLib"，其操作步骤如下：

1）执行菜单命令"Design"→"Add/Remove Library..."→"Install"→"ON Semi Power Mgt Voltage Regulator. IntLib"，完成元件库"ON Semi Power Mgt Voltage Regulator. IntLib"的安装。

2）用相同的方法完成其余元件库的安装。

5. 放置元件

放置电路中的变压器、整流桥、电阻器、电容器、集成稳压器等元件，其操作步骤如下：

1）打开元件库面板，查找相应的元件，找到后双击该元件，并将其拖动到原理图编辑窗口，单击依次放置相同的元件，放置完毕后右击退出该元件的放置。

2）用相同的方法放置其他元件。

6. 编辑属性

双击原理图上的元件进行属性编辑，或者在放置元件悬挂于鼠标上时，按下"Tab"键进行设置。

7. 排列元件

选中需要调整的元件，执行菜单命令"Edit"→"Align"，在弹出的菜单中选择需要执行的命令排列元件。

8. 自动编号

执行菜单命令"Tools"→"Annotate Schematic"，弹出"Annotate"对话框，在该对话框中，选择"Down Then Across"编号方式，完成元件的自动编号。

9. 导线连接

按图 6-18 所示完成导线的连接。

10. 放置节点

执行菜单命令"Place"→"Manual Junction"，在需要节点的位置完成节点的放置。按"Tab"键，弹出属性对话框，可以进行修改节点的颜色、大小等操作。

11. 设置检查规则

本例的检查规则设置采用默认形式。

12. 原理图编译

执行菜单命令"Project"→"Compile PCB Project 正负输出固定电压直流电源电路．

PrjPcb",系统自动进行编译,然后编译结果显示在"Messages"面板中。若原理图编译有错,系统将会自动弹出"Messages"面板,双击错误栏,系统会自动跳转到原理图的错误位置并突出显示。修改原理图后重新进行编译,直到"Messages"面板上没有任何错误信息。

13. 生成网络表

执行菜单命令"Design"→"Netlist For Projec"→"Protel",系统自动生成当前项目的网络表文件,并保存在当前项目的"Generated Netlist Files"文件夹下。双击该网络表,即可打开查看网络表文件的内容。

14. 报表打印输出

(1)元件清单打印输出

执行菜单命令"Reports"→"Bill of Material",首先单击"Report"按钮,弹出报单预览对话框,然后单击"Export"按钮,就可以用"EXL"形式保存该清单,最后单击"Print"按钮,弹出打印设置对话框。

(2)原理图打印输出

执行菜单命令"File"→"Page Setup",弹出"Schematic Print Properties"(原理图打印属性)对话框,如图 6-50 所示,可设置打印纸张的大小、方向等参数。单击"Printer Setup..."按钮,弹出打印机设置对话框,设置完成后单击"OK"按钮。

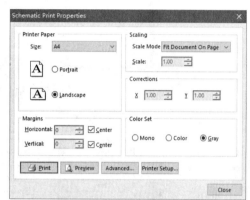

图 6-50 原理图打印属性对话框

6.6.2 PCB 的设计

1. 新建 PCB 文件

在 6.6.1 中所建的 PCB 项目"正负输出固定电压直流电源电路"中,新建名为"正负输出固定电压直流电源电路.PcbDoc"的 PCB 文件,其操作步骤如下:

1)右击项目名称"正负输出固定电压直流电源电路.PrjPcb",在弹出的菜单中选择"Add New to Project"命令,选择"PCB"后单击,新建空白 PCB 文档。

2)右击项目名称"PCB.PcbDoc",在弹出的菜单中选择"Save As..."命令,再在弹出的对话框中输入上述 PCB 名称,单击"保存"按钮。

3)此时在该工程中存在两个文档,分别为"正负输出固定电压直流电源电路.SchDoc"原理图文档和"正负输出固定电压直流电源电路.PrjPcb"PCB 文档,如图 6-51 所示。

2. 设置环境参数

度量单位设置为 Metric(公制),捕捉网格设置为 X——0.1 mm、Y——0.1 mm,元件网格设置为 X——0.254 mm、Y——0.254 mm,电气网格设置为 0.20 mm,可视网格设置为默认。

1)执行菜单命令"Design"→"Board Options...",弹出"Board Options [mm]"(环境参数设置)对话框,如图 6-52 所示。在弹出的对话框中设置上述参数,设置完成后单击"OK"按钮。

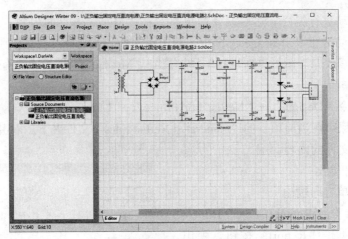

图 6-51 建立 PCB 工程

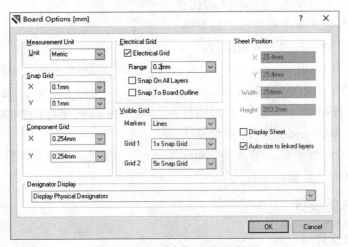

图 6-52 环境参数设置对话框

3. 设置工作层

设置电路板的工作层，包括设置信号层顶层、信号层底层、禁止配线层、机械层 1、底层丝印层、顶层丝印层和多层，其操作步骤如下：

1）执行菜单命令"Design"→"Board Layers & Colors..."。

2）在弹出的"View Configuration"（视图配置）对话框中的"Board Layers And Colors"（工作层设置）选项卡设置上述工作层，如图 6-53 所示。

4. 设置电路边框

绘制电路板的电气边框（禁止配线层）为 85 mm×40 mm，其操作步骤如下：

1）将工作层切换到 Keep Out Layer（禁止配线层）。

2）执行菜单命令"Edit"→"Origin"→"Set"，在平面上合适的位置单击，确定相对坐标原点。

3）执行菜单命令"Place"→"Line"，绘制边框。

5. 加载网络表

加载网络表，把原理图信息导入到 PCB 文件中，其操作步骤如下：

1）执行菜单命令"Design"→"Import Changes From 正负输出固定电压直流电源电

路.PrjPcb",弹出图 6-45 所示的"Engineering Change Order"对话框。

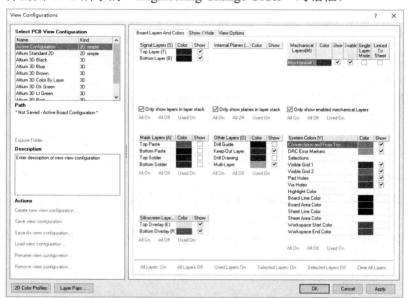

图 6-53 视图配置对话框中的工作层设置

2）单击左下角的"Validate Changes"按钮，系统将检查所有更改是否有效。如果有效，将在右边"Check"栏内打勾；如果无效，则在"Cheek"栏内打上红色的叉。

3）单击左下角的"Execute Changes"按钮，系统将自动执行所有变化，并在右边的"Done"栏中打勾。若执行成功，单击"Close"按钮，原理图信息就被全部送到 PCB 板上。

6. 手工布局

手工布局，即利用鼠标把元件移到 PCB 板上合适的位置。

7. 设置配线规则

设置底层配线，分别设置电源线宽度、地线宽度、一般配线宽度，其操作步骤如下：

1）执行菜单命令"Design"→"Rules"，单击展开的"Routing"，可见其中包括 8 项规则。

2）右击"Routing"下的"Routing Layers"选项，单面板配线层选择"Bottom Layer"选项。

8. 自动配线

将 PCB 图中的飞线变成铜模导线。

1）执行菜单命令"Auto Route"→"All..."，系统弹出"Situs Routing Strategies"对话框，采用默认设置，单击"Route All"按钮即可进行配线操作。

9. 手动配线

自动配线后的 PCB 通常需要一定的手工调整，以符合实际的工艺要求和美观要求，其操作步骤如下：

1）单击删除原有的配线。执行菜单命令"Tools"→"Un-Route"→"Connection"，光标变成十字状，单击需要删除的导线即可将其删除，右击可退出删除状态。

2）执行菜单命令"Place"→"Interactive Routing"，在需要配线的位置根据飞线提示绘制导线。

10. 重新定义板形

根据实际的需要，设置电路板的几何尺寸。执行菜单命令"Design"→"Board Shape"→

"Redefine Board Shape"。

11. 生成三维视图

生成三维视图，可以预览电路板。执行菜单命令"View"→"Board in 3D"。

12. 报表打印输出

（1）输出 PCB 信息

执行菜单命令"Report"→"Board Information"，输出 PCB 信息。

（2）输出网络状态报表

执行菜单命令"Report"→"Netlist Status"，系统自动生成网络状态报表。网络状态报表列出了每一个网络的名称、配线所处的工作层以及网络的完整走线长度。

（3）生成制造文件

1）执行菜单命令"File"→"Fabrication Outputs"→"Gerber Files"，生成光绘文件"Gerber Files"。

2）执行菜单命令"File"→"Fabrication Outputs"→"NC Drill Files"，生成数控钻孔文件"NC Drill Files"。

（4）打印印制电路板图

执行菜单命令"File"→"Page Setup..."，打印印制电路板图。

6.7 实训项目

1. 实训概述

如图 6-54 所示的多路直流稳压电源电路，其输入为 AC 220 V 电压，输出为 DC 5 V 和 12 V 电压，主要由变压器、二极管整流桥和三端稳压集成电源模块 7805、7812、7912，以及外围电容器、电阻器组成。其中 7805 为+5 V 三端集成稳压器，7812 为+12 V 三端集成稳压器，7912 为-12 V 三端集成稳压器。

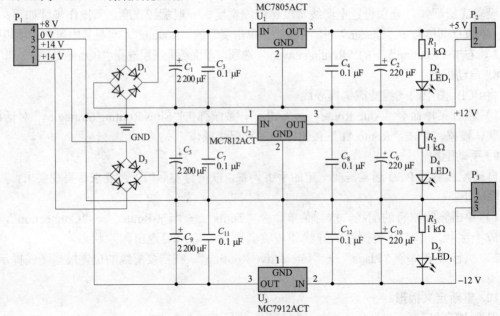

图 6-54 多路直流稳压电源电路

2. 实训内容

1）建立工程文件。

2）绘制电路原理图。

3）绘制 PCB 板图。

4）打印原理图、PCB 板图、物料报表与 PCB 板图的 3D 视图。

课 后 习 题

6-1　简述印制电路板的组成。

6-2　简述印制电路板的作用。

6-3　简述印制电路板的特点。

6-4　简述印制电路板的分类。

6-5　查阅资料，了解 Altium Designer 目前的最新版本，简述 Altium Designer 09 以后版本的特点。

6-6　简述电路原理图的主要功能及设计步骤。

6-7　简述印制电路板的主要设计步骤。

第 7 章
电子产品的组装与调试工艺

【内容提要】
　　电子产品的组装是将各种电子元器件、机电元件及结构件，按照设计要求装联在规定的位置上，组成具有一定功能的完整电子产品的过程。电子产品组装的目的是以较合理的结构安排、最简化的工艺步骤，实现整机的技术指标，并制造出稳定可靠的产品。本章通过对具体电子产品的组装，学习简单的电子产品的结构组成、组装工艺流程与印制电路板的安装，培养学生的动手能力及严谨的工作作风。

7.1　电子产品组装概述

7.1.1　组装工艺概述

　　电子产品的组装就是将构成整机的各零部件、插装件以及单元功能整件（如各机电元件、印制电路板、底座以及面板等），按照设计要求，进行装配、连接，组成一个具有一定功能的、完整的电子整机产品的过程，以便进行整机调整和测试。
　　电子产品组装的主要内容包括电气装配和机械装配两大部分。电气装配部分包括元器件的布局，元器件、连接线安装前的加工处理，各种元器件的安装、焊接，单元装配，连接线的布置与固定等工作。机械装配部分包括机箱和面板的加工，各种电气元件固定支架的安装，各种机械连接和面板、控制器件的安装，以及面板上必要的图标、文字符号的喷涂等工作。

7.1.2　装配级别与要求

1. 装配级别
　　按组装级别来分，整机装配按元件级，插件级，插箱板级和箱、柜级顺序进行组装，如图 7–1 所示。
　　（1）元件级组装
　　用于电路元器件、集成电路的组装，是组装中的最低级别。其特点是元器件的结构不可分割。
　　（2）插件级组装
　　用于组装和互连装有元器件的印制电路板或插件板等。

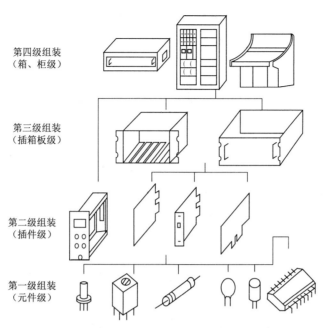

图 7-1　电子产品的装配级别

（3）插箱板级组装

用于安装和互连插件或印制电路板部件。

（4）箱、柜级组装

主要是通过电缆及连接器互连插件和插箱，并通过电源电缆送电构成独立的、有一定功能的电子仪器、设备和系统。

在电子产品的装配过程中，先进行元件级组装，再进行插件级组装、插箱板级组装，最后是箱、柜级组装。在较简单的电子产品装配中，可以把第三级和第四级组装合并完成。

2. 装配顺序

整机联装的目的是利用合理的安装工艺以实现预定的各项技术指标。电子产品整机的总装有多道工序，这些工序的完成顺序是否合理，直接影响到产品的装配质量、生产效率以及产品质量。整机安装的基本顺序是：先轻后重、先小后大、先铆后装、先装后焊、先里后外、先下后上、先平后高、易碎易损件后装，上道工序不得影响下道工序的安装。

7.1.3　装配工艺流程

整机装配工艺过程根据产品的复杂程度、产量大小等方面的不同而有所区别。但总体来看，其包括装配准备、部件装配、整机装配、整机调试、整机检验、包装出厂等几个环节，如图 7-2 所示。

1. 装配准备

装配准备主要是为部件装配和整机装配做材料、技术和生产组织等方面的准备工作。

（1）技术资料的准备工作

技术资料的准备工作是指工艺文件、必要的技术图样等的准备，特别是新产品的生产技术资料，更应准备齐全。

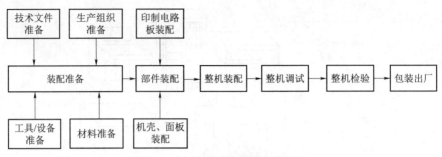

图 7–2　电子产品的装配工艺流程

（2）生产组织准备

生产组织准备是指根据工艺文件确定工序步骤和装配方法，并进行流水线作业安排、人员配备等。

（3）工具和设备准备

在电子产品的装配中，常用的手工工具有适用于一般操作工序的必需工具，如电烙铁、剪刀、斜口钳、尖头钳、平口钳、剥线钳、镊子与旋具等；用于修理的辅助工具，如电工钻、锉刀、电工钳、刮刀和金工锯等；装配后进行自查的计量工具及仪表，如直尺、游标卡尺和万用表等。

在电子产品的装配中，用于大批量生产的专用设备有元件刮头机、切线剥线机、自动插件机、普通浸锡炉、波峰焊接机、烫印机等。

（4）材料准备

材料准备工作是指按照产品的材料工艺文件进行购料备料，再完成协作零、部、整件的质量抽检、元器件质检、导线和线扎加工、屏蔽导线和电缆加工、元器件引线成形与搪锡、打印标记等工作。

2. 部件装配

部件是电子产品中的一个相对独立的组成部分，由若干元器件、零件装配而成。部件装配是整机装配的中间装配阶段，是为了更好地在生产中进行质量管理，更便于在流水线上组织生产。部件装配质量的好坏直接影响到整机的质量。在生产工厂中，部件装配一般在生产流水线上进行，有些特殊部件也可由专业生产厂家提供。

（1）印制电路板装配

一般电子产品的部件装配主要是印制电路板装配。

（2）机壳、面板装配

产品的机壳、面板构成产品的主体骨架，其既要安装部分零部件，同时也对产品的机内部件起到保护作用，以保证使用、运输和维护方便；并且具有观赏价值的优美外观又可以提高产品的竞争力。

3. 整机装配

整机是由经检验合格的材料、零件和部件连接紧固而形成的具有独立结构或独立用途的产品。整机装配又叫整机装联或整机总装。一台收音机的整机装配，就是把装有元器件的印制电路板机芯，装有调谐器件、扬声器、各种开关和电位器的机壳、面板组装在一起的过程。整机装配后还需进行调试，经检验合格后才能最终成为产品。

4. 整机调试

调试工作包括调整和测试两个部分，调整主要是指对电路参数的调整，即对整机内可调元器件及与电气指标有关的调谐系统、机械传动部分进行调整，使之达到预定的性能要求。测试则是在调整的基础上，对整机的各项技术指标进行系统的测试，使电子产品的各项技术指标符合规定的要求。

5. 整机检验

整机检验主要是指对整机电气性能方面的检查。检查的内容包括各装配件（印制板、电气连接线）是否安装正确，是否符合电气原理图和接线图的要求，导电性能是否良好等。

6. 包装出厂

包装是电子整机产品总装过程中保护和美化产品及促进销售的环节。电子整机产品的包装，通常着重考虑方便运输和储存两方面。合格的电子整机产品经过合格的包装，就可以入库储存或直接出厂投向市场，从而完成整个总装过程。

7.1.4 印制电路板的组装

由于印制电路板在整机结构中具有许多独特的优点而被大量的使用，因此，在当前的电子产品组装中是以印制电路板为中心展开的，印制电路板的组装是电子产品整机组装的关键环节。

印制电路板的组装是根据设计文件和工艺文件的要求，将电子元器件按一定规律插装在印制基板上，并用紧固件或锡焊等方式将其固定的装配过程。印制电路板主要有两方面的作用，就是实现电路元器件的电气连接和作为元器件的机械支撑体组织元器件的机械固定。通常将没有安装元器件的印制电路板叫作印制基板，印制基板的两侧分别叫作元件面和焊接面。元件面用来安装元件，元件的引出线以通孔插装的方式通过基板插孔，在焊接面的焊盘处通过焊接实现电气连接和机械固定。

1. 元器件引线成形

元器件引线在成形前必须进行预加工处理，主要包括引线的校直、表面清洁及搪锡三个步骤。预加工处理的要求是引线处理后，不允许有伤痕、镀锡层均匀、表面光滑、无毛刺和焊剂残留物。

引线成形工艺就是根据焊点之间的距离，做成需要的形状，目的是使它能迅速而准确地插入孔内。

2. 元器件安装的技术要求

1）元器件的标志方向应按照图纸规定的要求，且安装后能看清元器件上的标志。
2）元件的极性不得安装错误，安装前应套上相应的套管。
3）安装高度应符合规定要求，同一规格的元器件应尽量安装在同一高度上。
4）安装顺序一般为先低后高、先轻后重、先易后难、先一般元件后特殊元件。
5）元器件在印制板上分布应尽量均匀、疏密一致、排列整齐美观，不允许斜排、立体交叉和重叠排列。元器件外壳和引线不得相碰，要保证它们之间有 1 mm 左右的安全间隙。
6）元器件的引线直径与印制焊盘孔径应有 0.2～0.4 mm 的合理间隙。
7）一些特殊元器件的安装处理，如 MOS 集成电路的安装应在等电位工作台上进行，以免静电损坏器件。发热元件（如 2 W 以上的电阻）要与印制板面保持一定的距离，不允许贴面安装，较大元器件的安装应采取固定（如绑扎、粘贴、支架固定等）措施。

3. 元器件在印制板上的安装方法

元器件在印制板上的安装方法有手工安装和机械安装两种，前者简单易行，但效率低、错装率高。后者安装速度快、误装率低，但设备成本高，且引线成形要求严格。它一般包括以下几种安装形式。

（1）贴板安装

贴板安装的安装形式如图 7-3 所示，适用于防振要求高的产品。元器件应贴紧印制基板面，安装间隙小于 1 mm。当元器件为金属外壳，且安装面又有印制导线时，应加垫绝缘衬垫或绝缘套管。

（2）悬空安装

悬空安装的安装形式如图 7-4 所示，适用于发热元件的安装。元器件距印制基板面要有一定的距离，安装距离一般为 3～8 mm。

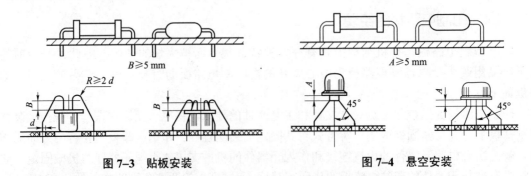

图 7-3　贴板安装　　　　　图 7-4　悬空安装

（3）垂直安装

垂直安装的安装形式如图 7-5 所示，适用于安装密度较高的场合。其元器件应垂直于印制基板面，但大质量细引线的元器件不宜采用这种形式。

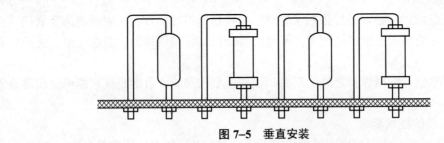

图 7-5　垂直安装

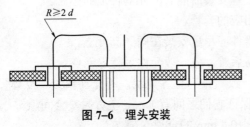

图 7-6　埋头安装

（4）埋头安装

埋头安装的安装形式如图 7-6 所示。这种方式可提高元器件的防振能力，并降低安装高度。由于元器件的壳体埋于印制基板的嵌入孔内，因此又称为嵌入式安装。

（5）有高度限制时的安装

有高度限制时的安装形式如图 7-7 所示。元器件安装高度的限制一般在图纸上是标明的，通常处理的方法是垂直插入后，再朝水平方向弯曲。对大型元器件要特殊处理，以保证其有足够的机械强度，经得起振动和冲击。

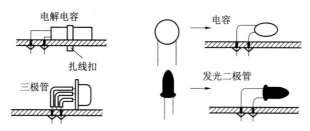

图 7-7 有高度限制时的安装

（6）支架固定安装

支架固定安装的安装形式如图 7-8 所示。这种方式适用于质量较大的元件，如小型继电器、变压器、扼流圈等，一般用金属支架在印制基板上将元件固定。

4. 印制电路板的组装工艺流程

（1）手工装配工艺流程

在产品的样机试制阶段或小批量试生产时，印制板装配主要靠手工操作，即操作者把散装的元器件逐个装接到印制基板上，如图 7-9 所示。

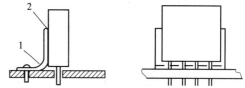

图 7-8 支架固定安装
1—支架；2—黏合剂

手工装配使用灵活方便，广泛应用于各道工序或各种场合，但其速度慢、易出差错、效率低，不适应现代化生产的需要。

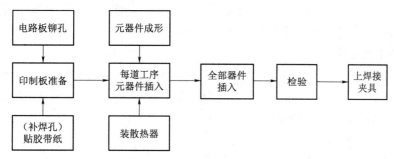

图 7-9 手工装配工艺流程

（2）自动装配工艺流程

自动装配一般使用自动或半自动插件机和自动定位机等设备，工艺流程如图 7-10 所

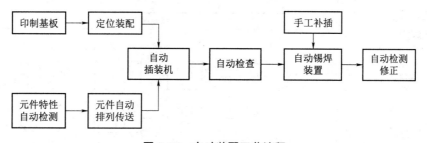

图 7-10 自动装配工艺流程

示。经过处理的元器件装在专用的传输带上，间断地向前移动，保证每一次有一个元器件进到自动装配机装插头的夹具里，插装机自动完成切断引线、引线成形、移至基板、插入、弯角等动作，并发出插装完成的信号，并使所有装配回到原来的位置，准备装配第二个元件。

7.2 调试工艺概述

1. 调试的内容

（1）通电前的检查

通电前的检查主要是发现和纠正比较明显的安装错误，避免盲目通电可能造成的电路损坏。通常检查的项目有电路板各焊接点有无漏焊、桥接短路；连接导线有无接错、漏接、断线；元器件的型号是否有误、引脚之间有无短路现象。有极性元器件的极性或方向连接是否正确；是否存在严重的短路现象，电源线、地线是否接触可靠。

（2）通电调试

通电调试一般包括通电观察、静态调试和动态调试等几个方面。先通电观察，然后进行静态调试，最后进行动态调试；对于较复杂的电路调试通常采用先分块调试，然后再进行总调试的方法。有时还要进行静态和动态的反复交替调试，才能达到设计要求。

（3）整机调试

整机调试是在单元部件调试的基础上进行的。各单元部件的综合调试合格后，再装配成整机或系统。整机调试的内容包括：外观检查、结构调试、通电检查、电源调试、整机统调、整机技术指标综合测试及例行试验等。

2. 调试的工艺流程

电子整机因为各自单元电路的种类和数量不同，所以在具体的测试程序上也不尽相同。通常调试的一般程序是：接线通电→调试电源→调试电路→全参数测量→环境试验→整机参数复调。具体的调试工艺流程如图 7-11 所示。

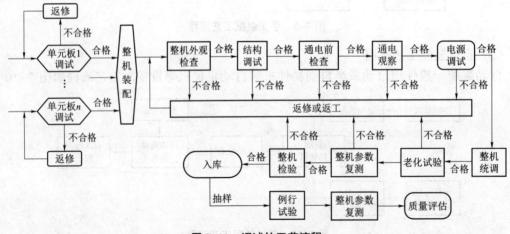

图 7-11 调试的工艺流程

(1) 整机外观检查

整机外观检查主要检查外观部件是否完整，拨动、调整是否灵活。以收音机为例，应检查天线、电池夹子、波段开关、刻度盘、旋钮、开关等项目。

(2) 结构调试

结构检查主要检查内部结构装配的牢固性和可靠性。例如电视机电路板与机座安装是否牢固，各部件之间的接插座有无虚接。

(3) 通电前检查

在通电前应检查电路板上的接插件是否正确、到位，检查电路中元器件及连线是否接错，注意晶体管管脚、二极管方向、电解电容极性是否正确，检查有无短路、虚焊、错焊、漏焊等情况，测量核实电源电压的数值和极性是否正确。

(4) 通电观察

通电后，应观察机内有无放电、打火、冒烟等现象，有无异常气味，各种调试仪器指示是否正常。如发现异常现象，应立即断电检查，待正常后才可进行下一步调试。

(5) 电源调试

电源调试的内容主要是测试各输出电压是否达到规定值，电压波形有无异常或质量指标是否符合设计要求等。通常先在空载状态下进行调试，其目的是防止因电源未调好而引起的负载部分的电路损坏。对于开关型稳压电源，应该加假负载进行检测和调整。

(6) 整机统调

各单元电路、部件调整完毕后，再把所有的部件及印制电路板全部插上，进行整机统调，检查各部分连接有无影响，以及机械结构对电气性能的影响等。在调整过程中，应对各项参数分别进行测试，使测试结果符合技术文件规定的各项技术指标。整机调试完毕后，应紧固各调整元件。

(7) 通电老化试验

电子产品在测试完成之后，一般要进行整机通电老化试验，目的是提高电子产品工作的可靠性。

(8) 整机参数复测

整机经通电老化后，其各项技术性能指标会有一定程度的变化，通常还需进行参数复调，使交付使用的产品具有最佳的技术状态。

(9) 整机检验

经过上述调试步骤的整机为了达到设计技术要求，必须经过严格的技术检验。不同类型的整机有不同的技术指标及相应的测试方法，按照国家对该类电子产品的规定进行处理。

(10) 例行试验

例行试验主要包括环境试验和寿命试验，环境试验是一种检验产品适应环境能力的方法。寿命试验是用来考察产品寿命规律的试验。例行试验的样品机应在检验合格的整机中随机抽取。

7.3 实训项目

7.3.1 DS-22 收音机读图实训

1. 实训任务

DS-22 调频调幅收音机是典型的教学电子产品，其调频（FM）波段采用集成电路，调幅（AM）波段采用分立元件电路，功放电路独立设计而成。它具有声音清晰、灵敏度高、选择性好、耗电量小等特点，并具有电源指示、外接 DC 电源、耳机输出等功能。DS-22 调频调幅收音机采用直流 3 V 电源供电，整机静态工作总电流约为 20 mA，FM 波段接收频率为 87～108 MHz，AM 波段接收频率为 530～1 600 kHz，输出功率大于 350 mW。阅读图 7-12、图 7-13，了解典型收音机的电路，掌握超外差收音机的基本工作原理。

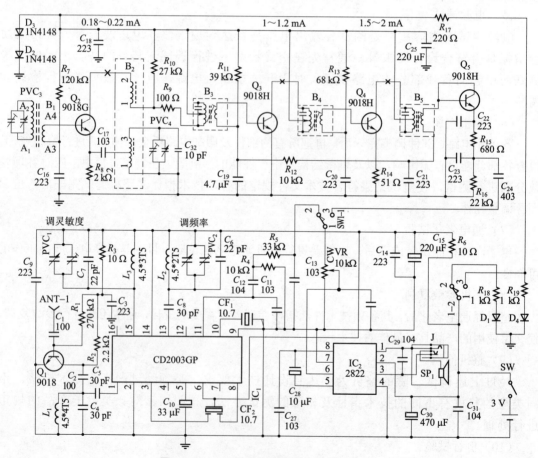

图 7-12 DS-22 调频调幅收音机电路原理

2. AM 波段电路

DS-22 调频调幅收音机 AM 波段的电路是典型的超外差式收音机接收电路。由输入电路、变频电路（混频器和本振）、中频放大电路、检波电路、自动增益控制（AGC）电路、低频放大电路等组成。电路组成框图和各部分的波形如图 7-14 所示，其电路原理如图 7-15 所示。

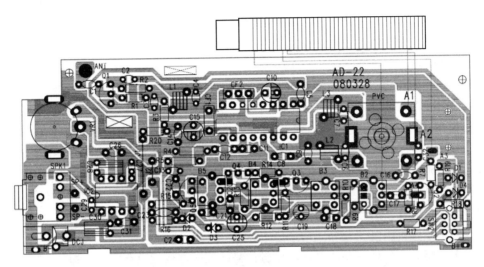

图 7-13 DS-22 调频调幅收音机印制电路板

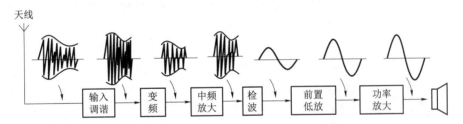

图 7-14 典型超外差式 AM 收音机组成框图

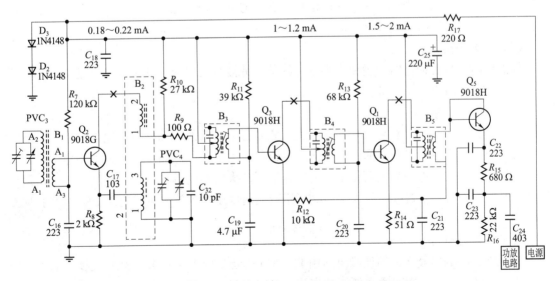

图 7-15 DS-22 调频调幅收音机 AM 波段电路原理

(1) 输入调谐电路

输入调谐电路主要由磁棒、磁棒线圈和可变电容器组成。磁棒有聚集空间电磁波的功能，使磁棒上的线圈感应出许多不同频率的电动势（每一个频率的电动势都对应着一个广播电台信号）。若某一感应电动势所对应的信号频率等于磁棒线圈与可变电容器组成的串联谐振频率，则该频率的信号将以最大电压传送给变频级。

(2) 变频电路

变频电路由本机振荡电路、混频电路和选频电路组成，其主要作用是将磁性天线接收下来的高频信号变换成固定的 465 kHz 中频信号。

本机振荡电路的作用是产生一个频率比接收到的电台信号高出 465 kHz 的高频等幅信号。混频电路的作用是将输入调谐回路接收到的高频信号 $f_{外}$ 与本机振荡器产生的高频等幅信号 $f_{振}$ 进行混频，输出许多新的频率信号，如差频信号 $f_{振}-f_{外}$、和频信号 $f_{振}+f_{外}$ 等，其中和频、差频信号的包络线仍然与 $f_{外}$ 信号包络线一样。选频电路的作用就是选择出需要的 $f_{振}-f_{外}=$ 465 kHz 的中频信号，然后耦合到下一级进行电路处理，而把其余不需要的信号滤掉。选频的主要元件是中频变压器。

由于下一级电路仅处理 465 kHz 的中频信号，因而在变频电路中，本振信号频率一旦确定，接收的外来信号频率也就确定了。这就是说，超外差收音机接收什么频率的电台信号是由超外差收音机中的本机振荡频率决定的，即 $f_{外}=f_{振}-465$（kHz）。中波段接收频率范围为 525～1 605 kHz，这时对应本机振荡器的低端频率 $f_{低}$、$f_{高}$ 分别为：

$$f_{低}=525\ kHz+465\ kHz=990\ kHz（可变电容器全部旋进）$$

$$f_{高}=1\ 605\ kHz+465\ kHz=2\ 070\ kHz（可变电容器全部旋出）$$

即本机振荡频率范围为 990～2 070 kHz。

(3) 中频放大电路

中频放大电路主要由中频变压器（中周）和高频三极管组成。其作用是把变频级送来的中频信号再进行一次检查，只让 465 kHz 的中频信号通过，并送到三极管进行放大，然后将放大了的中频信号再送到检波器检波。

(4) 检波电路

检波电路也称解调电路，主要由半导体器件和滤波网络组成。其主要作用是从人耳听不见的中频信号中检出音频信号。

(5) 低频放大电路

低频放大电路是放大音频信号的放大器，它是由前置低放和功率放大电路组成的。前置低放的主要作用是将检波得到的微弱音频信号进行放大，使之能向功率放大电路提供足够的推动功率。功率放大电路的主要作用是将来自前置放大电路的音频信号进行功率放大，然后推动喇叭发出声音。本机低频放大电路是采用双通道低压功率放大集成电路 CD2822CP 独立设计的。

3. FM 波段电路

DS-22 调频调幅收音机的调频电路由 FM/AM 收音集成电路 CD2003GP 及少量的外围器件构成，其功放电路采用双通道低压功率放大集成电路 CD2822CP 独立设计而成。

调频广播接收电路也常采用超外差工作方式，由输入电路、高频放大电路、变频电路（混频器和本振)、中频放大器、限幅器、鉴频器、自动频率控制（AFC）、前置低放和功率放大电路等组成，其电路组成框图和各部分的波形如图 7-16 所示。

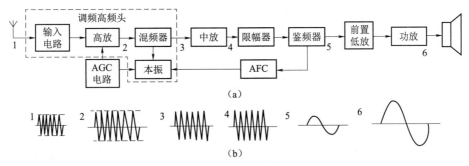

图 7-16 典型 FM 收音机的组成框图及波形
(a) 组成框图；(b) 波形

天线将接收到的许多电台发射出的高频调频信号波，送到输入回路，经调谐回路选择后，再将所要收听的电台的信号，送到高频放大器进行放大，将放大后的信号与本机振荡产生的高频等幅信号同时送到混频器中（本机振荡频率比外来信号频率高 10.7 MHz），利用晶体管的非线性进行变频，再由选频回路选出 10.7 MHz 的差频信号，送到中频放大器去放大。经中频放大后的信号被送到限幅器，削去调频波幅度的变化以提高抗干扰能力，然后，将信号送到鉴频器，鉴频的作用与检波相似，都是解调的过程。电台发射信号时，为减小高频成分的损失而加重了高频成分的幅度（预加重），为真实地重现原调制信号，还原时必须降低高频成分的幅度，即去加重。然后经低放、功放，由扬声器还原成声音。

其电路原理如图 7-17 所示，拉杆天线接收到的 FM 高频信号被送到 CD2003GP 的 1 脚，经 FM 高放后，由 15 脚外接的调谐网络进行选频，选出一套调频广播信号，送到 FM 混频电路，与本振信号混频后产生 10.7 MHz 的中频信号由 CD2003GP 的 3 脚输出，经 CF_2 选频后送入 CD2003GP 的 8 脚，由 8 脚内部的 FM 中放电路进行放大，再由 FM 鉴频器进行鉴频，产生音频信号，经内部 FM/AM 切换开关后，从 11 脚输出，送至功放电路。

7.3.2 DS-22 收音机元器件检测实训

1. 实训任务

对 DS-22 调频调幅收音机套件中的元器件进行检测，并对照电气原理图确认各类元器件的主要参数及性能，确保所用元器件的性能良好，参数合适。

2. 元器件检测

1）检测电阻器（R）。

2）检测电位器（VR）。检查电位器开关的好坏可用万用表电阻挡测量电位器上开关 K 的两个焊片，如图 7-18 所示。旋动电位器转柄，使开关接通或断开，当开关打开时，万用表正常读数的阻值为零欧姆，开关关断时其正常阻值为无穷大。

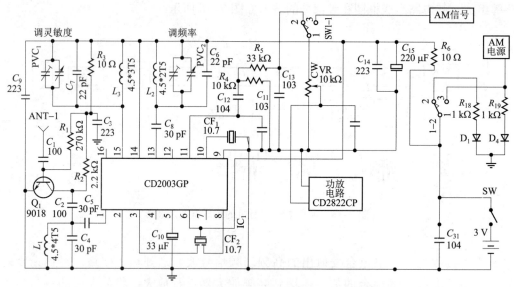

图 7-17 DS-22 调频调幅收音机 FM 波段电路原理

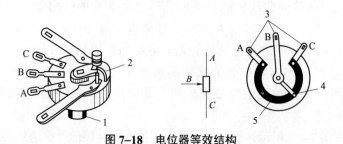

图 7-18 电位器等效结构
1—开关；2—转柄；3—焊片；4—活动臂；5—电阻片

3）检测电容器（$C_1 \sim C_{22}$）。

4）检测四联电容器。四联电容器是四组可调电容器同轴联动输出电容的可变电容器，旋转轴柄时，四组电容的容量同时变化，其定片与动片间都是绝缘的，如图 7-19 所示。用万用表测量，四联的动片旋至任何位置，它们之间都不应有漏电或直通。四联电容的每一联都有一微调电容与之并联，对于微调电容也用上述方法进行检验。

5）检测电感线圈。

6）检测 AM 磁性天线。收音机中磁性天线的作用是接收空间电磁波，其结构是在一根磁棒上绕两组线圈，如图 7-20 所示。

7）检测中频变压器、振荡线圈。中频变压器俗称中周，在超外差式收音机中，中频变压器主要用作选频和中放电路中级间耦合与阻抗匹配。中频变压器及振荡线圈各引出端与屏蔽罩间的绝缘电阻较大，初次级线圈间的绝缘电阻应不小于 10 MΩ。用万用表测量时，其标头指针应不摆动，若指针指向 0 位，则表示绕组之间或绕组与屏蔽罩之间短路。

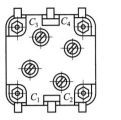 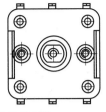 

图 7-19　四联电容器的结构　　　　图 7-20　AM 磁性天线的结构

8）检测三极管。

9）检测集成电路。

① 收音机集成电路 CD2003GP。CD2003GP 是一块双极型调频调幅收音机集成电路，采用 DIP16 的封装形式，其电路框图如图 7-21 所示，引脚功能如表 7-1 所示。CD2003GP 包含了 AM/FM 收音机从天线输入至音频功率输出的全部功能，其推荐工作电源电压为 1.8～7.0 V，使用一块集成电路及少量外围元件就可组装成低电压微型 FM/AM 收音机。

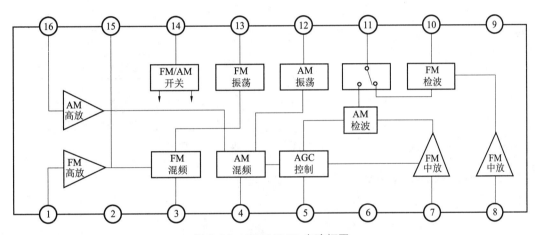

图 7-21　CD2003GP 电路框图

表 7-1　CD2003GP 引脚功能

引脚	符号	功能	引脚	符号	功能
1	IN_{FMR}	FM 射频输入	9	GND_{OUT}	输出回路地
2	GND_{IN}	输入回路地	10	QUAD	移相网络
3	OUT_{FMM}	FM 混频输出	11	OUT_{DET}	检波输出
4	OUT_{AMM}	AM 混频输出	12	OSC_{AM}	AM 振荡
5	AGC	AGC 控制	13	OSC_{FM}	FM 振荡
6	V_{CC}	电源	14	SW	AM/FM 控制
7	IN_{AMI}	AM 中频输入	15	TUN_{FM}	FM 调谐
8	IN_{FMI}	FM 中频输入	16	IN_{AMR}	AM 射频输入

② 功率放大电路 CD2822CP。CD2822CP 是一块双通道低电压功率放大电路,采用 DIP8 的封装形式,其电路框图如图 7-22 所示,引脚功能如表 7-2 所示,适于在小型便携式放音机和收音机中作音频功率放大。其推荐电源电压为 1.8～7.0 V,特别适合在低电源电压下工作,静态电流小、交越失真小,可用于 BTL 或双通道两种工作方式。

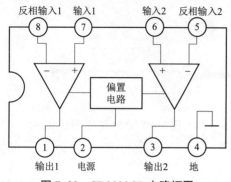

图 7-22　CD2822CP 电路框图

表 7-2　CD2822CP 引脚功能

引出端序号	功能	符号	引出端序号	功能	符号
1	1 通道输出	1OUT	5	2 通道反相输入	2IN-
2	电源	V_{CC}	6	2 通道同相输入	2IN+
3	2 通道输出	2OUT	7	1 通道同相输入	1IN+
4	地	GND	8	1 通道反相输入	1IN-

10)扬声器。正常扬声器的磁性强,且纸盒近外圈较软而薄,近音圈的中央较硬而厚,用手平衡地推动纸盒,手感柔和,但有较大的弹性。扬声器的标称阻抗为交流阻抗,用万用表测得的是音圈的直流电阻,一般音圈的直流电阻要比标称阻抗小。

7.3.3　DS-22 收音机组装实训

1. 实训任务

对 DS-22 调频调幅教学收音机进行组装,组装对于保证整机安全可靠的运行是至关重要的,具体要求如下:

1)保证电性能的导通与绝缘,电气连接的通与断,是电子产品组装的核心。
2)保证足够的机械强度,能经得起振动、运输及反复操作的考验。
3)保证传热、电磁等方面的要求。
4)符合操作习惯及美观的要求。

2. 装焊准备

1)元器件的识别与分类。
2)元件引线上锡。
3)元件引脚弯制成形。引脚成形就是根据焊点之间的距离,将其做成需要的形状,目的是使元器件能迅速而准确地插入孔内。利用尖嘴钳将元器件的引脚整直,然后根据安装的要求将元器件的引脚弯曲成一定的形状。在整形的过程中,切忌弯曲元器件的根部,而且还要让元器件的有关标识朝外,以便观察和检修。
4)元件的插放。元器件安装后应能看清元件上的标志,安装元器件的极性不得装错,同一规格的元器件应尽量安装在同一高度上。元器件在印制板上的分布应尽量均匀、疏密一致、排列整齐美观，不允许斜排、立体交叉和重叠排列。元器件外壳和引线不得相碰，要保证安全间隙。二极管、电解电容要注意极性；电阻插放时要求读数方向排列整齐，横排的必须从左向右读，竖排的还须从下向上读，保证读数一致。

3. 电路板装焊

为了提高焊接质量，便于清点元器件，防止元器件被遗漏，要按照一定的装配次序进行合理装配。收音机的装配顺序有很多种，这里提供一种参考装配次序。

（1）安装引线

安装引线 J_1、J_2 并焊接，适当弯制，贴板安装。

（2）安装电阻器

安装电阻 $R_1 \sim R_{19}$ 并焊接，其色环方向应保持一致，进行卧式安装并焊接。

（3）安装二极管

安装二极管 D_2、D_3 并焊接，应立式安装，注意极性。

（4）安装瓷片电容

安装电容 C_1、C_2、C_3、C_4、C_5、C_6、C_7、C_8、C_9、C_{11}、C_{12}、C_{13}、C_{14}、C_{16}、C_{17}、C_{18}、C_{20}、C_{21}、C_{22}、C_{23}、C_{24}、C_{26}、C_{27}、C_{29}、C_{31}、C_{32} 并焊接，注意安装高度。

（5）安装滤波器

安装滤波器 CF_1、CF_2 并焊接，应紧贴电路板安装。

（6）安装电感器

安装空心电感器 L_1、L_2、L_3 并焊接，应紧贴电路板安装，注意保持形状。

（7）安装集成电路

安装集成电路 IC_1、IC_2 并焊接，应紧贴电路板安装，注意引脚排列。

（8）安装转换开关、耳机插座、DC 插座

注意焊接时间不要太长，以免变形。

（9）安装三极管

安装三极管 Q_1、Q_2、Q_3、Q_4、Q_5，注意安装高度，注意引脚极性。

（10）安装中周

安装 B_2（红）、B_3（黄）、B_4（白）、B_5（绿）并焊接，应紧贴电路板安装。

（11）安装电位器

安装电位器 VR 并焊接，应紧贴电路板安装，并且要端正。

（12）安装电解电容器

安装电容器 C_{10}、C_{15}、C_{19}、C_{25}、C_{28}、C_{30} 并焊接，应紧贴电路板安装，注意极性，其中 C_{28}、C_{30} 要卧倒安装。

（13）安装四联电容器（PVC）

注意该元件两个扁脚的宽度大小，应对应电路板的方孔大小安装。

（14）安装发光二极管

安装发光二极管 D_1、D_4，注意极性及安装高度。

（15）装焊天线线圈

分别将已镀上焊锡的两个绕组的线头焊在电路板上，注意天线线圈的原边、副边，焊接天线的镀锡接头。

（16）装焊扬声器引线、电源引线、FM 天线引线

焊接扬声器引线 SP+、SP-，电源引线 0 V、+3 V，天线引线 TX。

4. 前机壳的安装

1）调谐旋钮的安装、固定。

2）电位器旋钮的安装、固定。

3）波段开关的安装。

4）天线支架的安装。

5）电池仓的安装、固定。

6）电路板安装在前机壳，并用螺钉固定。

7）安装电池极片、焊接电源引线。

5. 后机壳的安装

连接 FM 天线，安装后机壳。

7.3.4　DS-22 收音机调试实训

1. 实训任务

对上述安装的 DS-22 调频调幅教学收音机进行调试，具体包括基板调试、整机调试与整机性能测试等。

1）基板调试，包括外观检查、静态调试和动态调试。

2）整机调试，包括外观检查及结构调试、开口试听、中频复调以及外差跟踪统调。

3）整机性能测试，包括中频频率、频率范围、单信号选择性和最大有用功率等的测试。

2. 外观检查

印制电路板安装焊接完毕后，在通电之前必须对电路板进行认真细致的检查，以便发现和纠正明显的安装焊接错误，避免盲目通电可能造成的电路损坏。其重点检查的项目如下：

1）电源的正、负极是否接反，有无短路现象，电源线和地线是否接触可靠。

2）元器件的型号是否有误，引脚之间有无短路现象。有极性的元器件，如二极管、晶体管、电解电容、集成电路等的极性或方向是否正确。

3）连接导线有无接错、漏接、断线等现象。

4）电路板各焊接点有无漏焊、桥接短路等现象。

3. 静态检测

（1）整机电阻测量

为了防止由于收音机元件装错或元器件质量不良而在通电时引起整机总电流太大而将电池耗尽或将元件损坏的情况发生，在通电前先不装入电池，而是先闭合收音机电源开关，并用万用表测量电池极板，红表笔接收音机负极板，黑表笔接正极板，其正常电阻值约为 520 Ω。

（2）整机静态电流的检查

确认电池引线焊接无误，整机电阻正常后，再装入电池，并将收音机的频率盘调节至频

率最低处（530 Hz）。断开电源开关，将万用表串接在电位器两端，检查静态总电流，正常 FM 波段电流约为 22 mA，AM 波段电流约为 30 mA。

（3）三极管工作点电流的检测

如果整机电阻、整机静态电流正常，就可以检查三极管 Q_2（0.26 mA）、Q_3（1.40 mA）、Q_4（1.20 mA）的静态工作电流。测量三极管的静态工作点是在无交流信号输入的前提条件下进行的，因此，测量低频放大器时必须使音量控制电位器置于最小的位置。

4. FM 波段动态调试

打开收音机的 FM 波段，与标准收音机频率对照调试。

（1）中频调试

FM 中频频率为 10.7 MHz，本机使用了 10.7 MHz 陶瓷滤波器和鉴频器，FM 中频无须进行调试。

（2）调整覆盖

1）低端覆盖调整。在 FM 波段低端频率处收到电台，用标准收音机判断该电台的刻度位置。调节 L_2 的宽窄度，使指示频率与电台标准频率接近。

2）高端覆盖调整。在 FM 波段高端频率处收到电台，用标准收音机判断该电台的刻度位置。调节 PVC_2 的微调电容，使指示频率与电台标准频率接近。

（3）三点统调

1）低端统调。在 FM 波段低端频率处收到电台，调节 L_3 的宽窄度，使声音最响。

2）高端统调。在 FM 波段高端频率处收到电台，调节 PVC_1 的微调电容，使声音最响。

5. AM 波段动态调试

打开收音机的 AM 波段，与标准收音机频率对照调试。

（1）中频调试

AM 中频频率为 465 kHz，收到电台，分别调 B_3、B_4、B_5，使声音最响。

（2）调整覆盖

1）低端覆盖调整。在 AM 波段低端频率处收到电台，用标准收音机判断该电台的刻度位置。调节 B_2，使指示频率与电台标准频率接近。

2）高端覆盖调整。在 AM 波段高端频率处收到电台，用标准收音机判断该电台的刻度位置。调节 PVC_4 的微调电容，使指示频率与电台标准频率接近。

（3）三点统调

1）低端统调。在 AM 波段低端频率处收到电台，调节 B_1，使声音最响。

2）高端统调。在 AM 波段高端频率处收到电台，调节 PVC_3 的微调电容，使声音最响。

课后习题

7-1 简述电子产品组装的内容。

7-2 简述电子产品组装的工艺流程。

7-3 简述电子元器件在印制电路板上的安装形式。

7-4 简述电子产品调试的内容。

7-5 简述电子产品调试的主要工艺流程。

第8章 传 感 器

【内容提要】
传感器位于研究对象与测控系统之间的接口位置，是感知、获取与检测信息的窗口。一切科学实验和生产实践，特别是自动控制系统要获取的信息，都要通过传感器获取并转换为容易传输和处理的电信号。传感器在信息技术领域具有十分重要的基础性地位和作用，传感器在产品检验和质量控制、系统安全经济运行监测、自动化生产与控制系统的搭建和推动现代科学技术的进步等方面均具有重要意义。关于传感器的课程是测控、自动化、计算机应用、机电一体化等专业的专业课或专业基础课，是一门新兴的边缘学科。通过本章的学习可使学生了解各类传感器的原理与功能，以及传感器的测量电路和应用范围。

8.1 传感器概述

8.1.1 检测技术概述

在现代工业生产中，为了检查、监督和控制某个生产过程或运动对象，使它们处于所选工况的最佳状态，必须掌握描述其特性的各种参数，这就需要测量这些参数的大小、方向和变化速度等。利用各种物理、化学效应，选择合适的方法与装置，将生产、科研、生活等各方面的有关信息通过检查与测量的方法，赋予其定性或定量结果的过程，称为检测技术。能够自动地完成整个检测处理过程的技术称为自动检测技术。

1. 检测系统的组成

检测系统是指能协助完成整个检测处理过程的系统。检测技术的任务是通过一种器件或装置，将被测的物理量进行采集、变换和处理。在被测物理量中，非电量占了绝大部分，如压力、温度、湿度、流量、液位、力、应变、位移、速度、加速度、振幅等。非电量的检测多采用电测法，即首先获取被测量的信息，并通过信息的转换把获得的信息变换为电量，然后再进行一系列的处理，并用指示仪或显示仪将信息输出，或由计算机对数据进行处理，最后把信息输送给执行机构。所以一个检测系统主要分为信息获取、信息转换、信息处理与输出等几部分，因此其主要由传感器、信号处理电路、显示装置、数据处理装置和执行机构组成，如图 8-1 所示。

（1）传感器

传感器是把被测量（一般为非电量）变换为另一种与之有确定对应关系，并且容易测量的量(通常为电学量)的信息获取器件。传感器是实现自动检测和自动控制的重要环节,其所获得的信息关系到整个检测以及控制系统的精度。

图 8-1　检测系统的组成

(2) 信号处理电路

信号处理电路是把微弱的传感器输出信号进行放大、调制、解调、滤波、运算以及数字化处理的电子电路,其主要作用就是把传感器输出的电学量转变成具有一定功率的模拟电压(或电流)信号或数字信号。

(3) 显示装置

显示装置的主要作用就是让人们了解检测数值的大小或变化的过程。目前常用的显示装置有模拟显示器、数字显示器、图像显示器及记录仪。

模拟显示是利用指针对标尺的相对位置来表示被测量数值的大小,如毫伏表、毫安表等,其特点是读数方便、直观,结构简单,价格低廉,在检测系统中一直被大量使用。数字显示是指用数字形式来显示测量值的大小,目前大多采用 LED 发光数码管或液晶显示屏等来进行数字显示,如数字电压表。这类检测仪器还可附加打印机,用来打印测量数值记录。数字显示易于处理器处理。图像显示是指用 CRT 或点阵式的 ICD 来显示读数或被测参数的变化曲线,主要用于计算机自动检测系统中的动态显示。记录仪主要用来记录被测参数的动态变化过程,常用的记录仪有笔式记录仪、绘图仪、数字存储示波器、磁带记录仪等。

(4) 数据处理装置

数据处理就是使用处理器对被测结果进行处理、运算、分析,并对动态测试结果进行频谱、幅值和能量谱分析等。

(5) 执行机构

所谓执行机构,通常是指各种继电器、电磁铁、电磁阀、电磁调节阀、伺服电动机等。在电路中,它们是起通断、控制、调节、保护等作用的电气设备。许多检测系统能输出与被测量有关的电流或电压信号,并将其作为自动控制系统的控制信号,去驱动这些执行机构。

2. 检测系统的应用

近年来,检测系统广泛应用于生产、生活等领域,而且随着生产力水平与人类生活水平的不断提高,人们对检测技术提出了越来越高的要求。

在国防工业中,许多尖端的检测技术都是因国防工业的需要而发展起来的;在日常生活中,电冰箱中的温度传感器、监视煤气的气敏传感器、防止火灾的烟雾传感器、防盗用的光电传感器等也是随着人们生活的需要而发展起来的;在工业生产中,需要实时检测生产工艺过程中的温度、压力、流量等,否则生产过程就无法控制,而且容易发生危险,这就需要相应的检测技术;在汽车工业中,一辆现代化汽车所使用的传感器多达数十种,用以检测车速、方位、转矩、振动、油压、油量和温度等。

随着现代工业的飞速发展，测控系统对检测技术提出了越来越高的要求，例如，在要求检测系统具备更高的速度、精度的同时，也要求其具有更大的灵活性和适应性以及更高的可靠性，并向多功能化、智能化方向发展。传感器的广泛使用使这些要求成为可能。传感器处于研究对象与测控系统的接口位置，是感知、获取检测信息的窗口，一切科学实验和生产过程，特别是自动检测和自动控制系统要获取的信息，都要通过传感器将其转换成容易传输与处理的电信号。

8.1.2 传感器的基本概念

传感器（Transducer、Sensor）是联系研究对象与测控系统的桥梁，是感知、获取与检测信息的窗口。一切科学实验和生产实践，特别是自动控制系统要获取的信息，都要首先通过传感器获取并转换为容易传输和处理的信号。传感器处于被测量与控制系统的接口位置，是现代检测技术和自动控制技术的重要基础。

根据我国的标准（GB/T 7665—2005），传感器被定义为能感受（或响应）规定的被测量并按一定规律将其转换成可用信号输出的器件或装置，通常由直接响应于被测量的敏感元件和产生可用信号输出的转换元件以及相应的电子线路所组成。传感器的共性就是利用物理定律或物质的物理、化学或生物特性，将非电量（如位移、速度、加速度、力等）输入转换成电量（如电压、电流、频率、电荷、电容、电阻等）输出。从广义上讲，传感器也是换能器的一种，换能器（Transducer）是将能量从一种形式转换为另一种形式的装置。

1. 传感器的组成

根据传感器的定义，传感器的基本组成包括敏感元件和转换元件两部分，由它们分别完成检测和转换两个基本功能。图 8-2 所示为传感器的组成结构。

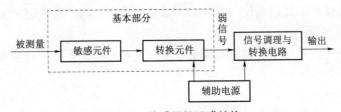

图 8-2 传感器的组成结构

其中，敏感元件是指传感器中能直接感受和响应被测量，并将其转换成与被测量有确定关系、更易于转换的非电量的部分；转换元件是指传感器中能将敏感元件感受或响应的被测量转换成适于传输和处理的电信号的部分；信号调理与转换电路是将转换元件输出的电路参数接入信号调理电路并将其转换成易于处理的电压、电流或频率量。新型的集成电路传感器将敏感元件、转换元件以及信号调理与转换电路集成一个器件。

2. 传感器的分类

传感器的原理各异、种类繁多、形式多样、分类方法也不尽相同。

（1）按被测物理量分类

传感器根据被测量的性质进行分类，如被测量分别为温度、湿度、压力、位移、流量、加速度、光，则对应的传感器分别为温度传感器、湿度传感器、压力传感器、位移传感器、流量传感器、加速度传感器、光电传感器。

（2）按工作原理分类

传感器按工作原理划分时，可以将物理、化学、生物等学科的原理、规律和效应作为分类的依据，并将传感器分为电阻式、电感式、电容式、阻抗式、磁电式、热电式、压电式、光电式、超声式、微波式等传感器。

（3）按转换能量供给形式分类

传感器按转换能量供给形式分为能量变换型（发电型）和能量控制型（参量型）两种。能量变换型传感器在进行信号转换时无须另外提供能量，就可将输入信号的能量变换为另一种形式的能量输出。能量控制型传感器工作时必须有外加电源。

8.2 电阻式传感器

电阻式传感器是将被测量的变化转化为传感器电阻值的变化，再经一定的测量电路实现对测量结果输出的检测装置。电阻式传感器应用广泛、种类繁多，如应变式、压阻式传感器等。

8.2.1 应变式传感器

1. 电阻应变效应

电阻应变片式传感器利用了金属和半导体材料的应变效应。应变效应是金属和半导体材料的电阻值随其所受的机械变形大小而发生变化的一种物理现象。

电阻应变片主要分为金属电阻应变片和半导体应变片两类。金属电阻应变片分为体型和薄膜型两种，其中体型应变片又分为电阻丝栅应变片、箔式应变片、应变花等；半导体应变片是用半导体材料做敏感栅制成的，其主要优点是灵敏度高，缺点是灵敏度的一致性差、温漂大、线性特性不好。

设有一长度为 L、截面积为 A、电阻率为 ρ 的金属丝，它的电阻值 R 可表示为：

$$R = \rho \frac{L}{A} \tag{8-1}$$

当均匀拉力（或压力）沿金属丝的长度方向作用时，式（8-1）中的 L、A 都将发生变化，从而导致电阻值 R 发生变化，即：

$$dR = \frac{\rho}{A} dL - \frac{\rho L}{A^2} dA + \frac{L}{A} d\rho \tag{8-2}$$

电阻相对变化量为：

$$\frac{dR}{R} = \frac{dL}{L} - \frac{dA}{A} + \frac{d\rho}{\rho} \tag{8-3}$$

由材料力学知识，将金属丝的应变 ε、弹性模量 E、泊松比 μ 与压阻系数 λ 带入式（8-3）可得到电阻的相对变化量：

$$\frac{dR}{R} = (1 + 2\mu + \lambda E)\varepsilon \tag{8-4}$$

由式（8-4）可知，电阻的相对变化量是由两方面的因素决定的：一个因素是金属丝几何尺寸的改变，即（1+2μ）项；另一个因素是材料受力后，材料的电阻率ρ发生的变化，即λE项。对于特定的材料，（1+2μ+λE）是一常数，因此，式（8-4）所表达的电阻丝的电阻变化率与应变成线性关系，这就是电阻应变式传感器测量应变的理论基础。

对于金属电阻应变片，材料电阻率随应变产生的变化很小，可忽略不计，电阻的相对变化量可以表示为

$$\frac{\Delta R}{R} \approx (1+2\mu)\varepsilon = K_0 \varepsilon \qquad (8-5)$$

金属电阻应变片就是基于应变效应导致其材料几何尺寸变化的原理制作而成的。

2. 电阻应变式传感器

电阻应变式传感器是利用弹性元件和电阻应变片将应变转换为电阻值变化的传感器。金属电阻应变片有丝式和箔式等结构形式。丝式电阻应变片如图8-3（a）所示，它是用一根金属细丝按图示的形状弯曲后用胶粘剂贴于衬底上，衬底用纸或有机聚合物等材料制成，电阻丝的两端焊有引出线。箔式电阻应变片的结构如图8-3（b）所示，它是用光刻、腐蚀等工艺方法制成的一种很薄的金属箔栅。其优点是表面积大、散热条件好、可做成任意形状，便于大批量生产。

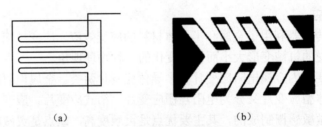

图8-3 金属电阻应变片的结构
（a）丝式电阻应变片；（b）箔式电阻应变片

电阻应变式传感器的应用十分广泛，它可以测量应变应力、弯矩、扭矩、加速度、位移等物理量。例如，应变式力传感器可以检测荷重或力等物理量，并用于各种电子秤与材料试验机的测力元件、发动机的推力测试、水坝坝体承载状况监测等；应变式压力传感器可以用来测量流动介质的动态或静态压力；应变式加速度传感器用于测量物体的加速度，然而加速度是运动参数而不是力，所以需要经过质量惯性系统将加速度转换成力，再作用于弹性元件上来实现测量。

8.2.2 压阻式传感器

压阻式传感器是利用固体的压阻效应制成的一种测量装置。

1. 压阻效应

对一块半导体的某一轴向施加作用力时，它的电阻率会发生一定的变化，这种现象即为半导体的压阻效应。不同类型的半导体，施加不同载荷方向的作用力，其压阻效应也不同。则式（8-3）中电阻的相对变化量可以表示为：

$$\frac{dR}{R} = (1+2\mu)\varepsilon + \frac{\Delta \rho}{\rho} \qquad (8-6)$$

对于压阻系数为 π 的半导体材料,当产生压阻效应时,其电阻率的相对变化与应力间的关系为:

$$\frac{\Delta\rho}{\rho} = \pi\sigma = \pi E\varepsilon \tag{8-7}$$

对半导体材料而言,$\pi E \gg (1+2\mu)$,故半导体材料的电阻值变化主要是由电阻率变化引起的,而电阻率 ρ 的变化是由应变引起的,这就是压阻式传感器的基本工作原理。

2. 半导体压阻传感器

半导体压阻传感器的工作原理主要是基于半导体材料的压阻效应,压阻式传感器具有频响高、体积小、精度高、测量电路与传感器一体化等特点,压阻式传感器相当广泛地应用在航天、航空、航海、石油、化工、动力机械、生物医学、气象、地质地震测量等各个领域。例如,在爆炸压力和冲击波的测试中就应用了压阻式压力传感器;在汽车工业中,用硅压阻式传感器与电子计算机配合可监测和控制汽车发动机的性能;在机械工业中,它可用来测量冷冻机、空调机、空气压缩机、燃气涡轮发动机等气流的流速,并监测机器的工作状态。由于半导体材料对温度很敏感,因此压阻式传感器的温度误差较大,必须要有温度补偿。

8.3 电感式传感器

电感式传感器是利用电磁感应原理,将被测的物理量如位移、压力、流量、振动等转换成线圈的自感系数 L 或互感系数 M 的变化,再由测量电路转换为电压或电流的变化量输出,实现由非电量到电量转换的装置。

1. 自感式传感器

将非电量转换成自感系数变化的传感器通常称为自感式传感器。电感式传感器通常是指自感式传感器,它主要由铁芯、衔铁和绕组三部分组成,如图 8-4 所示。这种传感器的线圈匝数和材料导磁系数都是一定的,且在铁芯和衔铁间有气隙,气隙厚度为 δ,当衔铁移动时,气隙厚度发生变化,引起磁路中的磁阻变化,从而导致线圈的电感值变化。当把线圈接入测量电路并接通激励电源时,就可获得正比于位移输入量的电压或电流输出。

由于改变 δ 可使气隙磁阻变化,从而使电感发生变化,所以这种传感器也叫变磁阻式传感器。

2. 互感式传感器

互感式传感器是根据互感原理制成的,是把被测位移量转换为初级线圈与次级线圈间的互感量变化的检测装置。互感传感器有初级线圈和次级线圈,初级接入激励电源后,次级将因互感而产生电压输出。当线圈间互感随被测量变化时,其输出电压将产生相应的变化。

互感式传感器本身是一个变压器,初级线圈输入交流电压,次级线圈感应出电信号,当互感受外界影响变化时,其感应电压也随之发生相应的变化,由于它的次级线圈接成差动的形式,故称为差动变压器。其结构形式较多,有变隙式、变面积式和螺线管式等。差动变气隙厚度电感式(差动式)传感器的结构如图 8-5 所示。它由两个相同的电感线圈和磁路组成。测量时,衔铁与被测物体相连,当被测物体上下移动时,带动衔铁以相同的位移上下移动,两个磁回路的磁阻发生大小相等、方向相反的变化,一个线圈的电感量增加,另一个线圈的电感量减小,形成差动结构。

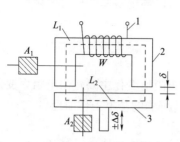
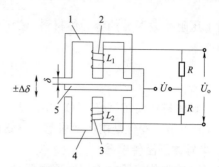

图 8-4 自感式传感器
1—线圈；2—铁芯；3—衔铁

图 8-5 差动变压器式传感器
1，4—铁芯；2，3—线圈；5—衔铁

差动变压器式传感器具有精确度高、线性范围大、稳定性好和使用方便等特点，被广泛应用于位移的测量中。也可借助于弹性元件将压力、质量等物理量转换为位移的变化，从而将其应用于压力、质量等物理量的测量中。

8.4 电容式传感器

电容式传感器是将被测非电量的变化转换为电容量变化的一种传感器。其具有结构简单、体积小、分辨率高、动态响应好等特点，并可实现非接触式测量，能在高温、辐射和强振动等恶劣条件下工作。

1. 工作原理

电容式传感器是一个具有可变参数的电容器，如图 8-6 所示。用两块金属平板作电极可构成电容器，忽略边缘效应时，其电容 C 为：

$$C = \frac{\varepsilon A}{\delta} = \frac{\varepsilon_r \varepsilon_0 A}{\delta} \tag{8-8}$$

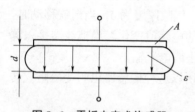

图 8-6 平板电容式传感器

当被测参数变化引起 A、ε 或 d 变化时，将导致平板电容式传感器的电容量 C 随之发生变化。通常保持其中两个参数不变，只改变其中一个参数，把该参数的变化转换成电容量的变化，并通过测量电路转换为电量输出。因此电容式传感器可分为变极距型、变面积型和变介质型三种类型。

2. 应用

电容式传感器不但应用于位移、振动、角度、加速度、荷重等机械量的测量，也广泛应用于压力、差压力、液压、料位、成分含量等热工参数的测量，如电容式硅微加速度传感器、电容式接近开关、电容式压力传感器、电容式差压传感器与电容式荷重传感器等。

8.5 压电式传感器

1. 压电效应

某些电介质在沿一定方向上受到外力的作用而变形时，其内部会产生极化现象，同时在其表面产生电荷，当外力去掉后，其又重新回到不带电的状态，这种机械能转换为电能的现象称为压电效应或正压电效应。

在电介质的极化方向上施加交变电场或电压，会使其产生机械变形，当去掉外加电场时，电介质的变形随之消失，这种将电能转换为机械能的现象称为逆压电效应。故压电效应是可逆的。具有压电效应的材料称为压电材料，压电材料能实现机电能量的相互转换。具有压电性质的材料很多，常用的有石英晶体和压电陶瓷。

（1）石英晶体

压电晶体中常用的是石英晶体，石英（SiO_2）是一种具有良好压电特性的压电晶体，其介电常数和压电系数的温度稳定性相当好。石英晶体的突出优点是性能非常稳定，机械强度高，绝缘性能也相当好。但石英材料价格昂贵，且其压电系数也比压电陶瓷低得多。因此，石英一般仅用于标准仪器或要求较高的传感器中。

天然石英晶体结构的理想外形是一个正六面体，如图8-7所示，在晶体学中它可用三根互相垂直的轴来表示，其中纵向轴z称为光轴；经过正六面体棱线、垂直于光轴的x轴称为电轴；与x轴和z轴同时垂直的y轴（垂直于正六面体的棱面）称为机械轴。通常把沿电轴x方向的力作用下产生电荷的压电效应称为"纵向压电效应"，而把沿机械轴y方向的力作用下产生电荷的压电效应称为"横向压电效应"，沿光轴z方向受力则不产生压电效应。

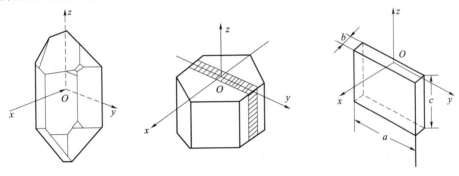

图8-7 石英晶体

（2）压电陶瓷

压电陶瓷属于铁电体一类的物质，是人工制造的多晶压电材料，它具有类似铁磁材料磁畴结构的电畴结构，其内部的晶粒有一定的极化方向，在无外电场作用下，晶粒杂乱分布，它们的极化效应被相互抵消，因此压电陶瓷此时呈中性，即原始的压电陶瓷不具有压电性质。

当在陶瓷上施加外电场时，晶粒的极化方向发生转动，趋向于按外电场方向排列，从而使材料整体得到极化，如图8-8所示。外电场越强，其极化程度越高，当外电场强度大到使

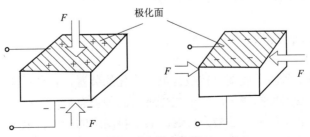

图8-8 压电陶瓷

材料的极化达到饱和时,去掉外电场,材料的极化方向基本不变,这时,材料就具有了压电特性。因此,压电陶瓷需要有外电场和压力的共同作用才具有压电效应。

2. 压电式传感器

压电式传感器是以某些电介质的压电效应为基础的,并在外力的作用下,在电介质的表面产生电荷,从而实现非电量测量的传感器。压电式传感器中的压电晶体承受被测机械力的作用时,在它的两个极板面上出现极性相反但电量相等的电荷。此时可以把压电式传感器等效为一个极板上聚集正电荷、一个极板上聚集负电荷、中间为绝缘体的电容。

压电式传感器的等效电容量为:

$$C_a = \frac{\varepsilon A}{h} = \frac{\varepsilon_r \varepsilon_0 A}{h} \tag{8-9}$$

当两极板聚集异性电荷时,则两极板就呈现出一定的电压,其大小为:

$$U = \frac{Q}{C_a} \tag{8-10}$$

因此,压电式传感器可等效为电压源 U 和一个电容器 C_a 的串联电路;也可等效为一个电荷源 Q 和一个电容器 C_a 的并联电路,如图 8-9 所示。

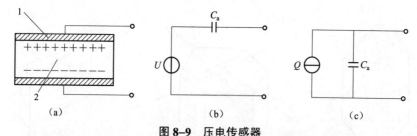

图 8-9 压电传感器
(a) 压电片电荷聚集;(b) 电压等效电路;(c) 电荷等效电路
1—电极;2—压电材料

压电传感元件是力敏感元件,它可以测量最终能变换为力的那些非电物理量,如动态力、动态压力、振动加速度等,但不能用于静态参数的测量。压电式传感器具有响应频带宽、灵敏度高、信噪比大、结构简单、工作可靠、质量小等优点。它在工程力学、生物医学、石油勘探、声波测井、电声学等许多技术领域中获得了广泛的应用。例如,压电式加速度传感器是测量振动和冲击的一种理想传感器,可以用来测量航空发动机的最大振动;压电式压力传感器的动态测量范围很宽,频响特性好,能测量准静态的压力和高频变化的动态压力,广泛应用于内燃机的气缸、油管、进排气管的压力测量中。

8.6 热电式传感器

热电式传感器是一种将温度变化转换为电量变化的装置,它通过测量传感元件的电磁参数随温度的变化来实现温度的测量。热电式传感器的种类有很多,在各种热电式传感器中,以把温度转换为电势和电阻的方法最为普遍。其中将温度的变化转换为电势的热电式传感器称为热电偶;将温度的变化转换为电阻的热电式传感器包括热电阻及热敏电阻。

8.6.1 热电偶

热电偶是将温度变化转换为热电势变化的传感器，其构造简单、使用方便、测温范围宽、有较高的精确度和稳定性，在温度的测量中应用十分广泛。

1. 热电偶与热电效应

两种不同材料的导体组成一个闭合回路时，若两接点的温度不同，则在该回路中会产生电势，这种现象称为热电效应，该电势称为热电势。

通常把两种不同金属的这种组合称为热电偶，A 和 B 称为热电极，温度高的接点称为热端，温度低的接点称为冷端。热电偶是利用导体或半导体材料的热电效应将温度的变化转换为电势变化的元件，如图 8-10 所示。

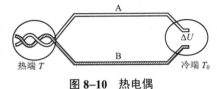

图 8-10 热电偶

组成热电偶回路的两种导体材料相同时，无论两接点的温度如何，回路总热电势为零；若热电偶两接点的温度相等，即 $T=T_0$，则回路总热电势仍为零；热电偶的热电势输出只与两接点的温度及材料的性质有关，与材料 A、B 的中间各点的温度、形状及大小无关；在热电偶中插入第三种材料，只要插入材料两端的温度相同，则对热电偶的总热电势没有影响。

2. 热电材料与应用

常用热电材料有贵金属和普通金属两类，贵金属热电材料有铂铑合金和铂；普通金属热电材料有铁、铜、镍铬合金、镍硅合金等。不同的热电极材料的测量温度范围不同，一般热电偶可用于 0 ℃～1 800 ℃范围内的温度测量。

热电偶根据测量需要，可以连接成检测单点温度、温度差、温度和、平均温度等线路，与热电偶配用的测量仪表可以是模拟仪表或数字仪表。若要组成自动测温或控温系统，可直接将数字电压表的测温数据通过接口电路和测控软件连接到控制机中，从而对温度进行计算和控制。

8.6.2 热电阻

热电阻是利用金属导体的电阻值随温度的变化而变化的原理进行测温的传感器。温度升高时，金属内部原子晶格的振动加剧，从而使金属内部的自由电子通过金属导体时的阻碍增大，宏观上表现出电阻率变大，电阻值增加，即电阻值与温度的变化趋势相同。

热电阻主要用于中、低温度（-200 ℃～650 ℃或 850 ℃）范围内的温度测量。常用的工业标准化热电阻有铂热电阻、铜热电阻和镍热电阻。

1. 铂热电阻

铂是一种贵金属，铂电阻的特点是测温精度高、稳定性好、性能可靠，尤其是其耐氧化性能很强，因此，铂热电阻主要用于高精度的温度测量和标准测温装置。铂热电阻的测温范围为-200 ℃～850 ℃，分度号为 Pt50（R_0=50.00 Ω）和 Pt100（R_0=100.00 Ω）。

2. 铜热电阻

铜热电阻的价格便宜，如果测量精度要求不太高，或测量温度小于 150 ℃时，可选用铜热电阻，铜热电阻的测量范围是-50 ℃～150 ℃。在测温范围内，其线性较好，电阻温度系数比铂高，但电阻率较铂小，在温度稍高时，易于氧化，因此，它只能用于 150 ℃以下的温度测量。

3. 镍热电阻

镍热电阻的测温范围为–100 ℃～+300 ℃，它的电阻温度系数较高，电阻率较大，但易氧化，化学稳定性差，不易提纯，非线性较大，因此目前应用不多。

热电阻传感器的测量线路一般使用电桥，在实际应用中，人们将热电阻安装在生产环境中，用来感受被测介质的温度变化，而测量电阻的电桥通常作为信号处理器或显示仪表的输入单元，随相应的仪表安装在控制室内。

8.6.3　热敏电阻

热敏电阻是利用半导体的电阻值随温度变化而发生显著变化这一特性制成的一种热敏元件，其特点是电阻率随温度变化而发生显著变化。与其他温度传感器相比，热敏电阻温度系数大、灵敏度高、响应迅速、测量线路简单。

1. 热敏电阻的分类

热敏电阻的温度系数有正有负，按温度系数的不同，热敏电阻可分为正温度系数（PTC）热敏电阻、负温度系数（NTC）热敏电阻和临界温度电阻器（CTR）三种类型。

（1）PTC 热敏电阻

PTC 热敏电阻可作为温度敏感元件，也可以在电子线路中起限流、保护作用。PTC 突变型热敏电阻主要用作温度开关；PTC 缓变型热敏电阻主要用于在较宽的温度范围内进行温度补偿或温度测量。

（2）NTC 热敏电阻

NTC 热敏电阻主要用于温度测量和补偿，测温范围一般为–50 ℃～350 ℃，也可用于低温测量（–130 ℃～0 ℃）、中温测量（150 ℃～750 ℃），甚至更高温度，其测量温度的范围根据制造时的材料不同而不同。

（3）CTR 热敏电阻

CTR 为临界温度热敏电阻，一般也是负温度系数热敏电阻，但与 NTC 不同的是，在某一温度范围内，CTR 电阻值会发生急剧变化，其主要用作温度开关。

2. 热敏电阻的应用

热敏电阻的测温范围为–50 ℃～450 ℃，主要用于点温度、小温差温度的测量，以及远距离、多点测量与控制，温度补偿和电路的自动调节等，它广泛应用于空调、冰箱、热水器、节能灯等家用电器的测温、控温及国防、科技等各领域的温度控制。例如，在现代汽车的发动机、自动变速器和空调系统中均使用热敏电阻温度传感器，用于测量发动机的水温、进气温度、自动变速器的油液温度、空调系统的环境温度，并为发动机的燃油喷射、自动变速器的换挡、离合器的锁定、油压控制以及空调系统的自动调节提供数据。

8.6.4　集成温度传感器

集成温度传感器是把温敏元件、偏置电路、放大电路及线性化电路集成在同一芯片上的温度传感器。与分立元件的温度传感器相比，集成温度传感器的最大优点在于小型化，使用方便和成本低廉。集成电路温度传感器的典型工作温度范围为–50 ℃～+150 ℃，具体数值可能因型号和封装形式的不同而不同。目前，大批量生产的集成温度传感器类型有电流输出型、电压输出型和数字信号输出型三种。

电流输出型温度传感器是把线性集成电路和与之相容的薄膜工艺元件集成在一块芯片上，再通过激光修版微加工技术，制造出性能优良的测温传感器。这种传感器的输出电流正比于热力学温度，而且输出恒流，具有高输出阻抗。AD590是电流输出型温度传感器的典型产品，适合远距离测量或多点温度测量系统。

电压型 IC 温度传感器是将温度传感器基准电压、缓冲放大器集成在同一芯片上的传感器。其具有输出电压高、输出阻抗低、抗干扰能力强等特性，但不适用于长线传输。LM135系列集成温度传感器是电压输出型温度传感器，其输出电压与绝对温度成正比，灵敏度为 10 mV/K，适合用于工业现场测量。

8.7 光电传感器

光电传感器是利用光电器件把光信号转换成电信号的装置，光电传感器工作时，先将被测量转换为光量的变化，然后通过光电器件再把光量的变化转换为相应的电量变化，从而实现非电量的测量。

8.7.1 光电效应

物体材料吸收光子能量而发生相应电效应的物理现象称为光电效应，光电效应一般分为外光电效应和内光电效应两种。

1. 外光电效应

光照射到金属或金属氧化物的光电材料上时，光子的能量传递给光电材料表面的电子，如果入射到表面的光能使电子获得足够的能量，电子会克服正离子对它的吸引力，从而脱离金属表面而进入外界空间，这种现象称为外光电效应。

基于外光电效应的光电器件有真空光电管和光电倍增管。

2. 内光电效应

内光电效应是指某些半导体材料在入射光能量的激发下产生电子–空穴对，从而使材料电性能改变的现象。内光电效应可分为因光照引起半导体电阻值变化的光电导效应和因光照产生电动势的光生伏特效应两种。

（1）光电导效应

光电导效应是指物体在光照射下，物体的电阻率等发生改变的现象，也称为光电效应。如光敏电阻和光电管都是利用这一效应制成的。

（2）光生伏特效应

光生伏特效应是指物体在光照射下产生一定方向电动势的现象，如光电池、光电晶体管等都是利用这一效应制成的。

8.7.2 光电器件

1. 光电管

光电管包括真空光电管和充气光电管两类，它们均是由一个阴极 K 和一个阳极 A 构成的，并且密封在一只真空玻璃管内，如图 8–11 所示。阴极装在玻璃管内壁上，其上涂有光电发射材料。阳极通常用金属丝弯曲成矩形或圆形，置于玻璃管的中央。在阴极和阳极之间加有一定的电压,且阳极为正极、阴极为负极。当光通过光窗照在阴极上时,光电子就从阴极发射出去,在阴极和阳极之间电场的作用下,光电子在极间做加速运动,并被高电位的中央阳极收集形成电流,光电流的大小主要取决于阴极灵敏度和入射光辐射的强度。

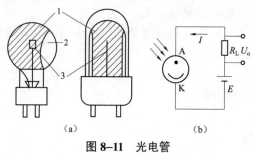

图 8-11 光电管
(a)结构;(b)测量电路
1—阴极;2—光窗;3—阳极

2. 光电倍增管

当入射光很微弱时,普通光电管产生的光电流很小,只有零点几个微安,很不容易探测,这时常用光电倍增管对电流进行放大,图 8-12 所示为光电倍增管的外形和工作原理。光电倍增管由阴极(K)、倍增电极以及阳极(A)三部分组成。光阴极是由半导体光电材料锑铯制成的,次阴极是在镍或钢-铍的衬底上涂上锑铯材料制成的,阳极是最后用来收集电子用的。

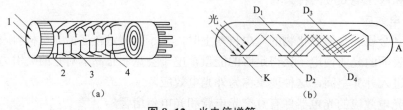

图 8-12 光电倍增管
(a)外形;(b)工作原理
1—光;2—阴极(K);3—倍增电极 D;4—阳极(A)

光电倍增管除光电阴极外,还有若干个倍增电极。使用时各个倍增电极上均加上电压。其阴极电位最低,从阴极开始,各个倍增电极的电势依次升高,阳极电势最高。同时这些倍增电极是用次级发射材料制成的,因此,这种材料在具有一定能量的电子轰击下,能够产生更多的次级电子。

3. 光敏电阻

光敏电阻就是对光反应敏感的电阻器,它的电阻率随入射光的强度变化而变化。当入射光照射到半导体上时,若光电导体为本征半导体材料,而且光辐射能量又足够强,则电子受到光子的激发由价带越过禁带并跃迁到导带,在价带中就留有空穴,在外加电压下,导带中的电子和价带中的空穴同时参与导电,即载流子数增多,电阻率下降。由于光的照射,使半导体的电阻发生变化,所以称其为光敏电阻,如图 8-13 所示。

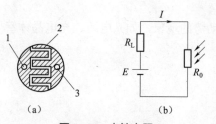

图 8-13 光敏电阻
(a)结构;(b)测量电路
1,3—电极;2—光敏材料

光敏电阻主要有紫外光敏电阻器、红外光敏电阻器与可见光敏电阻器三种。利用其电阻值随光照强度的变化而改变的特性，光敏电阻主要应用在对光进行控制的电路中。例如，红外光敏电阻器主要用于导弹制导、天文探测、非接触温度测量、人体病理探测、红外通信等领域。可见光敏电阻器是日常生活中应用较多的光敏电阻器，如照相机的闪光控制、室内光线控制、工业及光电控制、光电开关、光电耦合、光电自动检测、电子检钞机、电子光控玩具、自动灯开关及各类可见光电控制、测量中都应用了这种电阻器。

4. 光敏二极管

光敏二极管传感器也称为光电二极管，是一种利用硅 PN 结受光照后产生的光电效应制成的二极管。其作用是将接收到的光信号转换为电信号输出，一般应用在自动控制电路中。

光敏二极管的管芯是由一个 PN 结组成的，只要光线照射到管芯上，就会直接将光能转换成电能，如图 8-14 所示。当光敏二极管加上反向电压时，反向电流随入射光照度的变化而成正比变化，即光照度越大，反向电流越大；但在一定的反向电压内，反向电流的大小几乎与反向电压无关。在入射光照度一定时，光敏二极管相当于一个恒流源，其输出电压随负载电阻的增大而升高。

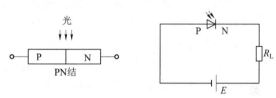

图 8-14 光敏二极管

光敏二极管使用了半导体作为器件的材料，按其对光的作用可分为普通光敏二极管、红外光敏二极管和视觉光敏二极管三类。

普通光敏二极管主要包括硅 PN 结型光敏二极管、PIN 结型光敏二极管等。硅 PN 结型光敏二极管主要用于光-电转换电路、近红外光自动探测器和激光接收等；PIN 结型光敏二极管多用于光纤通信中的光信号接收。

红外光敏二极管也称为红外接收二极管，它可以将红外发光二极管的红外光信号转换为电信号，应用于各种遥控接收系统中。红外光敏二极管只能接收红外光信号，对可见光没有反应。

视觉光敏二极管具有类似人眼视觉光谱的响应特性，对可见光（380～760 nm）敏感，对红外光没有反应，即接收红外光时完全截止。

5. 光敏三极管

光敏三极管传感器也称为光电三极管，是具有放大能力的光-电转换三极管。光敏三极管包括 NPN 型和 PNP 型两种基本结构，用 N 型硅材料为衬底制作的光敏三极管称为 NPN 型，用 P 型硅材料为衬底制作的光敏三极管称为 PNP 型，如图 8-15 所示。其作用是将接收到的光信号转换为电信号并加以放大后输出，通常用在光控电路中。

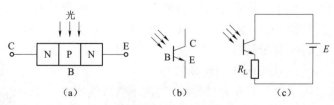

图 8-15 光敏三极管
(a) 结构；(b) 图形符号；(c) 测量电路

光敏三极管是光-电转换器件，在无光照射时，它处于截止状态；当光信号照射其基区时，半导体受光激发产生很多载流子形成光电流，相当于从基极输入电流。光敏三极管比光敏二极管的灵敏度高得多，但其暗电流较大、响应速度慢。

6. 光电池

光电池又称为太阳能电池，是基于光生伏特效应，利用光线直接感应出电动势的光电器件，如图 8-16 所示。它能接收不同强度的光照射，并产生不同的电压。常用的光电池有硒光电池和硅光电池，硅光电池的光电转换效率较高，一般都采用硅光电池作为传感器。光电池也可以利用太阳能进行发电。

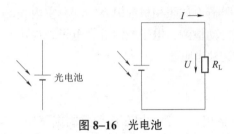

图 8-16 光电池

硅光电池的结构与半导体二极管相似，也是由 PN 结组成，只是为了增大受光量，其工作面积较大。硅光电池有单个的，也有在一块硅晶片上制作多个光电池的。

当光线照射到硅光电池的晶片表面时，就会产生光激发，从而出现很多的电子-空穴对。它们在 PN 结内电场的作用下，带负电的电子向 N 区运动，带正电的空穴向 P 区运动，经过逐渐的积累，就会在 P 区和 N 区两端产生电动势，如果在电极之间接上负载，就会有电流流过。为了减小光线的反射，提高光电转换效率，通常还在光电池的表面涂上一层蓝色的一氧化硅抗反射膜。

8.7.3 固态图像传感器

固态图像传感器是指在同一半导体衬底上由若干个光敏单元与位移寄存器构成一体的集成光电器件，其功能是把按空间分布的光强信息转换成按时序串行输出的电信号。图像传感器是现代视觉信息获取的一种基础器件，可实现可见光、紫外光、X 射线、近红外光等的探测。固态图像传感器主要包括电荷耦合器件 CCD（Charge Coupled Device）、电荷注入器件 CID（Charge Injection Device）、金属-氧化物-半导体（MOS）、电荷引发器件 CPD（Charge Priming Device）和叠层型摄像器件 5 种类型，CCD 是其中应用最广泛的一种，如图 8-17 所示。

图 8-17 面阵 CCD

CCD 是以电荷转移为核心的半导体图像传感器件。其是由一种高感光度的半导体材料制成的，能把光线转变为电荷。CCD 是按照一定规律排列的 MOS 电容器阵列组成的移位寄存器，CCD 的单元结构是 MOS 电容器。在 P 型或 N 型衬底上生成一层很薄的二氧化硅，再在二氧化硅薄层上依序沉积金属或掺杂多晶硅电极，形成规则的 MOS 电容阵列，再加上两端的输入及输出二极管，就构成了 CCD 芯片。当被摄物体反射光线照射到 CCD 器件上时，CCD 根据光线的强弱积聚相应的电荷，从而产生与光电荷量成正比的弱电压信号，经过滤波、放大处理后，通过驱动电路输出一个能表示敏感物体光强弱的电信号或标准的视频信号。

CCD 图像传感器从结构上可分为两类，一类用于获取线图像，称为线阵 CCD，线阵 CCD目前主要用于产品外部尺寸非接触检测或产品表面质量评定、传真和光学文字识别技术等方面；另一类用于获取面图像，称为面阵 CCD，主要用于摄像领域。

8.7.4 光电编码器

光电编码器也叫光电轴角位置传感器，是一种通过光电转换将输出轴上的机械转动的位移量（模拟量）转换成脉冲或数字量的传感器。光电编码器在角位移测量方面应用广泛，是在自动测量和自动控制中用得较多的一种数字式编码器。

光电编码器按照工作原理可分为增量式和绝对式两类。增量式编码器（也称脉冲盘式编码器）是将位移转换成周期性的电信号，再把这个电信号转变成计数脉冲，用脉冲的个数表示位移大小的编码器。绝对式编码器（也称码盘式编码器）的每一个位置对应一个确定的数字码，因此，它的示值只与测量的起始和终止位置有关，而与测量的中间过程无关，如图8-18所示。

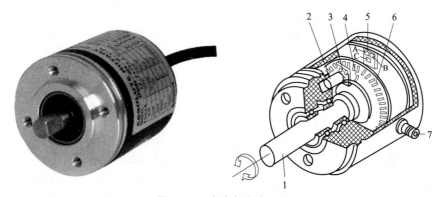

图 8-18 脉冲盘式编码器

1—转轴；2—发光二极管；3—光栅板；4—零位；5—光敏元件；6—码盘；7—电源及信号线连接座

光电编码器是一种集光、机、电为一体的数字化检测装置，它具有分辨力高、精度高、结构简单、体积小、使用可靠、易于维护、性价比高等优点。近十多年来，它已发展成为一种成熟的多规格、高性能的系列化工业产品，在数控机床、机器人、雷达、光电经纬仪、地面指挥仪、高精度闭环调速系统、伺服系统等诸多领域中都得到了广泛的应用。

8.8 磁敏传感器

磁敏传感器是一种利用导体和半导体的磁电转换原理，把磁学量转换成电信号的传感器。它对磁感应强度、磁场强度和磁通量比较敏感。

8.8.1 霍尔传感器

1. 霍尔效应

在置于磁场中的导体或半导体内通入电流，若电流与磁场垂直，则在与磁场和电流都垂直的方向上会出现一个电势差，这种现象称为霍尔效应。霍尔效应产生的电动势被称为霍尔电势，其大小与磁场强度成正比。霍尔效应的产生是由于运动电荷受到磁场中洛伦兹力作用的结果。

霍尔效应原理如图8-19所示，在与磁场垂直的半导体薄片上通以电流I，假设载流子为电子（N 型半导体材料），它沿与电流 I 相反的方向运动，由于洛伦兹力 f_L 的作用，电子将向一侧偏转（如图中所示虚线方向），并使该侧形成电子的积累，而另一侧形成正电荷的积累，于是在元件的横向便形成了电场。该电场阻止电子继续向侧面偏移，当电子所受到的电场力 f_E 与洛伦兹力 f_L 相等时，电子的积累达到动态平衡。这时在两横端面之间建立的电场称为霍尔电场 E_H，相应的电势称为霍尔电势 U_H。

2. 霍尔传感器

霍尔传感器的结构简单，一般由霍尔元件、引线和壳体三部分组成。霍尔元件是一块矩形半导体单晶薄片，在长度方向上焊有两根控制电流端引线 a 和 b，它们在薄片上的焊点称为激励电极；在薄片另外两侧端面的中央以点的形式对称地焊有 c 和 d 两根输出引线，它们在薄片上的焊点称为霍尔电极。霍尔元件的外形结构和电路符号如图 8-20 所示。

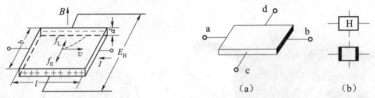

图 8-19 霍尔效应原理　　图 8-20 霍尔元件的外形结构及图形符号
　　　　　　　　　　　　　　　（a）外形结构；（b）图形符号

霍尔元件本身就是一个传感器，是一种磁电式传感器。运用集成电路技术，可以将霍尔元件及放大器、温度补偿电路、稳压电源等集成在一个芯片上，构成霍尔集成传感器。按其输出信号的形式，可分为线性型和开关型两种。线性型霍尔传感器的输出电压与外加磁场强度呈线性比例关系，如 SL3501T、SL3501M 型传感器；开关型霍尔传感器是通过磁场的大小来控制其输出开关的特性的，如 UGN3020 型传感器。

3. 霍尔传感器的应用

霍尔传感器的结构简单、体积小、频带宽、动态特性好，因而得到了广泛的应用。当控制电流不变时，传感器输出正比于磁感应强度，因此可以将被测量转换为磁感应强度的物理量，如位移、角度、转速、加速度等都可以检测；当磁场不变时，传感器的输出正比于控制电流，因此可以将被测量转换为电流的物理量也可以进行检测。

8.8.2　磁敏电阻传感器

1. 磁阻效应

当霍尔元件受到与电流方向垂直的磁场作用时，不仅会出现霍尔效应，而且还会出现半导体电阻率增大的现象，称为磁阻效应。磁阻效应从原理上可以分为物理磁阻效应和几何磁阻效应两种。

（1）物理磁阻效应

通有电流的霍尔片放在与其垂直的磁场中经过一定时间后，就产生了霍尔电场，在洛伦兹力和霍尔电场的共同作用下，只有载流子的速度正好使得其受到的洛伦兹力与霍尔电场力相同时，载流子的运动方向才不发生偏转。载流子的运动方向发生变化的直接结果是沿着未加磁场之前电流方向的电流密度减小，电阻率增大，这种现象称为物理磁阻效应。

（2）几何磁阻效应

在相同磁场的作用下，由于半导体片几何形状的不同而出现电阻值变化不同的现象称为几何磁阻效应。

2. 磁阻元件及应用

利用磁阻效应做成的电路元件叫磁阻元件。利用其电阻值随磁场强度而改变的特性，它可以将磁感应信号转换为电信号。磁阻元件广泛应用在自动控制中，还可以用于检测磁场、制作无接触电位器、磁卡识别传感器、无接触开关等。例如，在磁场中移动磁阻效应显著的半导体元件，利用它的电阻变化，即可测量磁场的分布。

8.9 化学传感器

8.9.1 气体传感器

气体传感器是一种把气体中的特定成分检测出来并将它转换为电信号的传感器件，如图 8-21 所示。气体传感器可以用来检测气体类别、浓度和成分等，由于气体种类繁多，性质各不相同，因此，气体传感器的种类较多，需要根据不同的使用场合选用，其中应用较多的是半导体气体传感器。

半导体气体传感器是利用气体吸附而使半导体本身的电阻值发生变化的特性制作而成的。即利用半导体气敏元件同待测气体接触，造成半导体的电导率等物理性质发生变化的原理来检测特定气体的成分或者浓度。半导体气体传感器可分为电阻式和非电阻

图 8-21　气体传感器

式两类，其中电阻式气体传感器是用氧化锡、氧化锌等金属氧化物材料制作的敏感元件，当敏感元件接触气体时，其电阻值发生的变化可以用来检测气体；非电阻式气敏传感器是与被测气体接触后，可利用其伏安特性或阈值电压等参量发生变化的特性检测气体的成分或浓度。

半导体气体传感器具有结构简单、使用方便、工作寿命长等特点，可以应用在可燃性气体泄漏报警、汽车发动机燃料控制、食品工业气体检测、大气污染检测等领域。例如，各种易燃、易爆、有毒、有害气体的检测和报警。

8.9.2 湿度传感器

湿度传感器是能够感受外界湿度变化，并通过湿敏元件材料的物理或化学性质变化，将湿度大小转化成电信号的器件。湿度是指物质中所含水蒸气的量，目前的湿度传感器多数是测量气氛中的水蒸气含量，通常用绝对湿度、相对湿度和露点（或露点温度）来表示。

湿度传感器按输出的电学量可分为电阻式、电容式等。其中，湿敏电阻传感器简称湿敏电阻，是一种对环境湿度敏感的元件，它的电阻值会随着环境相对湿度的变化而变化。湿敏电阻是利用某些介质对湿度比较敏感的特性制成的，它主要由感湿层、电极和具有一定机械

强度的绝缘基片组成的。它的感湿特性随着使用的材料不同而有所差别，有的湿敏电阻还具有防尘外壳。湿敏电阻的结构如图8-22所示。

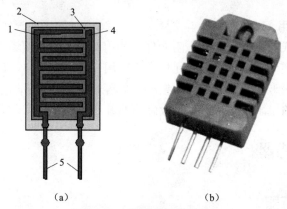

图 8-22 湿敏电阻传感器
（a）结构；（b）实物
1—电极；2—基体；3—感湿层；4—电极；5—引脚

8.10 其他传感器

8.10.1 红外传感器

红外传感器是利用红外辐射原理来实现相关物理量测量的一种传感器。红外辐射本质上是一种热辐射，任何物体的温度只要高于绝对零度（-273 ℃），就会向外部空间以红外线的方式辐射能量。物体的温度越高，辐射出来的红外线越多，辐射的能量也就越强。红外线作为电磁波的一种形式，红外辐射和所有的电磁波一样，是以波的形式在空间中直线传播的，具有电磁波的一般特性。

红外传感器又称为红外探测器，按其工作原理可分为热探测器和光子探测器两类。

1. 热探测器

热探测器是利用红外线被物体吸收后将转变为热能这一特性工作的。当热探测器的敏感元件吸收红外辐射后将引起温度升高，使敏感元件的相关物理参数发生变化，通过对这些物理参数及其变化的测量就可确定探测器所吸收的红外辐射。在红外辐射的热探测中常用的物理现象有温差热电现象、金属或半导体电阻阻值变化现象、热释电现象、金属热膨胀现象、液体薄膜蒸发现象等。只要检测出上述变化，即可确定被吸收的红外辐射能量的大小，从而得到被测非电量值。

2. 光子探测器

利用光子效应制成的红外探测器称为光子探测器。所谓光子效应，就是当有红外线入射到某些半导体材料上时，红外辐射中的光子流与半导体材料中的电子相互作用，改变了电子的能量状态，引起各种电学现象。通过测量半导体材料中电子能量状态的变化，就可以知道红外辐射的强弱。常用的光子效应有光电效应、光生伏特效应、光电磁效应、光电导效应。

红外传感器经常用于远距离红外测温,红外气体分析与卫星红外遥测等。

8.10.2 微波传感器

微波传感器是利用微波特性来检测某些物理量的装置。

1. 微波及其特点

微波是介于红外线与无线电波之间的波长为 1～1 000 mm 的电磁波。微波既具有电磁波的性质,又不同于普通无线电波和光波。微波具有定向辐射的特性,其装置容易制造,遇到各种障碍物时易于反射,绕射能力差,传输特性好,传输过程中受烟雾、火焰、灰尘、强光的影响很小,介质对微波的吸收与介质的介电常数成比例。

2. 微波传感器

由发射天线发出的微波,遇到被测物时将被吸收或反射,使其功率发生变化,再通过接收天线,接收通过被测物或由被测物反射回来的微波,并将它转换成电信号,再由测量电路进行测量和指示,就实现了微波检测。微波检测传感器可分为反射式与遮断式两种。

(1) 反射式微波传感器

反射式微波传感器通过检测被测物反射回来的微波功率或经过的时间间隔来测量被测量。它可以测量物体的位置、位移、厚度等参数。

(2) 遮断式微波传感器

遮断式微波传感器通过检测接收天线接收到的微波功率大小,来判断发射天线与接收天线间有无被测物以及被测物的位置与含水量等参数。

微波检测技术的应用比较广泛,常用的有微波液位计、微波物位计、微波测厚仪、微波湿度传感器、微波无损检测仪与用来探测运动物体的速度、方向与方位的微波多普勒传感器。

8.10.3 超声波传感器

超声波传感器是一种以超声波作为检测手段的新型传感器,如图 8-23 所示。

声波是频率在 16 Hz～20 kHz 的机械波,人耳可以听到。低于 16 Hz 和高于 20 kHz 的机械波分别称为次声波与超声波。超声波的波长较短,近似做直线传播,它在固体和液体媒质内的衰减比电磁波小,能量容易集中,可形成较大强度,产生激烈振动,并能起到很多的特殊作用。

超声波能在气体、液体、固体或它们的混合物等各种媒质中传播,也可在光不能通过的金属、生物体中传播,是探测物质内部的有效手段。超声波传感器是检测伴随超声波传播的声压或介质变形的装置,其必须能产生超声波和接收超声波。利用压电效应、电应变效应、磁应变效应、光弹性效应等应变与其他物理性能的相互作用的方法,或利用电磁的或光学的手段等可检测由声压作用产生的振动。超声波传感器按其工作原理可分为压电式、磁致伸缩式、电磁式传感器等,以压电式超声波传感器最为常用。

图 8-23 超声波传感器

超声波传感器利用超声波的各种特性,可做成各种超声波检测装置,广泛地应用于冶金、船舶、机械、医疗等领域的超声探测、超声测量、超声焊接,医院的超声医疗和汽车的倒车雷达等方面。

8.10.4 智能传感器

智能传感器（Intelligent Sensor）是带微处理器、兼有信息检测和信息处理功能的传感器。其最大的特点就是将传感器检测信息的功能与微处理器的信息处理功能有机地融合在一起。

智能式传感器包括传感器的智能化和智能传感器两种主要形式。传感器的智能化是采用微处理器或微型计算机系统来扩展和提高传统传感器的功能，传感器与微处理器可为两个分立的功能单元，传感器的输出信号经放大调理和转换后由接口送入微处理器进行处理；它是借助于半导体技术将传感器部分与信号放大调理电路、接口电路和微处理器等制作在同一块芯片上，即形成大规模集成电路的智能传感器。例如，图 8-24 所示为 Honeywell 公司的 PPT 系列智能精密压力传感器。

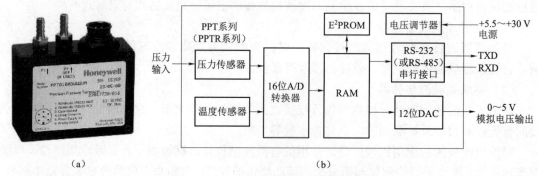

图 8-24 PPT 系列智能精密压力传感器
(a) 实物；(b) 内部电路框图

智能传感器具有自校准和自诊断功能，数据存储、逻辑判断和信息处理功能，组态功能与双向通信功能。智能传感器不仅能自动检测各种被测参数，还能进行自动调零、自动调平衡、自动校准，某些智能传感器还能进行自标定；智能传感器可对被测量进行信号调理或信号处理（包括对信号进行预处理、线性化，或对温度、静压力等参数进行自动补偿等）；在智能传感器系统中可设置多种模块化的硬件和软件，用户可通过微处理器发出指令，改变智能传感器的硬件模块和软件模块的组合状态，完成不同的测量功能。

智能传感器具有多功能、一体化、集成度高、体积小、适宜大批量生产、使用方便等优点，它是传感器发展的必然趋势，它的发展将取决于半导体集成化工艺水平的进步与提高。然而，目前广泛使用的智能式传感器，主要是通过传感器的智能化来实现的。

8.10.5 微传感器

微传感器是尺寸微型化了的传感器，是利用集成电路工艺和微组装工艺将基于各种物理效应的机械、电子元器件集成在一个基片上的传感器。微传感器是微机电系统的重要组成部分。

微机电系统（Micro Electro Mechanical System, MEMS），是在微电子技术（半导体制造技术）的基础上发展起来的，它是由微传感器、微执行器、信号处理和控制电路、通信接口和电源等部件组成的微型器件或系统。MEMS 是融合了光刻、腐蚀、薄膜、LIGA、硅微加工、非硅微加工和精密机械加工等技术制作而成的高科技电子机械器件。

随着 MEMS 技术的迅速发展,作为微机电系统一个构成部分的微传感器也得到长足的发展。如图 8-25 所示的飞思卡尔三轴加速度传感器 MMA8451Q 与传统的传感器相比,这一微传感器

图 8-25　MEMS 三轴加速度传感器

具有体积质量小、成本低、功耗低、可靠性高、适于批量化生产、易于集成和实现智能化的特点。同时,微米量级的特征尺寸使得它可以完成某些传统机械传感器所不能实现的功能。

微传感器涉及物理学、半导体、光学、电子工程、化学、材料工程、机械工程、医学、信息工程及生物工程等多种学科和工程技术,为智能系统、消费电子、可穿戴设备、智能家居、系统生物技术的合成生物学与微流控技术等领域开拓了广阔的空间。例如,在汽车内安装的微传感器已达上百个,用于传感气囊、压力、温度、湿度气体等情况,并已能进行智能控制。

8.11　实训项目

8.11.1　集成温度传感器测试实训

1. 实训任务

测试模拟集成温度传感器 LM35 的输入、输出特性。

2. 实训内容

1) 集成温度传感器 LM35 简介。LM35 是 NS(National Semiconductor)公司生产的集成电路温度传感器系列的产品之一,它具有很高的工作精度和较宽的线性工作范围,该器件的输出电压与摄氏温度成线性比例,0 ℃时输出为 0 V,每升高 1 ℃,输出电压增加 10 mV。在常温下,LM35 不需要额外的校准处理即可达到 ±1/4 ℃的准确率,如图 8-26 所示。

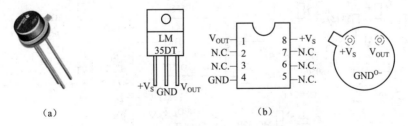

图 8-26　LM35 传感器外形与封装类型
(a)外形;(b)封装类型

LM35 电源供应模式有单电源与正、负双电源两种,如图 8-27 所示。正、负双电源的供电模式可提供负温度的测量,单电源模式在 25 ℃下,其静止电流约为 50 μA,其工作电压较宽,可在 4~20 V 内工作。

2）依据图 8-27 所示搭建电路。

3）在不同的温度下测试，并绘制温度曲线。

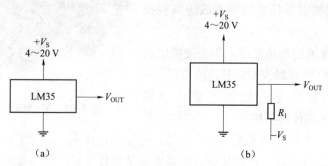

图 8-27 LM35 电源电路
(a) 单电源；(b) 正、负双电源

3. 实训要求

测试单电源与双电源两种模式，测试温度点不低于 10 个，绘制温度输入、输出曲线，并写出电路的输入、输出函数。

8.11.2 声光控制灯电路测试实训

1. 实训任务

测试声光控制灯电路。

2. 实训内容

1）声光控制灯电路的组成。声光控制灯电路是通过光照和声音来控制灯是否点亮的电路。电路具有两种工作状态，其一是声光同时控制电灯的亮灭，即只有在光照较弱时，通过声敏传感器控制灯的状态；其二是只用声敏传感器控制灯的状态。其电路如图 8-28 所示。

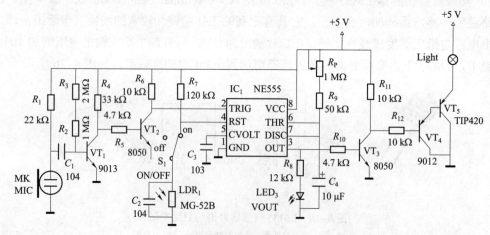

图 8-28 声光控制灯电路

在第一种工作状态时，断开开关 S_1，光敏电阻器 LDR_1 没有接入电路。此时集成电路 IC_1 是一个处于稳定状态的单稳态触发器，IC_1 的 5 脚输出低电平，VT_3、VT_4、VT_5 均处于截止状态，电灯不亮；当发出声响时，声敏传感器给 VT_1 基极一个低电平，VT_1 截止，VT_2 基极为高电平，VT_2

导通，此时相当于给了 IC_1 的输入端 2 脚一个负脉冲，使 IC_1 的状态翻转过来，从而 IC_1 的 3 脚输出由低电平变为高电平，电灯点亮；当 VT_3、VT_4、VT_5 变为截止状态时，电灯熄灭。

在第二种工作状态时，合上开关 S_1，电路接入了光敏电阻器 LDR_1。周围光照较强时，光敏电阻器 LDR_1 的电阻变小，IC_1 的 4 脚是低电平，IC_1 维持在稳定状态，IC_1 输出端 3 脚也为低电平，VT_3、VT_4、VT_5 截止，电灯不工作；当周围环境光照较弱时，光敏电阻器 LDR_1 的电阻变大，IC_1 的 4 脚变为高电平，IC_1 为一个处于稳定状态的单稳态触发器。

调整电位器 R_P 的大小，等于调整单稳态电路 IC_1 的 6、7 脚的时间常数，也改变了其输出端 3 脚的暂稳态时间，所以电位器 R_P 可以控制电灯亮的时间。

2）选取所需的元器件，安装焊接在电路板上。

3）安装完毕后，检查所有器件，通电实训。

3. 实训要求

安装并调试电路，将实训过程与结果记录在实训报告册上。

课 后 习 题

8-1 什么叫传感器？它由哪几部分组成？

8-2 传感器在自动测控系统中起什么作用？

8-3 传感器的分类有哪几种？

8-4 简述压阻效应与应变效应及其应用。

8-5 电感式传感器主要有哪几种类型？

8-6 简述电容式传感器的工作原理及其应用。

8-7 什么是压电式传感器？

8-8 光电效应有哪几种？与之对应的光电元件有哪些？

8-9 什么是霍尔效应？霍尔电压与哪些因素有关？

8-10 什么是磁阻效应？

8-11 微波传感器与超声波传感器有何异同？

第 9 章
电动机控制基础

【内容提要】

电动机是工业生产体系中最基本的动力源，对其工作方式的控制策略有很多。随着自动化生产程度的不断提升，大量自动化器件或仪器也随之引入，但继电接触器控制仍是所有高端控制策略的基础，因此，本章将针对继电接触器控制系统，学习各种低压电器及继电接触器的控制方式，并安排一定数量且具有代表意义的实训项目，以供参考与实践。

9.1 电动机继电接触器控制简介

9.1.1 继电接触器控制的定义

三相异步电动机的启动、反向运行、速度变化等运行状态都是由开关、接触器、继电器等低压电器的触点及线圈等元件连接而成的电路所控制的，并通过控制电动机与电源的通断以及改变其接线方式来实现的，这种控制方式被称为继电接触器控制。

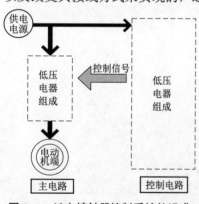

图 9-1 继电接触器控制系统的组成

一般来说，继电接触器控制系统通常分为两个电路部分，即主电路与控制电路。主电路通过各种触点及保护装置与电动机直接相连；控制电路则由各种触点与继电器线圈、指示灯、蜂鸣器等耗能元件组成。如果对其进行更加细致的区分，有时也把整个控制电路细分成控制电路与辅助电路两部分。控制电路为人工操作端，通过简单操作，加之各种低压电器的配合，形成对主电路的控制，从而决定电动机的运行状态，如图 9-1 所示；辅助电路则可设置蜂鸣器、指示灯等电子元器件，对前两个电路进行工作指示。

9.1.2 工程实例——加热炉自动上料控制

在冶金工业中，加热炉是将物料或工件（一般是金属）加热到轧制或锻造温度的设备，它也普遍应用于石油、化工、冶金、机械、热处理、表面处理、建材、电子、材料、轻工、日化、制药等诸多行业领域中。

温度的提升需要燃料，现可利用多种低压电器设计一套可对加热炉炉门和送料小车实施自动控制的继电接触器控制线路。其具体控制要求如下：

1）炉门开启和闭合由电动机 M_1 驱动，送料小车前进与后退由电动机 M_2 驱动。
2）人工操作端配备启动和停止按钮各一个。
3）操作人员按动启动按钮，炉门开启，小车载料前进；小车到达炉门卸料，并自动返回，炉门闭合。
4）工作过程中，操作人员可随时按动停止按钮，如图 9-2 和图 9-3 所示。

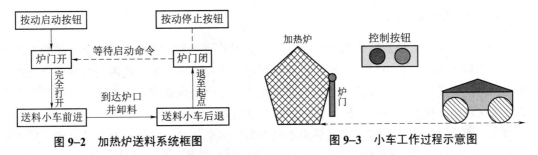

图 9-2 加热炉送料系统框图　　　　图 9-3 小车工作过程示意图

结合实例，加热炉送料系统继电接触器控制系统的电路设计如图 9-4 所示。

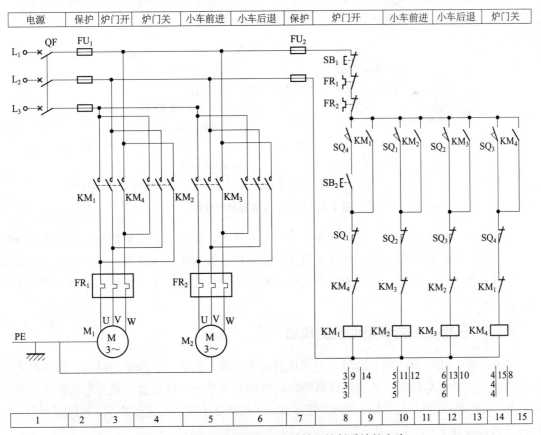

图 9-4 加热炉送料系统继电接触器控制系统的电路

9.2　三相交流异步电动机概述

电动机是一种将电能转化为机械能的电力拖动装置，就是人们俗称的"马达"。其广泛应用于各行各业，作为动力源用以驱动各类机械设备。随着生产自动化和智能生活水平的不断提升，电动机械的地位在人类社会中逐渐凸显，如果将各种机械结构比作四肢，传感器比作神经系统，中央处理器比作大脑，那么电动机就应当是心脏。大到力大无比的起重装备，小到孩子们手中的电动玩具，都不能离开电动机在其中发挥的作用。

9.2.1　电动机的分类

在生活中，电动机经常简称为"电机"，其实，从广义上讲"电机"是电能变换装置的总称，包括旋转电机和静止电机。旋转电机是根据电磁感应原理来实现电能与机械能之间相互转换的一种能量转换装置，包括电动机与发电机；静止电机则是根据电磁感应定律和磁势平衡原理来实现电压变化的一种电磁装置，也称为变压器。

就其中的电动机大类而言，可细分出不同类型的多个成员，它是一个复杂且庞大的"家族体系"。其分类方式多种多样，在此，仅依据电动机工作的电源种类来划分整个"家族"。首先可将其划分为直流电动机和交流电动机两个大类。根据适用场合、先进程度等因素的不同，这两种电动机又可展开多条分支，如图9-5所示。

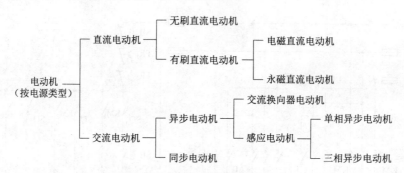

图 9-5　电动机按电源类型分类

在各种各样的电动机中，三相异步电动机的产量大、配套广、维护便捷，已成为工业生产上中小型电动机的主导力量，如各式机床、起重机、锻压机、传送带、铸造机械等均采用了三相异步电动机。因此，本章的重点是以三相交流异步电动机作为继电接触器系统的被控对象进行研究与安装。

9.2.2　三相交流异步电动机的构造

图9-6所示为一台三相交流异步电动机的组成结构，其前、后端盖，吊环，机座组成了电动机的固定装置与外壳；风扇、风罩是电动机的散热部分；接线盒提供为电动机供电的电源引线；而电动机的核心组成部件则为定子部分（包括定子铁芯与定子绕组）和转子部分（包括转子铁芯与转子绕组）。

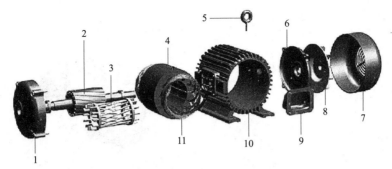

图 9-6 三相异步电动机的组成结构

1—前端盖；2—转子铁芯；3—转子绕组（鼠笼型）；4—定子铁芯；5—吊环；6—后端盖；
7—风罩；8—风扇；9—接线盒；10—机座；11—定子绕组

通过电动机外部的螺丝，可首先将风罩与风扇拆卸，进而拆解前、后端盖，这时电动机的定子与转子部分便能够看到。定子绕组通常以漆包线的形式缠绕于定子铁芯上，定子铁芯除用于固定绕组之外，也可以起到加强磁场的作用；而定子与转子之间的联系依靠两者之间的气隙，并无任何电气或机械连接。

转子绕组主要有两种型式，即鼠笼型和绕线型，如图9-7所示。鼠笼型绕组的结构简单、价格低廉、运行可靠、维护方便，但启动电流大、启动转矩小，适用于启动转矩小、转速无须调节的生产机械；绕线型绕组相对来说结构复杂、价格高、维护量较大，但其启动转矩要比鼠笼型的启动转矩更大，适用于启动负荷大、需要一定调速范围的场合。转子绕组、转子铁芯与转轴相互固定，组成电动机的旋转部分。

图 9-7 三相交流异步电动机的转子类型
（a）鼠笼型；（b）绕线型

9.2.3 三相交流异步电动机的工作原理

首先，电流除具有热效应外还具有磁效应。根据上述电动机的结构介绍，现将三相交流电通入电动机的定子绕组中。由于三相交流电随着时间的推移而不断变化，如图9-8所示，因此，在定子铁芯内部会产生旋转磁场，如同U形磁铁被一手柄控制做旋转运动，如图9-9所示。

此时，旋转磁场与转子发生"切割磁感线"的相对运动，闭合导体——转子绕组中进而产生感应电流。带电导体处于磁场中会受到磁场力的作用，因此，转子会被定子的旋转磁场驱动而旋转起来。

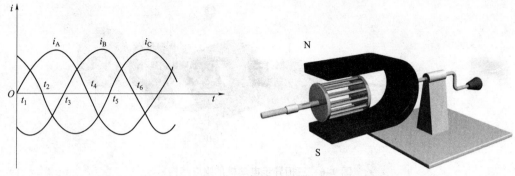

图 9–8　三相交流电的波形　　　　图 9–9　三相交流异步电动机的工作原理图示模型

如图 9-10 所示，通过三相交流异步电动机的原理分析知道，旋转磁场与转子之间必须永久地存在一个转速差，才能使上述过程得以存在和继续，通常将这样的转速差称为转差率，所以这样的电动机称为"异步"电动机。转差率用英文字母 s 表示，而转子的旋转速度可以用以下公式表示：

$$n=\frac{60f}{p}(1-s) \tag{9-1}$$

式中，f 为通入电动机电源的频率；p 为磁极数；s 为转差率。

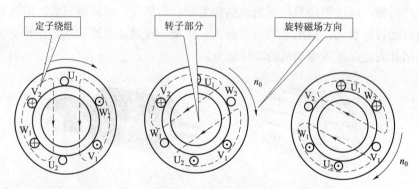

图 9–10　三相交流异步电动机的工作原理示意图

9.2.4　三相交流异步电动机的机械特性

机械特性是异步电动机的主要特性之一，它是指电动机在一定的工作条件下，转速 n 与电磁转矩 T_{em} 之间的关系，即：

$$n=f(T_{em})$$

1. 机械特性曲线解读

图 9-11 所示为三相异步电动机的机械特性曲线。机械特性的曲线被 T_M 分成两个性质不同的区域，即图中的 AB 段和 BC 段。

当电动机启动时，只要启动转矩 T_Q 大于反抗转矩 T_L（T_L 包括摩擦力矩、惯性力矩、负载力矩等），电动机就能转动起来。电磁转矩 T_{em} 的变化沿曲线 BC 段运行。随着转速的上升，BC 段中的 T_{em} 一直增大，所以转子一直被加速。

越过 CB 段而进入 AB 段之后，随着转速的上升，电磁转矩 T_{em} 下降。当转速上升到某一定值时，电磁转矩 T_{em} 与反抗转矩 T_L 相等，此时，转速不再上升，电动机就稳定运行在 AB 段中，所以 BC 段称为不稳定区域，AB 段称为稳定区域。

电动机一般都工作在稳定区域 AB 段上，在这个区域里，当负载转矩变化时，异步电动机的转速变化不大，电动机转速随转矩的增加而略有下降，这种机械特性称为电动机的硬特性。三相交流异步电动机的这种硬特性特别适用于一般金属切削机床。

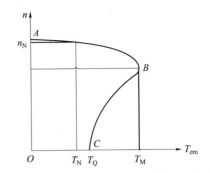

图 9–11　三相异步电动机的机械特性曲线

2. 电动机的三个重要转矩

（1）额定转矩 T_E

额定转矩是电动机在额定电压下，以额定转速运行输出额定功率时，其轴上输出的转矩。异步电动机的额定工作点通常大约在机械特性曲线稳定区域的中部。为了避免电动机出现过热现象，一般不允许电动机在超过额定转矩的情况下长期运行，但允许其短期过载运行。

（2）最大转矩 T_M

电动机转矩的最大值称为最大转矩，它是电动机能够提供的极限转矩，由于它是机械特性上稳定区和不稳定区的分界点（即 B 点），故电动机运行中的机械负载不可超过最大转矩，否则电动机的转速将会越来越低，很快导致堵转停机。异步电动机堵转时电流最大，一般可达到额定电流的 4～7 倍，这样大的电流如果长时间通过定子绕组，会使电动机过热，以至烧毁。因此，异步电动机在运行时应注意避免出现堵转。一旦出现堵转应立即切断电源，并卸掉过重的负载。

为了描述电动机允许的瞬间过载能力，通常用最大转矩与额定转矩的比值 T_M/T_E 来表示，称为过载系数 λ，即 $\lambda=T_M/T_E$，通常取 $\lambda=1.8$～2.5。

（3）启动转矩 T_Q

电动机刚接入电源但尚未转动时的转矩称为启动转矩。如果启动转矩小于负载转矩，则电动机不能启动，与堵转情况类似。当启动转矩大于负载转矩时，电动机沿着机械特性曲线很快进入稳定运行状态。

异步电动机的启动能力通常用启动转矩与额定转矩的比值，即 $\lambda_Q=T_Q/T_E$ 来表示，通常取 $\lambda_Q=0.9$～1.8。

9.2.5　识读三相异步电动机的铭牌

每台电动机的机座上都会有一个铭牌，它标记着电动机的型号、各种额定值和连接方法等。按电动机铭牌所规定的条件和额定值运行，称作额定运行状态。以下以图 9–12 所示的三相异步电动机铭牌为例来说明各项数据的含义。

1. 型号部分

型号是电动机的产品代号、规格代号和特殊环境代号的组合。如示例中的"Y315M–4"，其具体解释如图 9–13 所示。

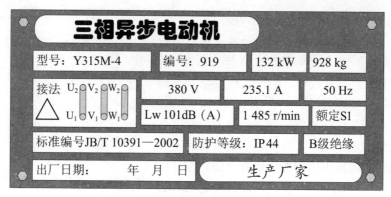

图 9-12　三相异步电动机铭牌示例

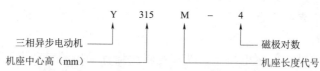

图 9-13　电动机型号的各组成部分及其代表含义

（1）产品代号

示例中的"Y"为产品代号，一般采用大写印刷体的汉语拼音字母组合，它是根据电动机的全名，选择有代表意义的汉字，再用该汉字的第一个拼音字母组成。因此，电动机铭牌所标示的电动机型号，最前端的字母组合仅作产品代号之用。其表明了电动机的类型、结构特征和使用范围等内容。由于异步电动机应用范围广泛，种类众多，表 9-1 所示只列举了几种常用新系列的异步电动机产品的代号及汉字意义以供参考。需要指出的是，如果在产品代号后出现阿拉伯数字并用"-"与后面的规格代号进行间隔，那么，此阿拉伯数字标明该电动机是在原产品之上进行改进或改型的产品，如示例中的"Y315M-4"经过改型后就应该将型号标示为"Y2-315M-4"。

表 9-1　常用新系列的异步电动机产品的代号及汉字意义

产品名称	代　　号	汉字意义
异步电动机	Y	异
绕线式异步电动机	YR	异绕
高启动转矩异步电动机	YQ	异启
多速异步电动机	YD	异多
精密机床异步电动机	YJ	异精
大型绕线式高速异步电动机	YRK	异绕快

此外，目前我国已投入使用的异步电动机有老系列和新系列之别。而老系列的电动机已不再生产，将逐步被新系列电动机所取代。所以此处不对老系列电动机的产品代号作解释。

（2）规格代号

"315M-4"为规格代号，315 为机座中心高度，是指卧式电动机的轴线到电动机底座安装面的垂直距离，单位为毫米（mm），如图 9-14 所示。

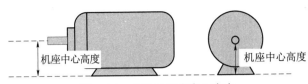

图 9–14 电动机机座中心高度

M 为机座长度代号，分为 S——短机座、M——中机座、L——长机座三种。机座长度可以理解为电动机定子铁芯的长度，一般来说，在其他参数相同的情况下，机座长度越长，其功率也会相应提升。

最后的阿拉伯数字"4"为该电动机的磁极数，三相交流电动机的每组线圈都会产生 N、S 磁极，每个电动机每相含有的磁极个数就是极数。由于磁极是成对出现的，所以电动机有 2、4、6、8、……极之分。如果该电动机的磁极对数是可以改变的，会在此处出现两个磁极数，并以"\"相间隔，如"2\4"。

（3）特殊环境代号

一般生产生活环境中所使用的电动机型号表示到"磁极对数"一项为止，但某些电动机需在特殊环境下运行，这时，标示型号在最后还会多出一个组成部分，即特殊环境代号，如表 9–2 所示。

表 9–2　特殊环境代号

特殊环境	相应代号
高原环境	G
船载环境	H
化工腐蚀	F
热带	T
湿热带	TH
干热带	TA
户外	W

2. 额定值部分

（1）额定功率 P

额定功率是指电动机在额定状态下运行时其轴上所输出的机械功率，单位为瓦（W）或者千瓦（kW）。如示例中的"132 kW"，表明该电动机能够拖动 132 kW 的负载运动。如果电动机的功率小于负载的功率，则电动机处于过载运行状态；如果电动机的功率大于负载的功率，则可能不能充分发挥其作用，造成电能和经济上的浪费。所以电动机与负载在功率上要相互匹配。

（2）电动机的质量

电动机的质量在电动机选型时是一项应该考虑的参数，如示例中的"928 kg"。

（3）额定电压

额定电压是指电动机在额定运行状态时，定子绕组应加载的线电压，单位为伏（V）。某些电动机的铭牌标示出两个电压值,分别对应于定子绕组三角形和星形两种不同的连接方式。如某名牌上此处标示为"△/Y 220 V/380 V"时,表明当电压为 220 V 时,电动机定子绕组用三角形连接;而当电源为 380 V 时,电动机定子绕组用星形连接。两种方式都能保证每相定子绕组在额定电压下运行。为了使电动机正常运行,一般规定电源电压波动不应超过额定值的 5%。

(4) 额定电流

额定电流是指电动机在额定电压下运行其输出功率达到额定值时,流入定子绕组的线电流,单位为安培(A)。

(5) 额定频率

额定频率是指加载在电动机定子绕组上的允许电能频率,单位为赫兹(Hz)。目前我国电网的交流供电频率为 50 Hz。

(6) 额定转速

额定转速是指电动机在额定电压、额定频率和额定负载下电动机输出的转速,即满载时的转速,故又称满载转速,用符号"n"表示,单位为"转/分"(r/min)。定子旋转磁场的转速与额定转速相差不大,通常将定子旋转磁场的转速称为同步转速。同步转速可通过以下公式计算得出,即:

$$n(额定转速) = \frac{60 \times 50(电源频率)}{p(磁极数)} \tag{9-2}$$

如示例中的这台电动机,磁极数为 4,磁极对数为 2,因此通过式(9-2)可计算出同步转速为 1 500 r/min。实际标示的额定转速为 1 485 r/min,相差不是很大。

此外,在实际的应用过程中,如果其所带动的不是额定负载或者供电电压波动,这时电动机的转速与额定转速有所偏差,称之为电动机的实际转速。在实际使用中,对电动机的额定转速、同步转速和实际转速都应当了解。

(7) 接线方法

接线方法是指电动机三相绕组的接法。一般笼型电动机的接线盒有六根线引出,分别标以 U_1、V_1、W_1、U_2、V_2、W_2,其中,U_1、U_2 是第一相。

如示例中的这台电动机已明示出是三角形接线,并标示出每相绕组的连接顺序。

3. 其他相关参数部分

(1) 噪声等级

Lw 是电动机运行时的声音大小,以单位 dB 作为衡量标准,示例中为 101 dB。

(2) 定额

按电动机在额定运行状态下的持续时间,定额可分为连续运行——S1、短时运行——S2 及断续运行——S3 三种。"连续运行"表示该电动机可以按铭牌的各项定额长期运行;"短时运行"表示只能按照铭牌规定的工作时间短时使用;"断续运行"表示该电动机应当短时运行,但每次周期性断续使用。示例中的电动机为 S1,可做连续运行。

(3) 防护等级

防护等级是用来提示电动机防止杂物与水进入的能力。它是由外壳防护标志字母 IP 后跟两位具有特定含义的数字代码进行标示的。如示例中电动机的防护等级为 IP44,其详细含义如表 9-3 所示。

表 9–3 防护等级数字的详细含义

防护等级第一位数字	详细含义	防护等级第二位数字	详细含义
0	有专门的防护装置	0	无防护
1	防止直径大于 50 mm 的固体进入	1	防滴水
2	防止直径大于 12 mm 的固体进入	2	15°防滴水
3	防止直径大于 25 mm 的固体进入	3	防淋水
4	防止直径大于 1 mm 的固体进入	4	防止任何方向溅水
5	防尘	5	防止任何方向喷水
6	完全防止灰尘进入壳内	6	防止海浪或强力喷水
		7	浸水级
		8	潜水级

（4）绝缘等级

绝缘等级是指电动机内部所有绝缘材料所允许的最高温度等级，它决定了电动机工作时允许的温升（温升是指电气设备中的各个部件高出环境的温度）。各种等级所对应温度的关系如表 9–4 所示。

表 9–4 电动机绝缘等级与温度的对应关系　　　　　　　　　　　　　　　　　℃

绝缘耐热等级	A	E	B	F	H	C
允许最高温度	105	120	130	155	180	180 以上
允许最高温升	65	80	90	115	140	140 以上

（5）标准编号

电动机的铭牌所标示的各项参数会根据电动机种类的不同而执行不同的参数内容标准。如示例中的这台电动机所执行的"JB/T 10391—2002"标准，需标示上述所有参数及未展开介绍的生产日期、制造商名、名称和编号等信息。因此，每台电动机铭牌参数的内容会有所差别，还需在实际的使用或施工过程中灵活掌握并注意积累。

9.2.6 三相异步电动机的接线

通过学习三相异步电动机的组成结构，了解了三相交流电通入到三相异步电动机的定子绕组中，这三个绕组彼此独立，且每个绕组都由若干线圈连接而成。所以每个绕组即为一相，在空间上互差 120°的电角度。每相绕组都具有首端和尾端，通常用英文大写字母 U、V、W 表示，如图 9–15 所示。

所以，电动机一般有六条线从内部引出，可在外部选择连接电动机绕组的接线方式或用作其他用途。从绕组接线来看，一般有两种方式，即星形接法和三角形接法。将三个绕组的其中一端短接即为星形接法；而将三个绕组首末端顺次连接就是三角形接法，如图 9–16 所示。

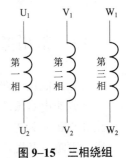

图 9–15 三相绕组

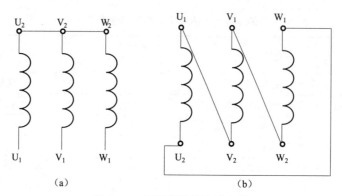

图 9–16 三相绕组的连接方式

（a）星形接法；（b）三角形接法

在电动机外部的接线盒中，六条出线会以六个接线柱的形式出现。电动机出厂时，生产厂家已按照该电动机的固定接线方式（Y/△）用导电良好的金属片将相应接线柱连接起来，如图 9–17 所示。其中，星形接法使用两片水平金属片，三角形接法使用三个竖直金属片。

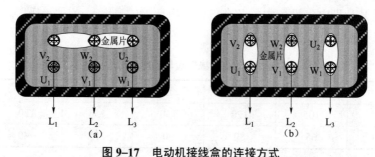

图 9–17 电动机接线盒的连接方式

（a）星形接法；（b）三角形接法

一台电动机是接成星形还是三角形，应以厂家的规定为准，查询机座铭牌。而且，三相绕组的首端与末端是制造厂商设定好的，决不能任意颠倒，如 U_1 和 U_2，虽为一相绕组，但颠倒之后，与其他相正确顺序的联合工作中便会产生接线错误，轻则使电动机不能正常启动，长时间发热，影响寿命；重则直接烧毁电动机或者造成电源短路。

电动机在星形接法时电流较小，功率较低；而三角形接法虽使功率得到了提升，但电流较大，尤其在启动过程中，其电流值可升至额定电流的 6~7 倍。所以，工业生产中经常采用 Y-△ 连接切换的方式对电动机实施降压启动，以减少启动电流对电动机的危害，同时又可得到所需的工作效率。

9.3 常用低压电器

首先，低压电器是一种能根据外界的信号和要求手动或自动地接通、断开电路，以实现对电路或非电对象的切换、控制、保护、检测、变换和调节的元件或设备。以交流 1 200 V、直流 1 500 V 为界，可将其划分为高压电器和低压电器两大类。一般来讲，在工业、农业、交通、国防以及民用电等领域中，大多数采用低压供电。因此，低压电器成为了继电接触器系统中电路组成的主要部件。

低压电器的种类众多，划分原则也不尽相同，在此只按照动作方式和实际电路功能对其进行简单分类，并形成对低压电器的初步认知，如表 9-5 所示。

表 9-5 低压电器的分类

分类方式	类别	定义	电器举例
按动作方式分	手动电器	电器的动作靠人工直接操作	按钮、刀开关、转换开关
	自动电器	电器的动作靠电学量进行控制	交流接触器、热继电器
按电路功能分	控制电器	在电路中起到电路功能控制作用	按钮、交流接触器
	配电电器	在电路中起到配电或保护电路的作用	刀开关、热继电器

由于每种低压电器具体可分为诸多型号和规格，不能面面俱到，在此，主要以德力西品牌的低压电器作为讲解和展示的对象，着重介绍几种常用的低压电器，为后续学习的内容奠定基础。

9.3.1 刀开关

刀开关又称闸刀开关，是一种手动配电电器，主要作为隔离电源开关使用，用在不频繁接通和分断电路的场合，也称隔离开关。

1. 刀开关的类型

刀开关主要包括大电流刀开关、负荷开关、熔断器式刀开关三种。其实物如图 9-18 所示。按照触刀极数可将其分为单极式、双极式和三极式三种；按照转换方式可将其分为单投式和双投式两种；按操作方式可将其分为手柄直接操作和杠杆联动操作两种。

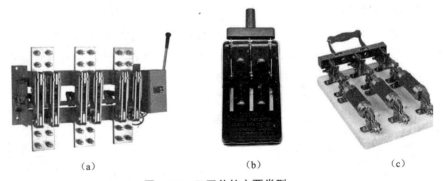

图 9-18 刀开关的主要类型
(a) 大电流刀开关；(b) 开启式负荷开关；(c) 熔断器式刀开关

其中，大电流刀开关是一种新型电动操作开关，它适用于电源频率为 50 Hz、交流电压至 1 000 V、直流电压至 1 200 V、额定工作电流高达 6 000 A 的电力线路中，作为无负载或隔离之用。

负荷开关包括开启式负荷开关和封闭式负荷开关两种。开启式负荷开关就是俗称的胶盖磁底开关，一般作为电气照明电路、电热电路及小容量电动机的不频繁带负载操作的控制开关，也可作为分支线路的配电开关等。

封闭式负荷开关俗称铁壳开关，一般用于电力排灌、电热器及照明等设备当中，也可用于不频繁接通和分断全电压启动 15 kW 以下的异步电动机。它的铸铁壳内装有由刀片和夹座组成的触点系统、熔断器和速断弹簧，30 A 以上的封闭式负荷开关还装有灭弧罩。因此，铁壳开关除具有控制作用外，也对电路起到防止过载、短路的保护作用。

熔断器式刀开关用于电源频率为 50 Hz，电压至 660 V 的配电电路和电动机线路中，作为电动机的保护、电源开关，隔离开关或应急开关使用，一般不用于直接通、断电动机。

单投式与双投式刀开关是针对刀开关的动作方式而言的，它们的结构功能分别类似于单极开关和单刀双掷开关，使用中切勿与单极式和双极式刀开关混淆，如图 9-19 所示。

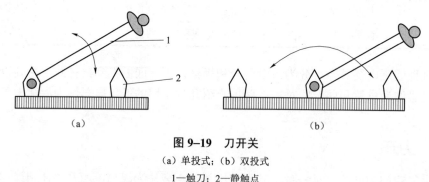

图 9-19 刀开关
（a）单投式；（b）双投式
1—触刀；2—静触点

另外，从图 9-18（a）和（b）中分别可见中央杠杆联动操作机构式和中央手柄直接操作式两种外部操作类型。杠杆操作机构式更为安全和省力，但其结构相较于中央手柄直接操作式复杂，不便于维修。

单极式、双极式、三极式的刀开关用于不同相数的线路中，具体可见下文所述的刀开关电气符号。

2. 刀开关的型号识别

刀开关的型号表示含义如图 9-20 所示。例如某刀开关的型号为 HS13BX-400/31，可理解为此刀开关的内部动作方式为双投式，设计为中央杠杆操作机构，带有 BX 旋转手柄，额定发热电流为 400 A，极数为三极，并配有灭弧装置。

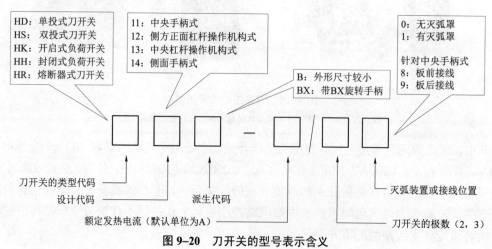

图 9-20 刀开关的型号表示含义

3. 刀开关的电气符号

如图 9–21 所示，刀开关用英文大写字母 QS 表示，它分为三个类型，以适应不同的电路功能。

4. 刀开关的安装与接线

刀开关在安装时，手柄要向上，不得倒装或平装，避免由于重力作用而自动下落，引起误动合闸。接线时，应将电源线接在上端，负载线接在下端，这样断开后，刀开关的触刀与电源隔离，既便于更换熔丝，又可防止可能发生的意外事故。

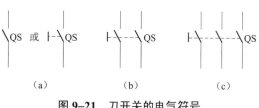

图 9–21　刀开关的电气符号
（a）单极；（b）双极；（c）三极

9.3.2　按钮开关

按钮开关是一种用来接通或分断小电流电路的手动控制电器。在控制电路中，通过它发出"指令"，控制接触器和继电器等，再由它们去控制主电路的通断。

1. 按钮开关的主要类型

按钮开关一般由按钮帽、复位弹簧、常开触点、常闭触点、接线柱、安装机构等组成。因此，从按钮开关的内部结构来看，按钮开关一般分成常开型、常闭型和复合型三类，如图 9–22 所示。

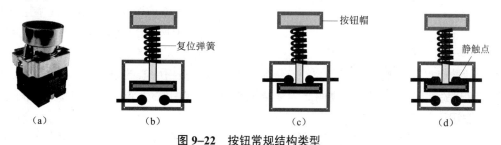

图 9–22　按钮常规结构类型
（a）实物；（b）常开型；（c）常闭型；（d）复合型

应当指出的是，以上三种类型的按钮开关仅指按钮帽下方的触点中心，而触点中心是通过螺丝固定在按钮帽的下部的，可进行拆卸和变换。如只安装常开型触点中心，则此按钮帽常开功能可使用；如再安装一个常闭型的触点中心，则此按钮便具备了常开、常闭和复合按钮三种功能。但是，如此组合的"复合按钮"会在动作时表现出一定的"时间差"，而整体式的复合型触点中心则能避免这一现象，也是真正意义上的复合按钮，如图 9–23 所示。

 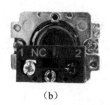  

　　（a）　　　　　　　（b）　　　　　　（c）　　　　　　（d）

图 9–23　各种类型的按钮开关触点中心
（a）常开按钮触点中心；（b）常闭按钮触点中心；（c）组合式复合按钮中心；（d）整体式复合按钮触点中心

其实，如考虑按钮开关的使用环境和特殊功能，其在上述分类的基础之上还可分出更多的种类。常用的有 LA2、LA4、LA18、LA19、LA20、LA38 等系列。如 LA18 系列按钮是积木式结构，其触点数目可根据需要灵活拼装；其结构形式有揿按式、紧急式、钥匙式和旋钮式。LA19 系列在按钮内直接装有信号灯，除作为控制电路的主令电器使用外，还可作为信号指示灯使用。这些按钮的扩展功能多，环境适应能力强，但也都是以最基本的三种按钮开关类型为基础，进行改造、拼装或封装而成的。

2. 按钮开关的型号识别

在选用按钮时，应根据使用场合、被控电路所需触点的数目及按钮的颜色等因素综合考虑，这就要求必须知道各种按钮开关的型号及意义，如图 9–24 所示。

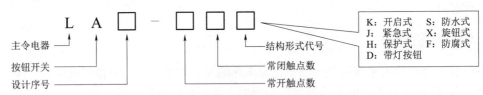

图 9–24 按钮开关型号的表示含义

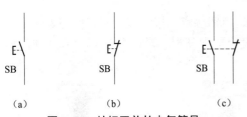

图 9–25 按钮开关的电气符号
（a）常开触点；（b）常闭触点；（c）复合触点

3. 按钮开关的电气符号

按钮开关在电气原理图中用英文大写字母 SB 表示。其电气符号如图 9–25 所示。需要注意的是，按钮开关在电气原理图中用阿拉伯数字区分按钮帽的数量，如 SB1、SB2 等，每一个不同的数字标号是在提示施工人员整幅图中按钮帽的数量，不要简单地理解为按钮中心的数量。如电气原理图中有两个按钮开关都用 SB1 表示，表明此为复合按钮或两触点中心受到一个按钮帽的控制。

4. 按钮开关的安装及接线

按钮开关在安装时，最好先测试其好坏，对于触点中心的好坏，使用万用表操作即可，查看是否有按动后无法正确动作的情况出现。由于按钮触点之间的距离较小，所以应注意保持触点及导电部分的清洁，防止触点间短路或漏电。由于最终端且最简单的操作部件的损坏而影响了整个电路的工作就得不偿失了。

接线时，应根据不同类型的接线柱灵活掌握与导线的连接，如不按照规范接线，很可能发生接触不良或打火现象。

9.3.3 转换开关

转换开关也称组合开关，是一种可供两路或两路以上的电源或负载转换用的开关电器。转换开关由多节触头组合而成，在电气设备中，多用于非频繁地接通和分断电路，接通电源和负载，测量三相电压以及控制小容量异步电动机的正反转和 Y–△降压启动等。与刀开关的操作相比，它是左右旋转的平面操作。

1. 转换开关的内部结构

转换开关的接触系统是由数个装嵌在绝缘壳体内的静触头座和可动支架中的动触头构成。动触头是双断点对接式的触桥，在附有手柄的转轴上，随转轴旋至不同位置使电路接通或断开，如图 9-26 所示。

 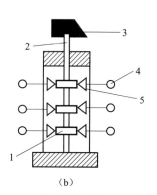 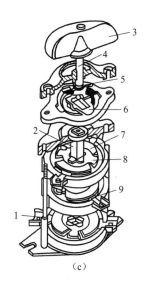

（a） （b） （c）

图 9-26 转换开关的实物及内部组成结构

（a）实物；（b）结构示意

1—动触点；2—转轴；3—手柄；4—接线柱；5—静触点

（c）内部结构

1—接线柱；2—绝缘杆；3—手柄；4—转轴；5—弹簧；6—凸轮；7—绝缘垫板；8—动触片；9—静触片

它的内部有三对静触点，分别用三层绝缘板隔开，各自附有连接线路的接线柱。三个动触点相互绝缘，并与各自的静触点相对应，套在共同的绝缘杆上。绝缘杆的一端装有操作手柄。转动手柄，即可完成三组触点之间的开合或切换。开关内装有速断弹簧，以提高触点的分断速度。转换开关有单极、双极、三极和四极之分。

2. 转换开关的型号识别及电气符号

转换开关的型号表示含义如图 9-27 所示。在电气原理图中，组合开关用英文大写字母 SA 表示，如图 9-28 所示。

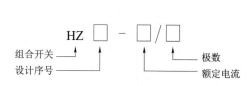 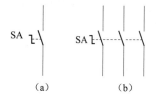

图 9-27 转换开关的型号表示含义　　图 9-28 转换开关的电气符号

（a）单极；（b）三极

9.3.4 热继电器

电动机在运行过程中若过载时间长，过载电流大，电动机绕组的温升就会超过允许值，使电动机绕组绝缘老化，缩短电动机的使用寿命，严重时甚至会使电动机绕组烧毁。因此，电动机在长期运行中，需要对其提供过载保护装置。热继电器能利用电流的热效应原理在电动机过载时切断电源，对电动机产生有效的保护。

1. 热继电器的分类

热继电器按动作方式分为双金属片式、热敏电阻式和易熔合金式三种。其中，双金属片式热继电器是利用双金属片受热弯曲去推动执行机构动作。这种继电器因结构简单、体积小、成本低、反时限特性（限流越大越容易动作，经过较短的时间就开始工作）良好等优点被广泛地应用。其实物如图 9–29 所示。

图 9–30 所示为热继电器的内部结构，A、B、C 三个双金属片是由两种热膨胀系数不同的金属片用机械碾压而成。膨胀系数大的称为主动层，膨胀系数小的称为被动层，在金属片上缠绕有电阻丝，其组成了热继电器的热元件，是热继电器的热量感测环节。其串联在电动机的三相供电线路中，电动机正常工作时，热继电器不动作。当电动机过载时，流过热元件的电流增大，经过一定时间后，双金属片弯曲（图中向左），推动杠杆平移，补偿双金属片被压动，推杆驱动弓簧，弓簧连带动触点发生动作，则此时静触点打开，动触点与复位调节螺丝上的触点接触，即实现电动机过载时，常开触点闭合而常闭触点断开，通过控制电路的控制使电动机停机。

图 9–29　JR36 系列热继电器实物

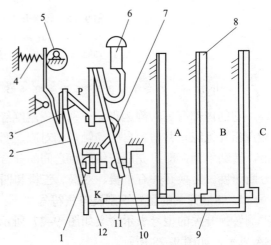

图 9–30　热继电器内部结构

1—复位调节螺丝；2—补偿双金属片；3—推杆；4—压簧；
5—整定电流调节凸轮；6—复位按钮；7—弓簧；8—双金属片；
9—导板；10—常闭静触点；11—动触点；12—杠杆

以上展示的是三极热继电器。其实热继电器按极数分类还应包括单极和双极两种。在对三相电动机实施保护的过程中，电动机断相运行是烧毁电动机的主要原因之一，因此要求热继电器还应具备断相保护功能，所以三极的热继电器又有带断相保护装置和不带断相保护装置之分。

2. 热继电器的重要参数

热继电器的主要技术参数包括额定电压、额定电流、相数、热元件编号及整定电流调节范围等。

额定电压是指热继电器能够正常工作的最高电压值，一般为交流 220 V、380 V、600 V。

额定电流是指热继电器不动作时的最高电流上限，在选取热继电器时要严格遵循所使用电动机的额定电流,如电动机的额定电流超过了热继电器的额定电流,热继电器则会误动作;如电动机的额定电流比热继电器的额定电流小很多,那么即使电动机过载,热继电器也不会动作。但这也需要考虑到热继电器另一个十分重要的参数,即整定电流的调节范围。

热继电器的整定电流是指长期通过发热元件而不致使热继电器动作的最大电流。整定电流的设定在热继电器的调节旋钮上具有一定的调整范围。一般在使用时,主要需知道所使用电动机的额定电流大小,在热继电器整定电流的范围之内,将整定电流设置成电动机额定电流的 1~1.05 倍。在电动机运行过程中,如出现过载的现象,且电流值超过整定电流的 20%时,热继电器应当在 20 min 之内动作,实施保护。整定电流的默认单位为安培。

由于热继电器是通过热量感知而进行动作的,因此具有一定的热惯性。即使通过发热元件的电流短时间内超过整定电流的数倍,热继电器也不会立即动作,这样的现象可恰当地应用于电动机的启动过程中,即使电流很大,但时间很短,热继电器不动作才使得电动机能够顺利启动。

3. 热继电器的型号识别

热继电器的型号表示含义如图 9–31 所示。

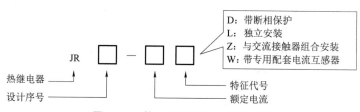

图 9–31　热继电器的型号表示含义

4. 热继电器的电气符号

热继电器在电气原理图中用英文大写字母 FR 表示,通常包括热元件、常开触点和常闭触点三个部分,三部分应独立示出,且允许将三个部分绘制于电路的不同位置,如图 9–32 所示。

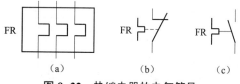

图 9–32　热继电器的电气符号
(a) 热元件;(b) 常闭触点;(c) 常开触点

5. 热继电器的安装与接线

热继电器在继电接触器的系统电路中安装时,一般其热元件应串行于主电路,而常闭触点应串行于控制电路中。当热继电器动作时,常闭触点断开,控制电路断电,进而使主电路断电,电动机停机。

热继电器与其他电器组合安装时一般应位于其他电器的下方,这样可避免其他电器的发热对热继电器的动作产生影响。

此外,由于热继电器的型号众多,其安装或接线的注意事项必须严格参照产品说明书执行。

9.3.5　自动空气开关

自动空气开关也称为空气断路器,可实现短路、过载、欠压保护;可用来接通和断开负载电路或控制不频繁启动的电动机。它的功能相当于刀开关、过流继电器、失压继电器、热继电器及漏电保护器等电器的功能总和。此外，自动空气开关动作值可调、分段能力高、操作方便安全，因而被工业生产及日常生活广泛采用。

1. 自动空气开关的分类

在生活中，自动空气开关最明显的分类方式是按极数区分，有单极、双极、三极三种。单极和双极经常用于单相电路中，而三极一般存在于三相电的控制线路中。

其次，按脱扣形式分，可分为电磁脱扣式、热脱扣式、混合脱扣式及无脱扣式。其中，以混合脱扣式自动空气开关的应用最为普遍。

按分断时间可将其分为一般式和快速式；按结构形式又分为塑壳式、框架式、限流式、直流快速式、灭磁式和漏电保护式。其中，在电力拖动和自动控制的线路中，一般应用塑壳式自动空气开关。

因此，基于本章所涉及的电路功能结构，下文着重介绍混合脱扣式、塑壳封装的三极自动空气开关，如图9-33所示。

图9-33 自动空气开关

图9-34所示为自动空气开关的内部结构。当电路正常工作时，各部件状态如图中所示。当其中某相电流超过规定值较多时（如短路），电磁脱扣器的电磁吸力增加，吸附衔铁向上，衔铁抬起杠杆，使锁扣打开，传动杆便在弹簧的拉力下移动，致使三触点断开。

当供电线路欠压时，欠压脱扣器的电磁吸力下降。在弹簧的拉力下，衔铁向上并推动杠杆运动，最终也会导致触点断开。当电动机过载时，双金属片感受发热元件的热量，并向上弯曲，推动杠杆，使自动空气开关动作。

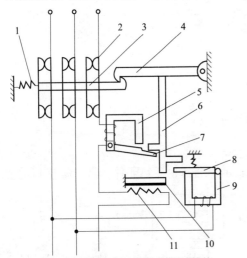

图9-34 自动空气开关的内部结构

1—弹簧；2—主触点；3—传动杆；4—锁扣；
5—电磁脱扣器；6—杠杆；7,8—衔铁；
9—欠压脱扣器；10—双金属片；11—发热元件

2. 自动空气开关的重要参数

自动空气开关的重要参数包括额定电压、额定电流、极限通断能力、分断时间、各种脱扣器的整定电压、电流等。额定电压和额定电流的设计应大于或等于线路的额定电压和额定电流，通常使用的380 V线路中的自动空气开关，其耐压等级大约为440 V。热脱扣器的整定电流应当等于所控制负载的额定电流。电磁脱扣器的瞬时脱扣整定电流应大于或等于负载电路正常工作时的峰值电流。自动空气开关欠电压脱扣器的额定电压应等于线路的额定电压。

通断能力是指断路器在规定的电压、频率以及规定的线路参数（交流电路为功率因数，直流电路为时间常数）下，能够分断的最大短路电流值。自动空气开关的极限通断能力应大于或等于电路的最大短路电流。

分断时间是指断路器切断故障电流所需的时间。

3. 自动空气开关的型号识别与电气符号

自动空气开关的型号较多，这里只针对多应用于电力拖动和自动控制线路中的塑壳式自动空气开关的型号表示含义进行展示；其电气符号用英文大写字母 QF 表示，如图 9–35 所示。

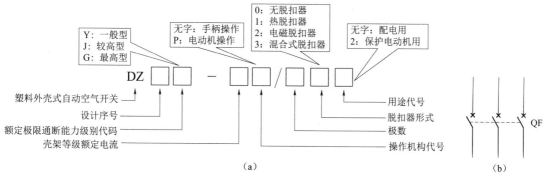

图 9–35 自动空气开关的型号表示含义及电气符号
（a）型号表示含义；（b）电气符号

4. 自动空气开关的安装与接线

对于三极自动空气开关，首先需进行正方位安装，即向上抬起触头闭合，动作或关闭时手柄向下。自动空气开关上方为电源，下方为其他控制电器。

9.3.6 熔断器

熔断器是指当电流超过规定值时，其自身产生的热量使熔体熔断，从而使电路断开的一种保护电器。其广泛应用于高低压配电系统和控制系统以及用电设备中，作为短路和过电流的保护器，是应用最普遍的保护器件之一。其工作原理类似于之前家庭配电线路中所使用的保险丝。

1. 熔断器的类型

熔断器主要有螺旋式熔断器、封闭式熔断器、快速式熔断器、插入式熔断器等类型。

螺旋式熔断器熔体上的上端盖有一熔断指示器，一旦熔体熔断，指示器马上弹出，可透过瓷帽上的玻璃孔观察到，它常用于机床的电气控制设备中。它的分断电流较大，可用于电压等级为 500 V 及其以下、电流等级为 200 A 以下的电路中。

封闭式熔断器分为有填料熔断器和无填料熔断器两种，有填料熔断器一般在方形瓷管中装入石英砂及熔体，其分断能力强，用于电压等级为 500 V 以下、电流等级为 1 kA 以下的电路中。无填料封闭式熔断器将熔体装入密闭式圆筒中，其分断能力稍小，用于电压等级为 500 V 以下，电流等级为 600 A 以下的电力网或配电设备中。

快速式熔断器主要用于半导体整流元件或整流装置的短路保护。由于半导体元件的过载能力很低，只能在极短的时间内承受较大的过载电流，因此，要求短路保护具有快速熔断的能力。

自复熔断器采用金属钠做熔体，在常温下具备较高的电导率。当电路发生短路故障时，短路电流产生高温能使钠迅速汽化，汽态钠呈现高阻态，从而限制了短路电流。当短路电流消失后，温度下降，金属钠恢复原来的良好导电性能。自复熔断器只能限制短路电流，不能真正分断电路。但它不必更换熔体，能重复使用。

插入式熔断器常用于 380 V 及以下电压等级的线路末端，作为配电支线或电气设备的短路保护用。各式熔断器的实物如图 9-36 所示。

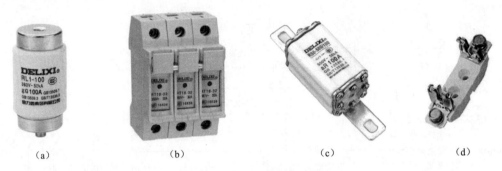

图 9-36　各式熔断器的实物
(a) 螺旋式；(b) 封闭式；(c) 快速式；(d) 插入式

2. 熔断器的重要参数

熔断器的重要参数包括额定电压、额定电流、极限分断能力。

额定电压是指熔断器长期工作时和分断后能够耐受的电压等级，其量值一般等于或大于电器设备的额定电压。

额定电流分为熔体额定电流和熔断器额定电流，是指熔体或熔断器能长期通过的电流。其中若线路中的电流等级达到熔体额定电流时，熔体不至于熔断，超过其额定电流时则按照一定的时间范围断开线路，短路电流的速度最快。一般来讲，一个额定电流等级的熔断器可以配用多个额定电流等级的熔体，但熔体的额定电流不能大于熔断器的额定电流，否则会损坏熔断器。

极限分断能力是指熔断器在额定电压下能断开的最大短路电流，即在分断过程中不会发生任何不安全的因素，如持续拉弧、多次导通、破碎、飞溅，乃至于爆炸，这些状况的发生不仅会直接损毁熔断器，还可能造成人员或设备的极大伤害。

3. 熔断器的型号识别与电气符号

熔断器的型号表示含义及电气符号如图 9-37 所示，在电气原理图中熔断器用英文大写字母 FU 表示。

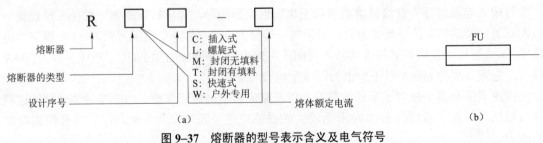

图 9-37　熔断器的型号表示含义及电气符号
(a) 型号表示含义；(b) 电气符号

4. 熔断器的安装与选型

熔断器在进行熔体更换或安装新熔断器时，应注意熔断器的选型。如果线路用来驱动电动机则要严格参照电动机的额定电流选择相应的熔体额定电流。如驱动单台电动机，熔体的额定电流需为电动机额定电流的 2.5～3.5 倍；驱动多台电动机则要计算所有电动机额定电流的总和；如电动机为降压启动，则熔体额定电流也至少要在电动机额定电流的 3.2～3.5 倍。熔断器安装的位置应注意保证足够的电气距离和安装距离，以方便更换熔体。

9.3.7 交流接触器

接触器是通过电磁机构的动作自动频繁地接通和分断交、直流电路的电器，并可实现远距离操纵。其控制容量大且具有失电压保护功能，所以在诸如电力拖动、自动控制等工厂电气设备中应用非常广泛。按其主触点通过电流种类的不同，可将其分为交流接触器和直流接触器。交流接触器按工作原理的不同又可以分为电磁式、永磁式和真空式等。其中，尤以电磁式交流接触器的应用范围最广。在此，只针对电磁式交流接触器进行介绍。

1. 交流接触器的组成结构及工作原理

从内部结构来看，交流接触器主要由电磁系统、触头系统、灭弧装置等部分组成。其实物和内部结构如图 9–38 所示。

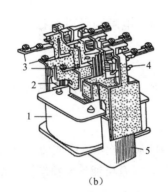
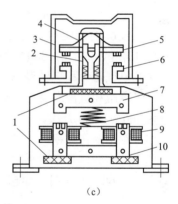

(a) (b) (c)

图 9–38 交流接触器的实物及内部结构
(a) 实物；(b) 内部结构；
1—线圈；2—动铁芯；3—主触点；4—辅助触点；5—静铁芯
(c) 结构简化
1—垫毡；2—触头弹簧；3—灭弧罩；4—触头压力弹簧；5—动触头；6—静触头；
7—衔铁；8—弹簧；9—线圈；10—铁芯

电磁系统由衔铁、线圈和铁芯等组成。其中，线圈由绝缘铜导线绕制而成，一般为粗而短的圆筒形，并与铁芯之间具有一定的间隙，便于散热。铁芯和衔铁由硅钢片叠压而成，以减少涡流损耗。

触头系统接触器的触点按功能不同，可分为主触点和辅助触点两类。主触点用于接通和分断电流较大的主电路，体积较大，一般由三对常开触点组成；辅助触点用于接通和分断小电流的控制电路，体积较小，有常开和常闭两种。如图 9–38（c）所示，由于已对其结构进行了简化，因此只用其中的一个触头进行示意即可。触点通常用紫铜制成，由于铜的表面容易被氧化，生成不良导体氧化铜，所以一般都在触点的接触点部分镶上银块，使其接触电阻小、导电性能好、使用寿命长。

灭弧装置用来熄灭触头在切断电路时所产生的电弧。如果交流接触器不具备灭弧装置，触头在分断大电流或高电压电路时,十分容易灼伤触头,引发事故或直接导致接触器损坏。

图 9-38(c)所示中交流接触器工作时,一般当施加在线圈上的交流电压大于线圈额定电压值的 85%时,铁芯中产生的磁通对衔铁产生的电磁吸力克服复位弹簧的拉力,使衔铁带动动触点动作。触点动作时,常闭触点先断开,常开触点后闭合,所有触点是同时动作的,此时,触点对所在电路形成控制作用;当线圈中的电压值降到某一数值时,铁芯中的磁通下降,吸力减小到不足以克服复位弹簧的拉力时,衔铁复位,使主触点和辅助触点复位。这个功能就是之前提到的接触器失压保护功能。

2. 交流接触器的重要参数

(1)额定电压

交流接触器铭牌上的额定电压多指主触点的额定电压,交流有 127 V、220 V、380 V、500 V 等挡次。

(2)额定电流

额定电流是指主触点的额定电流,即允许长期通过的最大电流。一般有 5 A、10 A、20 A、40 A、60 A、100 A、150 A、250 A、400 A 和 600 A 等挡次。

(3)电磁线圈的额定电压

电磁线圈的额定电压是指能使线圈得电顺利吸引衔铁动作的电压值。交流有 36 V、110 V、127 V、220 V、380 V 等挡次。

(4)电气寿命和机械寿命

电气寿命和机械寿命通常以万次表示。通常接触器的电气寿命为 50~100 万次,而机械寿命为 500~1 000 万次。

(5)额定操作频率

额定操作频率是指每小时允许接通的最多次数,用次/小时表示。交流接触器的额定操作频率大约在 600 次/小时,如超过此限额,很有可能使交流线圈积热升温,从而影响交流接触器的工作及寿命。

3. 交流接触器的型号识别及电气符号

交流接触器的电气符号和前文所述的熔断器一样,如图 9-39 所示。在电气原理图中,其各个功能模块都用独立的电气符号示出。交流接触器共有四种功能模块的表示,如图 9-40 所示。其表示符号为英文大写字母 KM,需要强调的是,只要其英文表示符号完全相同,即没有用 KM$_1$、KM$_2$ 等后缀数字进行区分,则说明各功能模块来自同一交流接触器之上。

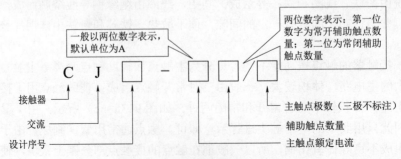

图 9-39 交流接触器的型号含义

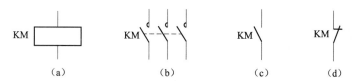

图 9-40 交流接触器的电气符号
（a）电磁线圈；（b）主触点；（c）常开辅助触头；（d）常闭辅助触头

4. 交流接触器的安装与接线

交流接触器在安装前，应优先检查交流接触器线圈的额定电压和触头数量是否符合要求。这些数据一般都印刷或印刻在交流接触器上。接触器应垂直安装，倾斜角不得大于 5°，并保证良好的通风散热。长期安装或墙面安装时，应使用螺丝固定，短期安装或柜内安装时，需利用基座上的卡子将其固定于相应的轨道上。

其次，可用手分合接触器的活动部分，要求产品的动作灵活且无卡顿现象。最好用万用表对所使用的触头的通断能力进行测试。有些接触器铁芯的极面上涂有防锈油，使用时应该将铁芯极面上的防锈油擦除干净，以免油垢粘滞而造成接触器断电不释放。

在对交流接触器进行接线时，必须明确各触点及线圈的位置。主触点一般标注 L_1、L_2、L_3 等电源标号；常开辅助触点标注为 NO；常闭辅助触点标注 NC；继电器线圈用 A_1、A_2 进行表示。需强调的是，一旦交流接触器的线圈通以相应等级的电压，则交流接触器的所有触点同时动作，不论该触点是否被应用于电路中。还需要指出的是交流接触器的主触点和常开辅助触点虽均为常开触点，但不可混用，因为主触点承受大电流的能力比常开辅助触点更强，如混用则很容易烧掉常开辅助触点，进而损坏整个触头系统。

如果交流接触器无常闭辅助触点或在使用过程中触点数量不够时，应对应交流接触器的型号安装辅助触头组。

5. 交流接触器的辅助触头组

辅助触头组可通过机械连接的方式直接安插在交流接触器上，在交流接触器动作时，衔铁的外露部分将带动辅助触头组的触点一同进行运动，使辅助触头组的触点也相应闭合或断开，如图 9-41 所示。

交流接触器的辅助触头组常见的有两极和四极触头组，其型号表示含义如图 9-42 所示，如 F4-22 的辅助触头组表示此辅助触头组共有 4 个触点，其中常开两个，常闭两个。在使用时必须了解所需触点的数量，选择适合的辅助触头组。辅助触头组的电气符号与交流接触器的相同。

图 9-41 辅助触头组与交流接触器组合

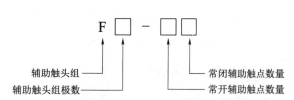

图 9-42 辅助触头组的型号表示含义

9.3.8 中间继电器

中间继电器的内部结构与交流接触器相似，工作原理也相同，所不同的是，中间继电器没有主触点和辅助触点之分，同时其电磁系统稍小，触点也较多。它常用来传递信号、扩展触点数量，也可直接用于控制电流在 5 A 以下的小容量电动机或其他电气执行元件的主电路。

1. 中间继电器的分类

中间继电器首先可分为交流继电器和直流继电器，但有的中间继电器为交直流通用型。其次，中间继电器按照功能和结构的不同，又可分为通用型继电器、电子式小型通用继电器、电磁式中间继电器和采用集成电路构成的无触点静态中间继电器等。图 9-43 所示为几种常见的中间继电器的实物。

　　　　（a）　　　　　　　　　　（b）　　　　　　　　　　（c）

图 9-43　几种常见的中间继电器的实物

（a）JZ8 系列中间继电器；（b）JZC4 系列中间继电器；（c）JZ7 系列中间继电器

2. 中间继电器的型号识别

中间继电器的型号表示含义如图 9-44 所示，其电气符号如图 9-45 所示。在电气原理图中，中间继电器的图形符号与交流接触器的相同，只不过无主触点符号，用英文大写字母 KA 表示。

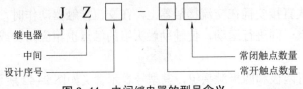

图 9-44　中间继电器的型号含义

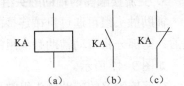

图 9-45　中间继电器的电气符号
（a）电磁线圈；（b）常开触头；（c）常闭触头

3. 中间继电器的安装及接线

JZ7 系列或 JZC4 系列中间继电器的安装方法与交流接触器的安装方法并无区别，但 JZ8 系列的中间继电器一般由底座和电磁线圈两部分构成，在使用时需对号入座，将这两部分加以组合使用。

需要注意的是，中间继电器的额定电流比交流接触器的额定电流要小，如果想用中间继电器代替接触器，一定要注意承载电流的大小，一般中间继电器的额定电流不超过 5 A。

9.3.9 时间继电器

时间继电器（Time Relay）是指当加入（或去掉）输入的动作信号后，其输出电路需经过规定的时间才能产生跳跃式变化（或触头动作）的一种继电器。它利用电磁原理或机械原理实现延时控制，经常用在较低的电压或较小电流的电路上，用来接通或切断较高电压、较大电流的电路的电气元件。

1. 时间继电器的分类

根据其动作状态，时间继电器可分为通电延时型和断电延时型时间继电器两类。通电延时型即在接收输入信号后需一定的延时才产生变化或触点动作；而断电延时型是失去输入信号后一定时间才会产生动作。按工作电流的类型又可将其分为直流型和交流型时间继电器。按动作原理可将其分为空气阻尼式、电动式和电子式时间继电器等，其实物如图 9-46 所示。

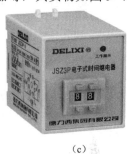

(a)   (b)   (c)

图 9-46 几种时间继电器的实物
(a) 空气阻尼式时间继电器；(b) 电动式时间继电器；(c) 电子式时间继电器

（1）空气阻尼式时间继电器

空气阻尼式时间继电器是利用空气阻尼原理获得延时，其结构由电磁系统、延时机构和触点三部分组成。空气阻尼式时间继电器的电磁机构可以是直流的，也可以是交流的；这种继电器既有通电延时型的，也有断电延时型的。只要改变其电磁机构的安装方向，便可实现不同的延时方式。其具有延时范围较大（0.4~180 s）、结构简单、寿命长、价格低等优点。但其延时误差较大，无调节刻度指示，且难以确定整定延时值。因此，在对延时精度要求较高的场合，不宜使用这种时间继电器。

（2）电动式时间继电器

电动式时间继电器常用的电动机匹配类型为 JS11 型。它用微型同步电动机拖动减速齿轮来获得延时，其延时范围较宽（0~72 s），延时偏差小，且延时值不受电源电压波动及环境温度变化的影响。但其结构复杂、价格昂贵、寿命短，不宜频繁地进行操作。

（3）电子式时间继电器

电子式时间继电器由晶体管或大规模集成电路和电子元器件构成。按延时原理划分，电子式时间继电器又可分为阻容充电延时型和数字电路型。阻容充电延时型是利用 RC 电路电容器充电时，电容电压不能突变，只能按指数规律逐渐变化的原理获得延时。因此，只要改变 RC 充电回路的时间常数（变化电阻值），即可改变其延时时间。按输出形式划分，电子式时间继电器又可分为有触点式和无触点式。有触点式时间继电器是使用晶体管驱动小型电磁式继电器；而无触点式时间继电器则单纯地采用晶体管或晶闸管输出。

电子式时间继电器除了执行继电器外，均由电子元器件组成，它没有机械部件，具有延时准确度高、延时范围大、体积小、调节方便、功率低、耐受冲击与振动、寿命长等优点，因而应用范围最广。根据内容所需，本章重点对电子式时间继电器进行论述。

2. 时间继电器的内部结构及工作原理

电子式时间继电器电路有主电源和辅助电源两个电源。主电源由变压器二次侧的 18 V 电压经整流、滤波获得；辅助电源由变压器二次侧的 12 V 电压经整流、滤波获得。当变压器接通电源时，晶体管 VT_1 导通，VT_2 截止，继电器 KA 线圈中的电流很小，KA 常闭触点不动作。两个电源经可调电阻 R_P、R 和常闭触点 KA 向电容 C 充电，a 点电位逐渐升高。当 a 点电位高于 b 点电位时，VT_1 截止，VT_2 导通，VT_2 集电极电流流过继电器 KA 的线圈，KA 动作，输出控制信号。如图 9–47 所示，KA 的常闭触点断开充电电路，常开触点闭合，将电容放电，为下次工作做好准备。调节 R_P 可改变延时时间。

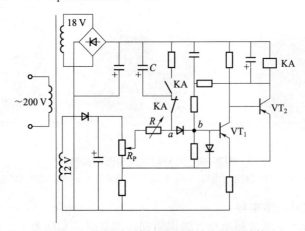

图 9–47　电子式时间继电器的内部电路结构

3. 时间继电器的型号识别

时间继电器的型号在表示上有很多种类，但大致如图 9–48 所示。其中设计序号除了带有数字之外也可能有跟进字母的形式出现；其延时调整范围也可能根据不同的显示方式有不同的代码意义；各时间继电器的特征代号的详细与否也存在不同，还需在实际的生产生活中多积累，多实践。

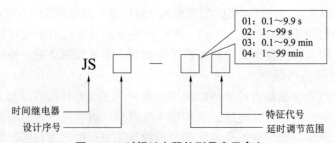

图 9–48　时间继电器的型号表示含义

4. 时间继电器的重要参数

（1）额定电压和额定电流

额定电压和额定电流是指该时间继电器在工作时所能承受或触点所能切换相应电路的能力。通常一个时间继电器规定了多个额定电压和电流，选用时除了了解当前电路的实际电压等级外，还要注意分清交流与直流。

（2）电气寿命与机械寿命

电气寿命与机械寿命规定了该时间继电器的操作频次及耐久程度。

（3）延时精度

延时精度是根据当前电路所需，计算出该时间继电器是否符合工程预期，一般以百分数表示。

（4）延时范围

延时范围如图9-48中所示。此外，还有长时间延长的时间继电器，通常以小时作为单位。

5. 时间继电器的电气符号

时间继电器用英文大写字母KT表示，既然同属继电器的范畴，在接入电路时，就无非是线圈和触点等功能模块。它主要有通电延时型和断电延时型时间继电器两个大类，通电延时型是当线圈接收输入信号时，延时触点需经过一定的时间读取才会动作，但失去输入信号时则立即复位；断电延时型则是线圈接收输入信号时，延时触点立即动作，而失去输入信号时却延时复位；其触点类型众多，如图9-49所示。触点中，又分为常开和常闭两种触点，瞬时动作触点意味着该触点无延时功能，线圈通电时立即动作；延时触点是在继电器读取一定的时间之后才发生动作，每种触点都有两种表达方式。

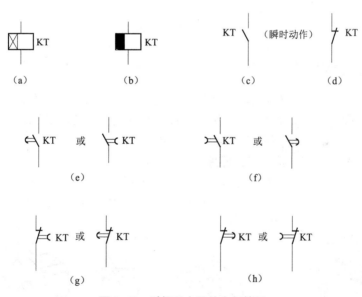

图9-49 时间继电器的电气符号

（a）线圈（通电延时型）；（b）线圈（断电延时型）；（c）瞬时动作常开触点；（d）瞬时动作常闭触点；（e）延时闭合常开触点；（f）延时断开常开触点；（g）延时断开常闭触点；（h）延时闭合常闭触点

6. 时间继电器的安装与接线

时间继电器在安装时首先应确定各个额定参数是否符合所需。其次，要注意其安装方式，安装方式基本可以分成导轨式安装、面板式安装和装置式安装三类。

由于各种时间继电器的功能和类型不同，其接线方式也各不相同。在拿到时间继电器实物时，一般在其壳体上会标注接线方式，如图9-50所示为几种时间继电器在外壳上注明的接线方法。每一个数字代表时间继电器的一个接线柱，接线时要绝对分清这些接线柱，才能正确得到时间继电器所提供的功能。

如图9–50所示的JS14S–P型时间继电器，1、2两端示意连接电源，即线圈的接线柱，3为公共端，4、5则分别是常开和常闭型的触点，且是延时断开的常闭触点和延时闭合的常开触点。

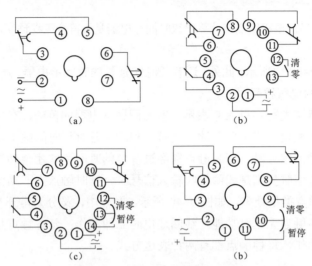

图9–50 时间继电器的接线方法
（a）JS14S–P；（b）JS11J 或 JSS14；（c）JS11S–G；（d）JS14S–G

9.3.10 速度继电器

速度继电器是用来反映转速与转向变化的继电器。它可以按照被控电动机转速的大小来控制电路的接通或断开。速度继电器又称为反接制动继电器，其作用是与接触器配合，对笼型异步电动机进行反接制动控制，其实物如图9–51所示。

1. 速度继电器的内部结构及工作原理

速度继电器主要由永久磁铁制成的转子、用硅钢片叠成的铸有笼型绕组的定子、支架、胶木摆杆和触点系统等组成，其中，转子与被控电动机的转轴相连接，如图9–52所示。

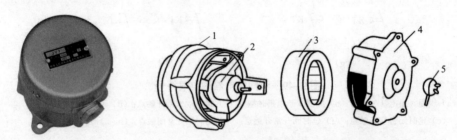

图9–51 速度继电器实物　　　　图9–52 速度继电器的主要组成部件
　　　　　　　　　　　　　　　1—可动支架；2—转子；3—定子；4—端盖；5—连接头

如图9–53所示，速度继电器与被控电动机同轴连接，当电动机制动时，由于惯性的作用，它要继续旋转，从而带动速度继电器的转子一起转动。该转子的旋转磁场在速度继电器定子绕组中产生感应电动势和电流，由左手定则可以确定。此时，定子受到与转子转向相同的电磁感应转矩的作用，使定子和转子沿着同一方向转动。定子上固定的胶木摆杆也随之转动，推动簧片（端部有动触点）与静触点闭合（按轴的转动方向而定）。静触点又起到挡块的作用，限制胶木摆杆继续转动。因此，转子转动时，定子只能转过一个不大的角度。当转子转速接近于零（低于 100 r/min）时，胶木摆杆恢复原来状态，触点断开，切断电动机的反接制动电路。

速度继电器有两组触点（每组各有一对常开触点和常闭触点），可分别控制电动机正、反转的反接制动。常用的速度继电器有 JY1 型和 JFZ0 型，一般速度的继电器的动作速度为 120 r/min，触点的复位速度值为 100 r/min。在连续工作制中，其能可靠地工作的速度范围是 1 000～3 600 r/min，允许操作频率为每小时不超过 30 次。

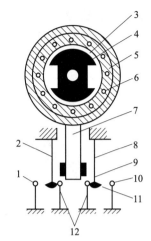

图 9-53　速度继电器的内部结构

1，10，12—静触点；2，8—簧片（动触点）；3—电动机轴；4—转子（永久磁铁）；5—定子；6—定子绕组；7—胶木摆杆；9—常闭触点；11—常开触点

2. 速度继电器的型号识别及电气符号

速度继电器的电气符号用英文大写字母 KS 表示，其型号表示含义如图 9-54 所示。其电气符号如图 9-55 所示。

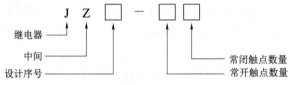

图 9-54　速度继电器的型号表示含义

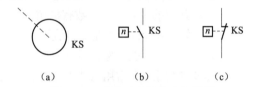

图 9-55　速度继电器的电气符号

（a）转子；（b）常开触点；（c）常闭触点

3. 速度继电器的安装与接线

速度继电器的动作转速一般不低于 300 r/min，复位转速约在 100 r/min 以下，应将速度继电器的转子与被控电动机同轴连接，使两轴的中心线重合，速度继电器的轴可用联轴器与电动机的轴连接；而应将其触点（一般用常开触点）串联在控制电路中，通过控制接触器来实现反接制动，但应注意正反向触头不能接错，否则不能实现反接制动控制；速度继电器的外壳应与地可靠连接。

9.3.11　行程开关

行程开关又称为限位开关或位置开关，是一种利用生产机械的某些运动部件的碰撞来发出控制指令的主令电器，即把机械信号转换为电信号，并通过控制其他电器来控制运动部件的行程大小、自动换向或进行限位保护，达到自动控制的目的。

如建筑行业中所使用的塔吊。吊钩带动重物向上升起，到达顶端时如由于机械或电气原因造成驱动电动机无法停机，则很可能发生安全事故，此时如将行程开关安装在吊臂末端，发生这种情况时，则吊钩的机械部件自动碰撞行程开关，迫使电动机停机，产生保护作用。又如家庭中使用的电冰箱，冷藏室的门若被打开，照明设备则会点亮，这是因为门在开启时碰撞了暗藏在门边框上的行程开关所致。

1. 行程开关的类型

行程开关按照驱动臂的类型一般分为直动式、滚轮式和微动式等行程开关，其实物如图 9-56 所示。

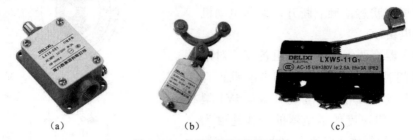

图 9-56 各种行程开关的实物
(a) 直动式；(b) 滚轮式；(c) 微动式

行程开关按照内部触点形式可分为常开型、常闭型、双投型和双断型行程开关四个类型。与按钮开关类似，常开型和常闭型行程开关的内部结构相当于常开按钮和常闭按钮；双断型行程开关的内部结构类似于复合按钮，即动作一次，常开触点闭合，常闭触点断开；而双投型行程开关的内部结构为一触刀与两触点结合，就如同单刀双掷开关的内部结构。

2. 行程开关的重要参数及型号识别

行程开关的主要技术参数有额定电压、额定电流、触点数量、动作行程、触点转换时间、动作力等。有很多行程开关是交直流通用的，其能承受的额定电压与额定电流一般会印刻或印刷在其外壳上。行程开关的触点转换时间、动作行程和动作力等参数反映了行程开关的灵敏程度。

图 9-57 所示为常用行程开关的型号表示含义，其分别是普通型和机床专用型行程开关的型号表示含义。

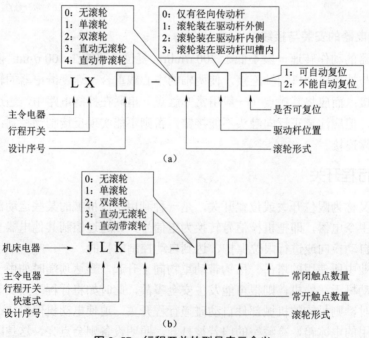

图 9-57 行程开关的型号表示含义
(a) 普通行程开关；(b) 机床专用行程开关

3. 行程开关的电气符号

如图 9-58 所示,行程开关的电气符号用英文大写字母 SQ 表示,分别是常开触点、常闭触点和双断型的触点表示方式。值得一提的是,微动型的行程开关用英文大写字母 SM 表示,但图形符号与 SQ 一致。

4. 微动开关

微动开关是行程开关的一个分支,与较大生产机械用的行程开关所不同的是,微动开关具有微小接点间隔和快动机构,需要用规定的行程和规定的力进行开关动作,且用外壳覆盖,其外部一般安装驱动杆,因为其开关的触点间距比较小,故称微动开关,又叫灵敏开关。

微动开关的额定电流很小,因此经常应用于小型电器或生活家电中,如计算机的鼠标、汽车按键、汽车电子产品、通信设备、军工产品、测试仪器、燃气热水器、煤气灶、小家电、微波炉、电饭锅、浮球设备配套、医疗器械、楼宇自动化、电动工具及一般电器和无线电设备等。

微动开关的种类繁多,内部结构也有成百上千种,按体积可将其分为普通型、小型、超小型;按防护性能可分为防水型、防尘型、防爆型;按分断形式可分为常开型(内部常开触点)、常闭型(内部常闭触点)、双投型(内部单刀双掷触点)和双断型(内部复合触点)等。还有一种强断开微动开关(当开关的簧片不起作用的时候,外力也能使开关断开);按分断能力可分为普通型、直流型、微电流型、大电流型;按使用环境可分为普通型、耐高温型(250 ℃)、超耐高温陶瓷型(400 ℃)。

这里仅对双投型的微动开关的内部结构及工作原理进行介绍。如图 9-59 所示,微动开关外部共引出三支接线端子,分别与常开静触点、常闭静触点和触刀相连接。当按钮被按动时,触刀挣脱簧片的力与常开静触点接触,则常开触点闭合、常闭触点断开;按钮释放后,触刀在簧片的拉力作用下复位。因此,双投型的微动开关从内部结构来看就是单刀双掷开关,且具有复位功能。

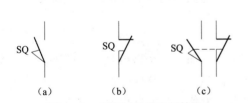

图 9-58 行程开关的电气符号
(a)常开触点;(b)常闭触点;(c)复合触点

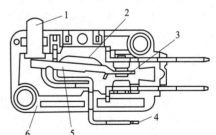

图 9-59 双投型微动开关的内部结构
1—按钮;2—复位簧片;3—触头;4—接线端子;
5—触刀;6—外壳

9.3.12 接近开关

接近开关又称无触点接近开关,是一种无须与运动部件进行直接机械接触便可以进行动作的位置开关,当物体接近它的感应面至动作距离时,即可无接触、无压力、无火花且迅速地发出电气指令,从而驱动直流电器或给计算机、PLC 等装置提供控制指令。它广泛地应用于机床、冶金、化工、轻纺和印刷等行业。在生活中，如宾馆、商场等场所的感应门都应用了接近开关。在自动控制系统中，它作为限位、计数、定位控制和自动保护环节等使用。图 9-60 所示为几种不同外形的接近开关。

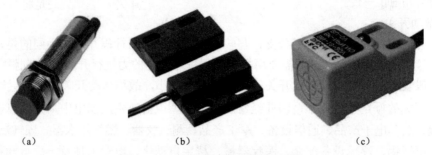

图 9-60　几种不同外形的接近开关
(a) 螺纹圆柱形接近开关；(b) 磁簧式接近开关；(c) 方形接近开关

可以说接近开关是一种开关型传感器，且无触点，动作可靠，性能稳定，频率响应快，应用寿命长，抗干扰能力强，并具有防水、防振、耐腐蚀等特点。

1. 接近开关的分类

接近开关的主要组成部件是位移传感器，接近开关正是利用位移传感器对接近物体的敏感特性来达到控制开关通断的目的。因位移传感器可以根据不同的原理和不同的方法制成，而不同的位移传感器对物体的"感知"方法各异，所以常见的接近开关有以下几种类型。

（1）无源式接近开关

无源式接近开关不需要电源，它通过磁力感应来控制开关的闭合状态。当磁或者铁质触发器靠近开关磁场时，其和开关内部的磁力发生作用控制开关闭合。

（2）涡流式接近开关

涡流式接近开关也称电感式接近开关。它是利用导电物体在接近能产生电磁场的接近开关时，使物体内部产生涡流的原理制成的。这个涡流反作用到接近开关，使开关内部电路参数发生变化，由此识别出有无导电物体移近，进而控制开关的通或断。但这种接近开关能检测的物体必须是导电体。

（3）电容式接近开关

这种开关的测量机构通常是构成电容器的一个极板，而另一个极板是开关的外壳。这个外壳在测量过程中通常是接地或与设备的机壳相连接。当有物体移向接近开关时，不论它是否为导体，由于它的接近，总要使电容的介电常数发生变化，从而使电容量发生变化，使得和测量头相连的电路状态也随之发生变化，由此便可控制开关的接通或断开。这种接近开关检测的对象不限于导体，也可以是绝缘的液体或粉状物体等。

（4）霍尔接近开关

霍尔元件是一种磁敏元件，利用霍尔元件做成的开关，叫作霍尔开关。当磁性物件移近霍尔开关时，开关检测面上的霍尔元件因产生霍尔效应而使开关内部电路状态发生变化，由此识别附近有磁性物体存在，进而控制开关的通或断。这种接近开关的检测对象必须是磁性物体。

（5）光电式接近开关

光电式接近开关是利用光电效应做成的接近开关。它是将发光器件与光电器件按一定方向装在同一个检测头内。当有反光面（被检测物体）接近时，光电器件接收到反射光后便进行信号输出，由此便可"感知"有无物体接近。

（6）热释电式接近开关

用能感知温度变化的元件做成的开关叫热释电式接近开关。这种开关是将热释电器件安装在开关的检查面上，当有与环境温度区别的物品接近时，热释电器件的输出会发生变化，由此便可检查出有无物体接近。

2. 接近开关的型号识别及电气符号

一般的工业生产中，因电感式（涡流式）和电容式的接近开关对环境要求较低，因此使用得较多。当然各种类型或工作原理的接近开关各有各的"擅长领域"，在选用时还需多加注意其对工作电压、负载电流、检测距离、被检测物体组成材料等各项指标的要求。

接近开关在电气原理图中用英文大写字母 SP 表示，其常规型号表示含义如图 9-61 所示，其电气符号如图 9-62 所示。

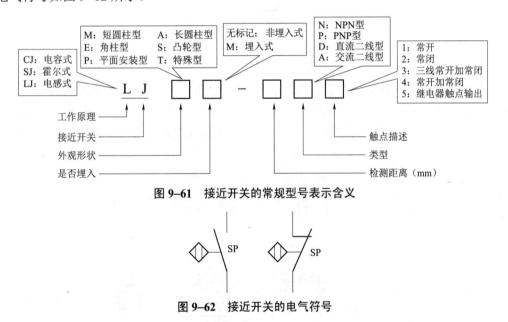

图 9-61 接近开关的常规型号表示含义

图 9-62 接近开关的电气符号

9.4 电气原理图的识读与绘制

9.4.1 电气图的主要类型

图样是工程技术的通用语言，在工程施工过程中，通过绘制或读取图样来表达设计人员的思路或对施工人员进行标准化的指导。而被控单元和各种各样的低压电器在图样中便成为形象的图形或者文字符号，并以图样基本单元的形式将整个安装实物跃然纸上。

针对上文所介绍的继电接触器系统，电气控制系统图一般分为三种，即电气布置图、电气安装接线图、电气原理图。由于它们的用途不同，绘制原则也不同。

电气布置图简单标明了本电气控制系统中各种电器的安装位置及尺寸，以方便施工人员对安装平台进行区域的划分和对器件进行初步选型。如图 9-63 所示，图中标示了几个器件的安放位置及走线趋势，并标示出安装平面的基本尺寸。

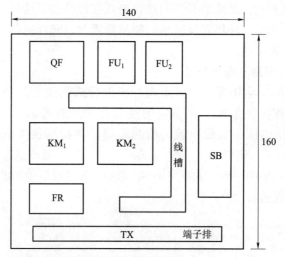

图 9-63 电气布置图图例

电气安装接线图是直接将形象的实物绘制于图中，并标注各接线柱之间的导线联系，从而为施工人员带来最直观的指导，如图 9-64 所示。可见图中器件十分形象，但并未详细标注其端子名称，可能带来歧义或者混淆，因此，电气安装接线图通常与端子接线表配合，并对照使用。

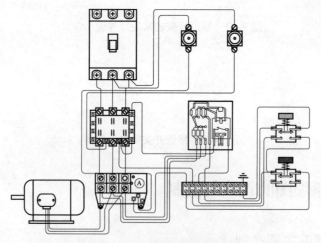

图 9-64 电气安装接线图图例

电气原理图可谓是整个设计或施工过程中的灵魂，它是用图形、文字符号按照一定规则来表示的所有元器件的展开图。它确切表明了电路中各元器件的相互关系和电路的工作原理；它也是设计、生产、编制位置图、接线图和研究产品时的基础所在和最终依据。但电气原理图并不是按照电气元件的实际布置位置来绘制的，也不反映电气元件的实际大小和接线方式，如图 9-65 所示。以下将针对电气原理图的绘制规范及识读进行着重介绍。

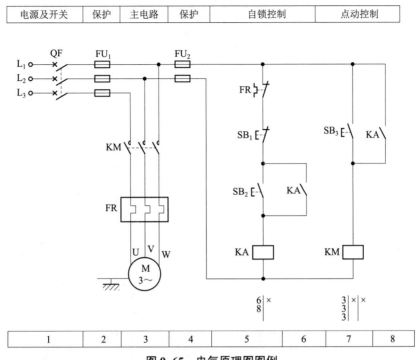

图 9-65 电气原理图图例

9.4.2 电气制图的图形符号及文字符号标准

不论是电路设计还是机械图样,都是用规定的"工程语言"来描述其设计的内容,表达其工程设计的思想。如果工程师在设计或绘制图样时使用的"工程语言"不合乎规范,随意表达,那么他所设计的图样只有自己能看懂,别人不认识,图样就变成一张废纸,无法利用。

在电气原理图中,各种低压电器都有其固定的图形符号和文字符号,并符合相应的国家标准。最新的《电气简图用图形符号》(GB/T 4728—2008)国家标准,采用国际电工委员会(IEC)的标准,在国际上同样具有通用性。该标准共由 13 个部分组成,分别介绍了电气制图过程中的各种电气元件的图形及文字表达方法、发布状态、标准代号、应用类别等详细内容。表 9-6 所示为继电接触器控制系统中比较常用的一些元器件的电气符号和文字符号,以供参考。

表 9-6 电气制图中常用的图形符号及文字符号

电器名称	图形符号	文字符号
一般三极电源开关		QS
低压断电器		QF

续表

电器名称		图形符号	文字符号
位置开关	常开触点		SQ
	常闭触点		
	复合触点		
熔断器			FU
按钮开关	常开		SB
	常闭		
	复合		
接触器	线圈		KM
	主触点		
	常开辅助触点		
	常闭辅助触点		
速度继电器	常开触点		KS
	常闭触点		
时间继电器	线圈		KT
	常开延时闭合触点		
	常闭延时断开触点		
	常闭延时闭合触点		
	常开延时断开触点		

续表

电器名称		图形符号	文字符号
热继电器	热元件		FR
	常闭触点		
继电器	中间继电器线圈		KA
	欠电压继电器线圈	$U<$	
	过电流继电器线圈	$I>$	
	欠电流继电器线圈	$I<$	
	常开触点		
	常闭触点		
转换开关			SA
电位器			R_P
照明灯			EL
信号灯			HL
三相笼型异步电动机			M
三相绕线转子异步电动机			M
整流变压器			T
照明变压器			TC
控制电路电源用变压器			
三相自耦变压器			T

续表

电器名称	图形符号	文字符号
半导体二极管		VD
PNP 型三极管		VT
NPN 型三极管		
晶闸管（阴极侧受控）		

9.4.3 继电接触器控制系统电气原理图的基本结构

继电接触器控制系统的电气原理图一般由三个部分组成，即主电路、控制电路和辅助电路。如图 9-66 所示，三个虚线框从左至右分别为主电路、控制电路、辅助电路。

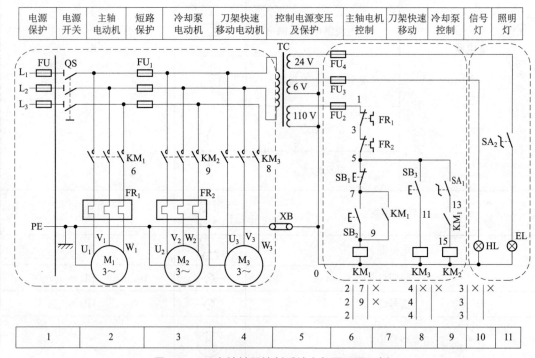

图 9-66 继电接触器控制系统电气原理图示例

1. 主电路

主电路是电气控制线路中大电流通过的部分，包括从电源到电动机之间相连的电气元件；一般由开关、主熔断器、接触器主触点、热继电器的热元件和电动机等组成，简单来说，其主要作用是为电动机供电，因此该电路的电压等级根据被控电动机的额定电压确定。主电路通常用实线绘于整幅电气原理图的左侧。

2. 控制电路

控制电路是控制主电路工作状态的电路，该电路中通过的电流较小。一般通过按钮、开关、各种继电器和相关保护器件对主电路中的元件进行控制，最常见的是交流接触器和各种继电器，线圈安装于控制电路，触点和感应元件安装在主电路，以此对电动机实施各种工作状态的控制。该电路的电压等级通常根据继电器线圈的额定电压来确定。控制电路通常用实线绘于整幅电气原理图的右侧。

3. 辅助电路

辅助电路主要包括工作设备中的信号电路和照明电路等部分，信号电路是指显示主电路工作状态的电路；照明电路是指对工作设备进行局部照明的电路。一般来说，辅助电路的电压等级较低，如直接使用整套系统的电源，则需安装变压设备调节电压等级。某些电气原理图根据功能的需要并不具备辅助电路。辅助电路通常用实线绘于整幅电气原理图的最右侧。

9.4.4 电气原理图的绘制方法

1. 绘制顺序

继电接触器控制系统的控制策略设计完成后，在绘制电气原理图时，需优先了解并确定图样的绘制顺序。电气原理图中电气元件的布局，应根据便于阅读的原则来安排。按照从左至右的顺序分步骤依次绘出主电路、控制电路和辅助电路。在绘制某一电路部分时，尽可能按动作顺序从上到下，从左到右排列，顺序绘出。

2. 绘制原则

绘制电气原理图时，一般应遵循以下原则，可再次参照图 9-66。

1）绘制电气原理图时，必须严格遵循国家标准的电气符号及文字符号，并将这些标准的符号用导线连接起来，其中主电路由于比其他电路的电流等级更高，绘制时也可以用粗实线表示。

2）绘制主电路时，首先以水平方向绘出电源线路，电源线路包括电源引入点、开关和针对于电源的保护装置。之后的控制、保护及被控单元均要垂直于电源线路以竖直方向绘制。再查看图 9-66，主电路的电源线路由电源、刀开关、熔断器组成，均以水平方向绘制。控制电路与辅助电路的绘制过程中，同样采用电源线路水平绘制，其他器件垂直绘制的方式。

3）耗能元件（即各电路中的用电器件，如电磁铁、继电器线圈、指示灯等）的一端应直接连接在接地的电源线上，其下方不绘制任何器件。

4）当同一电气元件的不同部件（如某一接触器的线圈和触点）分散在不同位置时，为了表示它是同一元件，要在电气元件的不同部件处标注统一的文字符号。对于同类器件，要在其文字符号后加数字序号来区别。如两个接触器，可用 KM_1、KM_2 文字符号来区别。

5）所有电气元件的触点，不论手动的或自动的（如按钮、继电器触点、行程开关等），均按照不受到外力作用或未通电时的触点状态绘出。

6）主电路标号由文字符号和数字组成。文字符号用来标明主电路或线路的主要特征，数字标号用于区别电路的不同线段。三相交流电源引入线采用 L_1、L_2、L_3 标号，电源开关之后的三相主电路分别标 U、V、W。

7）绘图时，应尽量减少线条并避免线条交叉。各导线之间有电气联系时，应在导线交点处绘制黑圆点，无电气联系时，则不画。

8）对非电气控制和人工操作的电器，必须在原理图上用相应的图形符号来表示其操作方式。对于与电气控制有关的机、液、气等装置，应用符号绘出简图，以表示其关系。

3. 区域的划分

电路绘制完成后，为了方便识读，一般还要在电路图的上方和下方分别绘制文字分区和数字分区。

文字分区标示了各电路部分的功能，使读图者一目了然。文字分区在划分上没有固定的原则，只要清晰、无歧义就是可行的。如图9-66所示的"电源保护"等，就是该图的文字分区，必要时也可再次进行细分或区域合并。

数字分区实则是为电路中的每一条支路起一个名字，并用序号表示。数字分区在原理描述、索引标注、查询触点位置时都起到很大的作用。因此，在数字分区划分中，应遵循"每一条支路都存在于独立的数字分区当中"的原则，且必须严格执行。电路中的支路就是在电源相数一定的情况下，每一次"并联"都视作一条独立的支路。所以数字分区与文字分区可以不一一对应，大部分情况下，二者都存在或大或小的区别。

9.4.5 电气原理图的识读

对于电气原理图的识读，下面以继电接触器系统的电气原理图为例进行阐述，如图9-67所示。

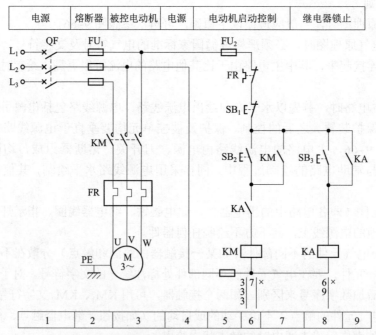

图9-67 继电器带锁止功能的自锁单向启动线路

1. 触点索引

对于接触器和继电器来说，如果触点数目较多并分散于图中的各个位置，此时应当引入触点索引，用以帮助识读者进行触点的寻找及器件安装时的检查。它将触点所在位置的信息进行汇总，准确且直观，一般来说，索引可由图样绘制者完成，某些情况下也可由识读者在现场标注。

索引一般标注于控制电路中对应器件线圈的正下方。交流接触器的触点有常开辅助、常闭辅助和主触点之分，所以索引应分为三栏；而中间继电器无主触点，所以分为两栏，如图 9-67 中所示。各栏表示意义如图 9-68 所示，各种触点在整幅电路中出现几个就标注几个图区数字，未使用的触点类型以"×"示之。

2. 标注线号

电气原理图中的线号可方便地指示原理图中各个电位点，多数情况下，只对控制电路和辅助电路进行标注，简单理解就是分别为图中的各条导线起一个名字，以便于在施工过程中指示器件的具体位置，防止出错。线号的标注应遵循"耗能元件以上以奇数标注，耗能元件以下以偶数标注"的原则，一般从电源之后开始标注，奇数从 1 开始起标，偶数则从 0 开始起标，等电位点使用相同的标号或不标注。图 9-69 所示为图 9-67 控制电路标注了线号的图例。

图 9-68 索引标示意义
（a）交流接触器索引；（b）中间继电器索引

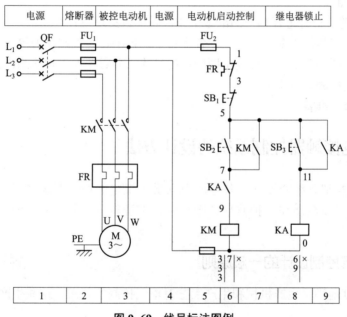

图 9-69 线号标注图例

如图 9-69 所示"交流接触器在 7 区域中的常开辅助触点 KM"，有了线号的标注，可简单且精准地将其描述为 KM（5-7），这样可使施工人员迅速找到其位置，并且不会出现歧义。如果是常闭触点，则只需在"KM（5-7）"上方加一条横线表示，即 $\overline{KM（5-7）}$。

3. 原理描述

在图样绘制完成后，设计人员也可另附一份原理图的原理描述以方便识读者。原理描述可自行组织语言，更提倡在已标注线号的前提下进行标准化的案例描述，如图 9-70 所示。

原理描述中，需要解释的是："±"表示动作后立即复位，如按钮的按动与释放；"+"表示动作或电动机运行，如常开触点的闭合和常闭触点的断开都可用其表示；"-"表示动作复位。一般在进行原理描述时用箭头表示动作顺序,末端箭头则表示结论,一般用文字进行相应描述,如以上的"自锁"等;大括号中的内容表示同时动作的触点或者设备。

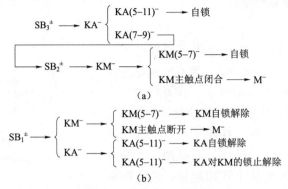

图 9-70 原理描述图例
(a) 启动(合上自动空气开关 QF);(b) 停止

4. 实际安装准备

在实际安装前,最好进行相应的准备工作,具体包括以下几方面:
1)准备所需工具,主要有万用表、各类钳子、扳手、各式螺丝刀等。
2)根据原理图准备所需器件及不同颜色的导线,并对器件进行检测,确认完好。
3)检查供电电源是否正常。
4)其他检查与准备。

9.5 继电接触器控制系统的设计方法

继电接触器控制系统的设计任务是要根据事先拟定的控制要求使用各种低压电器,设计和编制出电气设备制造和维护修理的图样和详细资料等。具体操作方法可分为以下几步进行。

9.5.1 电气控制设计的一般原则

1)最大限度地满足生产机械和生产工艺对电气控制的要求,这些生产工艺要求是电气控制设计的依据。
2)在满足控制要求的前提下,设计方案应力求简单、经济、合理,不要盲目地追求自动化和高指标。
3)正确、合理地选用电气元件,确保控制系统能安全可靠地工作。
4)为适应生产的发展和工艺的改进,在选择控制设备时,其设备能力应留有适当余量。

9.5.2 电气控制设计任务书的拟订

在继电接触器控制系统设计之初,首先要反复琢磨和理解控制要求,最好拟定一份清晰且正确的任务书。任务书的设计因人而异,因实际工作需要而异,但对于较简单的继电接触器控制系统的设计,可按照如下步骤执行:

1）确定被控单元，即电动机的型号参数及工作特性。如无要求，需根据实际工作场合自行拟订。

2）确定电动机的数量及控制方式。要求中需要对几台电动机进行控制、每台电动机是单向运行还是可正反转切换、是连续运行还是点动运行、电动机是否需要制动、是否要对转速实施控制，这类问题都是在这一环节需要着重考虑的，考虑清楚后也同时为主电路的设计奠定了基础。

3）确定控制电路要求。人工操作端需要何种控制方式、是否规定了使用何种器件进行操控，如未规定，则应自行确定控制策略，应力求简洁、操作量少、自动化程度高。

4）确定辅助电路要求。在电路中是否需要照明设备或状态提示信号灯等内容应作出考虑。

5）在这些问题考虑清楚后，最好根据其制定一份详细的表格以指导后续工作。

9.5.3 电力拖动方案的确定

这一部分首先应出具电气原理图草图，在草图设计中，应按照"从左到右"的顺序依次设计主电路、控制电路和辅助电路。在设计每一部分电路时，再按照"从下至上"的顺序反向设计。

确定设计顺序后，可优先对控制器件进行设计。

1. 主电路

应根据任务书自行整理与电动机有关的资料，确定主电路的控制策略，考虑需要何种控制器件，器件数量是多少，以什么样的方式连接才可满足电动机的运行状态等问题。

2. 控制电路

主电路的设计是控制电路设计的基础，根据主电路的思路，确定控制电路的控制策略，依然是按照从下至上的顺序，优先将耗能元件放入电路中，如各种继电器的线圈等；线圈之上应画出各种继电器触点和人工控制终端，形成对继电器线圈等的完整控制。

控制电路是整个继电接触器控制系统的核心，对于它的设计不拘于一种策略，但是为确保电气控制电路工作的可靠性和安全性，保证电气控制电路能可靠地工作，应考虑以下几方面：

1）尽量减少电气元件的品种、规格与数量。

2）正常工作中，尽可能减少通电电器的数量。

3）合理使用电器触头。

4）做到正确接线。

5）尽量减少连接导线的数量，缩短连接导线的长度。

6）尽可能提高电路工作的可靠性、安全性。

3. 辅助电路

控制电路又可作为辅助电路的基础，根据控制电路的控制策略，依照任务书中所提出的要求，对各种耗能元件进行控制策略设计，如各种灯具、蜂鸣器、报警电路等。辅助电路中的耗能元件在某些情况下，其额定电压较低，这时需要在控制电路中重新安插变压器，以符合所需。

4. 保护电器的设计

对于继电接触器控制系统来说，应设计保护电器对电源和电动机等核心器件实施保护。

电源保护常用的低压电器有自动空气开关、刀开关、缺相保护器、漏电保护器、熔断器等器件；电动机主要以热继电器的介入防止其过载运行。

5. 草图检查

此环节很有必要，应反复琢磨并推敲所设计电路的可行性，必要时可进行试验性安装测试。

9.5.4 常用电器的选型及图样绘制

1）在草图的基础之上，应考虑选择何种型号或参数的电器来满足控制需求。具体内容可参见产品说明书。

2）图样绘制时，应根据草图重点绘制电气原理图，并严格按照电气原理图的制图规范将草图修改和完善，并标注辅助信息，如区域的划分、索引和线号、相关器件操作说明等。

3）将器件选型的结果及所用器件的数量列制于表格中，为下一步的施工进行必要的准备。

4）在电气原理图的基础之上，绘制电气安装接线图和电气布置图，准备施工。

9.6 实训项目

9.6.1 点动线路

1. 实训内容

（1）简易讲解

点动线路作为继电接触器控制系统中最基础的线路，能够实现单按钮控制电动机的启动和停机，它通常可以作为机床道具的进给使用，操作简单，维修便利。

（2）点动线路的电气原理图

点动线路的电气原理如图 9-71 所示。

2. 实训步骤

1）使用万用表检测实训台电压是否工作正常。

2）按照器件清单准备器件及必备工具。

3）肉眼检查各器件结构是否完好，之后使用万用表检测各器件是否可用。

4）根据图 9-71 所示进行接线及实训台固定安装，需注意配线是否整齐。

5）在断电情况下，使用万用表检测电路工作情况。

6）等待通电检查。

3. 控制要求

1）当电动机处于停机状态时，按动按钮 SB，电动机启动。

2）放开按钮 SB，电动机停机。

4. 注意事项

1）接线时注意常开触点（NO）和常闭触点（NC）的区分。

2）自动空气开关不可以倒置安装，向上抬起为触点闭合。

5. 实训报告

（1）电气原理图原理描述

参见图 9-71 所示完整描述整幅电路的工作过程。

（2）简答题

交流接触器的线圈接线柱共有 3 个，分别标注 A_1、A_2、A_2，简述其使用方法。

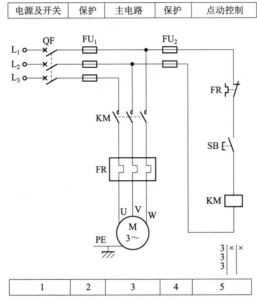

图 9–71　三相异步电动机的点动控制线路

9.6.2　点动、自锁混合线路

1. 实训内容

（1）简易讲解

点动、自锁混合线路既可以实现点动控制，也可以实现电动机的连续运行，采用两个按钮分别控制其启动，第三个按钮用来对自锁线路实施停机。点动、自锁混合线路的控制方式多种多样，比如，双接触器控制、单接触器控制、接触器与继电器联合控制等。实训项目使用的是接触器与继电器联合控制的方式，中间继电器并不介入主电路的运行，单为控制电路提供多个触点所用。

（2）点动、自锁混合线路的电气原理图

三相异步电动机点动、自锁混合线路的电气原理如图 9–72 所示。

2. 实训步骤

1) 使用万用表检测实训台电压是否工作正常。
2) 按照器件清单准备器件及必备工具。如无中间继电器，可使用交流接触器替代。
3) 肉眼检查各器件结构是否完好，之后使用万用表检测各器件是否可用。
4) 根据图 9–72 所示进行接线及实训台固定安装，需注意配线是否整齐。
5) 在断电情况下，使用万用表检测电路工作情况。
6) 等待通电检查。

3. 控制要求

1) 当电动机处于停机状态时，按动按钮 SB_2，电动机启动，放开按钮，电动机持续工作。

2）当电动机处于自锁运行状态时，按动按钮 SB_1，电动机停机。

3）当电动机处于停机状态时，按动按钮 SB_3，电动机启动，且处于点动状态。

4. 注意事项

1）注意中间继电器的实际功能，它只存在于控制电路当中。

2）接线时注意安装顺序，按照从左到右，之后从上到下的顺序分步骤执行。

3）两个中间继电器的触点都用 KA 表示，要避免将两个 KA 接在一个触点的接线柱上。

5. 实训报告

（1）电气原理图原理描述

参见图 9-72 所示完整描述整幅电路的工作过程。

（2）简答题

请查阅相关资料或自行设计，使用单台交流接触器、复合按钮及其他相应器件设计点动、自锁的混合线路，并按照电气原理图的绘制要求，绘制主电路与控制电路即可，并注明工作原理。

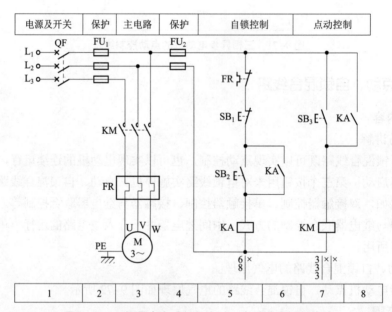

图 9-72　三相异步电动机的点动、自锁混合控制线路

9.6.3　顺序控制线路

1. 实训内容

（1）简易讲解

顺序控制电路即两台或者多台电动机在启动时遵循既定的顺序，有先后之分，如逆序操作，则会使线路不能工作。对于两台电动机而言，顺序控制电路主要包括顺序启动逆序停止、顺序启动顺序停止和顺序启动同时停止等。在此将顺序启动逆序停止作为实训项目，如工业生产中某一钻头的工作，钻头的旋转由一台电动机带动，钻头的位移则由另一台电动

机带动，当钻头工作时，应当优先使电动机旋转，之后再使之位移；停止工作时，应先退出钻头而后停止旋转，因此，两台电动机的启动顺序必须固定，否则将直接导致机械损坏。

（2）顺序控制线路的电气原理图

顺序控制线路的电气原理如图 9-73 所示。

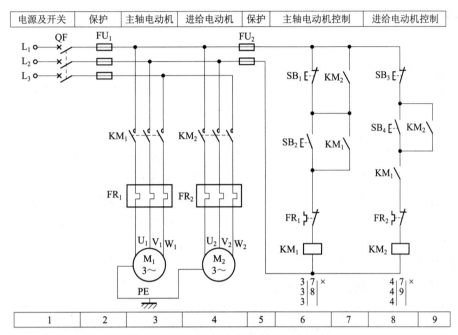

图 9-73　三相异步电动机的顺序控制线路

2. 实训步骤

1) 使用万用表检测实训台电压是否工作正常。
2) 按照器件清单准备器件及必备工具。
3) 肉眼检查各器件结构是否完好，之后使用万用表检测各器件是否可用。
4) 根据图 9-73 所示进行接线及实训台固定安装，需注意配线是否整齐。
5) 在断电情况下，使用万用表检测电路的工作情况。
6) 等待通电检查。

3. 控制要求

1) 按动 SB_2，主轴电动机运行；按动 SB_4 进给电动机运行。如反向操作则 M_2 不能启动。
2) 按动 SB_3，进给电动机停机；按动 SB_1 主轴电动机停机。如反向操作则 M_1 无法停机。

4. 注意事项

1) 接线之前应当首先确定 KM_1 和 KM_2，以免接线过程中发生混淆。

5. 实训报告

（1）电气原理图原理描述

参见图 9-73 所示完整描述整幅电路的工作过程。

（2）简答题

请查阅相关资料或自行设计，在理解"顺序启动逆序停止"线路的基础上，设计能实现"顺序启动同时停止"的线路。按照电气原理图的绘制要求，绘制主电路与控制电路即可，并注明工作原理。

9.6.4　带有电气互锁的正、反转线路

1. 实训内容

（1）简易讲解

电动机的正、反转切换主要集中于主电路之上，如果想实现电动机的反转，则只需改变任意两相电动机电源的相序即可。三相电源以英文字母 L_1、L_2、L_3 表示，电动机的三根电源线以英文字母 U、V、W 表示，如按照此顺序对应相接，通电后视为电动机正转的话，那么反转就应将 L_1 接 W，L_2 接 V，L_3 接 U，当然也可改变其他两组，通电后，电动机即反转。

控制电路对于主电路的控制，最简单的是两个自锁线路的并联，分别对正、反转实施控制。但需要注意，在操作时避免在正转正在运行时直接按动反转启动按钮，这会造成 380 V 的相间短路，使保护装置动作，断掉电源。由于 380 V 相间短路的电流冲击较大，很容易造成上级保护装置跳闸，影响整个生产过程。因此，一般应加入"电气互锁"环节来避免这样的失误操作发生。

（2）带有电气互锁的正、反转线路电气原理图

带有电气互锁的正、反转线路电气原理如图 9-74 所示。

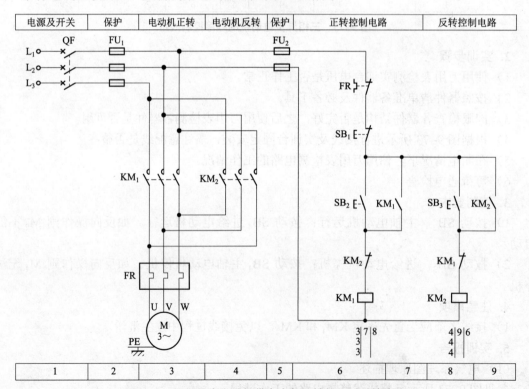

图 9-74　三相异步电动机带有电气互锁的正、反转线路

2. 实训步骤

1) 使用万用表检测实训台电压是否工作正常。
2) 按照器件清单准备器件及必备工具。
3) 肉眼检查各器件结构是否完好,之后使用万用表检测各器件是否可用。
4) 根据图 9-74 所示进行接线及实训台固定安装,需注意配线是否整齐。
5) 在断电情况下,使用万用表检测电路工作情况。
6) 等待通电检查。

3. 控制要求

1) 按动 SB_2,电动机在自锁状态正转启动。
2) 按动 SB_1,正转停机;按动 SB_3,电动机在自锁状态反转启动。
3) 如在正转运行过程中,直接按动 SB_3,则操作无效。

4. 注意事项

1) 接线之前应当首先确定 KM_1 和 KM_2,以免接线过程中发生混淆,这种情况尤其易出现在电气互锁环节接线时。
2) 主电路换相时,应仔细检查,避免两次交换,使电动机无法反转。

5. 实训报告

(1) 电气原理图原理描述

参见图 9-74 所示完整描述整幅电路的工作过程。

(2) 简答题

图 9-75 所示为带有双重互锁的电动机正、反转线路,分别为"电气互锁"和"按钮机械互锁",请叙述其工作原理。

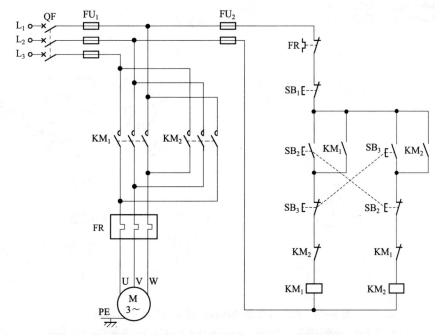

图 9-75 带有双重互锁的电动机正、反转线路

9.6.5 典型往复运动线路

1. 实训内容

（1）简易讲解

机械的往复运动线路是以正反转线路作为基础的，主要加入了行程开关（微动开关）用以控制电动机的自动换向。这样的往复式机械大量应用于生产、生活中，如本章开头所述的工程实例——加热炉自动上料控制，之所以能实现"自动"，就是行程开关的"功劳"。

一般来说，一部单台电动机的往复运动线路需要安装 4 个行程开关，2 个作为自动换向，另两个实施限位保护，即由于机械或者电气故障，当作为自动换向的行程开关失效时，它可用作限位保护，使电动机被迫停机，如图 9–76（a）所示。在此实训项目中，只将 2 个行程开关安装在典型的往复运动线路中，单作为换相之用，并未加入实施保护的限位功能。

（2）典型往复运动线路的组成结构及电气原理图

典型往复运动线路的组成结构及电气原理如图 9–76 所示。

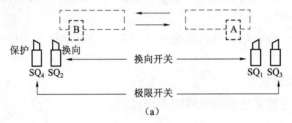

(a)

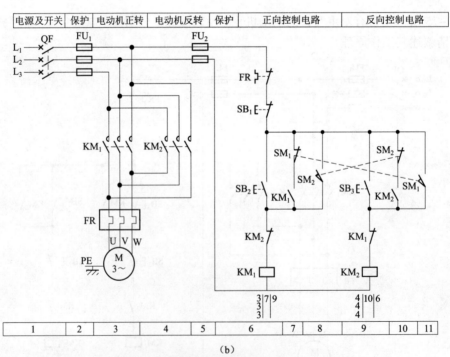

(b)

图 9–76 典型往复运动线路的组成结构及电气原理

(a) 带有限位功能的典型往复机构；(b) 三相异步电动机典型往复运动线路电气原理

2. 实训步骤
1）使用万用表检测实训台电压是否工作正常。
2）按照器件清单准备器件及必备工具。
3）肉眼检查各器件结构是否完好，之后使用万用表检测各器件是否可用。
4）检测出微动开关各个接线柱的作用及微动开关的好坏。
5）根据图9-76（b）所示进行接线及实训台固定安装，需注意配线是否整齐。
6）在断电情况下，使用万用表检测电路的工作情况。
7）等待通电检查。

3. 控制要求
1）按动 SB_2 或 SB_3，电动机在自锁状态正转或反转启动。
2）当机械运动至行程末端时，碰撞微动开关，电动机带动机械自动换向，如此往复。
3）直到按动停止按钮 SB_1，往复机构停机。

4. 注意事项
1）接线之前应当首先确定 KM_1 和 KM_2，以免接线过程中发生混淆，这种情况尤其易出现在电气互锁环节接线时。
2）由于往复机构已将2个微动开关和电动机的接线全部集中于接线端子排上，因此，接线前要仔细查看各接线端子的作用。
3）每个微动开关的4个接线柱分散于图中各处，接线时应严格分清所接触点是否正确。

5. 实训报告
（1）电气原理图原理描述
参见图9-76（b）所示完整描述整幅电路的工作过程。
（2）简答题
简述行程开关的4种类型，可画图表示其内部结构，并加以必要的文字描述。

9.6.6 短接制动线路

1. 实训内容
（1）简易讲解
电动机处于工作状态时将电源断掉，由于其具备一定的机械惯性和剩磁，不会立即停止旋转，这对于精确度要求较高的生产工艺会带来直接的负面影响，因此，必须引入对电动机的制动。电动机的制动方式有很多，基本上可以分为机械制动与电力制动两类，机械制动主要是依靠电磁抱闸进行；电力制动可以分为短接制动、反接制动、能耗制动等类型。实训中选取了其中两种具有代表性，并且操作起来难度较低的电力制动案例作为实训项目，分别为短接制动和反接制动。

短接制动是在定子绕组供电电源断开的同时，将定子绕组短接，由于此时转子存在剩磁，并形成了转子旋转磁场，此磁场切割定子绕组，并在定子绕组中产生感应电动势。因定子绕组此刻在外部进行了短接，所以定子绕组回路中有感应电流，该电流又与旋转磁场相互作用，而定子又固定不动，此时就产生了制动转矩，迫使转子减速停转。短接制动的实质是消耗转子的动能并将其变成电流的热量，其能量消耗小，制动平稳，无须特殊控制设备，在生产中得到广泛的应用，但它也存在一定的弊端。在实际应用中，短接制动由于电弧的作用易烧断熔断器，因此，它只适用于小容量的高速异步电动机及对制动要求不高的场合。

（2）短接制动线路电气原理图

三相异步电动机的短接制动线路电气原理如图9-77所示。

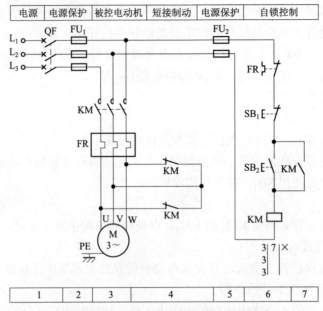

图9-77 三相异步电动机的短接制动线路

2. 实训步骤

1）使用万用表检测实训台电压是否工作正常。
2）按照器件清单准备器件及必备工具。
3）肉眼检查各器件结构是否完好，之后使用万用表检测各器件是否可用。
4）检测出微动开关各个接线柱的作用及微动开关的好坏。
5）根据图9-77所示进行接线及实训台固定安装，需注意配线是否整齐。
6）在断电情况下，使用万用表检测电路工作情况。
7）等待通电检查。

3. 控制要求

1）按动SB_2，电动机在自锁状态下启动。
2）直到按动停止按钮SB_1，电动机快速停机，产生制动效果。

4. 注意事项

1）注意在对短接制动环节进行接线时，一定要分清常开触点和常闭触点，并使用万用表测试好坏，否则通电后易造成380 V的相间短路。
2）短接制动环节必须安装于热继电器之后。

5. 实训报告

（1）电气原理图原理描述

参见图9-77所示完整描述整幅电路的工作过程。

（2）简答题

请查阅相关资料，简述短接制动为何易烧断熔断器。

9.6.7 反接制动线路

1. 实训内容

（1）简易讲解

反接制动的基本原理就是利用电动机的反转进行正转的迅速制动。电动机旋转磁场的旋转方向与电流相序一致，因此只要改变电动机三相电源的相序并串入反接制动电阻，就可达到目的。

反接制动的优点是制动更为迅速，其缺点是能耗较大，由电网供给的电能和拖动系统的机械能将全部转化为电动机转子的热损耗。在反接制动开始时，电动机转子与定子旋转磁场的相对速度接近于 2 倍的同步转速，所以定子绕组中的反接制动电流相当于全压直接启动电流的 2 倍。为避免反接制动对电动机及机械传动系统的过大冲击，一般会在反接制动环节线路中，串接对称或不对称的电阻，以限制制动电流和过大的转矩，这类电阻称作反接制动电阻。反接制动电阻可以三相均衡串接，也可以两相串接，但两相串接的电阻值应为三相均衡串接电阻值的 3.5 倍。

由于使用电动机的反向旋转使其制动，因此，反接制动电路应该在电动机转速接近 0 时，能自动切断电源，以免再发生反向运行。这时就需要加入速度继电器对电动机的速度进行检测，并由它自动切断接入电动机定子绕组的电源。通常当速度接近 100 r/min 时，触点开始动作。

（2）反接制动线路电气原理图

三相异步电动机反接制动线路电气原理如图 9-78 所示。

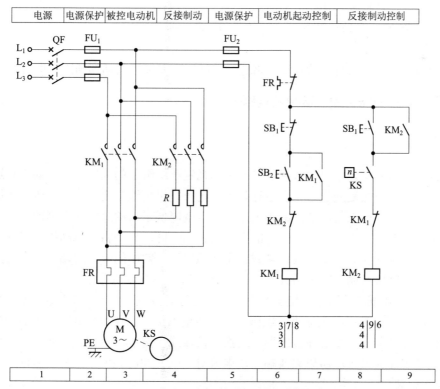

图 9-78 三相异步电动机反接制动线路

2. 实训步骤

1) 使用万用表检测实训台电压是否工作正常。
2) 按照器件清单准备器件及必备工具。
3) 肉眼检查各器件结构是否完好，之后使用万用表检测各器件是否可用。
4) 检测出微动开关各个接线柱的作用及微动开关的好坏。
5) 根据图9-78所示进行接线及实训台固定安装，需注意配线是否整齐。
6) 在断电情况下，使用万用表检测电路工作情况。
7) 等待通电检查。

3. 控制要求

1) 按动 SB_2，电动机在自锁状态启动。当转速上升至规定范围内时，速度继电器常开触点动作。
2) 按动复合按钮 SB_1，电动机断电，并进入制动状态。当转速下降至规定范围内时，速度继电器复位，使反接制动退出。

4. 注意事项

1) 注意速度继电器的安装方法。
2) 能看懂复合按钮的使用。
3) 注意主电路换相。

5. 实训报告

（1）电气原理图原理描述

参见图9-78所示完整描述整幅电路的工作过程。

（2）简答题

在反接制动时，如何对反接制动电阻进行选择？主要描述其功率和阻值即可。

9.6.8　Y-△降压启动自动控制线路

1. 实训内容

（1）简易讲解

电动机的降压启动是指启动时降低加在电动机定子绕组上的电压，待电动机转速接近额定转速后，再将电压恢复到额定电压运行。由于定子绕组电流与定子绕组电压成正比，因此降压启动可以减小启动电流，从而减小电压降，也就降低了启动瞬间对电网的冲击。但又由于电动机的电磁转矩与电动机定子电压的平方成正比，降压启动将使电动机的启动转矩相应减小，因此降压启动仅适用于空载或轻载状态下的启动。常用的降压启动方法主要有定子串电阻（或电抗）降压启动、Y-△降压启动、自耦变压器降压启动等。

其中的Y-△降压启动适用于定子绕组在正常运行时接成三角形的电动机，启动时，定子绕组首先接成Y形，其绕组电流小、电压小，但转矩也小，工作效率低下；至启动即将完成时再通过外部器件（主要是交流接触器）变换，换接成三角形，这种接法转矩大、效率高，但绕组电压和电流都很大。所以为兼顾启动电流对电网的冲击和使电动机高效的工作，采用了Y-△降压启动。

Y-△启动在Y-△切换时，主要可分为手动切换和时间继电器自动切换两种方式。此实训项目中将时间继电器引入，练习对 Y-△降压启动自动控制线路的理解与安装。

（2）Y-△降压启动自动控制线路电气原理图

三相异步电动机 Y-△降压启动自动控制线路电气原理如图 9-79 所示。

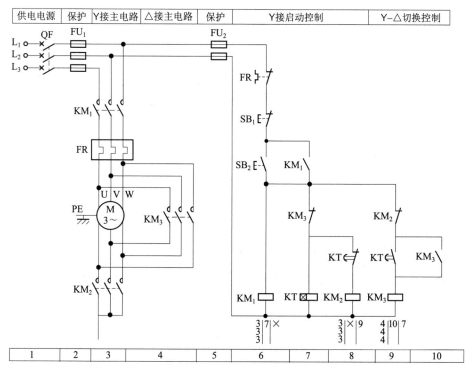

图 9-79　三相异步电动机 Y-△降压启动自动控制线路

2. 实训步骤

1) 使用万用表检测实训台电压是否工作正常。
2) 按照器件清单准备器件及必备工具。
3) 肉眼检查各器件结构是否完好，之后使用万用表检测各器件是否可用。
4) 检测出微动开关各个接线柱的作用及微动开关的好坏。
5) 根据图 9-79 所示进行接线及实训台固定安装，需注意配线是否整齐。
6) 在断电情况下，使用万用表检测电路工作情况。
7) 等待通电检查。

3. 控制要求

1) 按动按钮 SB_2，电动机以 Y 形接法启动并自锁运行，即 KM_3 介入；同时时间继电器开始计数。
2) 时间继电器计数时间到，通过 KM_2 自动将电动机切换至三角形接法，并继续运行。
3) 按动 SB_1，电动机停机。

4. 注意事项

1) 注意 KM_2 在接线时的相序，应是各绕组首尾依次相接。
2) 注意时间继电器的使用方法，弄清各个接线柱代表的意义。
3) 注意常开辅助触点 KM_1 与常闭辅助触点 KM_2 中间位置的电气连接点，保证其具备电气联系。

4）切换时间的设置要合理。

5. 实训报告

（1）电气原理图原理描述

参见图 9-79 所示完整描述整幅电路的工作过程。

（2）简答题

1）简述 Y-△ 降压启动的意义。

2）请查阅相关资料，并结合对实训项目的理解，自行设计 Y-△ 降压启动手动切换线路，并按照电气原理图的绘制要求，将其电气原理图工整地绘制于下方，需标注数字分区、文字分区及索引。

课 后 习 题

9-1　请简述三相异步电动机的工作原理，并阐述"异步"的含义。

9-2　三相异步电动机有几种接线方式？各自的特点是什么？

9-3　什么是低压电器？请简述其定义及其基本功能。

9-4　对于继电接触器控制系统中的热继电器，简述其整定电流的调节方法与原则。

9-5　请简述自动空气开关的基本功能。

9-6　请简述交流接触器的工作原理。

9-7　简述如何进行交流接触器的好坏检测。

9-8　请分别描述通电延时型和断电延时型时间继电器的工作过程。

9-9　请举例说明行程开关在电路中的限位保护功能。

9-10　简述继电接触器控制系统电气原理图的结构组成，并说明各部分的基本功能。

9-11　在绘制继电接触器控制系统的电气原理图时，数字区域的划分应遵循什么原则？

9-12　请简述电气控制设计的一般原则。

第 10 章
PLC 应用基础

【内容提要】

可编程逻辑控制器是一种由数字运算操作的电子系统,是专为在工业环境下的应用而设计的,用于在控制过程中存储程序、执行逻辑运算、顺序控制、定时、计数和算术操作等面向用户的操作,并通过数字式和模拟式的输入和输出,以控制各种类型的机械或生产过程。目前,可编程逻辑控制器已广泛应用于机械制造、冶金、化工、电力、交通、采矿等行业中,极大地提高了行业的自动化水平。

10.1 可编程控制器概述

10.1.1 可编程控制器的产生与发展

1. 可编程控制器的产生

传统的继电器控制系统已有上百年的历史,在继电器控制系统中,故障的查找和排除会消耗大量的时间,因而严重影响生产效率。安装继电器控制柜占据的空间较大,一旦安装完成后,其功能难以改变,通用性较低,且设备的触点多,工作不稳定,会造成产品质量的降低甚至产品的报废。为适应现代制造业的发展要求,生产设备必须具备极高的可靠性和灵活性,因而传统的继电器控制系统已不能满足这些要求。

20 世纪 60 年代末,美国的汽车制造业竞争激烈,为摆脱传统继电器控制系统的束缚,适应市场竞争的需求,1968 年,美国通用汽车公司(GM)提出了可编程控制器的构想。

1969 年,美国数字设备公司(DEC)率先研制成功了世界上第一台可编程控制器,用于汽车自动化装配生产线上。

1971 年,日本从美国引入新技术,开始研制可编程控制器。

1973 年,西欧国家相继研制成功可编程控制器。

我国在 1974 年引入该项技术并开始研制,并于 1977 年投入生产使用。

可编程控制器从产生到现在,其发展经历了以下几个过程:

第一代可编程控制器(1969—1972 年):其功能是逻辑运算、定时、计数、中小规模集成电路 CPU。它的出现取代了继电器控制系统。

第二代可编程控制器(1973—1975 年):其功能在第一代的基础上增加了算术运算、数据处理功能，初步形成系列，且可靠性进一步提高。它能同时完成逻辑控制和模拟量控制。

第三代可编程控制器（1976—1983 年）：其功能在第二代的基础上增加了复杂数值运算和数据处理、远程 I/O 和通信功能，并采用大规模集成电路 CPU，加强了自诊断能力。它能适应大型复杂控制系统控制的需要，并能实现图像动态过程的控制及模拟网络资源共享。

第四代可编程控制器（1983 至今）：其功能在第三代的基础上增加了高速大容量功能，并采用 32 位 CPU，编程语言多样化，通信能力进一步完善，智能化功能模块齐全。它能构成分级网络控制系统，实现图像动态过程的控制及模拟网络资源共享。

目前，世界上有 200 多个厂家生产的 300 多个品牌的可编程控制器，比较著名的厂家包括美国的 AB、GE（General Electric）；德国的西门子（Siemens）；法国的施耐德（Schneider）；日本的欧姆龙（Omron）、松下（Panasonic）等。

我国市场上流行的可编程控制器品牌有欧姆龙、西门子、三菱、施耐德、AB、松下等，国内厂家，如浙大中控等也在市场上占有一席之地。

2. 可编程控制器的定义

早期的可编程控制器是用来替代继电器、接触器控制系统的，主要用于顺序控制和逻辑运算，因此，也被称为可编程逻辑控制器（Programmable Logic Controller，PLC）。随着电子技术、计算机技术的迅速发展，可编程控制器的功能已远远超出了顺序控制的范围，被称为可编程控制器（Programmable Controller，PC）。后来为了与个人计算机（Personal Computer，PC）区别，仍把可编程控制器简称为 PLC。

1987 年 2 月，国际电工委员会（IEC）对可编程控制器进行了定义。可编程控制器是一种由数字运算操作的电子系统，是专为在工业环境下的应用而设计的。它内部采用可编程存储器，用于存储程序、执行逻辑运算、顺序控制、定时、计数和算术操作等面向用户的指令，并通过数字式和模拟式的输入和输出，以控制各种类型的机械或生产过程。可编程控制器及其有关外部设备，都应按容易与工业系统连成一个整体，且易于扩充其功能的原则进行设计。

10.1.2 可编程控制器的分类

可编程控制器可以根据其结构形式的不同、功能差异和 I/O 点数的多少来分类。

1. 按结构形式分类

目前，按可编程控制器的结构形式可以将 PLC 分为三种基本形式，即整体式、模块式、叠装式。

（1）整体式

整体式 PLC 是将 CPU、存储器、I/O 点、电源等硬件都装在一个机壳内的 PLC，也可由包含一定 I/O 点数的基本单元（称主机）和含有不同功能的扩展单元构成。它具有结构紧凑、体积小、价格低等优点，但其维修不便，较多见于微型、小型 PLC，如图 10–1 所示。

（2）模块式

模块式 PLC 是将 PLC 的各部分分成若干个单独的模块，由用户自行选择所需要的模块，并将其安插在框架或底板上构成。其具有配置灵活、装配方便、便于扩展及维修等优点，较多地用于中型、大型 PLC 中，如图 10–2 所示。

（3）叠装式

叠装式 PLC 的基本单元本身具有集成、固定点数的 I/O 点，其基本单元可独立使用，不需要安装基板（或机架）。因此，当控制要求发生变化时，可在原有的基础上，很方便地对 PLC 的配置进行改变。叠装式 PLC 其基本单元上具有扩展接口，可以连接和使用其他功能模块，如图 10-3 所示。

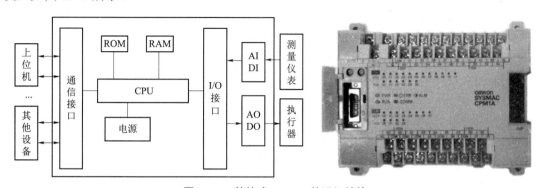

图 10-1　整体式 PLC 及其组织结构

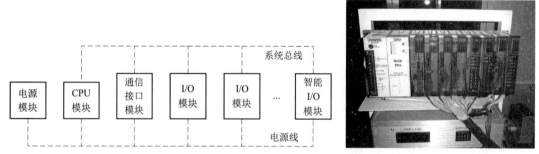

图 10-2　模块式 PLC 及其组织结构

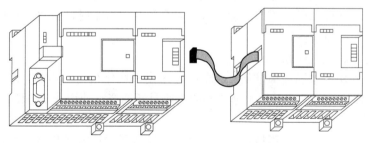

图 10-3　叠装式 PLC

2. 按功能分类

按功能可以将 PLC 分为三种，即低档、中档、高档。

（1）低档

低档 PLC 具有逻辑运算、定时、计数、移位以及自诊断、监控等基本功能，还可具有少量模拟量输入/输出、算术运算、数据传送和比较、通信等功能，主要用于逻辑控制、顺序控制或少量模拟量控制的单机控制系统中。

（2）中档

中档 PLC 除具有低档 PLC 的功能外，还具有较强的模拟量输入/输出、算术运算、数据传送和比较、数制转换、远程 I/O、子程序、通信联网等功能，其中有些还可增设中断控制、

PID 控制等功能，适用于复杂的控制系统中。

（3）高档

高档 PLC 除具有中档 PLC 的功能外，还增加了带符号算术运算、矩阵运算、位逻辑运算、平方根运算及其他特殊功能函数的运算、制表及表格传送等功能。

3. 按 I/O 点数分类

按 I/O 点数可以将 PLC 分为三种类型，即小型、中型、大型。

（1）小型

I/O 点数在 128 点以下的称为小型 PLC，用于小规模开关量的控制。

（2）中型

I/O 点数在 128～2 048 点的称为中型 PLC。中型机具有逻辑运算、算术运算、模拟量处理等功能，能完成比较复杂的开关量控制和模拟量控制。

（3）大型

I/O 点数在 2 048 点以上的称为大型 PLC。大型机功能比较完善，适用于温度、压力、位置、速度、流量、液位等模拟量控制和大量的开关量控制。

10.1.3 可编程控制器的特点及应用领域

1. 可编程控制器的特点

可编程控制器可用于代替继电器控制电路。随着计算机技术的不断成熟，目前可编程控制器已广泛应用于各工业领域，能够实现数据处理、联网通信，以及模拟量控制等功能。其特点有如下几方面：

（1）可靠性高、抗干扰能力强

PLC 内部采用光电隔离电路，能够有效地隔离外部干扰源；其内置数字滤波，可以消除和抑制高频信号。PLC 的平均无故障运行时间可高达几十万小时，且故障修复时间较短，因而工业界称之为无故障设备。

（2）配套齐全、通用性强

PLC 的各种模块基本已经标准化。多数 PLC 采用模块化结构，如模拟量模块、温度模块、压力模块、PID 模块等，用户可以根据自己的需要灵活选择，使用非常方便。

（3）编程简单、使用方便

PLC 编程面向一般电气工程技术人员，其电路符号和表达方式与继电器原理相似，编程语言容易掌握。

（4）设计安装简单、维修方便

PLC 用软件取代了继电器控制系统中大量的中间继电器、时间继电器等，因而接线工作大大减少。由于 PLC 安装有很多发光二极管，所以，发生故障时能够迅速查明故障原因，并快速排除故障。

（5）体积和质量小、能耗低

采用 PLC 控制可以减少继电器、配线及附件的数量，从而节省大量费用。

2. 可编程控制器的功能及应用

目前，可编程控制器在工业控制中得到了广泛的应用，极大地提高了行业的自动化水平，其应用范围涉及石油、化工、机械、冶金、纺织、交通、电力、通信等行业。

（1）用于开关量逻辑控制

PLC可替代传统的继电器控制系统，实现逻辑控制和顺序控制。如机床电气控制、起重机控制、电梯控制、自动装配生产线控制、生产流水线等。

（2）用于闭环过程控制

利用PLC的模拟量接口I/O可以对温度、压力、速度、流量等连续变化的模拟量进行控制。中、大型PLC还有PID指令或模块，可实现闭环控制。如锅炉温度控制、自动焊机控制、水处理、酿酒等闭环控制和速度控制。

（3）用于运动控制

运动控制可以使用PLC的开关量I/O模块连接执行机构来实现。在机加工行业中，PLC与计算机数控集成在一起，用来完成机床的运动控制。目前，很多厂家已能提供控制步进电动机或伺服电动机的单轴、多轴位置控制模块，其广泛应用于金属切削机床、金属成型机床、装配机械、机器人等各种机器设备中。

（4）用于数据处理

PLC内部提供了大量的数据运算指令，可完成数据的采集、分析和处理。它可用于大型控制系统，如无人控制的柔性制造系统，造纸、冶金、食品工业等控制系统中。

（5）用于通信网络

PLC具有网络通信功能，该功能包括PLC相互之间的通信、与上位机的通信、与其他智能仪表、执行机构的通信。

10.2 可编程控制器的组成及原理

10.2.1 可编程控制器的硬件组成

可编程控制器的硬件组成包括主机（基本单元表）、I/O扩展模块、外部设备、端口等。其中主机单元由中央处理器（CPU）、存储器（RAM、ROM）、I/O接口和电源组成，如图10-4所示。

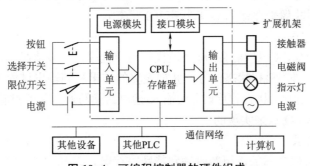

图10-4 可编程控制器的硬件组成

1. 中央处理器

中央处理器（CPU）一般由运算器、控制器和寄存器组成，这些电路都集成在一个芯片里。CPU通过数据总线、地址总线和控制总线与存储单元、输入/输出接口电路相连接。

2. 存储器

PLC 存储系统中包含两种存储器，即存放系统程序的系统程序存储器（PROM 和 EPROM）和存放用户程序的用户程序存储器（RAM）。

系统程序存储器为只读型，具有掉电保持功能，其中存放的系统程序已由生产厂家进行固化，因此不能修改。

用户程序存储器为随机存取存储器，其特点是"掉电失忆"，即电源关断后，其中存储的信息将会丢失。为了保证信息不丢失，一般用锂电池做其后备电源，用来保存用户程序和数据。

3. 输入/输出接口

PLC 的输入/输出信号类型可以是开关量，也可以是模拟量。输入信号通过输入接口电路进入 PLC，输出信号则通过输出接口电路控制外部设备。接口电路可以实现电平变换、速度匹配、驱动功率放大、信号隔离等功能。接口电路包括数字量输入/输出接口、模拟量输入/输出接口。

4. 电源单元

PLC 的电源分成两大类，即外部工作电源和内部工作电源。外部工作电源一般使用 220 V 的交流电源或 24 V 的直流电源。PLC 内部的开关电源为 PLC 的中央处理器、存储器等电路提供 5 V、±12 V、24 V 等直流电。

5. 外部设备及接口

外部设备主要包括编程器、打印机、盒式磁带机、EPROM 写入器等。因编程器的功能简单、操作不便，大多数厂家已不提供编程器，而是使用编程软件。

10.2.2 可编程控制器的工作原理及方式

1. 工作原理

工作时，PLC 内部的 CPU 通过数字量和模拟量信号的输入通道获取操作指令，内部处理结果及控制指令则通过数字量和模拟量输出接口驱动系统中的执行机构。

PLC 通电后，需要对硬件和软件进行初始化，初始化后的 PLC 循环分为 5 个阶段。

（1）读取输入

外部输入电路接通时，CPU 读取物理输入点上的状态并复制到输入过程映像寄存器中。对应的输入过程映像寄存器为 ON 状态（1 状态），梯形图中对应的常开触点闭合，常闭触点断开。反之输入过程映像寄存器为 OFF 状态（0 状态）。

（2）执行用户程序

如果没有跳转指令，CPU 将逐条顺序地执行用户程序。一般情况下，用户程序从输入过程映像寄存器获得外部控制和状态信号，并把运算的结果写到输出过程映像寄存器中，或者存入到不同的数据保存区。执行程序时，对输入/输出的读写通常是通过输入/输出过程映像寄存器，而不是实际的 I/O 点来实现的。

（3）处理通信请求

CPU 与外部设备建立通信，更新时钟和特殊寄存器。

（4）CPU 执行自诊断

CPU 检查整个系统是否正常工作，即执行自诊断。

（5）写输出

复制输出过程映像寄存器中的数据状态到物理输出点的过程，称为写输出。梯形图中某一输出位置的线圈"通电",对应的输出过程映像寄存器为 1,对应的硬件继电器的常开触点闭合,外部负载工作。反之外部负载断电。可用中断程序和立即 I/O 指令提高 PLC 的响应速度。

2. 工作方式

PLC 有两种操作模式,即停止模式和运行模式。CPU 前面板上的 LED 状态指示灯用来显示当前的操作模式。在停止模式下,不执行用户程序,此时可以下载程序、数据和 CPU 系统设置。在运行模式下,执行用户程序。

要改变操作模式,有以下几种方法:

1)使用 PLC 上的模式开关:当开关拨到 RUN 时,CPU 运行;当开关拨到 STOP 时,CPU 停止;当开关拨到 TERM 时,不改变当前操作模式。如果需要 CPU 在通电时自动运行,则模式开关必须拨到 RUN 的位置。

2)CPU 上的模式开关在 RUN 或 TERM 位置时,可以使用 STEP7–Micro/WIN 编程软件来控制 CPU 的运行和停止。

3)在程序中插入 STOP 指令,可以在条件满足时将 CPU 设置为停止模式。

10.2.3 可编程控制器的编程语言

PLC 常见的编程语言有 5 种:顺序功能图(Sequential Function Chart,SFC)、梯形图(Ladder Diagram,LAD)、功能块图(Function Block Diagram,FBD)、指令表(Statement List,STL)、结构化文本(Structured Text,ST)。

1. 顺序功能图

顺序功能图是描述控制系统的控制过程、功能和特性的一种通用技术语言,是设计 PLC 顺序控制的工具。用顺序功能图编程比较简单、结构清晰、可读性较好。S7–200 PLC 采用顺序功能图设计时,可用顺序控制继电器指令、置位/复位指令、移位寄存器指令等实现编程。

顺序功能图用约定的几何图形、有向线段和简单的文字来说明和描述 PLC 的处理过程及程序的执行步骤。其基本元素有步、路径、转换。其组成部分包括步、转换、转换条件、路径和动作或命令等,如图 10–5 所示。

2. 梯形图

梯形图是使用最多、最普遍的一种 PLC 编程语言,是与电气原理图相呼应的一种图形语言。它沿用了继电器、触点、串并联等术语和类似的图形符号,还增加了一些功能性的指令。梯形图信号流向清楚、简单、直观、易懂,很容易被电气工程人员接受。通常各 PLC 生产商都把它作为第一用户语言。

梯形图中的左、右垂直线称为左、右母线。在左、右母线之间是由触点、线圈或功能框组合成的有序网络。梯形图的输入总是在图形的左边,输出总是在图形的右边。因而它从左母线开始,经过触点和线圈(或功能框),终止于右母线,从而构成一个梯级。可把左母线看作是提供能量的母线。在一个梯级中,左、右母线之间是一个完整的"电路","能流"只能从左到右流动,不允许"短路""开路",也不允许"能流"反向流动,右母线一般可省略,如图 10–6 所示。

梯形图程序与继电器控制线路既有联系又有区别(见表 10–1)。它们的区别主要有以下几点:

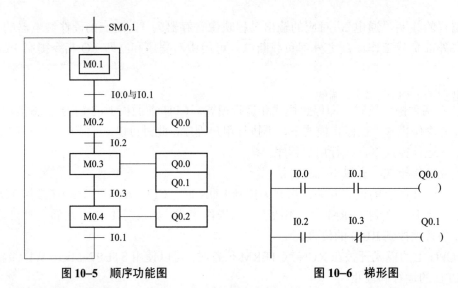

图 10-5 顺序功能图　　　　图 10-6 梯形图

1）梯形图中的编程元件是"软继电器",每一个"软继电器"则对应了用户程序存储器的数据存储区中的元件映像寄存器的一个位存储单元。位存储单元存放的数据决定了该"软继电器"线圈的状态。即位存储单元存放的数据为 1,表示该"软继电器"线圈得电;位存储单元存放的数据为 0,表示该"软继电器"线圈断电。

2）梯形图中触点的状态取决于与其编号相对应的存储单元的状态（即"软继电器"线圈的状态）。例如,输入继电器 I0.1 对应的存储单元数据是 1,则扫描到 I0.1 的动合触点就取原状态 1（表示动合触点接通）,扫描到 I0.1 的动断触点就取反状态 0（表示动断触点断开）。

3）梯形图中触点的串、并联,实质是其将对应的位存储单元的状态取出来进行逻辑运算。

4）梯形图中左侧的母线为逻辑母线,每一支路均从左侧逻辑母线开始,到线圈和其他输出功能结束,梯级和母线上没有电流。分析程序时,可借用继电器控制电路的思想,假设"电流"自左向右流动（实质为 PLC 的扫描顺序）。

5）继电器控制电路中的各元件是并行工作的,梯形图中的各元件是串行工作的,即各元件的动作顺序是按扫描顺序依次执行的。扫描顺序为自上而下、从左到右。

6）梯形图中继电器的触点可以无限次地使用,但同一编号的继电器线圈一般只能使用一次。

7）输入继电器线圈的状态是由输入设备驱动的,与程序运行没有关系,所以,梯形图程序中不能出现输入继电器线圈。

表 10-1 继电器符号与梯形图编程语言的区别

类　型		物理继电器	PLC 继电器
线圈		▭	─( )─
触点	常开	─/─	─| |─
	常闭	─↙─	─|/|─

3. 功能块图

功能块图的指令由输入、输出端及逻辑关系函数组成。可以通过 STEP7–Micro/WIN 编程软件将梯形图转换为 FBD 程序，如图 10–7 所示。方框的左侧为逻辑运算的输入变量，右侧为输出变量，输入、输出端的小圆圈表示“非”运算，信号自左向右流动。

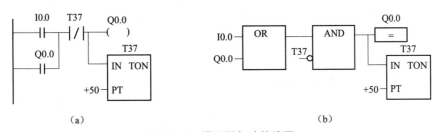

图 10–7 梯形图与功能块图

（a）梯形图；（b）功能块图

4. 指令表

指令表是一种助记符指令，由地址、助记符、数据三部分组成。指令表是 PLC 的常用编程语言，尤其采用简易编程器进行编程、调试、监控时，必须将梯形图转化成指令表，然后通过简易编程器输入 PLC 进行编程。梯形图对应的指令表如图 10–8 所示。

```
LD  I0.0
A   I0.1
=   Q0.0
LD  I0.2
AN  I0.3
=   Q0.1
```

（a）　（b）

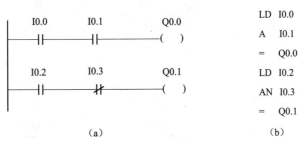

图 10–8 梯形图对应的指令表

（a）梯形图；（b）指令表

5. 结构化文本

结构化文本是一种高级的文本语言，可以用来描述功能、功能块和程序的行为，还可以在顺序功能流程图中描述步、动作和转变的行为。

结构化文本语言表面上与 PASCAL 语言很相似，但它是一种专门为工业控制应用开发的编程语言，具有很强的编程能力，用于对变量赋值、回调功能和功能块、创建表达式、编写条件语句和迭代程序等。与指令表相比，结构化文本编写的程序非常简洁，如图 10–9 所示。

```
LD  START
O   LAMP
AN  STOP
=   LAMP
```

(a)

```
LAMP: = (START OR LAMP) AND NOT (LAMP)
```

(b)

图 10–9 指令表与结构化文本

（a）指令表；（b）结构化文本

10.3 西门子 S7–200 PLC

S7–200 PLC 是由西门子公司开发生产的小型模块化系统,它能够进行传统的继电器逻辑控制、计数和定时控制,还能进行复杂的数学运算、处理模拟量信号,并支持多种形式的通信。S7–200 PLC 中央处理器的运算能力强,编程指令丰富,响应速度快,操作便捷,性价比较高。

10.3.1 西门子 S7–200 系列 CPU 224 型 PLC

西门子公司生产的 S7–200 系列的 PLC,其主机型号和规格较多,可以适用于不同的场合,其规格如表 10–2 所示。每种型号都有两种供电方式,以 CPU224AC/DC/Relay(继电器)型 PLC 为例,其供电电压为 120～240 V AC;14 个数字量输入,10 个继电器输出,1 个通信接口 RS–485,其允许扩展 I/O 模块最多为 7 个。CPU 224 型 PLC 的结构和接线分别如图 10–10、图 10–11 所示。

表 10–2　S7–200 系列 PLC 规格表

CPU 型号	电源	输入	输出	通信接口
CPU 221	24 V DC	6 数字量	4 数字量	1
CPU 221	120～240 V AC	6 数字量	4 继电器	1
CPU222	24 V DC	8 数字量	6 数字量	1
CPU 222	120～240 V AC	8 数字量	6 继电器	1
CPU224	24 V DC	14 数字量	10 数字量	1
CPU224	120～240 V AC	14 数字量	10 继电器	1
CPU226	24 V DC	24 数字量	16 数字量	2
CPU226	120～240 V AC	24 数字量	16 继电器	2

图 10–10　西门子 S7–200 系列 CPU 224 型 PLC 的结构

1—通信接口;2—状态指示灯;3—电源及输出端子;
4—扩展模块接口;5—输入及传感器电源端子

(1)状态指示灯

状态指示灯用来指示 CPU 的工作方式、主机 I/O 的当前状态、系统错误状态。绿色灯点亮表示 CPU 处于 RUN(运行)模式,橙色灯点亮表示 CPU 处于 STOP(停止)模式,红色灯点亮表示 CPU 处于系统故障状态。

RUN/STOP:用于显示调节 PLC 的状态,处于 STOP 停止状态时,可以对其编写程序;处于 RUN 运行状态时,不能编写程序。

(2)输入及传感器电源端子

输入及传感器电源端子用于指示输入状态,为传感器提供 24 V 直流电源。

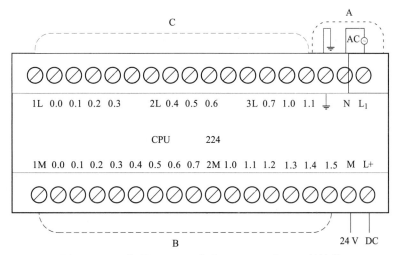

图 10-11　西门子 S7-200 系列 CPU 224 型 PLC 的接线

（3）电源及输出端子

电源及输出端子用于指示输出状态，连接被控设备。

（4）通信口

通信口用于与计算机、编程器、打印机等外部设备连接。

（5）扩展模块接口

扩展模块接口用于连接扩展模块，主要有：

A——电源：L_1 接火线，N 接零线，电源电压范围为 120～240 V AC；

B——输入：14 个数字量输入，分别是 1M（0.0～0.7）8 个、2M（1.0～1.5）6 个，用于输入控制信号；

C——输出：10 个继电器输出，分别是 1L（0.0～0.3）4 个、2L（0.4～0.6）3 个、3L（0.7、1.0、1.1）3 个，用于继电器输出。

10.3.2　西门子 S7-200 PLC 常用模块

1. 数字量 I/O 扩展模块

数字量信号就是用电信号的有、无，分别表示控制逻辑上的"0"和"1"状态，又称为开关量信号。数字量 I/O 扩展模块专门用于扩展 S7-200 PLC 上的数字 I/O 数量。

EM223 是西门子 S7-200 PLC 系列 PLC 的扩展模块，其作用是扩展主体缺少的输入点和输出点，它共有 8 种类型，如表 10-3 所示。以 EM223 8 点 24 V DC 输入/8 点继电器输出模块为例，该模块供电电压为 24 V DC，内含 8 个数字量输入和 8 个继电器输出，其结构和接线分别如图 10-12、图 10-13 所示。

表 10-3　S7-200 PLC 数字量扩展模块表

模块名称	电源	输入	输出
EM223 数字量模块	24 V DC	4 数字量	4 数字量
EM223 数字量模块	24 V DC	4 数字量	4 继电器

续表

模块名称	电源	输入	输出
EM223 数字量模块	24 V DC	8 数字量	8 数字量
EM223 数字量模块	24 V DC	8 数字量	8 继电器
EM223 数字量模块	24 V DC	16 数字量	16 数字量
EM223 数字量模块	24 V DC	16 数字量	16 继电器
EM223 数字量模块	24 V DC	32 数字量	32 数字量
EM223 数字量模块	24 V DC	32 数字量	32 继电器

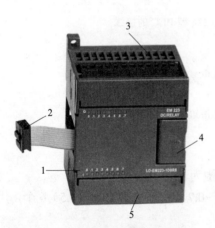 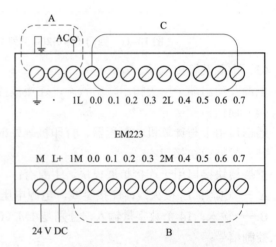

图 10-12　EM223 扩展模块的结构　　图 10-13　EM223 模块的接线
1—运行指示；2—机械编码插针；3—输出端子及电源；
4—扩展接口；5—输入端子

（1）运行指示

运行/停止工作指示灯，上下各有一排，用来指示模块各点的工作状态。

（2）输入端子

输入端子用于指示输入状态。

（3）输出端子

输出端子用于指示输出状态。

（4）机械编码插针

机械编码插针用于与主体 PLC 相连接。

（5）扩展接口

扩展接口用于连接扩展模块。

A——电源：L+接火线，M 接零线，电源电压 24 V DC；

B——输入端子：8 个数字量输入，分别是 1M（0.0～0.3）4 个、2M（0.4～0.7）4 个，用于扩展输入信号；

C——输出端子：8 个继电器输出，分别是 1L（0.0～0.3）4 个、2L（0.4～0.7）4 个，用

于继电器输出。

2. 模拟量 I/O 扩展模块

生产过程中有很多电压、电流信号，用来表示连续变化的流量、温度、压力等参数的大小，这些参数在一定范围内连续变化，称之为模拟量信号。如 0～10 V 电压或者 4～20 mA 电流。

S7-200 PLC 内部的 CPU 不能直接处理模拟量信号，必须通过专门的硬件接口，把模拟量信号转化为 CPU 可以计算的数据，或是把 CPU 的计算结果转化为模拟量信号。数据大小与模拟量大小相关，数据地址由模拟量信号的硬件连接决定。用户程序通过访问模拟量信号对应的数据地址，可获取和输出真实的模拟量信号。表 10-4 所示为 S7-200 PLC 模拟量扩展模块表。EM235 模拟量模块的结构和接线分别如图 10-14、图 10-15 所示。

表 10-4 S7-200 PLC 模拟量扩展模块表

模块名称	电源	输入点数	输出点数
EM231 模拟量输入模块	24 V DC	4	0
EM231 模拟量输入模块	24 V DC	8	0
EM232 模拟量输出模块	24 V DC	0	2
EM232 模拟量输出模块	24 V DC	0	4
EM235 模拟量混合模块	24 V DC	4	1

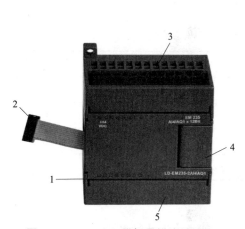

图 10-14 EM235 模拟量模块的结构

1—运行指示；2—机械编码插针；3—模拟量输入；
4—扩展接口；5—电源、负载及增益

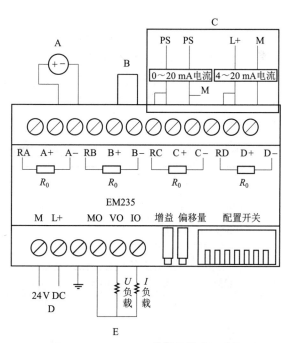

图 10-15 EM235 模拟量模块的接线

（1）运行指示

运行/停止工作指示灯，上下各有一排，用来指示模块各点的工作状态。

（2）输入端子

4 个模拟量输入端子。

（3）输出端子

1 个模拟量输出端子。

（4）机械编码插针

机械编码插针用于与主体 PLC 相连接。

（5）扩展接口

扩展接口用于连接扩展模块。

EM235 模拟量模块内含有 4 路模拟量输入口和 1 路模拟量输出口。每路输入端都有三个接线端子，如 A 路有 RA、A+、A−，其中 A+ 接电压模拟输入信号的正极，A− 接电压模拟输入信号的负极，RA 接内部电阻 R_0。模拟输入电路实际上就是一个高输入阻抗的 A/D 转换电路，A+、A− 接入电压信号 0～10 V 经电路转换为数字量信号。

A——模拟量电压输入端：输入 0～10 V 电压；

B——未用；

C——2 路模拟量电流输入端：输入 0～20 mA 或 4～20 mA 电流；

D——直流电源：24 V DC；

E——该区域为模拟量信号输出端，实际是一个 D/A 转换电路，输出 0～20 mA 电流或 0～10 V 电压。

3. 温度测量扩展模块

温度测量模块也是一种模拟量模块，可以直接连接热电偶和热电阻来测量温度。使用时只需进行简单设置，就可以得到摄氏温度数值。EM231 热电偶模块有专门的冷端补偿电路。该电路在模块连接器处测量温度，并对测量值做出必要的修正，以补偿基准温度和模块处温度之间的温度差。其温度模块表如表 10-5 所示。EM231 TC 温度模块的结构和接线分别如图 10-16、图 10-17 所示。

表 10–5 温度模块表

模块名称	电源	输入点数	输出点数
EM231 TC 模拟量输入热电偶	24 V DC	4	0
EM231 TC 模拟量输入热电偶	24 V DC	8	0
EM231 RTD 模拟量输入热电阻	24 V DC	2	0
EM231 RTD 模拟量输入热电阻	24 V DC	4	0

（1）运行指示

运行/停止工作指示灯，上下各有一排，用于指示模块各点的工作状态。

（2）输入端子

4 路热电偶输入端。

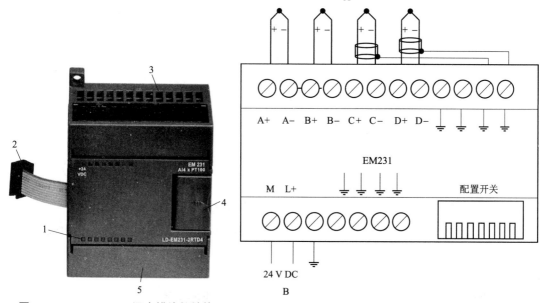

图 10-16 EM231 TC 温度模块的结构　　图 10-17 EM231 TC 温度模块的接线

1—运行指示；2—机械编码插针；3—热电偶输入端；
4—扩展接口；5—电源

（3）输出端子

24 V DC。

（4）机械编码插针

机械编码插针用于与主体 PLC 相连接。

（5）扩展接口

扩展接口用于连接扩展模块。

A——4 个热电偶输入端；

B——直流电源：24 V DC。

4. 特殊功能模块

位置控制模块 EM253，用于 S7-200 PLC 的定位控制系统中。工作时，它能产生高速脉冲，并通过驱动装置来实现对单轴步进电动机的开环速度和位置的控制。每个模块可控制一台电动机，通过 S7-200 PLC 的扩展接口，实现与 CPU 间的通信控制。STEP 7-Micro/WIN 提供了一个定位模板 EM253 配置的向导操作（位置控制向导），它可以在很短的几分钟时间内完成配置操作，并存储在 S7-200 PLC 的 V 区内；同时，STEP 7-Micro/WIN 还提供了一个非常友好的界面，即专门用于调试、监控运动控制过程的调试界面（EM253 控制面板）。其位置控制模块如表 10-6 所示。EM253 位置控制模块的结构和接线分别如图 10-18、图 10-19 所示。

表 10-6　位置控制模块

模块名称	电源	输入点数	输出点数
EM253 位置控制模块	24 V DC	5	6

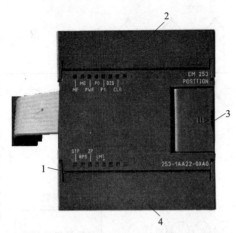

图 10-18 EM253 位置控制模块的结构　　图 10-19 EM253 位置控制模块的接线

1—运行指示；2—数字量输出点；3—扩展接口；4—数字量输入点

（1）运行指示

运行/停止工作指示灯，上下各有一排，用于指示模块各点的工作状态。

（2）数字量输入点

5 个数字量输入点（STP——停止；RPS——参考点开关；ZP——零脉冲信号；LMT+——正方向限位开关；LMT-——负方向限位开关）。

（3）数字量输出点

6 个数字量输出点（4 个信号的：DIS、CLR、P_0、P_1 或者 P_{0+}、P_{0-}、P_{1+}、P_{1-}）。

（4）机械编码插针

机械编码插针用于与主体 PLC 相连接。

（5）扩展接口

扩展接口用于连接扩展模块。

A——5 个数字量输入端；

B——6 个数字量输出端。

5. 通信模块

S7-200 系列提供了多种通信模块以适应不同的通信方式，具体介绍如下：

EM227：PROFIBUS-DP 从站通信模块，同时也支持 MPI 从站通信。

EM241：调制解调器（Modem）通信模块。

CP243-1：工业以太网通信模块。

CP243-1T：工业以太网通信模块，同时支持 Web/E-mail 等 IT 应用功能。

CP243-2：AS-Interface 主站模块，可连接最多 62 个 AS-Interface 从站。

10.4　S7-200 PLC 指令系统

10.4.1　S7-200 PLC 数据类型

S7-200 系列 PLC 的数据类型可以是布尔型、整型和实型（浮点数）。在编程中经常会使用常数，常数数据的长度可为字节、字和双字，在机器内部的数据都以二进制形式存储，但常数的书写可以采用二进制、十进制、十六进制、ASCII 码或浮点数（实数）等多种形式，其数据格式和取值范围如表 10-7 所示。

表 10-7 数据格式和取值范围

寻址格式	数据长度	数据类型	取值范围
BOOL（位）	1（位）	布尔型	真（1）；假（0）
BYTE（字节）	8（字节）	无符号整数	0～255；0～FF（H）
INT（整数）	16（字）	有符号整数	−32 768～32 767；8000～7FFF（H）
WORD（字）		无符号整数	0～65 535；0～FFFF（H）
DINT（双整数）	32（双字）	有符号整数	−2 147 483 648～2 147 483 647；80 000 000～7FFFFFFF（H）
DWORD（双字）		无符号整数	0～4 294 967 295；0～FFFFFFFF（H）
REAL（实数）		IEEE 32 位单精度浮点数	−3.402 823E+38～−1.175 495E−38；+1.175 495E−38～+3.402 823E+38
ASCII	8（字节）/个	字符列表	ASCII 字符、汉字内码（每个汉字 2 字节）
STRING（字符串）		字符串	1～254 个 ASCII 字符、汉字内码（每个汉字 2 字节）

10.4.2 S7–200 PLC 编程元件

存储器的常用单位有位、字节、字、双字等。一位二进制数称为 1 个位（bit），每一位即一个存储单元。每个区域的存储单元按字节（Byte，B）编址，每个字节由 8 个位组成。比字节大的单位是字（Word，W）和双字（Double Word，DB），这几种常用单位的换算关系是：1 DW = 2 W = 4 B = 32 bit。

为了有效地进行编程及对 PLC 的存储器进行管理，将存储器中的数据按照功能或用途分类存放，就形成了若干个特定的存储区域。每一个特定的区域，就构成了 PLC 的一种内部编程元件，如表 10-8 所示。例如，I 表示输入过程映像寄存器；Q 表示输出过程映像寄存器；M 表示内部标志位存储器等。每一种编程元件用一组字母表示，字母加数字表示数据的存储地址。

表 10-8 PLC 内部编程元件

字母	编程元件	字母	编程元件
I	输入过程映像寄存器（输入继电器）	T	定时器
Q	输出过程映像寄存器（输出继电器）	C	计数器
M	内部标志位存储器（辅助继电器）	HC	高速计数器

续表

字母	编程元件	字母	编程元件
SM	特殊标志位存储器（专用辅助继电器）	V	变量存储器
AI	模拟量输入映像寄存器	AC	累加器
AQ	模拟量输出映像寄存器	S	顺序控制继电器

1. 输入过程映像寄存器 I

输入过程映像寄存器又称为输入继电器。输入继电器线圈只能由外部输入信号驱动，其外部有一对物理输入端子与之对应，用于接收外部输入信号。输入过程映像寄存器是以字节为单位的寄存器，每个字节中的每一位对应一个数字量输入点。在每次扫描周期的开始，CPU 对物理输入点进行采样，并将采样值写入输入过程映像寄存器中，该寄存器可按位、字节、字或双字等方式寻址存取数据。

  位：   I[字节地址].[位地址]   I0.2

  字节、字或双字： I[长度][起始字节地址] IB4 IW1 ID0

2. 输出过程映像寄存器 Q

输出过程映像寄存器又称为输出继电器。输出继电器是用来将 PLC 的输出信号传递给负载的继电器，其只能用程序指令驱动。输出过程映像寄存器也是以字节为单位的寄存器，每个字节中的每一位对应一个数字量输出点。在每次扫描周期的结尾，CPU 将输出过程映像寄存器中的数值复制到物理输出点上，该寄存器可按位、字节、字或双字等寻址方式来存取数据。

  位：   Q[字节地址].[位地址] Q1.3

  字节、字或双字： Q[长度][起始字节地址] QB5 QW1 QD0

3. 内部标志位存储区 M

内部标志位存储器又可称为辅助继电器，作用类似于中间继电器。它没有外部输入/输出端子与之对应，不能反映输入设备的状态，也不能驱动负载。它可用来存储中间操作状态和控制信息。该寄存器可按位、字节、字或双字等寻址方式存取数据。地址编号范围为 M0.0～M31.7。

  位：   M[字节地址].[位地址] M26.7

  字节、字或双字： M[长度][起始字节地址] MB5 MW13 MD20

4. 特殊标志位存储器 SM

特殊标志位存储器用来存储系统的状态变量和有关的控制参数和信息。它可以通过特殊标志位来沟通 PLC 与被控对象之间的信息，也可通过直接设置某些特殊标志继电器位来使设备实现某种功能。该寄存器可以按位、字节、字或双字等寻址方式存取数据。SM 按存取方式不同又可分为只读型 SM 和可写型 SM。

  位：   SM[字节地址].[位地址] SM0.1

  字节、字或双字： SM[长度][起始字节地址] SMB86

5. 定时器 T

定时器可用于时间的累积，它需要提前输入时间预设值，当定时器的输入条件被满足时，当前值从 0 开始，对 PLC 内部时基脉冲加 1 计数从而实现延时，当定时器的当前值达到预设值时，延时结束，定时器动作，利用定时器的触点或当前值可实现相应的控制。其精度等级包括 3 种，即 1 ms 时基、10 ms 时基和 100 ms 时基。其地址编号范围为 T0～T255。

位：　　　　　　　　　T[定时器号]　　　　　　　　T37
字节：　　　　　　　　T[定时器号]　　　　　　　　T96

6. 计数器 C

计数器可以用于累计其输入端脉冲由低到高的次数，它具有设定值寄存器和当前值寄存器。当始能输入端脉冲上升沿到来时，计数器当前值加 1 计数一次，当计数器计数达到预定值时，计数器动作，利用定时器的触点或当前值可实现相应的控制。计数器类型有 3 种，即增计数（CTU）、减计数（CTD）和增/减计数（CTUD）。其地址编号范围为 C0～C255。

位：　　　　　　　　　C[定时器号]　　　　　　　　C0
字节：　　　　　　　　C[定时器号]　　　　　　　　C255

7. 高速计数器 HC

高速计数器用来累计比主机扫描速率更快的高速脉冲，它独立于 CPU 的扫描周期。高速计数器的当前值是一个双字长 32 位的整数。要存取高速计数器中的值，则应给出高速计数器的地址，即存储器类型（HC）和计数器号，如 HC0。

格式：　　　　　　　　HC[高速计数器号]　　　　　HC1

8. 累加器 AC

累加器是用来暂时存放数据的寄存器。S7–200 PLC 提供了 4 个 32 位累加器：AC0、AC1、AC2、AC3。其存取形式可按字节、字或双字。被操作数的长度取决于访问累加器时所使用的指令。

9. 变量存储器 V

变量存储器用来存储变量，可以用 V 存储器存储程序执行过程中控制逻辑操作的中间结果，也可以用它来保存与工序或任务相关的其他数据。该寄存器可按位、字节、字或双字等寻址方式存取数据。其地址编号范围为 VB0～VB10239（CPU224XP 型）。

位：　　　　　　　　　V[字节地址].[位地址]　　　　V10.2
字节、字或双字：　　　V[长度][起始字节地址]　　　VB100　　VW200　　VD300

10. 顺序控制继电器 S

顺序控制继电器适用于顺序控制和步进控制等场合。它可按位、字节、字和双字等寻址方式存取数据。其地址编号范围为 S0.0～S31.7。

11. 模拟量输入映像寄存器 AI

模拟量输入电路用来实现模拟量到数字量（A/D）的转换。该映像寄存器只能进行读取操作。S7–200 PLC 将模拟量值转换成 1 个字长（16 位）的数据。它可用区域标志符（AI）、数据长度（W）及字节的起始地址来存取这些值。模拟量输入值为只读数据。模拟量转换的实际精度是 12 位。由于模拟量输入为 1 个字长，所以必须用偶数字节的地址（如 AIW0、AIW2、AIW4）来存取这些值。

格式：　　　　　　　　AIW[起始字节地址]　　　　　AIW4

12. 模拟量输出映像寄存器 AQ

PLC 内部只能处理数字量，而模拟量输出电路用来实现数字量到模拟量（D/A）的转换，该映像寄存器只能进行写入操作。S7-200 PLC 将 1 个字长（16 位）的数字值按比例转换为电流或电压。它可以用区域标志符（AQ）、数据长度（W）及字节的起始地址来输出。模拟量输出值为只写数据。模拟量转换的实际精度是 12 位。由于模拟量为 1 个字长，所以必须用偶数字节的地址（如 AQW0、AQW2、AQW4）来输出。

格式：　　　　　　　　　　AQW[起始字节地址]　　　　　　AQW4

10.4.3 寻址方式

S7-200 PLC 将信息存储于不同的存储单元，每个单元有一个唯一的地址，系统允许用户以字节、字、双字为单位存取信息。提供参与操作数据地址的方法，称为寻址方式。

S7-200 PLC 数据的寻址方式有立即寻址、直接寻址和间接寻址 3 大类。立即寻址的数据在指令中以常数形式出现。直接寻址又包括位、字节、字和双字 4 种寻址格式。

1. 立即寻址

立即寻址方式是指令直接给出操作数，操作数紧跟着操作码，在取出指令的同时也就取出操作数，立即有操作数可用，所以称为立即操作数或立即寻址。

如传送指令 MOV IN，OUT。操作码"MOV"指出该指令的功能是把 IN 中的数据传送给 OUT，其中 IN 是被传送的源操作数，OUT 表示要传送到的目标操作数。

S7-200 PLC 指令中的立即数（常数）可以为字节、字或双字。CPU 可以用二进制、十进制、十六进制、ASCII、浮点数等方式来存储。

2. 直接寻址

直接寻址方式是在指令中明确指出了存取数据的存储器地址，允许用户程序直接存取信息。

数据的直接地址包括内存区域标志符、数据大小及该字节的地址或字、双字的起始地址及位分隔符和位。直接访问字节（8 bit）、字（16 bit）、双字（32 bit）数据时，必须指明数据的存储区域、数据长度及起始地址。当数据长度为字或双字时，其最高有效字节为起始地址字节。

（1）按位寻址

按位寻址的格式为：Ax.y，使用时必须指明元件的名称、字节地址和位号。例如 I3.4，表示要访问的是输入寄存器区第 4 字节的第 5 位，如图 10-20 所示。

可以按位寻址的编程元件有输入过程映像寄存器（I）、输出过程映像寄存器（Q）、内部标志位存储器（M）、特殊标志位存储器（SM）、局部变量存储器（L）、变量存储器（V）和顺序控制继电器（S）等。

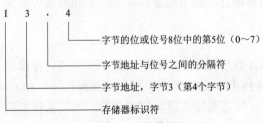

图 10-20　位寻址

（2）按字节、字和双字寻址

采用字节、字或双字寻址的方式存储数据时，需要指明编程元件的名称、数据长度和首字节地址编号。应当注意的是：在按字或双字寻址时，首地址字节为最高有效字节，如图 10-21 所示。

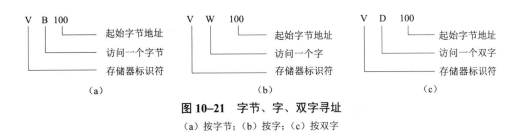

图 10–21 字节、字、双字寻址
(a) 按字节；(b) 按字；(c) 按双字

3. 间接寻址

间接寻址是指使用地址指针来存取存储器中的数据。使用前，首先将数据所在单元的内存地址放入地址指针寄存器中，然后根据此地址指针存取数据。S7-200 CPU 中允许使用指针进行间接寻址的存储区域有 I、Q、V、M、S、T、C。使用间接寻址的步骤如下：

（1）建立地址指针

建立内存地址的指针为双字长度（32 位），故可以使用 V、L、AC 作为地址指针。必须采用双字传送指令（MOVD），将内存的某个地址移入到指针当中，以生成地址指针。指令中的操作数（内存地址）必须使用"&"符号表示内存某一位置的地址（32 位）。

MOVD &VB200, AC1 　　　　　　将 VB200 这个 32 位地址值送 AC1

（2）用指针来存取数据

VB200 是直接地址编号，"&"为地址符号，将本指令中&VB200 改为&VW200 或&VD200，其指令的功能不变。但 STEP7–Micro/WIN 软件在进行编译时会自动将其修正为&VB200。用指针存取数据的过程是：在使用指针存取数据的指令中，操作数前加有"*"，表示该操作数为地址指针。

10.5　S7–200 PLC 基本编程指令

S7–200 PLC 的指令包括基本指令、程序控制类指令、特殊功能指令。其中基本指令又包括位逻辑指令、定时器指令、计数器指令等。

10.5.1　位逻辑指令

1. 标准触点指令

梯形图中的标准触点分为常开触点和常闭触点两种，其梯形图符号和指令表如表 10–9 所示。

表 10–9　标准触点指令的梯形图符号和指令表

类型	梯形图符号	指令表		功　　能
常开触点	─┤ ├─ bit	LD A O	bit bit bit	LD：装载常开触点（装载） A：串联常开触点（与） O：并联常开触点（或）
常闭触点	─┤/├─ bit	LDN AN ON	bit bit bit	LDN：装载常闭触点（装载） AN：串联常闭触点（与非） ON：并联常闭触点（或非）
线圈	─( )─ bit	=	bit	=：输出指令（装输出）

常开触点在其寄存器位值为 0 时，其触点是断开的，触点的状态为 OFF；位值为 1 时，其触点是闭合的，触点的状态为 ON。常闭触点在其寄存器位值为 0 时，其触点是闭合的，触点的状态为 ON；位值为 1 时，其触点是断开的，触点的状态为 OFF。

（1）装载和线圈驱动指令

1）LD（Load，装载）：取指令。表示一个逻辑梯阶的编程开始，用于网络块逻辑运算的常开触点与左母线连接。

2）LDN（Load Not，装载）：取反指令。用于网络块逻辑运算开始的常闭触点与左母线连接。

3）=（Out）：输出指令，线圈输出。

上述三条指令的使用方法如图 10–22 所示。

（2）触点串联指令

1）A（And）：与指令。用于单个常开触点的串联连接。

2）AN（And Not）：与非指令。用于单个常闭触点的串联连接。

上述两条指令的使用方法如图 10–23 所示。

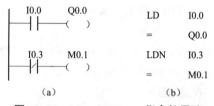

图 10–22　LD、LDN、= 指令的用法

(a) 梯形图；(b) 指令表

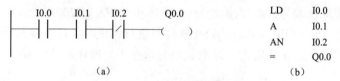

图 10–23　A、AN 指令的用法

(a) 梯形图；(b) 指令表

（3）触点并联指令

1）O（Or）：或指令。用于单个常开触点的并联连接。

2）ON（Or Not）：或非指令。用于单个常闭触点的并联连接。

上述两条指令的使用方法如图 10–24 所示。

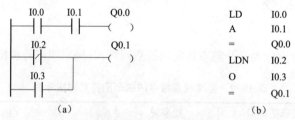

图 10–24　O、ON 指令的用法

(a) 梯形图；(b) 指令表

（4）并联电路块的串联连接指令

1）ALD（And Load）：块与指令。用于两个或两个以上电路块之间的串联。

ALD 指令的使用方法如图 10–25 所示。

（5）串联电路块的并联连接指令

1）OLD（Or Load）：块或指令。用于两个或两个以上电路块之间的并联。

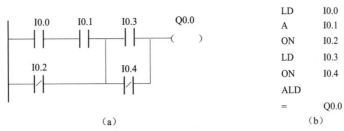

图 10-25 ALD 指令的用法

(a) 梯形图;(b) 指令表

OLD 指令的使用方法如图 10-26 所示。注意:每完成一次块电路的串联或并联后要写上 ALD 或 OLD 指令,且 ALD、OLD 指令无操作数。

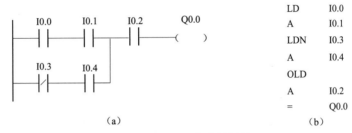

图 10-26 OLD 指令的用法

(a) 梯形图;(b) 指令表

2. 置位/复位指令

1) S (Set):置位指令。使能输入有效后,从起始位开始的 N 个位置置位为 1。
2) R (Reset):复位指令。使能输入有效后,从起始位开始的 N 个位置复位为 0。

其梯形图符号和指令表如表 10-10 所示。

表 10-10 置位/复位指令的梯形图符号和指令表

类型	梯形图符号	指令表	功 能
置位	─(S)─ bit N	S bit, N	S:将指定位置开始的 N 个元件置位
复位	─(R)─ bit N	R bit, N	R:将指定位置开始的 N 个元件复位

S、R 指令的使用方法如图 10-27 所示。

3. 边沿脉冲指令

1) EU (Edge Up):上升沿指令。EU 指令对其之前的逻辑运算结果的上升沿产生一个宽度为一个扫描周期的脉冲,如图 10-28 中的 M0.1。

2) ED (Edge Down):下降沿指令。使能输入有效后从起始位开始的 N 个位置复

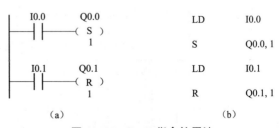

图 10-27 S、R 指令的用法

(a) 梯形图;(b) 指令表

位为 0。ED 指令对其之前的逻辑运算结果的下降沿产生一个宽度为一个扫描周期的脉冲，如图 10–28 中的 M2.0。

边缘脉冲指令的梯形图符号和指令表如表 10–11 所示。

表 10–11　边沿脉冲指令的梯形图符号和指令表

类型	梯形图符号	指令表	功　　能
上升沿脉冲	─┤P├─	EU	在上升沿产生脉冲
下降沿脉冲	─┤N├─	ED	在下降沿产生脉冲

EU、ED 指令的使用方法如图 10–28 所示。

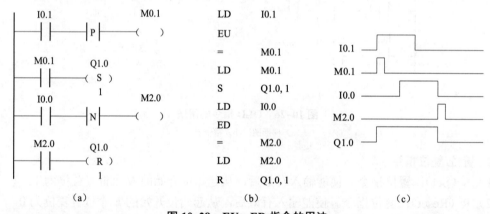

图 10–28　EU、ED 指令的用法
(a) 梯形图；(b) 指令表；(c) 时序图

4. 取反和空操作指令

1) NOT：取反指令。触点将存放在堆栈顶部的其左边电路的逻辑运算结果取反。取反触点左、右两边能流的状态相反。

2) NOP：空操作指令。NOP 指令主要是为了方便对程序的检查和修改而设置的，预先在程序中设置一些 NOP 指令，在修改和增加其他指令时，可使程序地址的更改量减少。NOP 指令对程序的执行和运算结果没有影响。其指令格式为：NOP　N，操作数 N 是一个 0~255 之间的常数。

取反和空操作指令的梯形图符号和指令表如表 10–12 所示。

表 10–12　取反和空操作指令的梯形图符号和指令表

类型	梯形图符号	指令表	功　　能
取反	─┤NOT├─	NOT	NOT：将左边电路的运算结果取反
空操作	─[NOP]─	NOP　N	NOP：空操作，对程序执行和运算结果没有影响

10.5.2 定时器指令

定时器是利用基于时间的计数方式来实现定时的。定时器的参数有三个，即当前值、设定值和定时器位。当前值每经过一个单位时间，精度加 1，当前值等于设定值时，计数器由 0 变为 1，表示定时时间到。定时器当前值的数据类型均为整数（INT），它允许的最大值为 32 767。定时器有 1 ms、10 ms、100 ms 三种分辨率，其精度取决于定时器号，如表 10-13 所示。定时器指令如表 10-14 所示。

表 10-13 定时器号与分辨率

定时器类型	分辨率/ms	定时范围/s	定时器号
TONR	1	32.767	T0、T64
	10	327.67	T1~T4，T65~T68
	100	3 276.7	T5~T31，T69~T95
TON、TOF	1	32.767	T32、T96
	10	327.67	T33~T36，T97~T100
	100	3 276.7	T37~T63，T101~T255

表 10-14 定时器指令表

类　型	梯形图符号	指令表
接通延时定时器	IN TON / PT	TON　T***，PT
断开延时定时器	IN TOF / PT	TOF　T***，PT
保持型接通延时定时器	IN TONR / PT	TONR　T***，PT

1. 接通延时定时器指令

TON：接通延时定时器指令。使能端（IN）接通后开始定时，当前值不断增大。当前值大于等于 PT 端指定的预设值时，定时器位变为 ON。当前值达到预设值后，其仍继续增加，直到最大值 32 767，如图 10-29 所示。定时器的预设时间等于预设值 PT 与分辨率的乘积。接通延时定时器的使能端输入电路断开时，定时器被复位，其当前值被清零，定时器位变为 OFF。

2. 断开延时定时器指令

TOF：断开延时定时器指令。使能端（IN）输入电路接通时，定时器位立即变为 ON，当前值被清零。使能端输入电路断开时，开始定时，当前值等于预设值时，输出位变为 OFF，当前值保持不变，直到使能端输入电路接通，如图 10-30 所示。

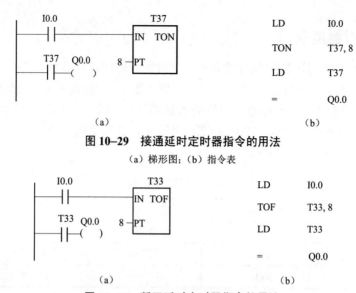

图 10-29 接通延时定时器指令的用法
(a) 梯形图;(b) 指令表

图 10-30 断开延时定时器指令的用法
(a) 梯形图;(b) 指令表

3. 保持型接通延时定时器指令

TONR:保持型接通延时定时器指令。使能端(IN)输入电路断开时,当前值保持不变。使能端输入电路再次接通时,继续定时。其累计的时间间隔等于预设值时,定时器位变为 ON。只能用复位指令来复位 TONR,如图 10-31 所示。

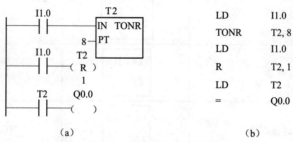

图 10-31 保持型接通延时定时器指令的用法
(a) 梯形图;(b) 指令表

需要注意的有如下几方面:
1)一个定时器号不能同时用作断开延时定时器和接通延时定时器。
2)在第一个扫描周期,所有的定时器位被清零。
3)对于断开延时定时器,需在输入端有一个负跳变(由 ON 到 OFF)的输入信号以启动计时。

10.5.3 计数器指令

S7-200 系列 PLC 有三类计数器,即加计数器、减计数器和加减计数器。计数器利用输入脉冲上升沿累计脉冲个数,计数器当前值大于或等于预设值时,状态位置为 1。计数器指令如表 10-15 所示。

表 10–15　计数器指令

类型	梯形图符号	指令表
加计数器	CU　CTU R PV	CTU　C***，PV
减计数器	CD　CTD LD PV	CTD　C***，PV
加/减计数器	CU　CTUD CD R PV	CTUD　C***，PV

（1）加计数器指令

CTU：加计数器指令。在复位输入电路断开和加计数脉冲输入电路由断开变为接通（CU 信号的上升沿）条件下，当前值加 1，直至计数最大值 32 767。

当前值大于或等于预设值 PV 时，计数器位为 ON，反之为 OFF。当复位输入 R 为 ON 或对计数器执行复位（R）指令时，计数器被复位，计数器位变为 OFF，当前值被清零。在进行首次扫描时，所有的计数器位均被复位为 OFF，如图 10–32 所示。

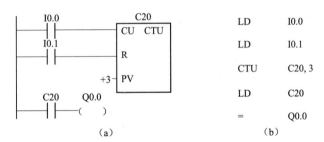

图 10–32　加计数器指令的用法
(a) 梯形图；(b) 指令表

（2）减计数器指令

CTD：减计数器指令。在装载输入 LD 的上升沿，计数器位被复位为 OFF，预设值 PV 被装入当前值寄存器。在减计数脉冲输入信号 CD 的上升沿，从预设值开始，当前值减 1，减至 0 时，停止计数，计数器位被置位为 ON，如图 10–33 所示。

（3）加/减计数器指令

CTUD：加/减计数器指令。在加计数脉冲输入 CU 的上升沿，当前值加 1，在减计数脉冲输入 CD 的上升沿，当前值减 1。当前值大于等于预设值 PV 时，计数器位为 ON，反之为 OFF。若复位输入 R 为 ON，或对计数器执行复位（R）指令时，计数器被复位，如图 10–34 所示。

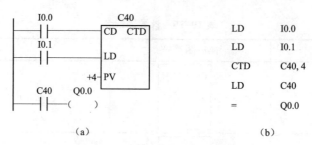

图 10–33 减计数器指令的用法

(a) 梯形图；(b) 指令表

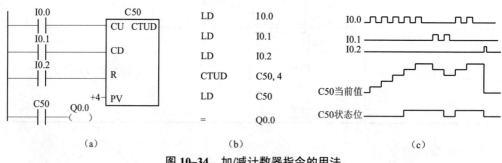

图 10–34 加/减计数器指令的用法

(a) 梯形图；(b) 指令表；(c) 时序图

需要注意的有如下两方面：

1）在一个程序中，同一计数器编号只能使用一次。

2）脉冲输入和复位输入同时有效时，优先执行复位操作。

10.6　PLC 控制系统的设计及应用

10.6.1　PLC 控制系统的设计基本原则与步骤

1. 基本原则

设计 PLC 控制系统应当遵循的基本原则有以下几方面：

（1）全局性原则

在最大限度地满足控制要求的条件下，应从全局角度来进行设计。各组成部分之间要相互协调，保证整个系统的操作。

（2）可靠性原则

PLC 控制系统的可靠性是保证系统正常运行的基础，保证 PLC 控制系统的长期、稳定、安全、可靠是设计过程中要遵循的重要原则。

（3）可扩展性原则

系统设计应留有余量，选用 PLC 时，在输入、输出点数和内存容量上应适当留有余地。由于技术的不断发展，对控制系统的要求也会不断提高，设计时要考虑后续生产发展和工艺改进的需求。

（4）先进性原则

控制系统设计应尽量选用技术先进、产品质量好、具有应用实例的产品，保证系统在一定时间内具有先进性，使得系统设计具有较高的性价比。

（5）备件最小化原则

需采用在实际应用中有成熟运行实例的产品，并减少备品备件。这样做有利于降低维护成本。

（6）经济性原则

设计的控制系统应具有较高的性价比，既要考虑减少初期投资费用，也要考虑降低维护成本。

（7）技术支持原则

选用具有优质的技术服务和丰富备件的 PLC 产品，如技术资料、售后服务等方面。

2. 基本步骤及内容

（1）对控制任务做深入的调查研究

设计之前，首先要对控制对象进行深入的研究分析，明确控制任务、工艺流程，弄清实现这些任务需要哪些输入信号，以及选用什么类型的器件等，另外还需要搞清楚哪些量需要监控、显示，是否需要故障诊断，以及需要哪些保护措施等。

（2）确定系统总体设计方案

在分析控制对象的基础上确定电气控制方案。设计应按照先整体后局部的顺序，逐步细化并不断完善。

（3）根据控制要求确定输入/输出元件，选择 PLC 机型

确定电气控制方案之后，要研究系统的硬件构成。要选择合适的输入和输出元件，并确定主回路的各电器和保护器件，选择报警和显示元件等。根据所选用的电器或元件的类型和数量，计算 PLC 所需输入/输出的端子数，并确定适合的机型。输入/输出的端子数要留有 10% 的裕量。

（4）确定 PLC 输入/输出点分配，绘制接线图和主电路图

做出 PLC 的输入/输出端子分配表，并绘制接线图和主电路图。

（5）设计应用程序

程序的设计关系到系统运行的稳定性和可靠性，编写程序应尽量按功能分类且注释要明确，以便日后查阅和修改。

（6）应用程序的调试

将编写好的程序下载到 PLC 中，进行联机调试。调试时可以将系统分成几个功能块，逐块进行调试，最后进行整体联机调试。

（7）安装硬件电路

按照图纸进行现场接线，完成各部分的硬件连接。

（8）联机调试程序

联机调试中如发现不合适的地方要及时进行程序和硬件的调整。

（9）编写技术文件

调试完毕后应编写相应的技术文件，包括 PLC 的外部接线图、电气布置图、电气元件明细表、顺序功能图、带注释的梯形图和说明等。

10.6.2　PLC 控制系统的设计方法

PLC 控制系统的设计有一定的规律可循，对于一些固定的功能要求，通常都有相对固定的设计方法。常用的设计方法有经验设计法、逻辑设计法、移植设计法、顺序功能图设计法、继电器–接触器控制线路转换设计法、时序图设计法等。

1. 经验设计法

经验设计法用于控制方案简单、I/O 点数规模不大的控制系统设计。这种设计方法一般是在一些基本控制程序或典型控制程序上进行修改和组合,并增设辅助触点或中间环节。这种设计方法没有规律可言,其设计过程和设计者的经验密切相关,具体操作过程如下:

1) 准确分析控制要求,合理确定 I/O 端子和 PLC 类型,画出 I/O 端子接线图。
2) 按照输出信号和输入信号控制关系的复杂程度划分系统,并确定各信号的关键控制点。
3) 编写各输出信号的梯形图。
4) 修改和完善程序。

初学者设计的程序存在的问题是考虑不周、设计烦琐、设计周期长、梯形图可读性差。

2. 逻辑设计法

逻辑设计法是利用逻辑代数"与""或""非"通过逻辑运算建立逻辑函数关系的方法,并根据这些逻辑关系设计梯形图。逻辑函数与 PLC 梯形图、指令表的对应关系如表 10–16 所示。这种方法的具体操作步骤如下:

1) 明确控制系统的控制任务和要求,分配 I/O 端子。
2) 绘制 PLC 控制系统状态转换表。
3) 建立逻辑函数关系。
4) 编写 PLC 程序。
5) 修改和完善程序。

表 10–16 逻辑函数与 PLC 梯形图、指令表的对应关系表

逻辑函数的运算	梯形图	指令表
与:Q0.0=I0.0*I0.1	I0.0 I0.1 Q0.0	LD I0.0 A I0.1 = Q0.0
或:Q0.0=I0.0+I0.1	I0.0 Q0.0 / I0.1	LD I0.0 O I0.1 = Q0.0
或与:Q0.0=(I0.0+I0.1)*I0.2	I0.0 I0.2 Q0.0 / I0.1	LD I0.0 O I0.1 A I0.2 = Q0.0
与或:Q0.0=I0.0*I0.1+I0.2*I0.3	I0.0 I0.1 Q0.0 / I0.2 I0.3	LD I0.0 A I0.1 LD I0.2 A I0.3 OLD = Q0.0
非:Q0.0=$\overline{I0.1}$	I0.1 Q0.0	LDN I0.1 = Q0.0

3. 移植设计法

移植设计法又称为转换设计法、翻译设计法,主要用来对原有继电器控制系统进行 PLC

改造控制。由于继电器电路图与梯形图极为相似,所以,根据原有继电器电路图来设计梯形图比较方便。这种方法可以减少硬件改造的费用、减少工人的工作量,具体操作步骤如下:

1)熟悉被控设备。
2)确定 PLC 输入信号和输出负载。
3)根据控制功能和规模选择 PLC,确定输入、输出端子。
4)确定与继电器电路中的中间继电器、时间继电器对应的梯形图中的存储器和定时器、计数器地址。
5)设计梯形图。

10.6.3 PLC 控制系统的设计实例

在实际开发 PLC 控制系统的过程中,对于规模较大的系统可以将其分成若干控制模块,并针对不同的模块开发对应的子程序。下面介绍一些典型的应用实例。

1. 彩灯的 PLC 控制——经验设计法实例

控制要求:按下启动按钮,红灯亮 10 s 后,绿灯亮;绿灯亮 20 s 后,黄灯亮;再过 10 s 后返回红灯亮,如此循环下去。

1)准确分析控制要求,合理确定 I/O 端子和 PLC 类型,画出 I/O 端子接线图。

根据要求可知,输入信号有启动按钮、停止按钮;输出信号有红灯、绿灯、黄灯。输入/输出端子分配如表 10-17 所示。PLC 的外部接线如图 10-35 所示。

表 10-17 彩灯控制输入/输出端子分配表

输入设备			输出设备		
输入继电器	输入元件	作用	输出继电器	输出元件	作用
I0.0	SB_1	启动按钮	Q0.0	HL_1	红灯
I0.1	SB_2	停止按钮	Q0.1	HL_2	绿灯
			Q0.2	HL_3	黄灯

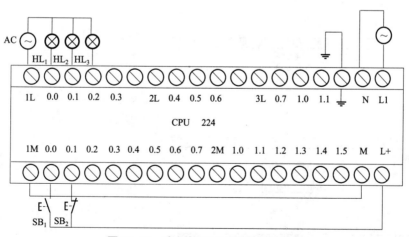

图 10-35 彩灯的 PLC 控制外部接线

2)编写各输出信号的梯形图。

梯形图及对应指令表如图 10-36 所示。

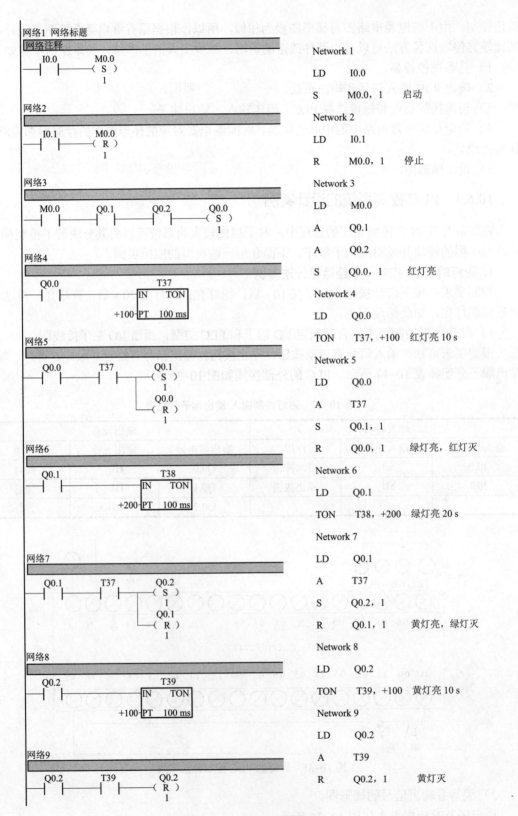

图 10-36 彩灯控制梯形图

3）分析电路过程。

启动时，按下启动按钮 SB_1，输入继电器 I0.0 得电，M0.0 得电并保持，常开 M0.0 闭合，Q0.0 得电并保持，此时红灯亮。

由于 Q0.0 得电并保持，定时器 T37 开始计时，计时时间到以后，Q0.1 得电并保持，此时绿灯亮；Q0.0 复位为 1，红灯灭。

由于 Q0.1 得电并保持，定时器 T38 开始计时，计时时间到以后，Q0.2 得电并保持，此时黄灯亮；Q0.1 复位为 1，绿灯灭。

由于 Q0.2 得电并保持，定时器 T39 开始计时，计时时间到以后，Q0.2 复位为 1，黄灯灭。此时 M0.0 依然闭合，Q0.0 得电并保持，红灯亮，并开始下一轮循环。

停止时，按下停止按钮 SB_2，输入继电器 I0.1 得电，M0.0 复位并保持，常开 M0.0 断开，电路不能得电。

2. 通风系统运行监控——逻辑设计法

控制要求：在一个通风系统中，由 4 台电动机驱动 4 台风机运行。为了保证运行的可靠性，要求至少 3 台电动机同时运行。用黄、绿、红三色指示灯显示电动机的运行状态。3 台以上电动机同时运行时，绿灯亮，系统通风状况良好；2 台电动机同时运行时，黄灯亮，通风状况不佳，需要改善；少于 2 台电动机运行时，红灯亮并闪烁，警告通风状况太差，需要马上排除故障或疏散人员。

1）根据控制系统的任务和要求，分配 I/O 端子，设计 PLC 外部接线图。

根据要求可知，输入信号有启动按钮、停止按钮，输出信号有红灯、绿灯、黄灯。输入/输出端子的分配如表 10-18 所示。风机控制 PLC 的外部接线如图 10-37 所示。

表 10-18 通风系统运行监控输入输出端子分配表

输入设备			输出设备		
输入继电器	输入元件	作用	输出继电器	输出元件	作用
I0.0	A	M1 检测	Q0.0	F_1	绿灯
I0.1	B	M2 检测	Q0.1	F_2	黄灯
I0.2	C	M3 检测	Q0.2	F_3	红灯
I0.3	D	M4 检测			

2）绘制 PLC 控制系统状态转换表，建立逻辑函数关系，画出梯形图。

用 A、B、C、D 分别表示 4 台风机的运行状态，用 F_1、F_2、F_3 表示绿灯、黄灯、红灯，并建立其在不同情况下的状态表。0 表示风机停，指示灯灭；1 表示风机运行，指示灯亮。

绿灯亮时，其状态如表 10-19 所示。

由表 10-19 可得 F_1 的逻辑函数：$F_1 = AB C\bar{D} + AB\bar{C}D + A\bar{B}CD + \bar{A}BCD + ABCD$，化简后得：$F_1 = AB(C+D) + CD(A+B)$。

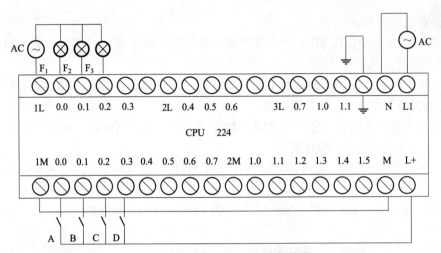

图 10-37 风机控制 PLC 外部接线

表 10-19 绿灯亮时的状态表

A	B	C	D	F_1
1	1	1	0	1
1	1	0	1	1
1	0	1	1	1
0	1	1	1	1
1	1	1	1	1

根据该逻辑画出其梯形图，如图 10-38 所示。

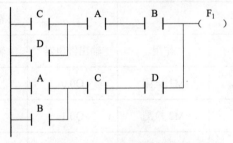

图 10-38 绿灯控制梯形图

黄灯亮时，其状态如表 10-20 所示。

表 10-20 黄灯亮时的状态表

A	B	C	D	F_2
1	1	0	0	1
1	0	1	0	1
1	0	0	1	1
0	1	1	0	1
0	1	0	1	1
0	0	1	1	1

由表 10-20 可得 F_2 的逻辑函数：$F_2 = AB\overline{CD} + A\overline{BCD} + \overline{A}B\overline{CD} + \overline{AB}C\overline{D} + \overline{AB}\overline{C}D + \overline{ABCD}$
化简后得：$F_2 = (\overline{A}B + A\overline{B})(\overline{C}D + C\overline{D}) + AB\overline{CD} + \overline{AB}CD$
根据该逻辑画出其梯形图，如图 10-39 所示。

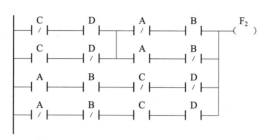

图 10-39　黄灯控制梯形图

红灯闪烁时，其状态如表 10-21 所示。

表 10-21　红灯闪烁时的状态表

A	B	C	D	F_3
1	0	0	0	1
0	1	0	0	1
0	0	1	0	1
0	0	0	1	1
0	0	0	0	1

由表 10-21 可得 F_3 的逻辑函数：$F_3 = \overline{A}\overline{B}\overline{C}\overline{D} + \overline{AB}\overline{C}D + \overline{AB}C\overline{D} + \overline{A}B\overline{CD} + A\overline{BCD}$，化简后得：$F_3 = \overline{AB}(\overline{C}D + C\overline{D}) + \overline{CD}(\overline{A} + \overline{B})$。
根据该逻辑画出其梯形图，如图 10-40 所示。

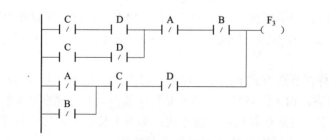

图 10-40　红灯控制梯形图

3) 完善梯形图控制程序。

梯形图控制程序如图 10-41 所示。在红灯控制程序的过程中，常开触点 SM0.5 是特殊存储器的标志位，用来产生秒脉冲，实现红灯闪烁。

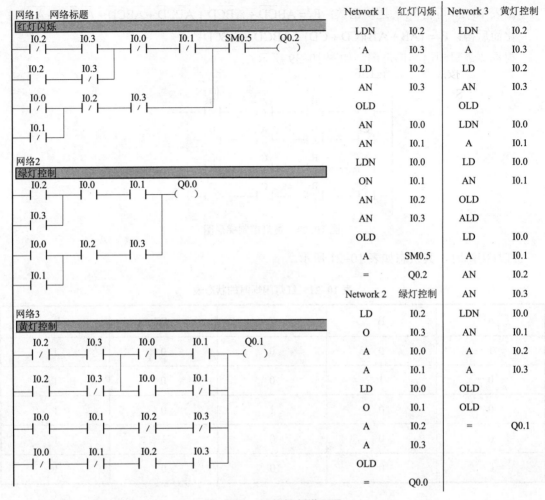

图 10-41 风机控制梯形图

10.7 S7-200 系列 PLC 编程软件概述

S7-200 系列 PLC 的编程软件是 STEP7-Micro/WIN。该软件可以在 Windows 平台编制用户应用程序,并可支持梯形图、功能块图和指令表编程模式,便于用户选择。其主要功能有如下几方面:

1) 该程序支持在离线方式下创建、编辑和修改用户程序,并可以对程序进行编辑、编译、调试和系统组态,由于没有联机,其所有程序和参数都存储在计算机的存储器中。

2) 在线方式下,可通过联机通信的方式,实现上传和下载用户程序及组态数据,并可编辑和修改用户程序,也可以直接对 PLC 做各种操作。

3) 在编辑程序过程中进行语法检查,以防止用户在编程过程中出现语法错误和数据类型错误。

4) 设置 PLC 的工作方式和运行参数,并进行运行监控和强制操作等。

10.7.1 STEP7–Micro/WIN 编程软件的安装

第一步：关闭所有程序，双击安装文件 Setup.exe，开始安装。

第二步：按照安装程序上的提示完成安装。

1）运行 Setup.exe 程序，选择安装程序界面语言，使用默认的安装语言英语，如图 10–42 所示。

2）单击选择目标位置窗口的"Browse"按钮，可以选择软件安装的目标文件夹，如图 10–43 所示。

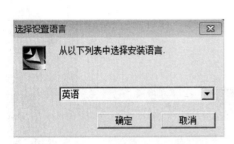

图 10–42 选择安装程序语言

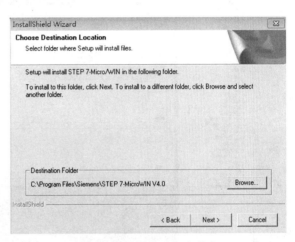

图 10–43 选择目标文件夹

3）在安装过程中，出现"Set PG/PC Interface"对话框，单击"OK"按钮，如图 10–44 所示。

4）安装成功后，打开编程软件，执行菜单命令"Tools"→"Options"，单击左边窗口的 "General"，在"General"选项卡中，选择"Language"为"Chinese"，如图 10–45 所示。退出后再进入软件时，界面就可变为中文的。

图 10–44 "Set PG/PC Interface"对话框

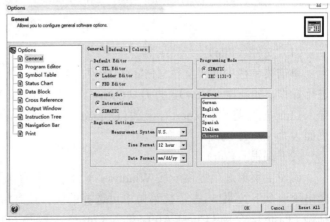

图 10–45 改变界面语言

10.7.2 STEP7–Micro/WIN 窗口组件

STEP7–Micro/WIN 的窗口如图 10–46 所示。一般可将其分为以下几部分：菜单栏（含有 8 个主菜单选项）、工具条（快捷按钮）、浏览条（快捷键操作窗口）、指令树、输出窗口和用户窗口等。

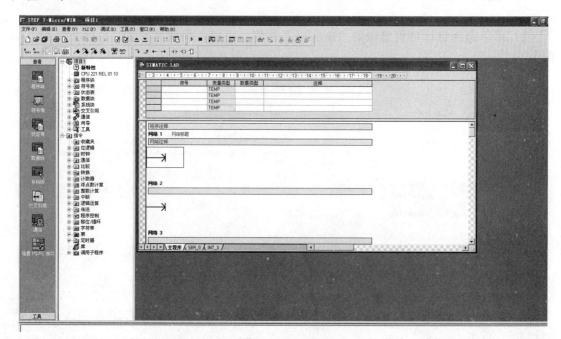

图 10–46 窗口组件

1. 菜单栏

主菜单有 8 个选项，分别是编程菜单文件、编辑、查看、PLC（可编程序控制器）、调试、工具、窗口和帮助选项，如图 10–47 所示。

图 10–47 菜单栏

（1）文件（File）

单击菜单栏中的"文件（File）"选项，会出现一个下拉菜单。在下拉菜单中可分别选择进行操作，如新建（New）、打开（Open）、关闭（Close）、保存（Save）、另存为（Save As）、导入（Import）、导出（Export）、上载（Upload）、下载（Download）、打印（Print）、预览（Preview）、页面设置（Page Setup）等命令。

（2）编辑（Edit）

编辑主菜单选项提供一般 Windows 平台下的程序编辑工具。单击菜单栏中的编辑选项，会出现一个下拉菜单。在下拉菜单中可选择的操作项有撤销（Undo）、剪切（Cut）、复制（Copy）、粘贴（Paste）、全选（Check All）、插入（Insert）、删除（Delete）、查找（Find）、替换（Replace）和转到（Go To）等。

第 10 章 PLC 应用基础

（3）查看（View）

查看主菜单选项用于设置 STEP7–Micro/WIN32 的开发环境以及打开和关闭其他辅助窗口。单击菜单栏中的"查看"选项，会出现一个下拉菜单。在下拉菜单中可选择的操作项有编程语言的选择（包括 STL、梯形图、FBD）、组件（包括程序编辑器、符号表、状态表、数据块、系统块、交叉引用等）、符号寻址、符号表、符号信息表、POP 注释、网络注释、工具（包括标准、调试、公用、指令）、框架（包括浏览条、指令树、输出窗口）和书签等。

（4）PLC（可编程序控制器）

PLC 选项用于进行与 PLC 联机时的操作。单击菜单栏中的"PLC"选项，会出现一个下拉菜单。在下拉菜单中可选择的操作项有通过编程软件设置 PLC 的工作模式（包括 RUN 模式、STOP 模式）、检查语法错误的选项（包括编译、全部编译）、查看 PLC 的信息、PLC 的通信设置、清除用户程序和数据、进行在线编译、程序比较等功能选项。

（5）调试（Debug）

单击菜单栏中的"调试"选项，会出现一个下拉菜单。在下拉菜单中可选择的操作项有多次扫描（Multiple Scans）、首次扫描（First Scans）、程序状态监控（Program Status）、触发暂停（Triggred Pause）、用程序状态模拟运行条件（读取、强制、取消强制和全部取消强制）等功能。调试时可以指定 PLC 对程序执行有限次数扫描（从 1～65 535 次扫描）。通过选择 PLC 运行的扫描次数，可以在程序改变过程变量时对其进行监控。

首次扫描：PLC 从 STOP 方式进入 RUN 方式，执行一次扫描后，回到 STOP 方式，可以观察首次扫描后的状态。PLC 必须位于 STOP（停止）模式，通过菜单"调试→首次扫描"命令操作。

（6）工具（Tools）

在工具主菜单选项中，可以调用复杂的指令向导，包括 PID 指令、NETR/NETW 指令和 HSC 指令，安装文本显示器 TD200，设置用户界面风格，在"选项"子菜单中也可以设置程序编辑器的风格，如字体大小和功能框的大小。

（7）窗口（Window）

窗口选项中可以打开一个或多个窗口，并可进行窗口之间的切换，也可以设置窗口的排放形式，选择窗口的查看方式有三种：层叠窗口、横向平铺、纵向平铺。

（8）帮助（Help）

通过帮助菜单上的目录和索引项，可以查阅几乎所有相关的使用帮助信息。

2. 工具条

编程软件可提供简便的操作，并将最常用的 STEP7–Micro/WIN 操作以按钮的形式设置到工具条中。可以通过"查看"找到"工具栏"选项，选择标准、调试、公用、指令等工具条，如图 10-48 所示。

图 10-48 工具条

3. 浏览条

浏览条提供由按钮控制的快速窗口切换功能，可通过菜单中的"查看"找到"框架"，选择"浏览条",可进行打开或关闭,如图 10-49(a)所示。浏览条包括"查看"和"工具"两个菜单下的快捷图标,单击图标可打开相应的对话框,也可通过菜单中的"查看"找到"组件"或通过"工具"打开对话框。"查看"浏览条组件包括程序块、符号表、状态表、数据块、系统块、交叉引用、通信和设置 PG/PC 接口共 8 个组件,如图 10-49(b)所示。一个完整的项目(Project)文件通常包括前 6 个组件。"工具"引导条包括指令向导、文本显示向导、EM253 控制面板等组件。

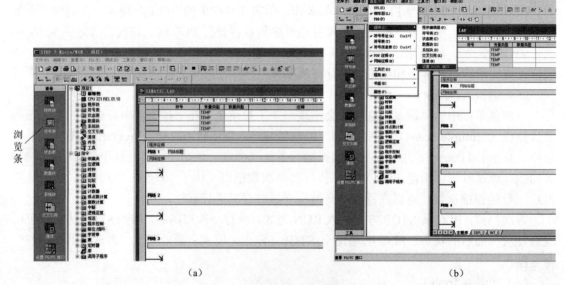

图 10-49 浏览条及浏览条组件
(a)浏览条;(b)浏览条组件

4. 指令树

指令树提供编程时用到的所有快捷操作命令和 PLC 指令,可用"查看"找到"框架→指令树"将其打开,如图 10-50(a)所示。指令树提供所有项目对象以及为当前程序编辑器(LAD、FBD 或 STL)提供的所有指令的树形视图,如图 10-50(b)所示。

5. 输出窗口

输出窗口用来显示程序编译的结果信息,如程序的各块(主程序、子程序的数量及子程序号、中断程序的数量及中断程序号)及各块的大小、编译结果有无错误及错误编码和位置等。当输出窗口列出错误程序时,可双击错误信息,则会在程序编辑器窗口中显示出发生错误的网络段。修正程序后,执行新的编译,更新输出窗口。执行菜单命令"查看"→"框架"→"输出窗口",可使输出窗口在打开(可见)和关闭(隐藏)之间切换,如图 10-51 所示。

6. 状态栏

状态栏用来显示软件执行状态的信息。编辑程序时,用来显示当前网络号、行号、列号;运行时,用来显示运行状态、通信波特率、远程地址等。如果正在进行的操作需要很长时间才能完成,状态栏则会显示进展信息。状态栏提供操作说明和进展指示,如图 10-52 所示。

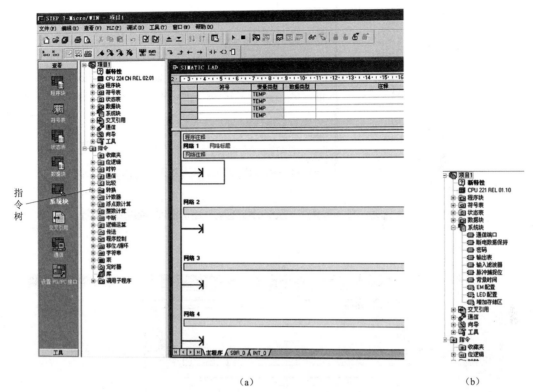

图 10–50 指令树与树形视图

(a) 指令树；(b) 指令树树形视图

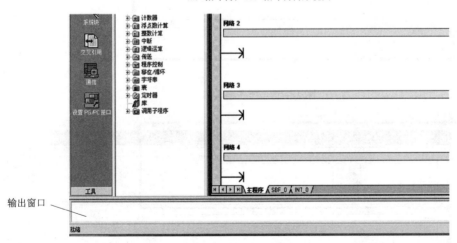

图 10–51 输出窗口

7. 程序编辑器

程序编辑器中可用梯形图、指令表或功能图表编辑器来编写用户程序，或在联机状态下从 PLC 上载用户程序进行程序的编辑或修改，如图 10–53 所示。

8. 局部变量表

局部变量表包含用户对局部变量所作的赋值（即子程序和中断例行程序使用的变量），如图 10–54 所示。

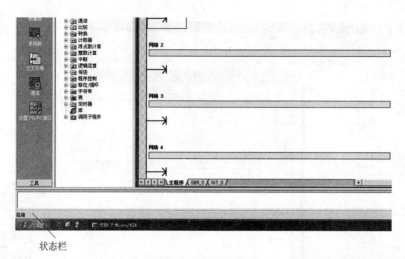

图 10-52 状态栏

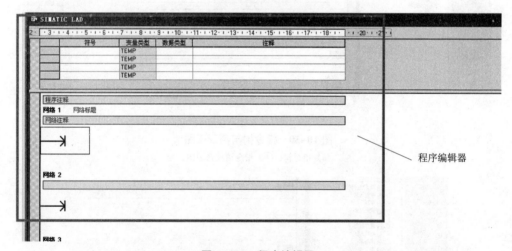

图 10-53 程序编辑器

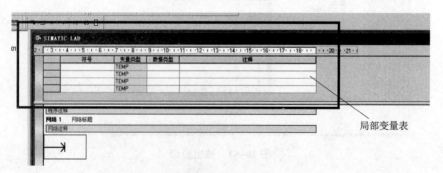

图 10-54 局部变量表

10.7.3 STEP7–Micro/WIN 编程软件的应用

1. 程序编辑

进入编程软件界面，通过新建程序、打开程序或下载程序来编辑程序。

2. 写入程序

通过梯形图、指令表（语句表），并根据任务要求编写程序。

3. 编译程序

用"编译"或"全部编译"按钮编译程序，输出窗口会显示出错误和警告信息。下载之前可自动对程序进行编译。用户程序编译后的结果会在显示器下方的输出窗口显示出来。如图 10–55 所示，在输出窗口将明确指出错误的网络段，用户可以根据错误提示对程序进行修改，然后再进行编译，直到无错误为止；否则不能执行下载命令。

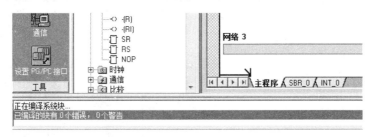

图 10–55 输出窗口显示编译结果

4. 建立 S7–200 PLC 与计算机的连接

设置 PLC 通信端口、计算机通信端口、连接通信电缆、设置系统参数。

5. 程序的下载

将程序传送到 PLC，并运行监控程序。

6. 程序的调试

针对运行过程中存在的问题对程序进行调试。

10.7.4 S7–200 PLC 的通信设置

1. S7–200 PLC 与 PC 的通信建立

可以采用 PC/PPI 电缆建立 PC 与 PLC 之间的通信，如图 10–56 所示。PC/PPI 电缆的两端分别为 RS–232C 和 RS–485 接口。RS–232C 端连接到个人计算机的 RS–232C 通信端口 COM1 或 COM2 上，RS–485 端接到 S7–200 PLC 的通信端口上。PC/PPI 电缆中间有通信模块，模块外部设有波特率设置开关，有 5 种支持 PPI 协议的波特率可供选择，分别为 1.2 kb/s、2.4 kb/s、9.6 kb/s、19.2 kb/s、38.4 kb/s。其中，系统默认值为 9.6 kb/s。PC/PPI 电缆波特率设置开关（DIP 开关）的位置应与软件系统设置的通信波特率相一致。

 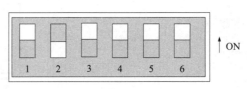

图 10–56 PC/PPI 电缆及 DIP 开关

2. 通信参数的设置

1）双击打开 STEP7–Micro/WIN 编程软件，单击浏览条中的"通信"图标，则会弹出"通信"对话框,如图 10-57 所示。

对话框右侧显示计算机将通过 PC/PPI 电缆尝试与 CPU 进行通信,左侧显示本地编程计算机的通信地址是 0,默认的远程 CPU 端口地址为 2。

2)在该对话框中双击 PC/PPI 电缆的图标,将会弹出"设置 PG/PC 接口"对话框,如图 10-58 所示。单击 PC/PPI 电缆右边的"属性"按钮,可以设置 PC/PPI 电缆连接参数。

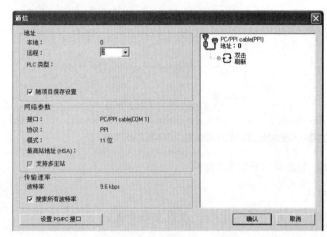 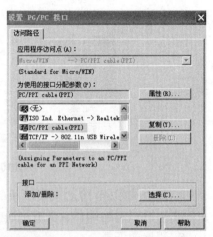

图 10-57 "通信"对话框　　　　　　　图 10-58 "设置 PG/PC 接口"对话框

3)单击"属性"窗口中的"Properties"按钮,在"接口属性"对话框中,检查各参数的属性是否正确,可使用默认的通信参数,其方法是在 PC/PPI 性能设置的窗口中单击"Default"按钮,即可获得默认的参数。其默认站地址为 2,波特率为 9.6 kb/s,如图 10-59 所示。

4)在本地连接选项卡中,选择实际编程计算机的通信口 COM1,如图 10-60 所示。

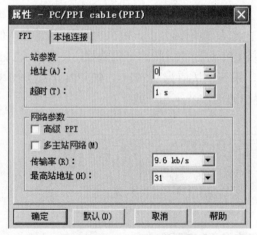 

图 10-59 设置相关参数　　　　　　　图 10-60 选择编程计算机的通信口

5)单击"确定"按钮,回到"通信"对话框,在双击"刷新"命令。执行"刷新"命令后,将显示通信设备上连接的设备,如图 10-61 所示。

3. 建立在线连接

在 STEP7–Micro/WIN 运行时单击"通信"图标，将会弹出"通信"对话框，该对话框中将显示是否连接 CPU。双击对话框中的"双击刷新"图标，STEP7–Micro/WIN 编程软件将自动检查连接的所有 S7–200 CPU 站，并在"PLC 信息"对话框中显示已建立起连接的每个站的 CPU 图标、CPU 型号和站地址，如图 10–62 所示。双击要进行通信的站，弹出"通信建立"对话框，对话框中将显示所选的通信参数。PLC 的通信连接如图 10–63 所示。

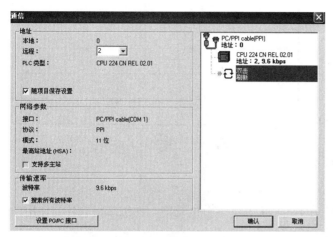

图 10–61 显示连接设备的"通信"对话框　　图 10–62 "PLC 信息"对话框（CPU 信息）

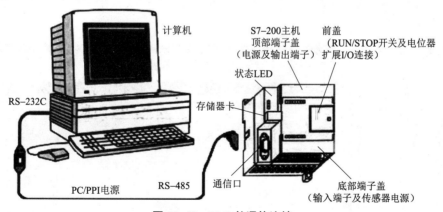

图 10–63 PLC 的通信连接

10.8 实训项目

10.8.1 PLC 认识实训

1. 实训任务

熟悉西门子 S7–200 PLC 的基本组成及其外部端子的功能、连接方法。

2. 实训设备

CPU 224 AC/DC/Relay（继电器）型 PLC 及配套装置，如图 10-64 所示。

3. 实训记录

明确器件各组成部分的名称及作用，并填入表 10-22 中。

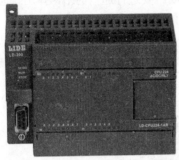

图 10-64 西门子 S7-200 系列 CPU 224 型 PLC

表 10-22 PLC 各组成部分的名称及作用

序号	各组成部分的名称	作　用
1		
2		
3		
4		
5		

10.8.2 PLC 编程软件使用实训

1. 实训任务

熟悉 PLC 编程软件 STEP7-Micro/WIN 的界面及各部分的功能，熟练掌握软件的使用方法，并能够使用基本指令编写简单程序。

2. 实训设备

装有 STEP7-Micro/WIN 软件的计算机、S7-200 PLC 及其配套装置，其软件界面如图 10-65 所示。

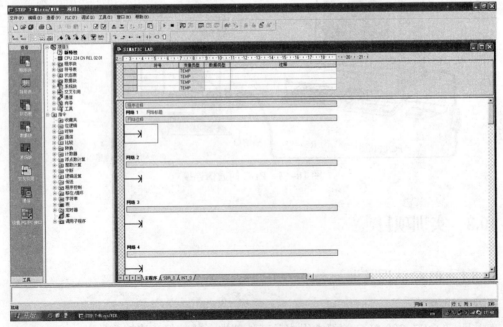

图 10-65 STEP7-Micro/WIN 软件界面

3. 实训记录

1) 明确下列各指令的名称及作用，并填入表 10–23 中。

表 10–23　PLC 基本编程指令的名称及作用

序号	符　　号	基本编程指令名称	作　　用
1	─┤ bit ├─		
2	─┤ bit /├─		
3	───(bit)		
4	───(bit S N)		
5	───(bit R N)		
6	─┤ P ├─		
7	─┤ N ├─		
8	─┤ NOT ├─		
9	── N NOP ──		
10	IN　TON / PT		
11	IN　TOF / PT		
12	IN　TONR / PT		

续表

序号	符　号	基本编程指令名称	作　用
13	CU　CTU R PV		
14	CD　CTD LD PV		
15	CU　CTUD CD R PV		

2）根据图 10-66，在编程软件上编写梯形图，并写出其指令表。

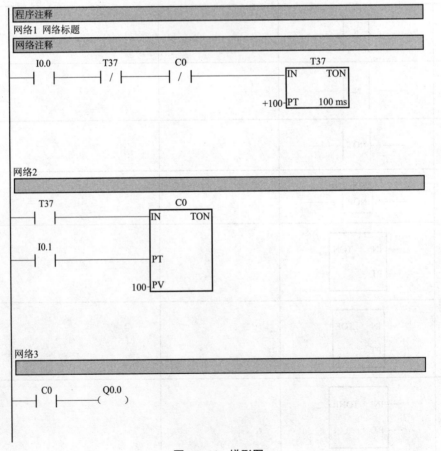

图 10-66　梯形图

10.8.3 电动机点动控制线路编程实训

1. 实训任务

应用西门子 S7–200 PLC 设计并实现电动机的点动控制，使得按下"启动"按钮时，电动机转动；松开按钮时，电动机停止运行。

电动机点动控制线路如图 10–67 所示。

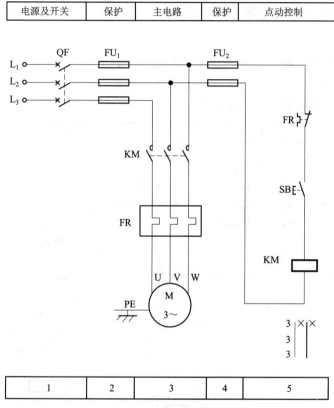

图 10–67 电动机点动控制线路

2. 实训内容

1）根据图 10–67 所示，设计电动机点动运行 PLC 的 I/O 分配表，如表 10–24 所示。

表 10–24 输入/输出端子分配表

输入设备			输出设备		
输入继电器	输入元件	作用	输出继电器	输出元件	作用

2）绘制电动机的电动控制 PLC 外部控制接线端子。

3）编写其梯形图及指令表。

3. 注意事项

电路工作过程：

（1）启动

按下按钮 SB，交流接触器线圈 KM 得电，主触点闭合，电动机开始运行。

（2）停止

松开按钮 SB，交流接触器线圈 KM 断电，主触点断开，电动机停止运行。

10.8.4 电动机连续控制线路编程实训

1. 实训任务

应用西门子 S7–200 PLC 设计并实现电动机的连续控制，使得按下"启动"按钮时，电动机连续转动；按下"停止"按钮时，电动机停止运行。

电动机连续控制线路如图 10–68 所示。

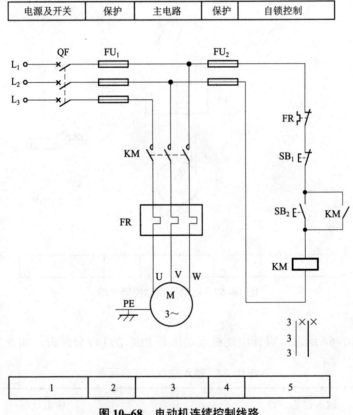

图 10–68　电动机连续控制线路

2. 实训内容

1）根据图 10–68，设计电动机连续运行 PLC 的 I/O 分配表，如表 10–24 所示。

2）绘制电动机的连续控制 PLC 外部控制接线端子。

3）编写其梯形图及指令表。

3. 注意事项

电路工作过程：

（1）启动

按下按钮 SB_2，交流接触器线圈 KM 得电，主触点闭合，辅助常开触点闭合，实现自锁，电动机开始连续运行。

（2）停止

按下按钮 SB_1，交流接触器线圈 KM 断电，主触点断开，辅助常开触点断开，电动机停止运行。

10.8.5 电动机正、反转控制线路编程实训

1. 实训任务

应用西门子 S7-200 PLC 设计并实现电动机的正反转控制线路，使得按下"正转"按钮时，电动机正向连续转动，直至按下"停止"按钮；按下"反转"按钮时，电动机反向连续转动，直至按下"停止"按钮。

电动机正、反转控制线路如图 10-69 所示。

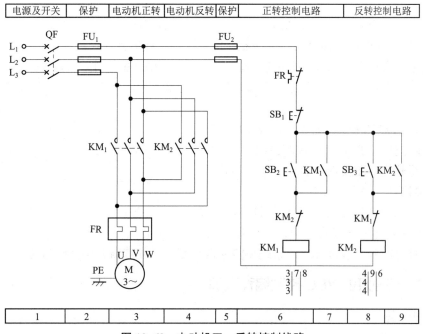

图 10-69 电动机正、反转控制线路

2. 实训内容

1）根据图 10-69，设计电动机正、反转运行 PLC 的 I/O 分配表，如表 10-24 所示。
2）绘制电动机的正、反转控制 PLC 外部控制接线端子。
3）编写其梯形图及指令表。

3. 注意事项

KM_1 和 KM_2 的常开触点不能同时吸合，否则会导致主电路短路，造成事故。因此，在进行编程时要保证 KM_1 与 KM_2 不同时通电，即 Q0.0 与 Q0.1 不能在同一时刻输出高电平。

电路工作过程：

（1）正转启动

按下按钮 SB_2，交流接触器线圈 KM_1 得电，主触点闭合，辅助常开触点闭合，实现自锁，电动机开始连续正转。正转运行时，由于辅助常闭触点断开，交流接触器线圈 KM_2 不能得电，因此，电动机不能反转运行，实现了正、反转控制互锁。

（2）停止

按下按钮 SB_1，交流接触器线圈 KM_1 断电，主触点断开，辅助常开触点断开，电动机停止运行，此时可以开始反转。

（3）反转启动

按下按钮 SB_3，交流接触器线圈 KM_2 得电，主触点闭合，辅助常开触点闭合，实现自锁，电动机开始连续反转。反转运行时，由于辅助常闭触点断开，交流接触器线圈 KM_1 不能得电，因此，电动机不能正转运行，实现了正、反转控制互锁。

10.8.6 抢答器的 PLC 控制编程实训

1. 实训任务

1）参赛者共分为 3 组，每组桌上设有一个抢答器按钮。当主持人按下"总抢答"按钮后，参赛者在 10 s 内按下桌上的"抢答器"按钮有效，且指示灯亮。

2）当主持人按下"总抢答"按钮后，若 10 s 内无人抢答，则撤销抢答指示灯亮。

3）当主持人再次按下"总抢答"按钮后，所有抢答指示灯灭。

2. 实训内容

1）设计 PLC 的 I/O 分配表，如表 10–24 所示。

2）绘制抢答器 PLC 外部控制接线端子。

3）编写其梯形图及指令表。

3. 注意事项

1）闭合总转换开关 SA，允许抢答指示灯亮。开始计时，10 s 内抢答有效。

2）3 个小组之间应设置互锁，防止有 2 组及以上同时回答问题。

3）计时时间到无人抢答时，系统要能够自动复位，并重新开始计时抢答。

10.8.7 交通灯的 PLC 控制编程实训

1. 实训任务

研究十字路口交通信号灯 PLC 控制系统的设计。图 10–70 所示为十字路口交通信号灯示意图。在十字路口的东、西、南、北方向分别装设红、绿、黄灯，信号灯统一受一个"启动"按钮 SA 控制。接通时，信号灯系统开始工作，且先南北方向红灯亮，东西方向绿灯亮。当"启动"按钮关断时，所有信号灯都熄灭。

南北方向红灯亮维持 25 s，在南北方向红灯亮的同时东西方向绿灯也亮，并维持

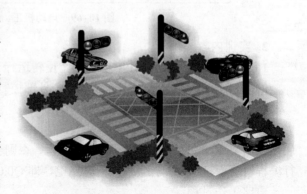

图 10–70 十字路口交通信号灯示意图

20 s。到 20 s 时，东西方向绿灯闪亮，闪亮 3 s 后熄灭；在东西方向绿灯熄灭时，东西方向黄灯亮，并维持 2 s。到 2 s 时，东西方向黄灯熄灭，东西方向红灯亮；同时，南北方向红灯熄灭，绿灯亮。

东西方向红灯亮维持 30 s。南北方向绿灯亮维持 25 s，然后闪亮 3 s 后熄灭；同时南北方向黄灯亮，维持 2 s 后熄灭。这时南北方向红灯又亮，东西方向绿灯也同时亮，如此周而复始。

2. 实训内容

1）设计 PLC 的 I/O 分配表，如表 10–24 所示。
2）绘制交通灯 PLC 外部控制接线端子图。
3）编写其梯形图及指令表。
4）画出信号灯的时序图。

3. 注意事项

应用西门子 S7–200 PLC 设计并实现交通灯控制是一个时间控制的问题，只要按照任务要求，画出时序图，通过分析便可以知道信号灯工作状态变化的切换点。

交通灯工作顺序及定时器分配如表 10–25 所示。

表 10–25　交通灯工作顺序表

顺序	定时器	时间/s	工作状态	
1	T37	20	东西方向绿灯亮	南北方向红灯亮
2	T38	3	东西方向绿灯闪	
3	T39	2	东西方向黄灯亮	
4	T40	25	南北方向绿灯亮	东西方向红灯亮
5	T41	3	南北方向绿灯闪	
6	T42	2	南北方向黄灯亮	

课 后 习 题

10–1　简述 PLC 的 3 种分类方式。
10–2　简述 PLC 的应用领域。
10–3　简述 PLC 的硬件组成。
10–4　PLC 的编程语言有哪些？
10–5　简述 PLC 的工作原理和工作过程。
10–6　S7–200 PLC 的寻址方式有哪些？
10–7　简述 PLC 控制系统设计的基本原则。
10–8　简述 PLC 控制系统设计的基本步骤。
10–9　PLC 控制系统的设计方法有哪些？
10–10　应用 S7–200 PLC 设计电动机异地的控制系统并编写程序（Q0.0 为驱动电动机的

交流接触器，I0.0、I0.1 为启动按钮，I0.2、I0.3 为停止按钮）。

10–11　应用 S7–200 PLC 设计电动机正、反转控制系统并编写程序，要求具有启动、停止，正、反转连续运转互锁，正、反转点动功能（Q0.0、Q0.1 分别为电动机正转、反转交流接触器，I0.0～I0.3 为启动按钮，I0.4 为停止按钮）。

第 11 章 变频器及其应用

【内容提要】

变频器是由计算机控制大功率开关器件将工频交流电变为电压、频率可调的三相交流电的电气设备，用以驱动交流电动机进行变频调速。变频调速具有极大的优越性，其整个调速系统体积和质量小、控制精度高、保护功能完善、工作安全可靠、操作过程简便、通用性强，并能使传动控制系统具有很多优良的性能。变频器作为传动控制系统中主要的电气设备，通过对电动机的调速控制，从而达到节能、提高工作效率、实现自动控制的目的，因此，它在生产中得到了快速的发展和广泛的应用。

11.1 电动机调速基础

11.1.1 三相异步电动机的机械特性

1. 电动机拖动系统

工业企业中的各种生产机械在完成生产的过程中，普遍采用各种类型的电动机来拖动生产机械。这种以电动机为动力拖动生产机械的拖动方式叫作电力拖动，或电动机拖动、电气传动等。电力拖动系统一般由电动机、传动机构、生产机械、控制设备和电源等基本环节组成，如图 11-1 所示。

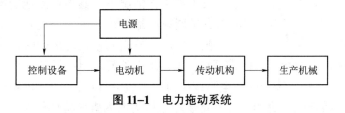

图 11-1 电力拖动系统

电动机是一个机电能量转换元件，它把从电源输入的电能转换为生产机械所需要的机械能。

传动机构则是用以传递动力，实现速度和运动方式变换的机构。不同的传动方式，其使用场合不同、传动效率不同、工作原理也不同。

生产机械作为电动机的负载，靠传动机构将电动机轴上输出的机械功率传递给工作机构，它是实现电力拖动能量传递的主体对象。

控制设备的主要作用是应用电力电子技术和计算机控制技术，从对电动机的控制入手，实现对生产机械运行特性的控制。

电力拖动系统与其他形式的拖动系统相比，具有很多突出的优点：

1）电力拖动效率高，且电动机与被拖动的生产机械连接简便，由电动机拖动的生产机械可以采用集中传动、单独传动、多电动机传动等方式。

2）电动机的种类和型号繁多，不同类型的电动机具有不同的运行特性，可以满足不同类型生产机械的要求。

3）电力拖动具有良好的调速性能，其启动、制动、反向和调速等控制简便，快速性好，易于实现完善的保护措施。

4）电力拖动装置参数的检测、信号的变换与传送都比较方便，易于组成完善的反馈控制系统，易于实现最优控制。

5）可以实现远距离测量和控制、便于集中管理，便于实现局部生产自动化乃至整个生产过程的自动化。

异步电动机主要用作电动机，是目前生产、生活中应用最广泛的一种电动机。据统计，在供电系统的动力负载中，约有85%是由异步电动机驱动的。异步电动机具有结构简单、制造方便、坚固耐用、运行可靠、价格低廉、检修维护方便等一系列优点；它还具有较高的运行效率和令人满意的工作特性，能满足各行各业大多数生产机械的传动要求。但异步电动机的启动和调速性能较差；且其需从电网吸收无功功率以建立磁场，从而使电网的功率因数下降。三相异步电动机广泛应用在各种拖动系统中。单相异步电动机由单相电源供电，使用方便，广泛应用于家电、电动工具、医疗器械中。与同等容量的三相异步电动机相比，单相异步电动机的体积大、运行性能较差，所以单相电动机只做成小容量的电动机。

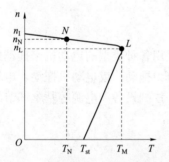

图 11-2 三相异步电动机的机械特性

2. 三相异步电动机的机械特性

三相异步电动机工作在额定电压时，其电动机的电磁转矩 T 与转子转速 n 之间的关系，称为电动机的机械特性，如图 11-2 所示。

当三相异步电动机工作在 U_N 和 f_N 下时，由电动机本身固有的参数所决定的机械特性称为电动机的固有机械特性。在正常工作情况下，其与直流他励电动机一样，二者的固有机械特性都是硬特性。

在分析电动机拖动系统的运行时，常利用人为机械来进行分析。由机械特性的参数表达式可知，人为地改变异步电动机的任何一个参数（U_1、f_1、p、定子回路电阻或电抗、转子回路电阻或电抗等），都可以得到不同的机械特性，这些机械特性统称为人为机械特性。例如，降低定子端电压的人为机械特性如图 11-3（a）所示，转子回路串对称电阻的人为机械特性如图 11-3（b）所示。

11.1.2 三相异步电动机的启动

电动机从静止状态加速到某一个转速并稳定运行的过程称为启动。异步电动机启动时存在两个问题：一是其启动电流大，导致母线电压降大，因而影响同一供电电网上的其他用电设备的正常运行；二是其启动转矩不大，如带较重负载时，启动较困难，即使能启动，启动

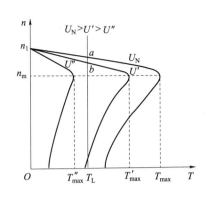 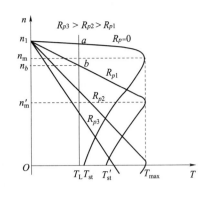

图 11–3 人为机械特性
(a) 降压人为机械特性；(b) 串电阻人为机械特性

时间也会较长，对电动机不利。对电动机启动的一般要求为：启动电流小，启动转矩大，且在启动过程中电动机的转速平稳上升；启动时间短，设备简单，投资少；启动时的能量损耗小。

三相笼型异步电动机有全压启动和降压启动两种方法。

1. 全压启动

全压启动是通过开关和接触器把异步电动机直接接到额定电压的交流电网上进行启动，又叫直接启动。全压启动时，启动电流大，对电动机本身及其所连接的电力系统都有可能产生不利影响。笼型异步电动机的启动时间不长，一般不会烧坏电动机，此时，主要考虑过大的启动电流产生的电压降对同一电网上其他设备的影响。也就是说，全压启动方法的使用受供电变压器容量的限制。供电变压器容量越大，启动电流在供电回路中引起的电压降越小。

一般来说，只要全压启动电流在电网中引起的电压降不超过（10%～15%）额定电压，就可以采用全压启动的方式。全压启动方式的优点是操作简单，启动设备的投资和维修费用小，所以，只要在可能的情况下应优先采用此种方式。在发电厂中，由于供电容量大，一般都采用全压启动方式。如果供电变压器容量不够大，则应采用降压启动方式。

2. 降压启动

降压启动是使电动机启动时定子绕组上所加的电压低于额定电压，从而减小启动电流的方式。降压启动在减小启动电流的同时，启动转矩也会减小，因此，降压启动适用于对启动转矩要求不高的场合，如空载或轻载启动。下面介绍三种常用的降压启动方法。

（1）定子回路串电抗器降压启动

三相异步电动机启动时，在定子回路中串入电抗器，电抗器对电源电压起分压作用，则电动机定子绕组上所加的电压降低，所以启动电流减小。待启动完毕时，切除电抗器，电动机投入正常运行。采用这种方法启动时，虽然启动电流减小，但启动转矩按电压的平方关系下降，因而，其启动转矩下降更多，启动特性不是很好，所以在生产中很少使用这种方法。

（2）Y-△降压启动

Y-△降压启动是用改变电动机定子绕组接法来实现降压启动的方法。启动时，将定子三相绕组连接成星形接到额定电压的电源上，启动后再将其改接为三角形连接并正常运行，称为 Y-△启动。显然，这种方法只适用于正常运行时定子绕组为三角形接法的电动机。

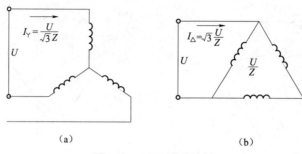

图 11-4　Y-△降压启动
(a) 定子绕组的星形接法；(b) 定子绕组的三角形接法

$$\frac{I_{\text{Yst}}}{I_{\triangle\text{st}}} = \frac{\frac{U}{\sqrt{3}Z}}{\frac{\sqrt{3}U}{Z}} = \frac{1}{3} \tag{11-1}$$

$$I_{\text{Yst}} = \frac{1}{3}I_{\triangle\text{st}} = \frac{1}{3}I_{\text{st}} \tag{11-2}$$

由式（11-1）、式（11-2）可知，利用 Y-△ 接法启动时，其启动电流减小为全压启动时电流值的 1/3。但是其启动转矩与电压的平方成正比，所以启动转矩也减小为全压启动时的 1/3。

（3）自耦变压器降压启动

自耦变压器降压启动时，其一次侧接电源，二次侧降低的电压接电动机定子绕组，启动前先将开关合向启动位置，待电动机转速接近额定转速时，迅速把开关切换到运行位置，此时自耦变压器被切除（脱离电源），电动机直接与电网相连。

3. 软启动

近年来，由于电力电子技术的不断发展，工业中开始采用软启动技术来取代传统的启动方法。常用的软启动是把三对反并联的晶闸管串接在异步电动机定子的三相电路中，通过改变晶闸管的导通角来调节定子绕组的电压，使其按照设定的规律变化，从而实现软启动。

软启动器是一种采用数字控制的无触点降压启动控制装置。它可以根据负载情况和生产要求灵活地设定电动机软启动的方式及启动电流的曲线，从而有效地控制启动电流和启动转矩，使电动机启动平稳，对电网冲击小，且启动功耗小。软启动比传统降压启动有更好的启动控制性能，因此，它在无调速要求的电力传动系统中的应用逐渐增多。

11.1.3　三相异步电动机的制动

在拖动系统中，有时需要快速停车、减速或定时定点停车，这时需要在电动机转轴上施加一个与转向相反的转矩，即进行制动。制动可分为机械制动和电气制动。机械制动是由机械方式（如制动闸）施加制动；电气制动是使电动机的电磁转矩方向与转速方向反向，迫使电动机减速或停止转动。下面主要讨论电气制动方式。

1. 能耗制动

能耗制动是指在异步电动机运行时，把定子从交流电源断开，同时在定子绕组中通入直流电流，产生一个在空间中不动的静止磁场，此时转子由于惯性作用仍按原来的转向转动，运动的转子导体切割恒定磁场，并在其中产生感应电动势和电流，从而产生电磁转矩，此转矩与转子由于惯性作用而产生方向相反的旋转，所以电磁转矩起制动作用，迫使转子停下来。

采用能耗制动时，储存在转子中的动能转变为转子铜耗，以达到迅速停车的目的，所以这种方式称为能耗制动。

2. 回馈制动

异步电动机运行时，若使其转速超过同步转速，则其电磁转矩和转速的方向相反，成为制动转矩，电动机转速减慢，此时异步电动机由电动状态变为发电状态运行。电动机有功电流的方向也相反，电磁功率为负，电动机将电能回馈到电网，所以回馈制动也称为再生制动。

3. 反接制动

异步电动机运行时，使其电磁转矩和转速方向相反，成为制动转矩，导致电动机停车的制动方法称为反接制动。

（1）电源反接制动（反接正转）

异步电动机运行时，如果改变其定子电流的相序，使电动机气隙磁场旋转的方向反向，使感应在转子中的感应电动势和电流反向，由于转子的惯性作用，转子的转向不变，所以由转子电流产生的电磁转矩方向与转子的转向相反，电动机处于反接制动状态，使转速迅速降低。当转速降为零时，为避免电动机反向运行，需要及时切断电源。

（2）倒拉反接制动（正接反转）

这种制动是由外力使电动机转子的转向改变，而电源相序不变，这时电磁转矩方向不变，但其与转子实际的转向相反，所以电磁转矩为制动转矩，能使转子减速。这种方式主要用于以绕线式异步电动机为动力的起重机械拖动系统。

11.1.4 三相异步电动机的调速

当三相电动机定子绕组通入三相交流电后，电子绕组会产生旋转磁场，旋转磁场的转速 n_0 与交流电源的频率 f_1 和电动机的磁极对数 p 有如下关系：

$$n_0 = \frac{60 f_1}{p} \tag{11-3}$$

电动机转子的旋转速度略低于旋转磁场的旋转速度 n_0（又称同步转速），两者的转速差称为转差率 s，此时，电动机的转速 n 为：

$$n = (1-s)n_0 = (1-s)\frac{60 f_1}{p} \tag{11-4}$$

由式（11-4）可知，若要改变电动机的转速 n，有三种方法，即变极调速、改变转差率调速、变频调速。

目前，常见的调速方式主要有串级调速、降压调速、转子串电阻调速、变极调速、变频调速，其中前三者均属于变转差率调速方式。转差率是异步电动机运行时的一个重要物理量，异步电动机运行时，s 的取值范围为 $0<s<1$。异步电动机在额定负载条件下运行时，一般额定转差率 s_N 取 0.01～0.06。

1. 变极调速

变极调速是通过改变定子绕组的极对数来改变旋转磁场的同步转速进行调速的，是无附加转差损耗的高效调速方式。变极调速在每一个转速等级下都具有较硬的机械特性，且稳定性好，控制线路简单，容易维护。其缺点是只能有级调速，调速平滑性差，从而限制了它的使用范围。

2. 降压调速

降压调速是用改变定子电压实现调速的方法来改变电动机的转速，调速过程中它的转差功率以发热的形式损耗在转子绕组中，属于低效调速方式。

降压调速控制设备比较简单，可无级调速，初始投资低，使用维护比较方便。其缺点是机械特性软，调速范围窄，调速效率比较低。它适用于调速要求不宽，且较长时间在高速区运行的中小容量的异步电动机。

3. 转子串电阻调速

转子串电阻调速是在电动机的转子回路中串入不同阻值的电阻，通过人为地改变转子电流从而改变电动机转速的方法。转子串电阻调速设备简单，维护方便，控制方法简单，易于实现。其缺点是只能有级调速，调速平滑性差，低速运行时的机械特性软，静差率大，且低速运行时的转差大，转子铜耗高，运行效率低。它适用于调速范围不太大和调速特性要求不高的场合。

4. 串级调速

串级调速是转子回路串电阻方式的改进，其基本工作方式也是通过改变转子回路的等效阻抗从而改变电动机的工作特性达到调速的目的。串级调速可以通过某种控制方式使转子回路的能量回馈到电网，从而提高效率；它还可以实现无级调速。其缺点是对电网干扰大，调速范围窄。

5. 变频调速

变频调速是通过改变异步电动机供电电源的频率 f_1 来实现无级调速的。从实现原理上考虑，变频调速是一个简捷的方法。从调速特性上看，变频调速的任何一个速度段的硬度均接近自然机械特性，因而调速特性好，如果能有一个可变频率的交流电源，则其可实现连续调速，且调速平滑性好，其变频调速的机械特性如图 11-5 所示。变频器就是一种可以实现变频、变压的变流电源的专业装置。

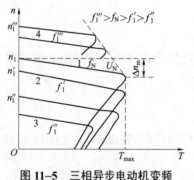

图 11-5 三相异步电动机变频调速的机械特性

（1）从基频向下调节

异步电动机的额定频率称为基频，变频调速时，可以从基频向下调节，也可以从基频向上调节。异步电动机正常运行时：

$$U_1 \approx E_1 = 4.44 f_1 N_1 k_{w1} \Phi_m \qquad (11-5)$$

从基频向下调节时，若电压不变，则主磁通将增大，使磁路过于饱和而导致励磁电流急剧增加、功率因数降低，因此在降低频率调速的同时，必须降低电源电压。

（2）从基频向上调节

由于电源电压不能高于电动机的额定电压，因此当频率从基频向上调节时，电动机的端电压只能保持为额定值。这样，频率越高，主磁通越低，最大转矩也越小。因此，从基频向上调节不适用于拖动恒转矩负载。

11.2 变频器基础

11.2.1 变频器概述

1. 变频器

变频器是由计算机控制电力电子器件，将工频交流电变为频率和电压可调的三相交流电的电气设备。图 11-6 所示为西门子变频器。变频器作为异步电动机的交流电源，其输出电压的大小和频率都可以连续调节，从而驱动交流电动机进行连续而平滑的变频调速。变频调速是以变频器向交流电动机供电，并构成开环或闭环系统，从而实现对交流电动机的宽范围内的无级调速。变频调速是目前效率最高、性能最好、应用最广的调速技术，它可以构成高动态性能的交流调速系统，从而取代直流调速系统，是交流调速的主要发展方向。

图 11-6　西门子变频器

2. 变频器的发展历程

（1）电力电子器件的发展

变频技术是在电力电子技术基础之上发展起来的。早期的变频器主电路由晶闸管等分立电子元件组成，可靠性差、频率低，而且输出电压和电流的波形是方波。随着 GTR 和 GTO 成为逆变器的功率器件，脉宽调制（PWM）技术也进入到应用阶段，这时的逆变电路已能够得到相当接近正弦波的输出电压和电流，与此同时，微处理器成为变频器的控制核心，按压频比（U/f）控制原理来实现异步电动机的变频调速，使其在工作性能上有了很大的提高。近年来，人们陆续研制出绝缘栅双极晶体管 IGBT 和性能更为完善的智能功率模块 IPM，使得变频器的容量和电压等级得到不断的扩大和提高。IGBT 和 IPM 是目前通用变频器中广泛使用的主流功率器件，由于其采用沟道型栅极技术、非穿通技术等方法大幅降低了集电极−射极之间的饱和电压，使得变频器的性能有了很大的提高。20 世纪 90 年代，市场上又出现了一种新型半导体开关器件——集成门极换流晶闸管（IGCT），该器件是 GTO 和 IGBT 结合的产物。

电力电子器件在变频器的主电路中起核心作用，它的性能优劣标志着变频器档次的高低，从某种意义上来说，变频器的发展过程正是电力电子器件发展过程的反映。变频器的发展刺激并调动了对电力电子器件的研究与发展，而电力电子器件的发展则进一步推动了变频器的发展及其水平的提高。

（2）微处理器与自动控制技术的发展

计算机科学技术的飞速发展使变频器的中央处理单元从采用 8 位微处理器迅速升级为 16 位乃至 32 位微处理器，使变频器的功能从单一的变频调速发展为包含算术、逻辑运算及智能控制的综合功能。自动控制技术的发展使变频器在改善压频比控制性能的同时，推出了能实现矢量控制、直接转矩控制、模糊控制和自适应控制等多种模式。现代的变频器已经内置参数辨识系统、PID 调节器、PLC 控制器和通信单元等，并可根据需要实现拖动不同负载、宽调速和伺服控制等多种功能。

（3）交流调速系统的推进

直流调速系统具有结构简单、调速平滑与调速性能好等优点。但直流电动机具有结构复杂、价格昂贵、维修工作量大、事故率高等特点，同时直流电动机的容量、电压、电流和转速的上限值均受到换向条件的制约，在一些大、特大容量的调速领域中无法应用。交流调速系统电动机的结构简单、工作可靠、价格低廉、限制较少，但其调速较困难，难以进行连续平滑地变频调速。变频器的问世正好解决了这一问题。

（4）PWM 控制技术的发展

PWM 控制技术一直是变频技术的核心之一。PWM 可以同时实现变频和变压，其在交流传动乃至其他能量交换系统中得到广泛应用。PWM 控制技术大致可以分为三类，即正弦 PWM、优化 PWM 和随机 PWM。正弦 PWM 已广为人知，正弦 PWM 因其具有改善输出电压和电流波形、降低电源系统谐波的多重 PWM 技术，在大功率变频器中具有独特的优势。优化 PWM 追求实现电路谐波畸变率（THD）最小、电压利用率最高、效率最优、转矩脉动最小及其他特定的优化目标。随机 PWM 的原理是随机改变开关的频率，使电动机的电磁噪声近似为限带白噪声，尽管噪声的总分贝数未变，但以固定开关频率为特征的有色噪声的强度大大减弱。目前，采用磁通矢量控制技术的变频器，其调速性能已达到直流电动机调速的水平。

目前，电力电子器件已进入到高电压大容量化、高频化、组件模块化、微小型化、智能化和低成本化的时代，随着电子信息技术与控制理论的不断发展，变频器技术正朝着网络智能化、专门化、一体化、安全可靠和小型化的方向发展。

3. 变频器的应用

随着新型的电力电子器件、大容量微处理器和先进的控制理论的发展，交流变频调速的综合性能已经赶上并在某些方面超过了直流调速，并已经上升为电气调速传动的主流。变频器调速系统的优点很多，例如，其输出功率可以连续调节，并可以实现电动机的无级提速；其功率因数高，利用效率高，节能效果显著；其稳压性能好，适用于输入电压一定的波动情况；其可调范围宽，能实现大范围调速，并能保证输出特性；它的启动、停止平稳，极大地缓和了对电动机的冲击。

变频器传动已成为实现工业自动化的主要手段之一，它在各种生产机械中，如风机、水泵、生产装配线、机床、纺织机械、轻工包装机械、造纸机械、食品、化工、矿山、冶金、轧钢等工程设备及家用电器中得到广泛应用。变频调速技术可获得提高自动化水平，提高机械性能，提高生产效率，提高产品质量和节约能源等方面的综合效益。实践证明，变频器的应用已成为节能、改造传统工业、提高产品质量、改善环境、推动技术进步和提高自动化水平的主要手段之一。

（1）在节能方面的应用

以风机水泵为例，其轴功率与转速的三次方成正比，当风机转速降低时，其功率按转速的三次方水平下降。因此，精确调速的节电效果非常可观。许多变动负载电动机一般都按最大需求来制造电动机的容量，设计裕量偏大，而在实际运行中，其轻载运行时间所占的比例却非常高。目前，在这方面应用较成功的有恒压供水、各类风机、中央空调的变频调速。如变频恒压供水，由于其使用效果较好，现在已作为典型的恒压供水控制模式，广泛应用于城乡生活用水、消防用水等方面。一些家用电器，如冰箱、空调采用变频调速后，也取得了很好的节能效果。

（2）在自动控制系统方面的应用

变频器内置有 16 位或 32 位的微处理器，具有多种算术逻辑运算和智能控制功能，其输出频率精度高达 0.01%，还设有完善的检测、保护环节。因此，变频器在自动化控制系统中获得了广泛的应用。

（3）在产品工艺和质量方面的应用

变频器对速度的精准控制，使其广泛应用于传动、起重、挤压和机床等各种机械设备的控制领域，不但可以提高工艺水平和产品质量，减少设备的冲击和噪声，延长设备的使用寿命，还可以使机械系统简化，操作和控制更加方便，从而提高了整个设备的功能。

4. 我国变频器的应用现状

我国应用变频器起步较晚，从 20 世纪 80 年代后期开始引进交流变频技术，推广使用变频器至今，变频器已广泛应用在各行业，并取得了巨大的经济效益和社会效益，但是我国在应用变频器方面仍有巨大的空间。我国在交流电动机上使用变频调速运行的仅占总数的 6%左右，而世界上工业发达的国家在这方面已达到 60%～70%。变频器最主要的应用领域是节能调速和工艺调速领域，单从节能调速方面来讲，我国现运行的风机、水泵、空调类负载在 4 200 万台以上，占全国用电总量的 1/3，其中 60%适合用调速变频器。近几年，随着环保节能需求的上升和变频器价格的下调及其性能的提高，大力推动了变频器的应用。

5. 变频器的发展方向

随着变频器应用的日益广泛，变频器的性能和相关技术也在飞速发展，其主要表现在以下几个方面：

（1）模块化

模块化是将整流电路、逆变电路、逻辑控制、驱动和保护、电源回路等全部集成在一个模块内，从而减小变频器的体积、降低功耗、提高可靠性。

（2）专用化

为更好地发挥变频器控制技术的独特功能，并尽可能地满足现场控制的需要，变频器派生出了许多专用机型，如风机、水泵、空调专用型，注塑机专用型，电梯专用型，纺织机械专用型，中频驱动专用型，机车牵引专用型等变频器。

（3）软件化

新型变频器的功能的软件化已进入实用阶段，通过内置软件编程可实现其所需的功能。变频器内置多种可选的应用软件，以满足现场过程控制的需要，如 PID 控制软件、同步控制软件、变频器调试软件与通信软件等。

（4）网络化

新型变频器内设 RS-485 接口，可提供多种兼容的通信接口，以支持多种不同的通信协议，并可由计算机控制和操作变频器，通过选件可与 Modbus、Profibus、CAN 等多种现场总线联网通信，并可通过提供的选件支持上述几种或全部类型的现场总线。

（5）智能化

变频器控制技术在现有的基础上进一步发展，并融入了基于现代控制理论的自适应技术、多变量解耦控制技术、最优控制技术和基于智能控制技术的模糊控制、神经元网络、专家系统和故障自诊断技术等，使变频器更加智能化。

11.2.2 变频器的分类

1. 按照电流变换的方式分类

变频器按主电路电流变换的方式可分为交–直–交变频器与交–交变频器。

（1）交–直–交变频器

交–直–交变频器是先把恒压恒频的交流电经整流器整流成直流电，由直流中间电路对整流电路的输出进行平滑滤波，再经过逆变器把这个直流电流变成频率和电压都可变的交流电的间接型变频电路，它已被广泛地应用在交流电动机的变频调速中，其工作原理如图 11–7 所示。按照不同的控制方式，交–直–交变频电路可分为可控整流器调压、逆变器调频，不可控整流器整流、斩波器调压、逆变器调频，不可控整流器整流、PWM（脉宽调制）逆变器调频三种控制方式。

图 11–7 交–直–交变频器

（2）交–交变频器

交–交变频器是将一种频率的交流电通过分组整流的方式，直接变换成另一种频率的工频交流电，并提供给负载进行变速控制。其主要优点是没有中间环节，故变换效率高，过载能力强，但其连续可调的频率范围窄，主要用于低速大容量的拖动系统中。

2. 按照直流电源的性质分类

在交–直–交变频器中，根据中间部分的电源性质不同，又可以将其分为两大类，即电压型变频器和电流型变频器，其原理如图 11–8 所示。

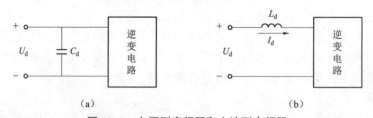

图 11–8 电压型变频器和电流型变频器
（a）电压型变频器；（b）电流型变频器

（1）电压型变频器

电压型变频器的特点是中间电路采用电容器作为直流储能元件，可缓冲负载的无功功率，且直流电压比较平稳，直流电源内阻较小，相当于电压源，故称之为电压型变频器。它常用在负载电压变化较大的场合。

（2）电流型变频器

电流型变频器的特点是中间电路采用电感器作为直流储能元件，用以缓冲负载的无功功率，即扼制电流的变化，使电压接近正弦波。由于该直流内阻较大，故称之为电流型变频器。

3. 按照输出电压的调制方式分类

按照输出电压的调制方式可以分为正弦波脉宽调制变频器和脉幅调制变频器。

（1）正弦波脉宽调制变频器

正弦波脉宽调制（SPWM）变频器是指在变频器逆变电路部分同时对输出电压的幅值和频率进行控制的变频器。

（2）脉幅调制变频器

脉幅调制（PAM）变频器是指在变频器整流电路部分对输出电压的幅值进行控制的变频器。

4. 按照功能用途分类

按照功能和用途的不同，可以将其分为通用变频器与专用变频器。

（1）通用变频器

通用变频器是指在很多方面具有很强通用性的变频器。该类变频器简化了一些系统功能，并以节能为主要目标，多为中小容量变频器，一般应用在水泵、风扇、鼓风机等对于系统调速性能要求不高的场合。

（2）专用变频器

专用变频器是指专门针对某一方面或某一领域而设计研发的变频器。该类型变频器的针对性较强，具有适用于所针对领域独有的功能和优势，从而能够更好地发挥变频调速的作用。目前，较常见的专用变频器有恒压供水专用变频器、机床类专用变频器、重载专用变频器、注塑机专用变频器、纺织类专用变频器等。

11.2.3 变频器的控制方式

在变频调速系统中，根据工程的需要，有的系统需要开环运行，有的系统需要闭环才能满足控制需要，也有的系统需要在闭环前提下实现较硬的机械特性和快速响应能力。为了适应工程及控制系统的需要，变频器可以根据电动机的特性对供电电压、电流、频率进行适当的控制，一般通用变频器具有基本 U/f 控制、转差频率控制、矢量控制和直接转矩控制等四种控制方式。不同的控制方式所得到的调速性能、特性以及用途是不同的。

1. 基本 U/f 控制

U/f 控制是变频器的基本控制方式，也称为恒压频比控制方式。异步电动机调速时，一般希望保持电动机中每极的磁通量均为额定值，并保持不变。如果磁通太弱，相当于没有充分利用其铁芯，是一种浪费；如果磁通太大，又会使铁芯饱和，产生过大的励磁电流使绕组过热损坏电动机。U/f 控制方式是指在变频调速过程中为了保持主磁通的恒定，而使 U/f 为常数的控制方式，如图 11-9 所示。这样可使电动机磁通保持一定，在较宽的调速范围内，电动机的转矩、效率、功率因数保持不变。

基本 U/f 控制是开环控制，控制系统不对被控量进行检测，在输入端和输出端之间不存在反馈联系，控制电路较简单，它是目前通用型变频器中使用最多的一种控制方式，多用于通用变频器、风机、泵类机械的节能运行及生产流水线的工作台传动。

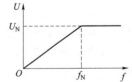

图 11-9　基本 U/f 控制方式

在 U/f 控制方式下，变频器利用增加输出电压来提高电动机转矩的方法称为转矩补偿。转矩补偿一般应用在两个场合：其一是当变频调速系统的输出频率较低时，输出电压下降，定子绕组电流减小，电动机转矩不足，此时需要提高变频器的输出电压即补偿转矩；其二是在不同工作场合对变频器的输出转矩要求不同时，需要转矩补偿。

2. 转差频率控制

转差频率控制是在 U/f 控制的基础上，即在保持磁通不变的前提下，加上与转矩、电流有直接关系的转差频率控制环节，并通过控制转差频率来控制异步电动机的转矩，这就是转差频率控制方式。转差频率控制需要检测出电动机的转速，并构成速度闭环，速度调节器的输出为转差频率，变频器的控制电路利用转差频率作为修正变频器输入信号的依据，使得变频器能够输出完全符合目标要求的转动速度。与 U/f 控制相比，通过控制转差频率来控制转矩和电流，其加、减速特性和限制过电流的能力有了很大的提高，这有助于改善异步电动机的动、静态性能，可以用于有一定精度要求的场合。

3. 矢量控制

矢量控制是变频器的一种高性能的控制方法，其本质就是将定子电流人为地分解为两个相互垂直的矢量，再用他励直流电动机的控制方式去控制交流异步电动机。

变频器的矢量控制方式源于直流电动机的控制理论，它是建立在将交流电动机转化成直流电动机模型基础上的控制方式。利用直流电动机磁场和电枢相互独立且具有较好调速控制性能的控制思想，并采用经典的数学方法，将交流电动机的定子和转子的耦合关系分解，通过矩阵运算将其分解为两个相互垂直的交流电流分量，使它能够与三相交流电产生同样的旋转磁场，并通过控制这两个等效的交流电流实现控制三相交流电的目标。从而实现了用模仿直流电动机的控制方法去控制异步电动机，使异步电动机达到直流电动机的控制效果。矢量控制采用了直流电动机的控制思想，可以采用直流电动机中转子电流和负载力矩的关系来修正输入控制信号，达到没有速度反馈，同样可以考虑负载对速度的影响，从而实现较高的控制精度。

4. 直接转矩控制

直接转矩控制是继矢量控制之后发展起来的另一种高性能的交流变频调速控制方法，它是把转矩直接作为控制量来进行控制。

直接转矩控制不需要将交流电动机转化成等效的直流电动机，而是直接在定子坐标系下分析交流电动机的模型，并控制电动机的磁链和转矩。直接转矩控制采用空间矢量的分析方法，直接在定子坐标系下计算与控制交流电动机的转矩，把给定信号分解成一个转矩信号和一个磁通信号，当实际转速高于给定值时，它就关断 IGBT 管，使电动机因失去转矩而减速；而当实际转速低于给定值时，它又使 IGBT 管导通，电动机因得到转矩而加速。

直接转矩控制方式省去了矢量旋转变换中的许多复杂计算，也不需要 SPWM 发生器，其结构简单，且动态响应快；其所需电动机的参数少，只需要电动机的定子电阻一个参数即可，因此自动测量比较简单；直接转矩控制方式容易实现无速度传感器控制。但是直接转矩控制输出电流的谐波分量较大，冲击电流也较大，逆变器输出端一般需要接入输出滤波器或输出电抗器，而且逆变电路的开关频率不固定，电动机的电磁噪声较大。

11.2.4　变频器的结构

市场上变频器的品牌很多，控制方式各异，但其主电路的形式和结构大体相同。交-直-交变频器通常由主电路、控制电路、外接端子及操作面板等组成。如图 11-10 所示的上面部分为变频器的主电路，下面部分为变频器的控制电路、外接端子与操作面板。

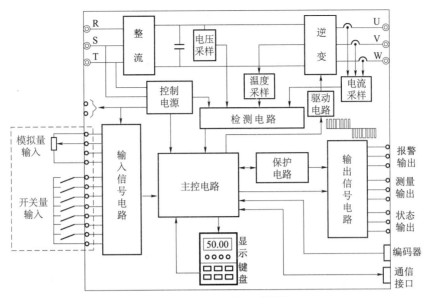

图 11-10 变频器的组成结构

1. 主电路

主电路包括整流电路、中间电路与逆变电路。

（1）整流电路

整流电路通常又被称为电网侧变流器，它把三相或单相交流电整流成直流电。整流电路分为可控整流电路与不可控整流电路。

（2）中间电路

中间电路的主要作用是滤除整流后的电压纹波和缓冲因异步电动机而产生的无功能量，其主要包括限流电路、滤波电路、制动电路和高压指示电路。

（3）逆变电路

逆变电路的作用是根据控制回路有规律地控制逆变器中主开关器件的导通与关断，从而得到任意频率的三相交流电输出。

2. 控制电路

控制电路的主要任务是完成对逆变电路的开关控制、对整流电路的电压控制以及完成各种保护功能等。控制电路由运算电路、检测电路、控制信号的输入、输出电路和驱动电路等构成。控制方法可以采用模拟控制或数字控制。目前，高性能的变频器已经采用微型计算机进行全数字控制，其主要靠软件完成各种功能，采用的硬件电路尽可能简单。

（1）运算电路

运算电路负责检测回路中的电流、电压信号同反馈的速度信号、转矩信号进行比较并运算，从而决定逆变器的输出电压与频率。

（2）检测电路

检测电路主要负责检测异步电动机的速度，并将测量值送入运算回路，根据指令和运算可使电动机按指令速度运转。

（3）输入、输出电路

为了更好地进行人机交互，变频器具有多种输入信号（如运行、多段速运行等）的输入端子，还有各种内部参数（如电流、频率、保护等）的输出信号。

（4）驱动电路

驱动电路是主电路与控制电路的接口，其主要功能是驱动主电路开关器件的导通与关断，并提供主电路与控制电路之间电气隔离的环节。

（5）保护电路

保护电路对主电路进行安全监测，并进行过压、过流、过载的保护，保证逆变器和异步电动机安全运行。保护电路分为逆变器保护和异步电动机保护两部分。逆变器保护包括瞬时过电流保护、过载保护、再生过电压保护、瞬时停车保护、接地过电流保护、冷却风机异常保护等。异步电动机的保护包括过载保护、超速保护、防止失速过电流保护、防止失速再生过电压保护等。

3. 外接端子

（1）主电路端子

主电路接线端子包括三相电源接线端子、电动机接线端子、直流电抗器接线端子、制动单元和制动电阻接线端子。

（2）控制电路接线端子

控制电路接线端子用于控制变频器的启动、停止、外部频率信号的给定、故障报警输出等。

4. 操作面板

操作面板用于设定变频器的控制功能、参数和监视变频器的运行。

11.2.5　变频器常用的电力电子器件

电力电子器件是变频器主电路的核心元件，是实现电能变换与控制的半导体器件。电力电子器件能承受的电压高，允许通过的电流大，其通常工作在开关状态。其所处理的电功率大，工作时需要驱动电路提供足够的控制信号，而且它的功耗大、温度高，一般需要安装散热片。

常用的电力电子器件按其被控制信号所控制的程度可以分为不可控器件、半控型器件与可控器件。不可控器件不能用控制信号来控制其通断，如电力二极管器件的通和断是由其在主电路中承受的电压和电流决定的；半控型器件通过控制信号可以控制其导通而不能控制其关断，如晶闸管及其大部分派生器件的关断由其在主电路中承受的电压和电流决定；全控型器件通过控制信号既可以控制其导通又可以控制其关断，如绝缘栅双极晶体管 IGBT 和门极可关断晶闸管 GTO 等。

电力电子器件按其驱动电路加在器件控制端和公共端之间信号的性质可分为电流驱动型器件与电压驱动型器件。电流驱动型器件通过从控制端注入或者抽出电流来实现导通或者关断的控制，常见的电流驱动型器件有普通晶闸管、门极可关断晶闸管 GTO；电压驱动型器件是通过在控制端和公共端之间施加一定的电压信号来实现导通或者关断的控制，常见的电压驱动型器件有功率场效应晶体管 MOSFET、绝缘栅双极晶体管 IGBT 等。

电力电子器件按其器件内部电子和空穴两种载流子参与导电的情况可分为单极型器件、双极型器件与复合型器件三种。单极型器件是只有一种载流子参与导电的器件，常见的单极型器件有功率场效应晶体管 MOSFET 和静电感应晶体管 SIT；双极型器件是由电子和空穴两种载流子参与导电的器件，常见的双极型器件有功率晶体管 GTR、门极可关断晶闸管 GTO

等；复合型器件是由单极型器件和双极型器件集成混合而成的器件，一般是以普通晶闸管、GTR 或 GTO 为主导元件，以 MOSFET 为控制元件复合而成的，常见的复合型器件有绝缘栅双极晶体管 IGBT。

1. 电力二极管

电力二极管（Power Diode，PD）是指可以承受高电压、大电流，且具有较大耗散功率的二极管，它能与其他电力电子器件相配合作为整流、续流、电压隔离、钳位或保护元件，在各种变流电路中发挥着重要作用。电力二极管与小功率电子二极管的结构、工作原理和伏安特性相似，但它在主要参数的规定和选择原则等方面有所不同。

（1）结构

电力二极管的内部结构是一个 PN 结，其面积较大，由它引出的两个极分别称为阳极 A 和阴极 K，其外形、结构与图形符号如图 11-11（a）、(b) 所示。由于电力二极管的功耗较大，它的外形有螺旋式和平板式两种。螺旋式二极管的阳极紧拴在散热器上。平板式二极管又分为风冷式和水冷式二极管，它的阳极和阴极分别由两个彼此绝缘的散热器紧紧夹住。

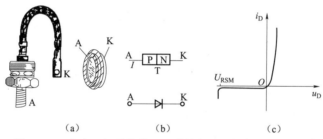

图 11-11 电力二极管的外形、结构与图形符号、伏安特性
(a) 电力二极管的外形；(b) 电力二极管的结构与符号；(c) 伏安特性

（2）伏安特性

电力二极管的阳极和阴极间的电压和流过管子的电流之间的关系称为伏安特性，其伏安特性曲线如图 11-11（c）所示。当其正向电压从零逐渐增大时，开始时阳极电流很小，当正向电压大于 0.5 V 时，正向阳极电流急剧上升，管子正向导通；当二极管加上反向电压时，其起始段的反向漏电流也很小，而且随着反向电压的增加，反向漏电流只略有增大，但当反向电压增加到反向不重复峰值电压值时，反向漏电流开始急剧增加。

2. 晶闸管

晶闸管（Silicon Controlled Rectifier，SCR）是硅晶体闸流管的简称，旧称可控硅。它常用 SCR 表示，其国际通用名称为 Thyristor，简称 T。它主要包括普通晶闸管、双向晶闸管、可关断晶闸管、逆导晶闸管和快速晶闸管等。

晶闸管的种类很多，从外形上看主要有螺栓形和平板形两种，如图 11-12（a）所示。在电路中，晶闸管的名称标识通常为 VT，它有 3 个电极，分别为阳极（用 A 表示）、阴极（用 K 表示）和门极（用 G 表示），其中门极又叫控制极。

晶闸管是一个四层（P_1、N_1、P_2、N_2）三端的器件，有 J_1、J_2、J_3 3 个 PN 结，其内部结构与图形符号如图 11-12（b）、(c) 所示。如果把中间的 N_1 和 P_2 分为两部分，就构成了一个 NPN 型晶体管和一个 PNP 型晶体管的复合管。晶闸管具有单向导电特性和正向导通的可控性。晶闸管导通必须同时具备以下两个条件：

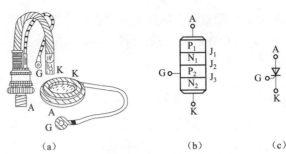

图 11–12 晶闸管的外形、内部结构与图形符号

(a) 外形；(b) 内部结构；(c) 图形符号

1) 在晶闸管阳极电路加适当的正向电压。

2) 在门极电路加适当的正向电压，且晶闸管一旦导通，门极将失去控制作用。

晶闸管承受正向阳极电压时，为使晶闸管从关断变为导通，必须使承受反向电压的 PN 结失去阻断作用。晶闸管一旦导通，门极即失去控制作用，因此门极所加的触发电压一般为脉冲电压。晶闸管从阻断变为导通的过程称为触发导通。门极触发电流一般只有几十毫安到几百毫安，而晶闸管导通后，从阳极到阴极可以通过几百安、几千安的电流。要使导通的晶闸管阻断，必须将阳极电流降低到称为维持电流的临界极限值以下。

3. 门极可关断晶闸管 GTO

门极可关断晶闸管（Gate Turn–Off，GTO）是晶闸管的一种派生器件，它除了具有普通晶闸管的全部优点外，还具有自关断能力，属于全控器件。它在质量、效率及可靠性方面有着明显的优势，是被广泛应用的自关断器件之一。

门极可关断晶闸管在电路中的名称标识通常为 VT，其结构与普通晶闸管的结构相似，也是 PNPN 四层半导体结构，它同样具有三个电极，分别为阳极（用 A 表示）、阴极（用 K 表示）和门极（用 G 表示）。其外形、内部结构、等效电路及图形符号如图 11–13 所示。为了实现 GTO 的自关断功能，GTO 的两个等效三极管的放大倍数比 SCR 小，另外其制造工艺也有所改进。

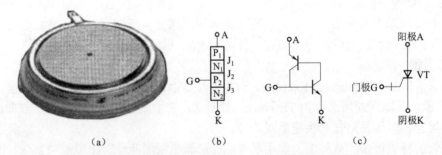

图 11–13 GTO 的外形、内部结构、等效电路图形符号

(a) 外形；(b) 内部结构；(c) 等效电路图形符号

4. 功率晶体管

功率晶体管（Giant Transistor，GTR）也称为电力晶体管 PTR，是一种具有发射极 E、基极 B、集电极 C 的耐高电压、大电流的双极型晶体管，有 NPN 和 PNP 两种结构，故又称为双结型晶体管（Bipolar Junction Transistor，BJT）。GTR 是一种高反压晶体管，具有自关断能

力,并有开关时间短、饱和压降低和安全工作区宽等优点。它被广泛用于交直流电动机调速、中频电源等电力变流装置中。

GTR 是一种双极型半导体器件,即其内部电流由电子和空穴两种载流子形成。其用作开关时主要工作于高电压、大电流的场合。为了便于改善器件的开关过程和方便并联使用,中间级晶体管的基极均有引线引出。目前生产的 GTR 模块可将多达 6 个互相绝缘的单元电路安装在同一个模块内,可以方便地组成三相桥式电路,其结构与图形符号如图 11-14 所示。

5. 电力场效应晶体管

电力场效应晶体管(Metal Oxide Semiconductor FET,简称为 MOSFET)与小功率场效应晶体管(Field Effect Transistor,FET)一样,也分为结型和绝缘栅型晶体管两种,但它通常主要指绝缘栅型中的 MOS 型晶体管。结型电力场效应晶体管一般称为静电感应晶体管(Static Induction Transistor,SIT)。绝缘栅型场效应管(MOSFET)是一种单极型电压控制器件,它用栅极电压来控制漏极电流,其驱动电路简单、

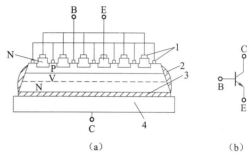

图 11-14 GTR 的结构与图形符号
(a) 结构
1—铝电极;2—硅橡胶;3—焊料;4—铝板
(b) 图形符号

需要的驱动功率小、开关速度快、工作频率高、热稳定性优于 GTR,但其电流容量小、耐压低,一般只适用于功率不超过 10 kW 的电力电子装置。

电力 MOSFET 按导电沟道可分为 P 沟道型和 N 沟道型。N 沟道型中的主要载流子是电子,P 沟道型中的主要载流子是空穴。其中每一类又可分为增强型和耗尽型两种。栅偏压为零时,漏-源极之间存在导电沟道的称为耗尽型,栅偏压大于零才存在导电沟道的称为增强型(N 沟道),其结构与图形符号如图 11-15 所示。

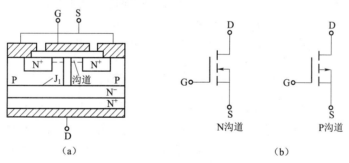

图 11-15 电力 MOSFET 的结构与图形符号
(a) 结构;(b) 图形符号

6. 绝缘栅双极晶体管

绝缘栅双极晶体管(Insulated Gate Bipolar Transistor,IGBT)是一种由场效应管和三极管组合而成的复合器件。它综合了 GTR 和 MOSFET 的优点,既有 GTR 耐压高、电流大、驱动功率小的特点,又兼有单极型电压驱动器件 MOSFET 输入阻抗高、速度快、热稳定性好和驱动电路简单的优点。目前,IGBT 广泛应用在各种中小功率的电力电子设备中。

IGBT 是一个四层三端器件,它与电力 MOSFET 的结构非常相似,是在 VDMOSFET 的

基础上，增加了一层 P 型注入区，因而形成了一个大面积的 PN 结 J_1，并由此引出集电极 C，而栅极 G 和发射极 E 则完全与功率 MOSFET 的栅极和源极相似。IGBT 的驱动原理与电力 MOSFET 的驱动原理基本相同，也是一种场控器件。其导通和关断是由栅极和发射极间的电压决定的，当其大于开启电压时，MOSFET 内形成导电沟道，其漏源电流作为内部 GTR 的基极电流，从而使 IGBT 导通。当栅极与发射极间不加信号或施加反向电压时，电力 MOSFET 内的导电沟道消失，GTR 的基极电流被切断，IGBT 随即关断，其结构与图形符号如图 11-16 所示。

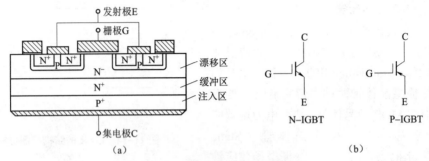

图 11-16 IGBT 的结构与图形符号

(a) 结构；(b) 图形符号

7. 集成门极换流晶闸管

集成门极换流晶闸管（Integrated Gate Commutated Thysristor，IGCT）是一种新型半导体开关器件。它是将门极驱动电路与门极换流晶闸管（GCT）集成为一个整体形成的器件。

门极换流晶闸管是基于 GTO 晶闸管结构的一种新型电力半导体器件，它不仅有与 GTO 晶闸管相同的高阻断能力和低通态压降，而且有与 IGBT 相同的开关性能，即它是 GTO 晶闸管和 IGBT 相互取长补短的结果，是一种较理想的兆瓦级、中压开关器件。IGCT 具有快速开关功能和导电损耗低的特点，在各种高电压、大电流应用领域中的可靠性较高，而且 IGCT 采用电压源型逆变器，与其他类型变频器的拓扑结构相比，其结构更简单。IGCT 采用集成技术使得其所需的器件也较少，相同电压等级的变频器采用 IGCT 的数量只需低压 IGBT 的 1/5。

8. 智能功率模块

智能功率模块（Intelligent Power Module，IPM）是一种混合集成电路，是 IGBT 智能化功率模块的简称。它以 IGBT 为基本功率开关器件，并将驱动、保护和控制电路的多个芯片通过焊丝（或铜带）连接，封入同一模块中，形成具有部分或完整功能的、相对独立的单元。如构成单相或三相逆变器的专用模块，用于电动机变频调速装置。

图 11-17 所示为一种内部带有制动电路和两个 IGBT 的半桥式 IPM 模块结构，其内部主要包括 IGBT 驱动控制电路、过流保护电路与欠压保护电路、过热保护电路、输出门电路和 IGBT。

11.2.6 PWM 原理

1. 脉冲宽度调制（PWM）

PWM（Pulse Width Modulation）脉冲宽度调制方式是靠改变脉冲宽度来控制输出电压，

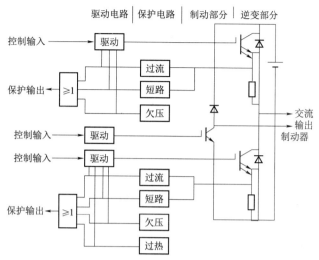

图 11-17 IPM 模块结构

通过改变调制周期来控制其输出频率的方式。SPWM（Sinusoidal PWM）是正弦波脉宽调制方式，就是对逆变电路开关器件的通断进行控制，使输出端得到一系列幅值相等而宽度不等的脉冲，并用这些脉冲来代替正弦波所需要的波形。

2. PWM 基本原理

变频器期望的输出电压波形是纯粹的正弦波形，但就目前的技术而言，还不能制造出功率大、体积小、输出波形如同正弦波发生器那样标准的可变频变压的逆变器。目前很容易实现的逆变器的输出波形是一系列等幅不等宽的矩形脉冲波形，如图 11-18 所示。

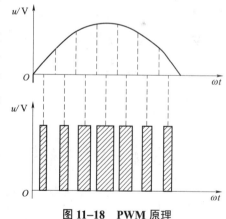

可以使这些等幅不等宽的矩形脉冲波形与正弦波等效，等效的原则是每一区间的面积相等。如果把一个正弦半波分作 n 等份，然后把每一等份的正弦曲线与横轴所包围的面积都用一个与此面积相等的矩形脉冲来代替，其脉冲幅值不变，宽度为 $\delta(t)$，使各脉冲的中点与正弦波每一等份的中点重合，因此就有 n 个等幅不等宽的矩形脉冲组成的波形与正弦波的正半周等效，称为正弦波脉冲宽度调制（SPWM）波形。同样，正弦波的负半周也可以用同样的方法使之与一系列负脉冲等效。虽然 SPWM 的电压波形与正弦波相差甚远，但由

图 11-18 PWM 原理

于变频器的负载是电感性负载电动机，而流过电感的电流是不能突变的，当把调制频率为几千赫兹的 SPWM 电压波形加到电动机上时，其电流波形就是比较好的正弦波了。

3. SPWM 的分类

按照调制脉冲的极性关系，则 SPWM 逆变电路的控制方式有单极性控制方式和双极性控制方式两种。

（1）单极性 SPWM 控制

单极性脉宽调制是指在半个周期内正弦波和三角波的极性是不变的。调节频率和电压

时，三角波的频率和振幅基本不变，只改变正弦波的频率和振幅。单极性调制的工作特点是，在输出的半周波内同一相的两个导电臂中仅有一个反复通断而另一个始终截止。

设定载波 u_c、调制波 u_r，载波 u_c 在 u_r 的正半周为正极性的三角波，在 u_r 的负半周为负极性的三角波，如图 11-19 所示。

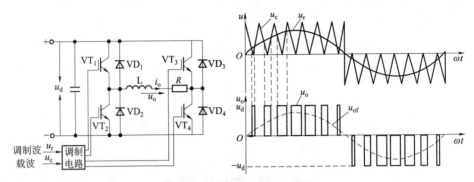

图 11-19 单极性 SPWM 控制
(a) 电路；(b) 调制波形

在 u_r 的正半周，控制 VT_1 一直保持通态，VT_2 保持断态，并在 u_r 与 u_c 正极性三角波的交点处控制 VT_4 的通断。当 $u_r > u_c$ 时，控制 VT_4 导通，输出电压 $u_o = u_d$；当 $u_r < u_c$ 时，控制 VT_4 截止，此时负载电流 i_o 通过 VT_1 和 VD_3 续流，输出电压 $u_o = 0$。

在 u_r 的负半周，控制 VT_1 保持断态，VT_2 保持通态，并在 u_r 与 u_c 负极性三角波的交点处控制 VT_3 的通断。当 $u_r < u_c$ 时，控制 VT_3 导通，输出电压 $u_o = -u_d$，当 $u_r > u_c$ 时，控制 VT_3 截止，此时负载电流 i_o 通过 VT_2 和 VD_4 续流，输出电压 $u_o = 0$。

由此可见，在任何半周期中，SPWM 波只能在一个方向变化，故称为单极性 SPWM 控制方式。由于改变 u_r 的幅值时，调制波的脉宽将随之改变，从而改变输出电压的大小；而改变 u_r 的频率时，则输出电压的基波频率也随之改变，所以这就实现了既可调压又可调频的目的。

(2) 双极性 SPWM 控制

所谓双极性脉宽调制是指正弦波和三角波都是双极性的。双极性调制的工作特点是同一桥臂的上、下两个逆变管总是交替导通的。以 VT_1、VT_2 为例，每相脉冲序列的正半周作为 VT_1 管的驱动信号，则其负半周经反相后作为 VT_2 管的驱动信号，如图 11-20 所示。

当 $u_r > u_c$ 时，控制 VT_1 和 VT_4 导通信号，VT_2 和 VT_3 关断信号，输出电压 $u_o = u_d$；当 $u_r < u_c$ 时，控制 VT_1 和 VT_4 关断信号，VT_2 和 VT_3 导通信号，输出电压 $u_o = -u_d$。

双极性 SPWM 控制基波近似于正弦波电压，同单极性 SPWM 一样，通过控制调制波 u_r 的幅值和频率，就能控制逆变器输出电压的幅值和频率。

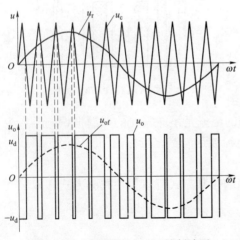

图 11-20 双极性 SPWM 控制波形

11.2.7 变频器主电路

变频器的主电路是从整流到逆变的整个功率电路,典型的交-直-交变频器主电路如图 11-21 所示,工频交流电从 R、S、T 端子输入,由 U、V、W 端子输出,它主要由整流电路、限流电路、滤波电路、高压指示电路、制动电路、逆变电路等部分组成。

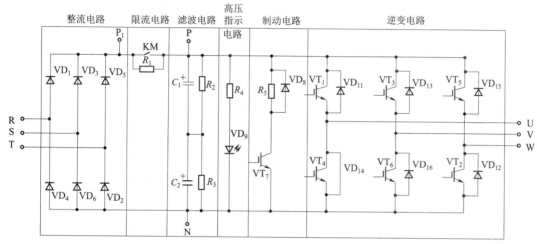

图 11-21 交-直-交变频器主电路

1. 整流电路

图 11-21 所示的整流电路由三相桥式整流电路构成,即由 $VD_1 \sim VD_6$ 组成三相整流桥,将交流变换为直流。

2. 限流电路

如果电容器 C_1、C_2 原来没有充电,或长时间停用导致电容上的电压较低。变频器在上电的瞬间,冲击电流比较大,将使得整流电路中的整流二极管过载而造成故障。因此,加一个电阻使其上电后的一段时间内,电流流经 R_1,限制其冲击电流,即将电容 C_1、C_2 的充电电流限制在一定范围内,以保证整流二极管的安全。

3. 滤波电路

滤波电路是用来对整流电路输出的脉动直流电压进行平滑,并为逆变电路提供波动较小的直流电压。滤波电路可以采用大电容或大电感滤波。采用大电容滤波时,它可以为逆变电路提供稳定的直流电压,称为电压型变频器;采用大电感滤波时,它可以为逆变电路提供稳定的直流电流,称为电流型变频器。图 11-21 所示的滤波电路由电容 C_1、C_2 和均压电阻 R_2、R_3 组成。滤波电容的作用是滤除全波整流后的电压纹波,当负载变化时,使直流电压保持平衡。因为受电容量和耐压的限制,滤波电路通常由电容器串联而成,并在电容上并联阻值相等的分压电阻 R_2、R_3 以保证两个电容上的电压分配均等。

4. 高压指示电路

高压指示电路由发光二极管 VD_9 和限流电阻 R_4 组成,其不是接在面板上用来指示电源是否接通的,而是接在主控板上用来指示变频器断电后,滤波电容器上的电荷是否已经释放完毕的。由于变频器中滤波电容器的容量较大,而切断电源又必须在逆变电路停止工作的状态下进行，所以电容器并没有放电回路，它的放电时间往往长达数分钟。又由于电容器上的电压较高，如没有放电完毕，将对操作人员的人身安全构成威胁。

5. 制动电路

变频器在频率下降的过程中，电动机的速度大于变频器给出的频率对应的速度，电动机将处于再生制动状态，回馈的电能将存储在电容 C_1、C_2 中，从而使直流电压不断上升。R_5 的作用就是将这部分回馈能量消耗掉。功率较小的变频器使用内部电阻，大功率变频器的此电阻是外接的，如制动电阻外接端子 DB+、DB−。

6. 逆变电路

逆变是把直流电变成交流电，与整流相对应。当交流侧接有电源时，称为有源逆变；当交流侧直接和负载连接时，称为无源逆变。图 11-21 所示的三相桥式逆变电路由逆变管 $VT_1 \sim VT_6$、续流二极管 $VD_{11} \sim VD_{16}$ 组成，其中 $VT_1 \sim VT_6$ 组成三相逆变桥，把 $VD_1 \sim VD_6$ 整流的直流电逆变为交流电。三相桥式逆变电路有 6 个桥臂，可以看成是由 3 个半桥电路组合而成的，它由 6 只 IGBT 作为开关器件构成，每只 IGBT 依次间隔 60°换流一次，导通顺序为 VT_1、VT_2、VT_3、VT_4、VT_5、VT_6，每个桥臂的导电角度为 180°，即任意瞬间都有 3 个桥臂同时导通。6 个开关管 IGBT 均工作在互补状态，如 U 相桥臂上管 VT_1 导通，则下管 VT_4 必须截止。

由于电动机是感性负载，其电流中有无功分量，续流二极管 $VD_{11} \sim VD_{16}$ 为无功电流返回直流电源提供通路。而且当频率下降，电动机处于再生制动状态时，再生电流通过 $VD_{11} \sim VD_{16}$ 整流后返回给直流电路。

11.2.8 变频器的保护功能

在工业变频调速系统中，工业现场的各种干扰因素都会影响调速系统的正常运行，导致系统发生故障，甚至引起安全事故。为了保证系统的正常可靠运行，必须要有相应的保护功能。在变频器中，有些功能是通过变频器内部的软件和硬件直接完成的，有些功能则需要根据系统要求具体设定。

1. 变频器过载功能

当变频器的过电流值为 1.5 倍的额定电流并持续 1 min 时，变频器处在过载状态，此时，变频器的过载保护功能动作，对变频器主电路的换流器件进行保护。

2. 过压与过流保护功能

当变频器主电路的直流中间电路的直流电压超过过电压规定值时，保护功能开始起作用，停止变频器输出；过电流是由于对电动机进行直接启动、相间短路或对地短路等原因而导致的变频器输出端出现过大的电流峰值，或者当电流超过变频器输出的 50%时，过流保护功能将开始起作用，停止变频器的输出。

3. 欠压保护功能

由于变频系统长时间在欠电压状态下工作，会使变频器发出误动作。因此，当主电路的直流中间电路的直流电源出现规定时间以上的低电压现象时，保护功能将停止变频器工作。

4. 瞬时停电再启动保护功能

瞬时停电再启动功能是指电源瞬间停电又很快恢复供电的情况下，变频器是继续停止输出，还是自动重启的功能。变频器瞬时停电再启动功能有多个参数可供选择，如瞬时停电后不启动、瞬时停电后以原速重新启动、瞬时停电后速度从 0 重新启动等，在使用时要注意选择，如选择不当将会出现瞬时停电后停机，从而影响产品质量或造成停产事故。

11.3 富士 5000G11S/P11S 变频器

11.3.1 富士 5000G11S/P11S 变频器简介

FRENIC 5000G11S/P11S 系列低噪声高性能多功能变频器是富士公司推出的新一代产品，适应于一般工业用途，它采用富士电动机独自开发的动态转矩矢量控制方式，在 0.5 Hz 时的启动转矩可达到 200%，并具有包括自整定功能在内的许多便利的功能，同时，具有小型、全封闭防护结构，机种规格齐全等优点。其中，G11S 系列主要应用于普通电气设备，其输出功率从 0.4~280 kW 共有 23 种规格型号；P11S 系列主要应用于风机、泵类负载，其输出功率从 7.5~280 kW 共有 17 种规格型号。G11S 和 P11S 两大系列的产品具有相同的外端子和功能参数码，只是个别功能参数码的设置范围有所不同，其外形如图 11-22 所示。

FRENIC 5000G11S/P11S 系列变频器采用动态转矩矢量控制技术，能在各种运行条件下实现对电动机的最佳控制，是变频器中低噪声、高性能和多功能的理想结合。它主要具有以下特点：

1）采用动态转矩矢量控制技术。

2）使用 PG 反馈卡构成带 PG 反馈的矢量控制系统，能实现更高性能、更高精度的运行。

3）电动机低转速时脉动大大减小。

4）具有方便使用的键盘面板。

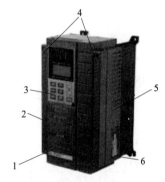

图 11-22　FRENIC 5000G11S/P11S 变频器外形（22 kW 以下）

1—警告表示；2—前盖板；3—键盘面板；4—前盖板安装螺钉；5—中间框架；6—铭牌

5）在电动机运行过程中时常进行自整定，时常核对电动机的特性变化，从而能实现高精度的速度控制。

6）一般工业用的 G11S 系列变频器的容量范围为 0.2~400 kW，风机、泵用的 P11S 系列变频器的容量范围为 7.5~500 kW。

7）有适应各种环境的机型结构，一般对功率小于 22 kW 的标准产品采用全封闭结构 IP40，耐环境性好。对于功率≤22 kW 的变频器，允许进行横向密集安装，这样可节省控制盘的安装空间。

8）采用低噪声控制电源系统，从而大大减小了对周围传感器等设备的噪声干扰，它装有连接抑制高次谐波电流的 DC 电抗器端子，具有优良的环境兼容性。

9）标准内装接口 RS-485。

10）丰富的实用功能。例如，它可用于风机、泵的 PID 控制功能，变频器风扇的 ON/OFF 控制功能，商用电切换顺序的功能；其也可用于搬运、传送设备，可选择预先设定的 16 种速度运行，程序运行时，可使用连续、单循环或单循环终速继续运行等功能。

1. 富士 5000G11S/P11S 变频器的铭牌

变频器的铭牌中包括变频器型号、输入电压及频率、输出电压及频率范围、输出功率（kW）、输出电流及过载能力、产品质量与产品编号等，如图 11-23、图 11-24 所示。

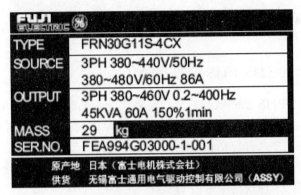

图 11-23　富士 5000G11S/P11S 变频器的铭牌

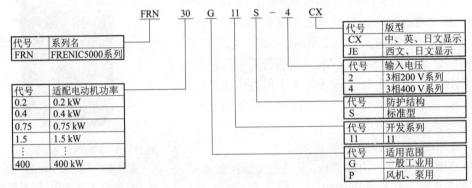

图 11-24　富士 5000G11S/P11S 变频器的型号命名

2. 富士 5000G11S/P11S 变频器的操作面板

富士 5000G11S/P11S 变频器的操作面板如图 11-25 所示，它主要由 LED 显示屏、LED 辅助指示二极管、LCD 液晶显示屏、运行控制键和编程操作键等组成。

（1）LED 显示屏

LED 显示屏由 4 位 7 段数码管组成，可显示设定频率、输出频率等各种监视数据和报警代码等。

（2）LED 辅助指示二极管

LED 辅助指示二极管的上面一排用来指示当前显示数据的单位、倍率，下面一排用来指示变频器当前的运行状态。

（3）LCD 液晶显示屏

LCD 液晶显示屏显示从运行状态到功能数据的各种信息，最下面一行以轮换方式显示操作指导信息。

（4）操作键

操作键分为运行控制键和编程操作键两部分，其中"FWD"键、"REV"键、"STOP"

键为运行控制键,其余按键均为编程操作键。

1) FWD:正转运行命令。

2) REV:反转运行命令。

3) STOP:停止命令。

4) PRG:菜单画面转换键,按此键可由现行画面转换为菜单画面,或由运行/跳闸模式转换为初始模式。

5) SHIFT/≫:移位键,用于数据变更时实现数位移动、功能组跳跃等功能,使用时要同时按住此键和增(∧)、减(∨)键。

6) RESET:复位键,用于取消/显示画面转换、报警复位。

7) ∧、∨:增、减键,用于数据变更、游标上下移动、画面轮换等。

8) FUNC/DATA:功能数据切换键,用于 LED 监视更换,设定频率存入、功能代码数据存入等功能。

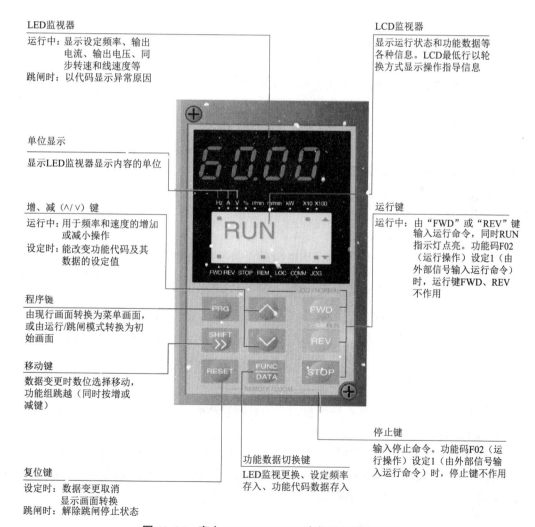

图 11-25 富士 5000G11S/P11S 变频器的操作面板

11.3.2　富士 5000G11S/P11S 变频器接口电路

富士变频器具有丰富的接口电路，其详细的外接端子如图 11-26 所示。

1. 主电路端子

（1）L1、L2、L3 端子

L1、L2、L3 端子为变频器的电源输入端子，通过断路器接到三相电源上。为使变频器的保护功能动作时能及时切断电源，一般在电源电路中连接接触器。

（2）U、V、W 端子

U、V、W 端子为负载输出端子，作为电源接入三相异步电动机。

（3）P1、P(+) 端子

P1、P(+) 端子为直流电抗器连接端子，出厂时短路，需外接电抗器时应去掉其短路片。

（4）R0、T0 端子

R0、T0 端子为控制电源辅助输入端，当保护功能动作电源接触器断开时，变频器断电，此时变频器面板的显示功能消失，总报警器输出也不能保持。为了使控制电路不断电，应将与主电路电源相同的电压接入 R0、T0 端，为变频器提供辅助电源。

2. 输入控制端子

（1）模拟量输入控制端子 13、12、C1、11

13 端为 +10 V 电源端，为输入控制电位器提供直流电源；12 端为模拟电压设定输入端，通过模拟电压设定频率，电压范围为 0~10 V，可用电位器设定，也可用外接直流模拟信号设定或外接 PID 反馈信号；C1 端为模拟电流设定输入端，电流范围为 4~20 mA；11 端为模拟输入信号公共端子（0 V）。

（2）运行控制端子 FWD、REV

FWD、REV 是运行控制端子，当 FWD 与 CM 闭合时，变频器输出正转运行电源；当二者断开时，电动机减速停止。当 REV 与 CM 闭合时，变频器输出反转运行电源；当二者断开时，电动机减速停止。

（3）多功能输入控制端子 X1~X9

X1~X9 端子是多功能输入控制端子，该端子有 32 种功能可供选择，可根据需要进行设定。

（4）公共端 CM

CM 端子是接点输入公共端，即接点输入信号的公共端子，非接地端子。

3. 输出控制端子

（1）模拟量输出监视端子 FMA

FMA 端子是多功能模拟量监视端子，其输出正比于监视量的直流电压信号（0~10 V），由功能参数码 F31 设定其监视对象。

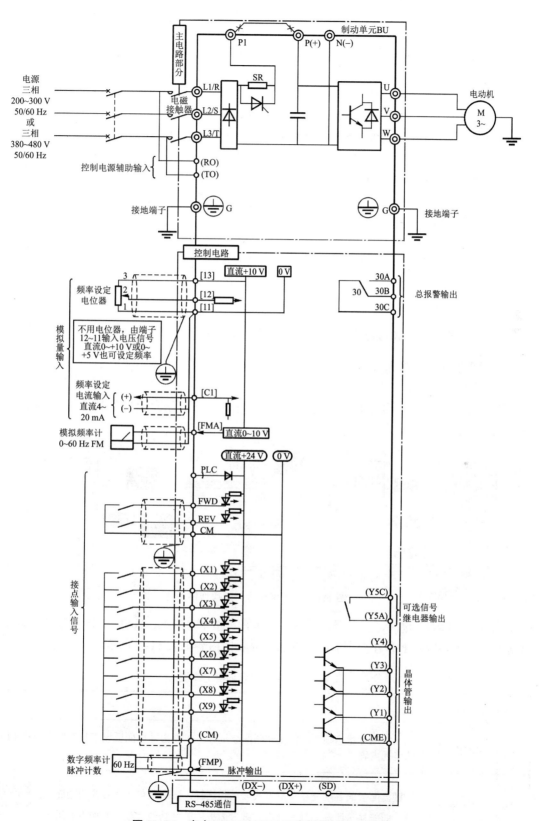

图 11-26 富士 5000G11S/P11S 变频器的接口电路

（2）数字量输出监视端子 FMP

FMP 端子是多功能输出量监视端子，用来输出数字监视信号，由 F35 功能参数码设置监视对象。

（3）继电器接点输出报警端子 30A、30B、30C

30A、30B、30C 端子为总报警输出继电器，其动作模式由 F36 设置。如设 F36=0，当变频器报警动作时，30A 与 30C 闭合、30B 与 30C 断开，并输出报警信号。

（4）多功能输出监视端子 Y1～Y4、Y5

Y1～Y4 端子为晶体管集电极开路输出端，工作时需外加 24 V 直流电压，且电流小于 50 mA。Y5 为继电器接点输出端。Y1～Y4、Y5 输出监视端子有 34 种监视信号供选择，可根据需要进行预置。

4. 通信端子

DX+、DX−、SD 为 RS–485 通信接口，该接口能与个人计算机和 PLC 等主机连接进行串行通信，可通过主机命令变频器的运行/停止，监视变频器的运行状态和修改其功能数据等。

11.3.3 富士 5000G11S/P11S 变频器操作与运行

1. 键盘面板操作体系

（1）正常运行时

正常运行时，两个显示屏均显示运行的相关信息，键盘面板操作体系的基本组成如图 11-27 所示。

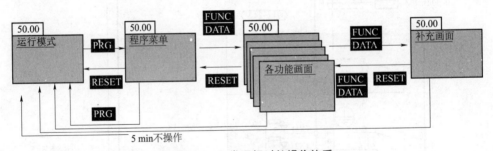

图 11-27 正常运行时的操作体系

当按下"PRG"键时，变频器显示程序菜单，再按下"FUNC/DATA"键，即可按菜单方式选择必要的功能画面和补充画面。其各层次显示的内容如表 11-1 所示。

表 11-1 各层次显示内容的概要

序号	层次名	内　　容
1	运行模式	正常运行状态画面，仅在此画面显示时，才能由键盘面板设定频率以及更换 LED 的监视内容
2	程序菜单	键盘面板的各功能以菜单方式显示和选择，按照菜单选择必要的功能，按 FUNC/DATA 键，即能显示所选功能的画面。键盘面板的各种功能（菜单）如下表所示

续表

序号	层次名	内容			
2	程序菜单	序号	菜单名称	概要	
		1	数据设定	显示功能代码和名称，选择所需功能，转换为数据设定画面，进行确认和修改数据	
		2	数据确认	显示功能代码和数据，选择所需功能，进行数据确认，可转换为和上述一样的数据设定画面，进行修改数据	
		3	运行监视	监视运行状态，确认各种运行数据	
		4	I/O 检查	作为 I/O 检查，可以对变频器和选件卡的输入/输出模拟量和输入/输出接点的状态进行检查	
		5	维护信息	作为维护信息，能确认变频器状态、预期寿命、通信出错情况和 ROM 版本信息等	
		6	负载率	作为负载测定，可以测定最大和平均电流以及平均制动功率	
		7	报警信息	借此能检查最新发生报警时的运行状态和输入/输出状态	
		8	报警原因	能确认最新的报警和同时发生的报警以及报警历史。选择报警和按 FUNC/DATA 键，即可显示其报警原因及有关故障诊断内容	
		9	数据复写	能将记忆在一台变频器中的功能数据复写到另一台变频器中	
3	各功能画面	显示按程序菜单选择的功能画面，借以完成功能			
4	补充画面	作为补充画面，在单独的功能上显示未完成的功能（如变更数据、显示报警原因）			

（2）发生报警时

发生报警时，键盘面板将由正常运行时的操作体系转换为报警时的操作体系，画面转换层次如图 11-28 所示。报警时的画面显示各种报警信息，报警时的程序菜单、各功能画面及补充画面仍与正常运行时一样，但是由程序菜单转换为报警模式只能通过操作"PRG"键。

2. 键盘面板操作方法

（1）显示屏画面选择

LCD 显示屏有两种显示方式，这两种方式的切换通过功能参数码 E45 的设置实现。E45=0 时，显示运行状态和操作信息，如图 11-29 所示；E45=1 时，用棒图显示运行数据，如图 11-30 所示。

（2）频率的键盘面板设定

功能参数码 F01=0 或 C30=0 时，变频器显示"运行模式"画面，按"∧""∨"键，

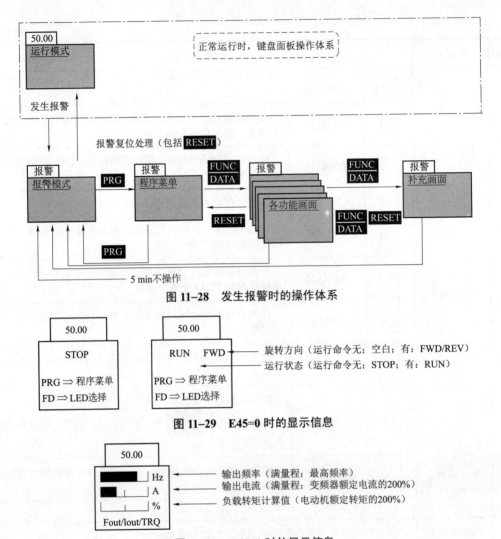

图 11-28 发生报警时的操作体系

图 11-29 E45=0 时的显示信息

图 11-30 E45=1 时的显示信息

LED 显示设定频率值。还可用"SHIFT/≫"键任意改变数据的位,从而直接改变设定数据。当需要保存设定的频率时,按"FUNC/DATA"键将其存入存储器,按"PRG"或"RESET"键可恢复运行模式,如图 11-31 所示。

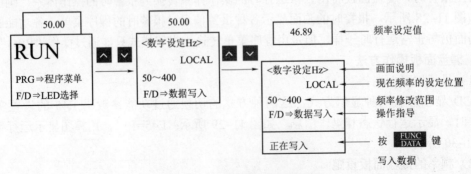

图 11-31 频率的键盘面板设定

(3）菜单画面显示更换运行模式

按"PRG"键显示菜单画面，再按"∧"键或"∨"键可移动光标选择项目，再按"FUNC/DATA"键即可显示出相应的项目内容，如图 11-32 所示。

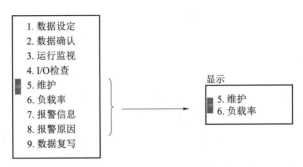

图 11-32　菜单画面显示更换运行

（4）功能数据设定

按"FUNC/DATA"键，显示出功能选择画面，显示功能代码及其名称，选择所需功能再按"FUNC/DATA"键，则出现数据设定画面。其设定过程如图 11-33 所示。

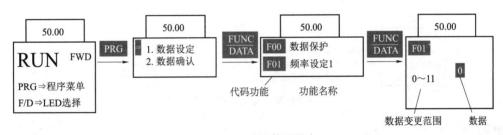

图 11-33　功能数据设定

功能参数码由字母和数字组成，每一功能组都有特定的字母标志，如图 11-34 所示的 F00~F03。在选择功能时，用"≫"+"∧"或"≫"+"∨"键可以功能组为单位进行移动，便于大范围快速地选择所需功能码，如图 11-34 所示。

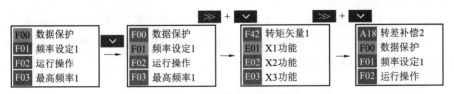

图 11-34　快速方法选择参数

（5）功能数据确认

按"FUNC/DATA"键显示数据设定画面，再按"∧""∨"键或用"SHIFT/≫"键改变设定数据，最后按"FUNC/DATA"键确认，如图 11-35 所示。

（6）运行状态监视

按"PRG"键显示菜单画面，按"∧""∨"键移动光标，选择"3. 运行监视"，再按"FUNC/DATA"键显示画面，按"∨"键切换到监视画面，如图 11-36 所示。

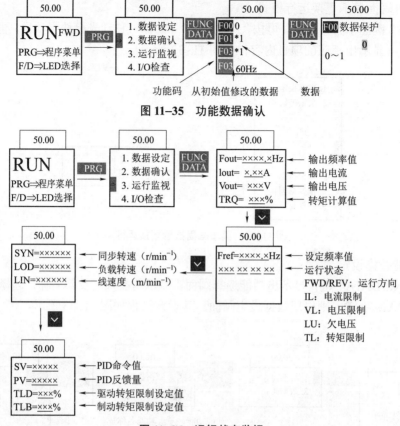

图 11-35 功能数据确认

图 11-36 运行状态监视

(7) 维护信息

按"PRG"键显示菜单画面,按"∧""∨"键移动光标,选择"5. 维护信息",再按"FUNC/DATA"键显示维护信息画面,按"∨"键切换画面,如图 11-37 所示。维护信息包括变频器累计运行时间、变频器箱内最高温度、变频器中间直流电路电压值、主电容器容量、电容器累计运行时间、冷却风扇累计运行时间、通信出错次数。

(8) I/O 巡回检查

按"PRG"键显示菜单画面,按"∧""∨"键移动光标,选择"4. I/O 检查",再按"FUNC/DATA"键显示变频器和选件的输入、输出状态画面,共 7 幅画面,按减小键("∨"键)切换画面,如图 11-38 所示。

(9) 负载率测定

按"PRG"键显示菜单画面,按"∧""∨"键移动光标,选择"6. 负载率",按"FUNC/DATA"键显示负载率测定画面,可测定和显示设定时间内的最大电流、平均电流及平均制动功率,如图 11-39 所示。

(10) 报警信息

按"PRG"键显示菜单画面,按"∧""∨"键移动光标,选择"7. 报警信息",按"FUNC/DATA"键显示报警信息画面(9 幅),按"∧""∨"键更换画面,确认报警发生时的各种数据,如图 11-40 所示。

第 11 章 变频器及其应用

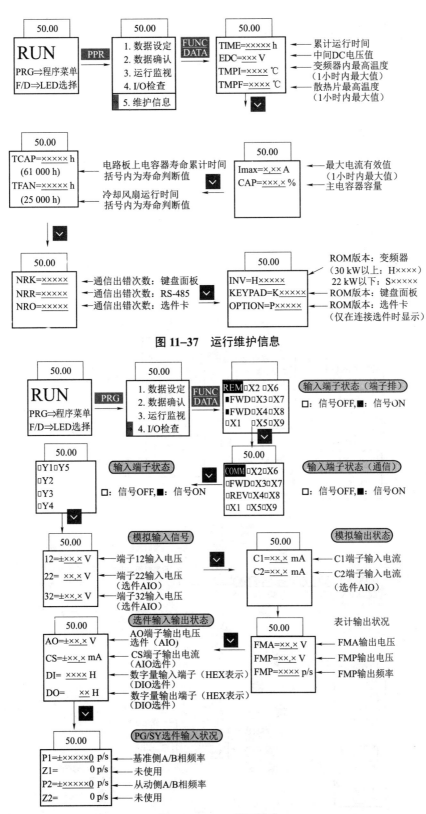

图 11-37 运行维护信息

图 11-38 I/O 巡回检查

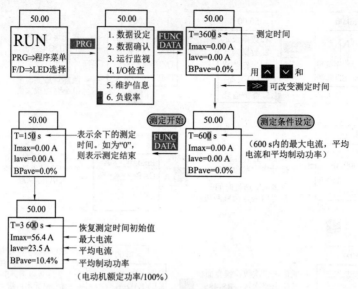

图 11-39 负载率测定

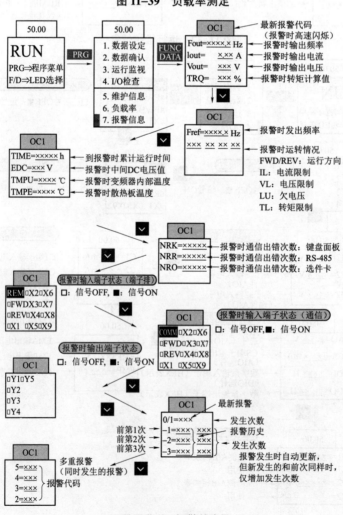

图 11-40 报警信息

(11) 报警原因

按"PRG"键显示菜单画面,按"∧""∨"键移动光标,选择"8. 报警原因",按"FUNC/DATA"键显示报警历史及原因,如图 11-41 所示。

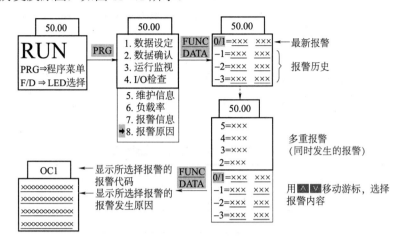

图 11-41 报警原因

3. 变频器保护动作

变频器发生异常时,保护功能开始动作,变频器立即跳闸,同时 LED 显示报警符号,LCD 显示报警内容,电动机立即停止运行。故障原因消除后,必须按面板上的"RESET"键或对复位端子输入复位信号,才能解除跳闸状态。报警显示内容如表 11-2 所示。

表 11-2 富士 5000G11S/P11S 变频器报警显示内容

LED 显示代码	LCD 显示内容	LED 显示代码	LCD 显示内容
OC1	加速时过电流	OL1	电动机 1 过载
OC2	减速时过电流	OL2	电动机 2 过载
OC3	恒速时过电流	OLU	变频器过载
EF	对地短路故障	FUS	直流熔断器短路
OU1	加速时过电压	Er1	存储器异常
OU2	减速时过电压	Er2	键盘面板通信异常
OU3	恒速时过电压	Er3	CPU 异常
LU	欠电压	Er4	选件通信异常
Lin	电源缺相	Er5	选件异常
OH1	散热片过热	Er6	操作错误
OH2	外部报警	Er7	自整定不良
OH3	变频器内过热	Er8	RS-485 通信异常
dbH	DB 制动电阻过热		

11.3.4 富士 5000G11S/P11S 变频器功能参数

功能参数码是变频器基本功能的指令形式，它存储在变频器中，预置这些功能参数码没有先后顺序，只要预置进去后即被记忆。G11S/P11S 系列变频器的功能很强，其主要应用的功能参数码分成以下六类。

（1）基本功能参数码 F××

基本功能参数码从 F00～F42 共包含 36 条有效功能的参数码。其中主要包括变频器的一些基本功能，具体参数码如表 11-3 所示。实际工程应用时，要查阅变频器的操作说明书，其中有完整的功能参数码表和每个功能参数码的详细说明。

表 11-3 富士 5000G11S/P11S 的基本功能参数码 F××

功能代码	名称	设定范围	单位	最小值	出厂设定值 ≤22 kW	出厂设定值 ≥30 kW
F00	数据保护	0～1			0	
F01	频率设定 1	0～11			0	
F02	运行操作	0：由键盘功能键操作；1：由外接端子操作			0	
F03	最高输出频率 1	G11S：50～400 P11S：50～120	Hz	1	60	
F04	基本频率 1	G11S：50～400 P11S：50～120	Hz	1	50	
F05	额定电压 1	输出电压正比于输入电压 320～480	V	1	380	
F06	最高输出电压 1	320～480	V	1	380	
F07	加速时间 1	0.01～3 600	s	0.01	6.0	20.0
F08	减速时间 1	0.01～3 600	s	0.01	6.0	20.0
F09	转矩提升	0.0、0.1～20.0		0.1	G11S：0.0；P11S：0.1	
F10	电子热继电器 1	动作选择：0、1、2			1	
F11		动作值：20%～135%变频器额定电流	A	0.01	100%电动机额定电流	
F12		热时间常数：0.5～75.0	min	0.1	5.0	10.0
F13	电子热继电器（制动电阻用）	G11S 7.5 kW 以下：0、1、3；11 kW 以下：0 P11S 11 kW 以下：0、2；15 kW 以上：0			7.5 kW 以下：1 0	
F14	瞬时停电再启动	动作选择：0～5			1	
F15	频率（上限、下限）	G11S：0～400；P11S：0～120	Hz		上限：70	
F16					下限：0	
F17	频率信号增益	0～200%		1	0.0	

续表

功能代码	名称	设定范围	单位	最小值	出厂设定值	
					≤22 kW	≥30 kW
F18	频率偏置	G11S：−400～+400；P11S：−120～+120	Hz	0.1	0.0	
F20	直流制动	开始频率：0.0～60.0	Hz	0.1	0.0	
F21		制动值：G11S：0～100%；P11S：0～80%		0.1	0	
F22		制动时间：0.0 不动作，0.1～30.0	s	0.1	0.0	
F23	启动频率	频率值：0.1～60.0	Hz	0.1	0.5	
F24		保持时间：0.0～10.0	s	0.1	0.0	
F25	停止频率	0.1～60.0	Hz	0.1	0.2	
F26	电动机运行声音	载流：0.75～15.0	kHz	1	1	
F27		电机音调：0～3			0	
F30	FMA 端子	电压调整：0～200%		1	100	
F31		功能选择：0～10			0	
F33	FMP 端	脉动率：300～6 000	p/s	1	1 440	
F34		电压调整：0，1%～200%		1	0	
F35		功能选择：0～10			0	
F36	30 继电器模式	0、1			0	
F40	转矩限制 1	驱动转矩：G11S：20%～200%、999（不动作）；P11S：20%～150%、999（不动作）		1	999	
F41		制动转矩：G11S：0（再生回避）、20%～200%、999（不动作） P11S：0（再生回避）、20%～200%、999（不动作）			999	
F42	转矩矢量控制	0、1			0	

（2）扩展端子功能参数码 E×××

扩展端子是指输入、输出多功能端子，其功能参数码从 E01～E47 共包含 39 条有效功能参数码，具体参数码如表 11-4 所示。其中多功能输入扩展端子有 9 个（X1～X9），有 33 种控制方式可选择；多功能输出监视端子有 5 个（Y1～Y5），有 35 种控制方式可选择。这些控制选择内容和监视选择内容多由 E 功能参数码设定，只有当这些功能被设定有效时，才可由 X、Y 端子控制或监视。

表 11–4　富士 5000G11S/P11S 的扩展端子功能参数码 E××

功能代码	名称	设定范围	单位	最小值	出厂设定值 ≤22 kW	出厂设定值 ≥30 kW
E01~E09	X1~X9 端子功能	0~32			0~8	
E10~E15	E10、E12、E14 加速时间 2、3、4；E11、E13、E15 减速时间 2、3、4	0.01~3 600	s	0.01	6.00	20.0
E16	转矩限制 2	驱动：G11S：20%~200%、999；P11S：20%~150%、999	%	1	999（不动作）	
E17		制动：G11S：0、20%~200%、999；P11S：0、20%~200%、999	%	1	999（不动作）	
E20~E24	Y1~Y5（A、C）端子功能	0~34			Y1=0、Y2=1、Y3=2、Y4=7、Y5=15	
E30	频率到达信号（检测幅值）	0.0~10.0	Hz	0.1	2.5	
E31	频率检测 1	G11S：0~400；P11S：0~120	Hz	1	50	
E32	（滞后值）	0.0~30.0	Hz	0.1	1.0	
E33	过载预报	动作选择：0：电子热继电器；1：输出电流				
E34		动作值：G11S：5%~200%；P11S：50%~150%	A	0.01	电动机额定电流 100%	
E35		动作时间：0.01~60.0	s	0.1	10.0	
E36	频率检测 2	G11S：0~400；P11S：0~120	Hz	1	50	
E37	过载预报 2	G11S：20%~200%；P11S：20%~150%	A	0.01	电动机额定电流 100%	
E40	显示系数 A	−999.00~999.00		0.01	0.01	
E41	显示系数 B	−999.00~999.00		0.01	0.00	
E43	LED 监视选择	功能：0~12			0	
E45	LCD 监视选择	0：运行状态、旋转方向、操作信息；1：输出频率、电流、转矩的棒图显示			0	

（3）频率控制功能参数码 C××

频率控制功能参数码从 C01~C33，共有 32 条有效功能参数码，其具体参数码如表 11–5 所示。

表 11–5 富士 5000G11S/P11S 的频率控制功能参数码 C××

功能代码	名称	设定范围	单位	最小值	出厂设定值 ≤22 kW	出厂设定值 ≥30 kW
C01~C03	跳跃频率 1、2、3	G11S：0~400；P11S：0~120	Hz	1	0	
C04	跳跃幅值	0~30	Hz	1	3	
C05~C19	多段速频率 1~15	G11S：0~400；P11S：0~120	Hz	0.01	0	
C20	点动频率	G11S：0~400；P11S：0~120	Hz	1	5	
C21	程序运行	0、1、2		1	0	
C22~C28	程序步 1~7	0.00~6 000；F1~F4、R1~R4（F 为正转，R 为反转）	s	0.01	0.00 F1	
C30	频率设定 2	0~11			2	
C31	偏移调整	端子 12：−5.0%~+5.0%		0.01		
C32	偏移调整	端子 C1：−5.0%~+5.0%		0.01		
C33	模拟设定信号滤波器	0.00~5.00	s	0.01	0.05	

（4）电动机 1 的功能参数码 P××

电动机 1 的功能参数码共有 9 条，其功能是输入电动机 1 的额定参数，其具体参数码如表 11–6 所示。

表 11–6 富士 5000G11S/P11S 电动机 1 的功能参数码 P××

功能代码	名称	设定范围	单位	最小值	出厂设定值 ≤22 kW	出厂设定值 ≥30 kW
P01	极数	2、4、6、8、10、12、14	2	2	4	
P02	容量	22 kW 以下：0.01~45；22 kW 以上：0.01~500	kW	0.01	标准值	
P03	额定电流	0.00~2 000	A	0.01	标准值	
P04	自整定	0：不动作；1：动作；2：动作			0	
P05	在线自整定	0：不动作；1：动作			0	
P06	空载电流	0.00~2 000	A	0.01	富士标准值	
P07	1 次电阻%R_1	0.00~50	%	0.01	富士标准值	
P08	漏抗%X	0.00~50	%	0.01	富士标准值	
P09	转差补偿值	0.00~15.00	Hz	0.01	0.00	

（5）电动机 2 的功能参数码 A××

电动机 2 的功能参数码从 A01~A18 共有 18 条有效参数码，其功能参数码的含义与电动机 1 的功能参数码的含义相同，其具体参数码如表 11-7 所示。

表 11-7 富士 5000G11S/P11S 的电动机 2 功能参数码 A××

功能代码	名称	设定范围	单位	最小值	出厂设定值 ≤22 kW	出厂设定值 ≥30 kW
A01	最高输出频率 2	G11S：50～400；P11S：50～120	Hz	1	60	
A02	基本频率 2	G11S：25～400；P11S：25～120	Hz	1	50	
A03	额定电压 2（基本频率 2 时）	0：输出电压正比于输入电压 320～480	V	1	380	
A04	最高输出电压 2	320～480	V	1	380	
A05	转矩提升 2	0.0、0.1～20.0	—	0.1	G11S：0.0；P11S：0.1	
A06	电子热继电器	动作选择：0、1、2	—	—	1	
A07	电子热继电器	动作值：20%～135%设定电流	A	0.01	%额定电流	
A08	电子热继电器	热时间常数：0.5～75	min	0.1	5.0	10.0
A09	转矩矢量控制 2	0：不动作；1：动作			0	
A10	电动机 2	极数：2～14 极			2	4
A11	电动机 2	容量：22 kW 以下：0.01～45；22 kW 以上：0.01～500	kW	0.01	标准值	
A12	电动机 2	额定电流：0.00～2 000	A	0.01	标准值	
A13	电动机 2	自整定：0、1、2	—		0	
A14	电动机 2	在线自整定：0、1	—		0	
A15	电动机 2	空载电流：0.00～2 000	A	0.01	标准值	
A16	电动机 2	%R_1		0.01	标准值	
A17	电动机 2	%X		0.01	标准值	
A18	转差补偿	0.00～15.00	Hz	0.01	0.01	

（6）高级功能参数码 H××

高级功能参数码从 H03～H39 共有 34 条有效参数码，其具体参数码如表 11-8 所示。

表 11-8 富士 5000G11S/P11S 的高级功能参数码 H××

功能代码	名称	设定范围	单位	最小值	出厂设定值 ≤22 kW	出厂设定值 ≥30 kW
H03	数据初始化	0：不作用；1：初始化恢复为出厂设置		1	1	
H04	自动复位次数	0：不动作；1～10 次（动作）	次	1	0	
H05	自动复位间隔时间	2～20	s	1	5	

续表

功能代码	名称	设定范围	单位	最小值	出厂设定值 ≤22 kW	出厂设定值 ≥30 kW
H06	风扇开停	0：ON/OFF 控制不动作；1：ON/OFF 控制动作			0	
H07	加/减速方式	0：直线加、减速；1：S 加、减速弱 2：S 加、减速强；3：曲线加、减速			0	
H08	反向旋转禁止	0：不动作；1：动作			0	
H09	启动模式	0、1、2			0	
H10	自动节能	0：不动作；1：动作，用于风机泵类负载			G11S：0；P11S：1	
H11	减速模式	0：按 H07 设定方式减速停止；1：自由旋转停止			0	
H12	瞬时过电流限制	0：不动作；1：动作			1	
H13	瞬时停电再启动	等待时间：0.1～10.0	s	0.1	0.5	
H14	瞬时停电再启动	Hz 下降率：0.00、0.01～100	Hz/s	0.01	10.00	
H15	瞬时停电再启动	继续运行直流电压值：400～600	V	1	470	
H16	运行命令再保护	0.0～30.0、999（不动作）	s	0.1	999	
H18	转矩控制	0、1、2			0	
H19	长时间加速	0：不动作；1：动作			0	
H20	PID 模式	0：不动作；1：正动作；2：反动作			0	
H21	PID 控制反馈信号	0：控制端子 12 正动作 1：控制端子 C1 正动作 2：控制端子 12 反动作 3：控制端子 C1 反动作			1	
H22	PID（P–增益）	0.01～10.0	倍	0.01	0.1	
H23	PID（I–积分时间）	0.0：不动作；0.1～3 600	s	0.1	0.0	
H24	PID（D–微分时间）	0.0：不动作；0.01～10.0	s	0.01	0.00	
H25	PID 反馈滤波	0.0～60.0	s	0.1	0.5	
H26	PTC 模式	0：不动作；1：动作			0	
H27	PTC 热敏电阻	0.00～5.00	V	0.01	1.6	
H31～H39	RS-485 设定					

1. 常用基本功能参数码

（1）F00——数据保护

数据保护功能用来保护变频器已设定的内容。当其设定为 0 时，可以改变数据；当其设定为 1 时，不可以改变数据。

（2）F01——频率设定 1

频率设定 1 的设定方法共有 12 种选择，其中，0 为键盘面板；1 为端子 12 的电压输入；8 为 UP/DOWN 控制模式；10 为程序运行模式，由 C21～C28 设定。

（3）F02——运行方式设定

运行方式设定应选择运行操作方式，其中，0 为键盘面板 LOCAL 方式；1 为控制端子 REMOTE 方式。可用"STOP"+"RESET"键切换。

（4）F03/F06、F04/F05——基本输出参数

设置基本频率与电压参数，其中 F03 为最高输出频率（50～400 Hz）；F06 为最高输出电压（320～480 V）；F04 为基本频率（50～400 Hz）；F05 为额定电压（320～480 V）。

（5）F07/F08——加速时间和减速时间

为了保证电动机正常启动而又不过流，需要设置加速时间。电动机减速时间与其拖动的负载有关，有些负载对减速时间有严格要求，因此，变频器须设定减速时间。加速时间是输出频率从 0 上升到最高频率所需要的时间；减速时间是变频器的最高频率从基本频率下降至 0 所需要的时间。本机加、减速时间是以最高频率为基准的，当设定频率等于最高频率时，加、减速时间与设定时间相同；当设定频率小于最高频率时，实际加、减速时间小于设定时间，其加、减速时间=设定值×（设定频率/最高频率），如图 11–42 所示。

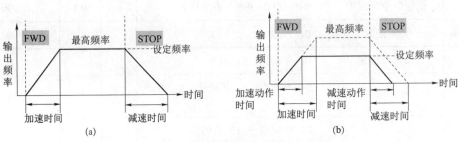

图 11–42　变频器的加速时间和减速时间

(a)设定频率等于最高频率；(b)设定频率小于最高频率

此外，用 E10\E11、E12\E13、E14\E15 分别设置加、减速时间 1，加、减速时间 2，加、减速时间 3。

（6）F15/F16——上限频率和下限频率

上限频率和下限频率用来限制变频器的输出频率范围，从而限制电动机的转速范围，防止由于错误操作而造成事故。其中，F15 为上限频率（0～400 Hz），即允许变频器输出的最高频率；F16 为下限频率（0～120 Hz），即允许变频器输出的最低频率。

（7）F10、F11、F12——电子热继电器 1

电子热保护按照变频器的输出频率、电流和运行时间保护电动机，防止电动机过热。其中 F10 为动作选择（0、1、2）；F11 为动作值；F12 为热时间常数。

(8) F14——瞬时停电再启动

瞬时停电再启动是指电源瞬间停电又很快恢复供电的情况下，变频器是继续停止输出，还是自动重启。其中，F14 = 0、1、2 时，瞬时停电再启动不动作，当主电路直流电压下降到欠电压值时，变频器保护功能动作，停止输出；F14 = 3、4、5 时，瞬时停电再启动动作，当主电路直流电压下降到欠电压值时，变频器停止输出，但保护功能不动作，电压恢复后变频器重新启动。

(9) F23～F25——启动与停止频率

启动频率是指电动机开始启动时的频率，由 F23 设定（0.1～60 Hz）；停止频率是电动机停止时的频率由 F25 设定（0.1～60 Hz）。

(10) F26～F27——载波频率

载波频率越高，脉冲的频率越高，电流波形的平滑性就越好，但是如果发生辐射泄漏，对其他设备的影响就要加大，同时也容易引起电动机铁芯的振动。因此，一般的变频器都提供了 PWM 频率调整功能，能让用户在一定范围内对其进行调节，从而使得系统处于最佳状态。载波频率对应功率器件的开关频率。载波频率过高会导致功率器件过热，载波频率过低则会导致输出电压畸变较大。变频器在出厂时都设置了一个较佳的载波频率，没有必要时可以不做调整。其中，F26 为电动机运行声音载频（0.75～15.0 kHz）；F27 为电动机运行声音音调（0、1、2、3）。

(11) F36——30 继电器动作模式

30 继电器动作模式选择总报警输出继电器是正常时动作还是异常时动作。设定值为 0、1，对应的触点关系如图 11-43 所示。

2. 常用扩展端子功能参数码

(1) E01～E09——多功能输入端子

变频器由 E01～E09 定义多功能输入控制端子 X1～X9 的功能，其中 E01 定义 X1，E02 定义 X2，……，E09 定义 X9，有 33 种功能可供选择，详细见表 11-9。

(2) E10～E15——加、减速时间 2～4 设定

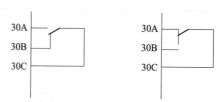

图 11-43　30 继电器的动作模式

由 E10～E15 可分别设定第 2、3、4 加、减速时间，其设定方法同 F07 加速时间、F08 减速时间的设定。但要执行 E10～E15 功能必须由多功能输入控制端子 X1～X9 中任意指定两个端子进行控制。例如，指定 X2 与 X3 为加、减速控制端，其设定值为 E02 = 4、E03 = 5，则 X2、X3 与 CM 端 ON、OFF 时控制第 2、3、4 加、减速时间，如图 11-44 所示。

(3) E20～E24——多功能输出端子

变频器由 E20～E24 定义多功能输出端子 Y1～Y5，其中，E20 定义 Y1，E21 定义 Y2，……，E24 定义 Y5。

(4) E30～E37——多功能输出设定

E30～E37 为变频器多功能输出设定参数，其中 E30 设定频率到达，E31 设定频率检测 1；E33～E35 设定过载预报；E36 设定频率检测 2；E37 设定过载预报 2。根据需要设定以上量的参数，由 E20～E24 定义的 Y1～Y5 端子输出监视。

表 11-9 多功能输入端子

参数设定值	功　能	参数设定值	功　能
0、1、2、3	多段速控制	19	编辑允许命令
4、5	加、减速时间选择	20	PID 功能取消
6	自保持选择（HLD）	21	正动作/反动作切换
7	自由旋转命令（BX）	22	联锁
8	报警复位（RST）	23	转矩控制取消
9	外部报警（THR）	24	链接运行选择
10	点动运行（JOG）	25	万能
11	频率设定 1/频率设定 2	26	启动特性选择
12	电动机 1/电动机 2	27	PG-SY 选择
13	直流制动命令（DCBRK）	29	零速命令
14	转矩限制 1/转矩限制 2	30	强制停止
15	工频切换	31	强制停止
16	工频切换	32	预励磁命令
17	增命令	33	取消转速固定控制
18	减命令	34	取消固定频率

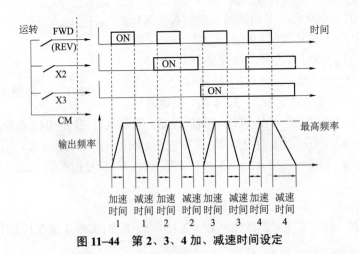

图 11-44 第 2、3、4 加、减速时间设定

(5) E43——LED 监视选择

变频器 LED 显示屏能显示变频器频率设定以及 PID 设定时的数据，共有 12 种数据。

(6) E45——LCD 监视选择

E45 设置运行模式时 LCD 的显示内容。设定为 0 时，则显示运行状态、旋转方向、操作信息；设定为 1 时，则显示输出频率、输出电流和转矩计算值的棒图。

3. 常用频率控制功能参数码

（1）C20——点动频率

点动频率设定电动机点动时的运行频率（0～400 Hz）。

（2）C05～C19——多段速频率

多段速频率共可设置 15 个段速，分别由 C05 设定段速 1，C06 设定段速 2，……，C19 设定段速 15。Y1～Y9 中的四个端子作为段速控制端子，分别用 SS1、SS2、SS4、SS8 表示，他们的状态组合控制各段速的运行，如图 11-45 所示。

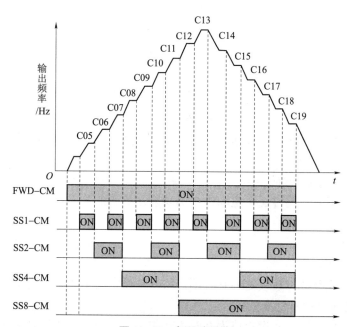

图 11-45 多段速设定

（3）C01～C04——回避频率

回避频率是为避免传动系统共振设置的频率（0～400 Hz）。

（4）C21～C28——程序步设定

程序步是将预先需要运行的曲线及相关参数按时间的顺序预置到变频器内部，并按照预设定的时钟，电动机的运行频率、启动时间及旋转方向在内部定时器的控制下自动运行。其中 C21 是程序运行选择设定（0、1、2），C21 为 0 时，程序运行 1 个循环后停止；C21 为 1 时，程序运行反复循环，有停止命令时才停止；C21 为 2 时，程序运行 1 个循环后按最后设定的频率继续运行。C22～C28 为程序段设定，C22～C28 分别对应 1～7 步程序，每一步的设定内容包括运行时间、旋转方向、加减速时间序号，如，C22=100 F3 表示运行时间为 100 s、正向旋转、采用第 3 加减速时间。不使用的程序步可设定时间为 0.00 s。某程序的运行示例如图 11-46 所示。

4. 电动机 1 的功能参数码

电动机 1 的功能参数码共有 9 条，其功能是定义电动机 1 的额定参数。其中 P0 定义电动机 1 的极数（2、4、6、8、10、12、14）；P02 定义电动机 1 的容量（0.01～45 kW）；P03 定

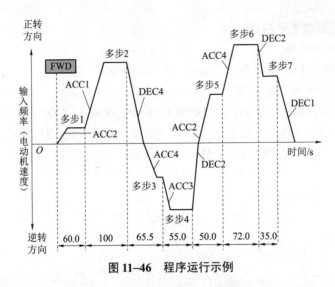

图 11-46 程序运行示例

义电动机 1 的额定电流（0.00～2 000 A）；P04 定义电动机 1 的自整定（0.01～44 kW）；P06 定义电动机 1 的空载电流；P07 定义电动机 1 的一次电阻 1R%；P08 定义电动机 1 的漏抗 1X%；P09 定义电动机 1 的转差补偿。

5. 电动机 2 的功能参数码

电动机 2 的功能参数码含义与电动机 1 的功能参数码的含义相同，而且电动机 2 与电动机 2 的功能参数码是同时切换的。

6. 高级功能参数码

（1）H03 数据初始化

H03 数据初始化参数，其设定为 0 时不作用；其设定为 1 时恢复为出厂设定值。

（2）H04、H05 自动复位参数

H04 为自动复位参数，其设定值为 0 时不动作；H05 为自动复位时间间隔。

（3）H13～H15 瞬时停电再启动

基本功能参数 F14 设置瞬时停电发生时和电源恢复时的动作模式，H13～H15 参数设定停电再启动过程。

（4）H20～H25 PID 设定参数

PID 控制是通过控制对象的传感器检测控制量（反馈量），将其与目标值（设定值）进行比较，若有偏差，则通过此功能的动作使偏差为零。PID 控制适用于流量、温度、压力等过程控制。

11.4 实训项目

11.4.1 变频器基本操作实训

1. 实训任务

了解实验室所用的富士 5000G11S/P11S 通用多功能变频器的铭牌及其命名，熟悉其安装方法、电气接线、面板操作体系与常用功能参数设置。

2. 变频器认识与安装

（1）变频器整体认识

了解变频器的铭牌标识及含义。

（2）变频器的安装

变频器安装时应注意以下事项：

1）变频器应垂直安装。

2）变频器运行时要产生热量，为确保冷却空气的通路，在设计时要在变频器的各个方向留有一定空间。

3）变频器运行时，散热板的温度很高，所以变频器背面的安装面必须要用能耐受较高温度的材质。

（3）变频器的电气接线

依据电路图 11-47 所示完成电气接线。

并注意以下事项：

1）电源一定要连接于主电路电源端子 L_1/R、L_2/S、L_3/T。

2）接地端子必须良好接地。

3）一定要用压接端子连接端子和导线，保证连接的高可靠性。

3. 变频器操作面板的熟悉实训

1）检查线路无误后，报告指导教师，教师同意后方可接通电源。

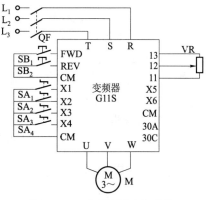

图 11-47 变频器的电气接线

2）恢复出厂设定（H03），熟悉操作面板。

3）运行指令由面板设定，进行试运行。

4）变频器的停机。注意停机时要先用"STOP"键停止变频器的运行，等电动机停止转动后，再切断变频器的电源。在显示屏熄灭前变频器是带电的，不要用身体触及变频器各端子。

4. 变频器的运行模式熟悉实训

仔细阅读本章第 3 节的内容，依据变频器键盘面板操作体系的讲解，熟悉变频器的操作。实训内容主要包括以下几项：

1）显示屏画面选择。

2）频率的键盘面板设定。

3）菜单画面显示更换运行模式。

4）功能数据设定。

5）运行状态监视。

6）I/O 巡回检查。

7）维护信息。

8）负载率测定。

9）报警信息。

11.4.2 变频器频率设定方式实训

1. 实训任务

熟悉变频器的基本频率设置方式,掌握其常用的频率设定方式。

2. 实训内容

1)电气接线见图 11-47。

2)基本参数设置,需要设置的基本参数:

变频器初始化:H03=1;

电动机基本参数:P01、P02、P03;

用变频器对电动机进行热保护:F10=1,F11=1.2 A,F12=1 min;

常用频率参数:F03、F04、F05、F06、F15、F16、F23、F24、F25、F26、F27;

加速时间 1 与减速时间 1:F07、F08;

直流制动参数:F20、F21、F22。

3)由操作面板上的"∧""∨"键设定运行频率。

4)通过模拟端子设定运行频率(电位器模式)。

5)通过接点控制端子控制运行频率。

3. 实训报告

简述各种频率设定方式的特点与应用场合。

11.4.3 变频器运行方式实训

1. 实训任务

熟悉变频器的远程与本地操作模式,熟悉变频器的点动与连续运行模式,掌握工程实践中以上设定及操作方式的应用。

2. 实训内容

1)电气接线见图 11-47。

2)基本参数设置,需要设置的基本参数:

变频器初始化:H03=1;

电动机基本参数:P01、P02、P03;

用变频器对电动机进行热保护:F10=1,F11=1.2 A,F12=1 min;

常用频率参数:F03、F04、F05、F06、F15、F16、F23、F24、F25、F26、F27;

加速时间 1 与减速时间 1:F07、F08;

直流制动参数:F20、F21、F22。

3)控制面板运行方式(LOCAL):控制变频器运行。

4)外端子运行方式(REMOTE):控制变频器运行。

5)控制面板运行模式:点动控制。

6)外部端子运行模式:连续控制。

3. 实训报告

简述各种运行方式的特点与应用场合。

11.4.4 变频器段速运行实训

1. 实训任务

变频器的段速运行是由外功能端子控制变频器的输出频率分段运行的一种运行状态,用户可以根据不同的生产工艺和机械设备的控制要求,在多段速范围内进行任意速度段的设定与运行操作。若运行曲线如图 11-48 所示,按图 11-47 所示进行电路接线。

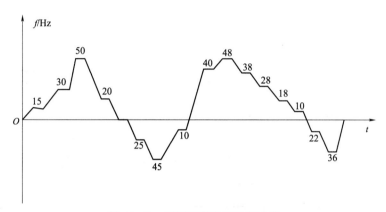

图 11-48 变频器的段速运行曲线

2. 实训内容

1)电气接线见图 11-47。

2)基本参数设置:

变频器初始化:H03=1;

电动机基本参数:P01、P02、P03;

用变频器对电动机进行热保护:F10=1,F11=1.2 A,F12=1 min;

常用频率参数:F03、F04、F05、F06、F15、F16、F23、F24、F25、F26、F27;

加速时间 1 与减速时间 1:F07、F08;

直流制动参数:F20、F21、F22。

3)运行参数设置:

运行操作模式:F01=0;

多功能端子:E01=0,E02=1,E03=2,E04=3;

多步频率:C05、C06、C07、C08、C09、C10、C11、C12、C13、C14、C15、C16、C17、C18、C19。

3. 运行操作与结果记录

1)设置完参数,返回初始画面,自行选择面板(LOCAL)或外端子(REMOTE)运行。

2)运行程序按图 11-48 所示运行,可以根据不同的生产工艺和机械设备的控制要求,在 15 段速范围内进行任意速度段的设定与运行操作,不用的段速设为 0 Hz。并将运行结果记入表 11-10 中。

表 11-10 多段速运行操作与结果

序号	设定点信号输入组合				运行信息（转动方向、运行频率、加减速时间等）
	3（SS8）	2（SS4）	1（SS2）	0（SS1）	
0					
1					
2					
3					
4					
5					
6					
7					
8					
9					
10					
11					
12					
13					
14					

11.4.5 变频器程序运行实训

1. 控制要求

用变频器进行程序运行控制，通过变频器参数设置和外端子接线，使变频器按时间顺序预置的程序控制电动机的运行。其运行曲线如图 11-49 所示，按图 11-47 所示的电路接线设置运行参数。

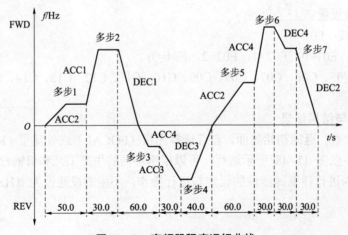

图 11-49 变频器程序运行曲线

2. 实训内容

1）电气接线见图 11-47。

2）基本参数设置：

变频器初始化：H03=1；

电动机基本参数：P01、P02、P03；

用变频器对电动机进行热保护：F10=1，F11=1.2 A，F12=1 min；

常用频率参数：F03、F04、F05、F06、F15、F16、F23、F24、F25、F26、F27；

直流制动参数：F20、F21、F22。

3）运行参数设置：

加速、减速时间：F07/F08，E10/E11，E12/E13，E14/E15；

运行操作模式：F01=10；

多步频率：C05、C06、C07、C08、C09、C10、C11；

程序步：C22、C23、C24、C25、C26、C27、C28、C21。

3. 运行操作与结果记录

1）设置完参数，返回初始画面，自行选择面板（LOCAL）或外端子（REMOTE）运行，并将运行结果计入表 11-11。

表 11-11　程序运行操作与结果

序号	设定点信号输入组合		运行信息（转动方向、运行频率、加减速时间等）
	1（RT2）	0（RT1）	
1			
2			
3			
4			
5			
6			
7			

2）需要停止时，按下面板上的"STOP"按钮或断开 FWD 端子连线，程序步将暂停运行，再次按下启动按钮时，将从该停止点开始启动运行。

3）若在运行中途需要重新从程序步 1 开始运行，则应先输出停止命令，再按"RESET"键。用户可以根据不同的生产工艺和机械设备的控制要求，对 C21 功能参数进行选择。

课 后 习 题

11-1　三相异步电动机的固有特性与人为特性指的是什么？

11-2　简述三相异步电动机常用的启动方法及特点。

11-3　简述三相异步电动机常用的制动方法及特点。

11-4 简述三相异步电动机常用的调速方法及特点。

11-5 三相异步电动机的转速 n 与哪些因素有关？

11-6 什么是脉冲宽度调制技术？

11-7 变频器由哪几部分组成？各部分都具有什么功能？

11-8 简述变频器主电路的组成部分及各部分的功能。

11-9 简述变频器的基本控制方式。

11-10 实验室所用的变频器的功能参数码有哪些基本种类？

11-11 变频器为什么要设置上限频率和下限频率？

11-12 变频器为什么具有加速时间和减速时间设置功能？

11-13 变频器的回避频率功能有什么作用？在什么情况下，要选用这些功能？

参 考 文 献

[1] 秦增煌. 电工学 [M]. 第七版. 北京：高等教育出版社，2014.
[2] 陈新龙. 电工电子技术基础教程 [M]. 第 2 版. 北京：清华大学出版社，2015.
[3] 郭连考. 电工技术实习 [M]. 北京：北京理工大学出版社，2012.
[4] 臧琛. 电子技术实习 [M]. 北京：北京理工大学出版社，2012.
[5] 王小宇. 电工实训教程 [M]. 北京：机械工业出版社，2013.
[6] 魏金成. 建筑电气 [M]. 重庆：重庆大学出版社，2001.
[7] 范同顺，苏玮. 建筑供配电与照明 [M]. 北京：中国建材工业出版社，2012.
[8] 马丽. 室内照明设计 [M]. 北京：中国传媒大学出版社，2011.
[9] 廖芳. 电子产品制作工艺与实训 [M]. 北京：电子工业出版社，2010.
[10] 王卫平. 电子工艺基础 [M]. 第 3 版. 北京：电子工业出版社，2011.
[11] 周春阳. 电子工艺实习 [M]. 北京：北京大学出版社，2006.
[12] 迟钦河. 电子技能与实训 [M]. 第 2 版. 北京：电子工业出版社，2008.
[13] 赵杰. 电子元器件与工艺 [M]. 南京：东南大学出版社，2004.
[14] 王静. Altium Designer Winter 09 电路设计案例教程 [M]. 北京：中国水利水电出版社，2010.
[15] 江思敏，胡烨. Altium Designer 原理图与 PCB 设计教程 [M]. 北京：机械工业出版社，2015.
[16] 高敬朋. Altium Designer 原理图与 PCB 设计教程 [M]. 北京：机械工业出版社，2013.
[17] 聂辉海. 传感器技术及应用 [M]. 北京：电子工业出版社，2012.
[18] 孟立凡. 传感器原理与应用 [M]. 第 3 版. 北京：电子工业出版社，2013.
[19] 胡向东. 传感器与检测技术 [M]. 第 2 版. 北京：机械工业出版社，2013.
[20] 王兆义. 变频器应用与实训指导 [M]. 北京：高等教育出版社，2005.
[21] 魏召刚. 工业变频器原理及应用 [M]. 第 2 版. 北京：电子工业出版社，2009.
[22] 钱海月，王海浩. 变频器控制技术 [M]. 北京：电子工业出版社，2013.
[23] 梅丽凤. 电气控制与 PLC 应用技术 [M]. 北京：机械工业出版社，2016.
[24] 黄永红. 电气控制与 PLC 应用技术 [M]. 北京：机械工业出版社，2013.
[25] 廖常初. S7-200 PLC 编程及应用 [M]. 北京：机械工业出版社，2013.
[26] 赵莉华，曾成碧. 电机学 [M]. 第二版. 北京：机械工业出版社，2014.
[27] 郭勇. Altium Designer 印制电路板设计教程 [M]. 北京：机械工业出版社，2015.
[28] 朱承高. 电工学概论 [M]. 第 3 版. 北京：高等教育出版社，2014.
[29] 黄艳. 照明设计 [M]. 北京：中国青年出版社，2011.2.35.